高等学校"十一五"精品规划教材

U0261894

电力系统分析

主　编　房俊龙　黄丽华　纪建伟　孙国凯
副主编　梁春英　刘恒赤　葛丽娟　倪　晶
主　审　朴在林

中国水利水电出版社
www.waterpub.com.cn

内 容 提 要

全书共分十五章，主要包括：电力系统的基本概念、电力网各元件的参数和等值电路、简单电力网络的分析与计算、复杂电力系统的潮流计算、电力系统的无功功率平衡和电压调整、电力系统的有功功率和频率调整、电力系统的经济运行、同步发电机的基本方程、电力系统三相短路的暂态过程、电力系统三相短路电流的实用计算、电力系统各元件的序阻抗和等值电路、电力系统简单不对称故障的分析和计算、电力系统稳定性问题概述和发电机的机电特性、电力系统静态稳定性、电力系统暂态稳定性等。

本书可作为高等院校电力工程类专业电力系统分析课程的教材，也可供从事电力系统工作的工程技术人员参考。

图书在版编目（CIP）数据

电力系统分析/房俊龙等主编．—北京：中国水利水电
出版社，2007（2019.8 重印）
高等学校"十一五"精品规划教材
ISBN 978 - 7 - 5084 - 4237 - 2

Ⅰ．电… Ⅱ．房… Ⅲ．电力系统-分析-高等学校-教材 Ⅳ．TM711

中国版本图书馆 CIP 数据核字（2006）第 143335 号

书　　　名	高等学校"十一五"精品规划教材 **电力系统分析**
作　　　者	主 编　房俊龙　黄丽华　纪建伟　孙国凯 副主编　梁春英　刘恒赤　葛丽娟　倪 晶 主 审　朴在林
出 版 发 行	中国水利水电出版社 （北京市海淀区玉渊潭南路 1 号 D 座　100038） 网址：www.waterpub.com.cn E - mail：sales@waterpub.com.cn 电话：(010) 68367658（营销中心）
经　　　售	北京科水图书销售中心（零售） 电话：(010) 88383994、63202643、68545874 全国各地新华书店和相关出版物销售网点
排　　　版	中国水利水电出版社微机排版中心
印　　　刷	北京瑞斯通印务发展有限公司
规　　　格	184mm×260mm　16 开本　18.5 印张　439 千字
版　　　次	2007 年 1 月第 1 版　2019 年 8 月第 10 次印刷
印　　　数	26001—28000 册
定　　　价	**46.00** 元

前　　言

　　《电力系统分析》一书是高等学校"十一五"精品规划教材之一。在编写过程中，考虑了全国高等农业院校电学科电力系统分析教材编审小组审定稿的《电力系统稳态分析》与《电力系统暂态分析》两门课程的教学大纲要求。

　　在本教材编写过程中，作者总结吸收了各院校教学和教学改革的有益经验，着重掌握基本概念及基本计算方法，同时尽可能结合电力系统的实际需要，力求理论与实际相结合。本教材根据专业特点和培养目标，在内容取舍上尽量做到简明、实用及通俗易懂。本教材所需授课学时（不含实验课）为 100～120 学时。

　　参加本书编写的单位有：沈阳农业大学、河北农业大学、东北农业大学、黑龙江八一农垦大学、内蒙古农业大学、莱阳农学院、山西农业大学等七所院校。参加本书编写人员：房俊龙、黄丽华、纪建伟、孙国凯、梁春英、刘恒赤、葛丽娟、倪晶、高亮、王俊、于建东、郭爱霞等。

　　本书由沈阳农业大学朴在林教授审稿并提出了许多宝贵意见，谨敬谢忱。由于编写者的经验和水平有限，书中错误和不妥之处仍在所难免，敬请广大读者批评指正。

编　者

2012 年 6 月

目 录

第一章 电力系统的基本概念

第一节 电力系统的组成

"科技要发展,电力要先行",可见电能在国民经济和人民日常生活中的作用。实际电力系统是一个非常复杂的大系统,但其核心无非为以下几部分内容:首先发电机将一次能源转化为电能,电能经变压器和电力线路输送、分配给用户,最终电能经用电设备(主要为电动机)转化为用户需要的其他形式的能量。这些生产、输送、分配和消费电能的发电机、变压器、电力线路和用电设备(负荷)联系在一起组成的统一整体就是电力系统,也称为一次系统。为了保证一次系统的正常、安全、可靠、经济地运行,还需要各种信号监测、调度控制、保护操作等系统,它们也是电力系统中不可缺少的部分,通常称为二次系统。水电厂的水轮机和水库,火电厂的汽轮机、锅炉、供热管道和热用户等部分与电力系统共同组成动力系统。电力系统中输送和分配电能的变压器和电力线路构成电力网。

在交流电力系统中,各组成部分都是三相的,一般用单线图来表示三相交流电力系统各元件间的电的联系。图 1-1 为某动力系统、电力系统和电力网的接线图。

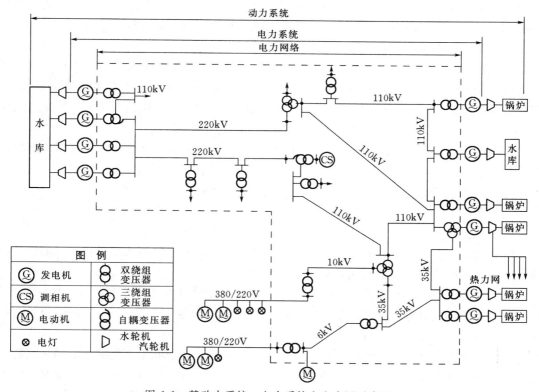

图 1-1 某动力系统、电力系统和电力网示意图

随着电力技术的发展，直流输电作为一种补充的输电方式得到了实际应用。在交流电力系统内或者两个交流电力系统之间嵌入直流输电系统，便构成了现代交、直流联合系统。图 1-2 为直流输电系统示意图。

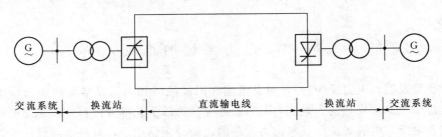

图 1-2　直流输电系统示意图

第二节　电力系统运行应满足的基本要求

电力系统的运行与其他工业系统相比较，有以下特点：

（1）与国民经济、人民日常生活联系紧密。

（2）各种暂态过程非常短促。当电力系统受到扰动后，由一种运行状态过渡到另一种运行状态的时间非常短。

（3）电能不能大量储存。即电能的生产、输送、分配及消费几乎是同时进行的，在任一时刻，发电机发出的电能等于负荷消费的电能（在发电机容量允许范围内）。

因此，对电力系统运行的基本要求是：

（1）保证供电的可靠性。对用户供电的中断将会使生产停止，人民的生活秩序、生活质量受到影响，甚至会危及人身、设备的安全，造成严重后果。但是在某些特殊情况下，当电力系统无法满足全部负荷的需要时，应有选择性的保证重要用户的供电。根据负荷允许停电程度的不同，将负荷分为三级：

一级负荷：若停电将造成人身伤亡和设备事故、产生废品，使生产秩序长期不能恢复或产生严重政治影响，使人民生活发生混乱等。对一级负荷，要保证不间断供电。

二级负荷：停电将造成大量减产，使人民生活受到影响。

三级负荷：不属于一、二级的负荷，如工厂的附属车间、小城镇等。

对二、三级负荷，在电能不足时，应优先保证二级负荷的供电。

从电力系统角度来看，目前保证可靠供电的措施主要有：提高系统运行的稳定性及可靠性指标，采用微机监视和控制，应用微机保护等。

（2）保证良好的电能质量。电压和频率是衡量电能质量的两个主要指标。我国规定，用户供电电压的允许偏移量是额定值的 $+5\%\sim-7\%$；额定频率是 50Hz，允许的偏移量为 $\pm0.2\sim\pm0.5$Hz。

（3）保证系统运行的经济性。电能的用途广、耗量大，因此生产电能耗费的一次能源占国民经济能源总耗费的比重大。电力系统在保证安全、优质供电的前提下，将单一电力系统联合组成联合电力系统，合理安排各类发电厂所承担的负荷，组织电力系统经济运行，力求降低能源消耗，以求得最大的经济效益。

第三节　电力系统的接线方式和电压等级

一、电力系统的接线方式

电力系统的接线方式按供电可靠性分为有备用接线方式和无备用接线方式两种。无备用接线方式是指负荷只能从一条路径获得电能的接线方式。根据形状，它包括单回路的放射式、干线式和链式网络，如图1-3所示。有备用接线方式是指负荷至少可以从两条路径获得电能的接线方式。它包括双回路的放射式、干线式、链式，环式和两端供电网络，如图1-4所示。

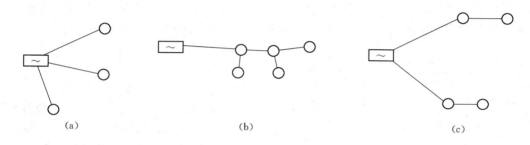

图 1-3　无备用接线方式
（a）放射式；（b）干线式；（c）链式

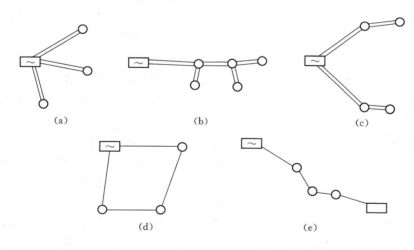

图 1-4　有备用接线方式
（a）放射式；（b）干线式；（c）链式；（d）环式；（e）两端供电网络

无备用接线的主要优点在于简单、经济、运行操作方便，主要缺点是供电可靠性差，并且在线路较长时，线路末端电压往往偏低，因此这种接线方式不适用于一级负荷占很大比重的场合。但一级负荷的比重不大，并可为这些负荷单独设置备用电源时，仍可采用这种接线，这种接线方式广泛应用于二级负荷。

有备用接线的主要优点在于供电可靠性高，电压质量好。有备用接线中，双回路的放射式、干线式和链式接线的缺点是不够经济；环形网络的供电可靠性和经济性都不错，但其缺点是运行调度复杂，并且故障时的电压质量差；两端供电网络很常见，供电可靠性高，但采用这种接线的先决条件是必须有两个或两个以上独立电源，并且各电源与各负荷点的相对位置又决定了这种接线的合理性。

可见，接线方式的选择要经技术经济比较后才能确定。所选的接线方式在满足安全、优质、经济的指标外，还应保证运行灵活和操作方便、安全。

二、电力系统的电压等级

1. 电力系统的额定电压等级

实际电力系统中，各部分的电压等级不同。这是由于电气设备运行时存在一个能使其技术性能和经济效果达到最佳状态的电压。另外，为了保证生产的系列性和电力工业的有序发展，我国国家标准规定的电气设备标准电压（又称额定电压）等级见表1-1。

2. 电气设备额定电压间的配合关系

从表1-1可见，同一电压级别下各种电气设备的额定电压并不完全相等，它们之间的配合原则是：以用电设备的额定电压为参考。由于线路直接与用电设备相连，因此线路额定电压和用电设备的额定电压相等。有时把它们统称为网络的额定电压，如110kV网络、220kV网络等。

由于用电设备的允许电压偏移为±5%，而沿线路的电压降落一般为10%，这就要求线路始端的电压为其额定值的105%，以使其末端电压不低于额定值的95%。发电机往往接在线路始端，因此发电机的额定电压为线路额定电压的105%。

表 1-1　　　　　额定电压等级　　　　单位：kV

用电设备额定线电压	交流发电机线电压	变压器线电压	
		一次绕组	二次绕组
3	3.15	3 及 3.15	3.15 及 3.3
6	6.3	6 及 6.3	6.3 及 6.6
10	10.5	10 及 10.5	10.5 及 11
	15.75	15.75	
35		35	38.5
(60)		(60)	(66)
110		110	121
(154)		(154)	(169)
220		220	242
330		330	363
500		500	
750		750	

注　（　）内的电压为将要淘汰的电压等级。

电气设备额定电压配合关系如图1-5所示。变压器一次侧从系统接受电能，相当于用电设备；二次侧向负荷供电，又相当于发电机。因此，变压器一次侧额定电压应等于所接网络的额定电压，但直接与发电机相连的变压器，其一次绕组的额定电压等于发电机的额定电压。变压器二次侧接在线路首端，这就要求正常运行时其二次侧电压较线路额定电压高5%。而变压器二次侧额定电压是空载时的电压，带额定负荷时，变压器内部的电压降落约为5%。为了保证正常运行时变压器二次侧电压比线路额定电压高5%，变压器二次侧额定电压应比线路额定电压高10%。只有短路电压小于7%或直接（包括通过短距离线路）与用户连接的变压器，其二次侧额定电压才比线路额定电压高5%。

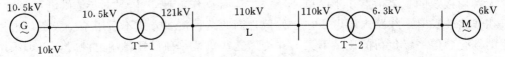

图 1-5　电气设备额定电压配合关系

三、电力系统中性点的运行方式

电力系统的中性点是指星形联结的变压器或发电机的中性点。电力系统的中性点运行方式是一个综合性问题，它与电压等级、单相接地电流、过电压水平、保护配置等有关，直接影响电网的绝缘水平、系统供电的可靠性、主变压器和发电机的运行安全以及通信线路的抗干扰能力等。电力系统中性点的运行方式分为两大类：中性点直接接地（大接地电流系统）和中性点非直接接地（小接地电流系统）。中性点非直接接地又包括中性点不接地、中性点经消弧线圈接地和中性点经高电阻接地。

中性点直接接地系统供电可靠性低。因为这种系统中发生一相接地时就会构成短路，如图 1-6 所示。短路电流很大，为防止损坏设备，必须迅速切除接地相甚至三相，同时巨大的接地短路电流产生较强的单相磁场干扰邻近通信线路。但过电压较低，减少了为提高绝缘水平的投资，降低设备造价，特别适用于高压和超高压电网。在我国 110kV 及以上电压等级的电网，一般均采用

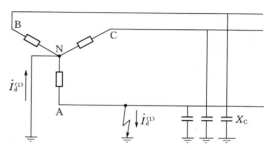

图 1-6　中性点有接地时的单相接地

中性点直接接地的运行方式，而用其他方法提高供电可靠性。

中性点不接地系统供电可靠性高，但对绝缘水平的要求也高。因为这种系统中一相接地时不会构成短路，接地电流仅为线路及设备的电容电流，相间电压仍然对称，不影响对负荷供电，因此单相接地时允许继续运行两小时。但是，这时的非接地相的对地电压升高为线电压，即为相电压的 $\sqrt{3}$ 倍，如图 1-7 所示。因此对设备绝缘水平要求高，不宜用于 110kV 及以上电网。在 6～60kV 电网中常采用中性点不接地方式，但此时单相接地电容电流不能超过允许值，否则接地电弧不易自熄，易产生较高的弧光间歇接地过电压，波及整个电网。

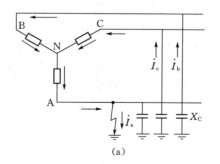
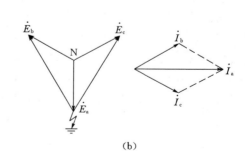

（a）　　　　　　　　　　　　　　（b）

图 1-7　中性点不接地时的一相接地

（a）电流分布；（b）电势：电流相量关系

在中性点不接地系统中，若单相接地电容电流超过允许值时，可采用中性点经消弧线圈接地的运行方式，采用消弧线圈的感性电流补偿接地相电容电流，如图 1-8 所示，用以保证电弧瞬间熄灭，消除弧光间歇过电压。消弧线圈的补偿方式又分为过补偿和欠补偿。过补偿是指图 1-8 中的感性电流 $\dot{I}'_a$ 大于容性电流 $\dot{I}_a$ 时的补偿方式；反之，欠补偿就是指感性

电流 I'_a 小于容性电流 I_a 时的补偿方式。实际系统中一般都采用过补偿的方式。在 3~60kV 网络中，当单相接地电容电流超过下列数值时，中性点应装设消弧线圈：

$$3\sim6kV, \quad 30A$$
$$10kV, \quad 20A$$
$$35\sim60kV, \quad 10A$$

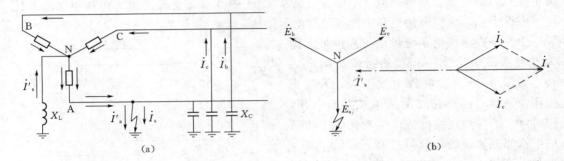

图 1-8　中性点经消弧线圈接地时的一相接地

(a) 电流分布；(b) 电势；电流相量关系

在中性点不接地系统中，若单相接地电容电流超过允许值时，也可采用中性点经高电阻接地的运行方式，此接地方式和经消弧线圈接地方式相比，改变了接地电流相位，加速泄放回路中的残余电荷，促使接地电弧自熄，从而降低弧光间歇接地过电压。一般用于大型发电机中性点。

第四节　电力系统的负荷

一、负荷组成

电力系统中所有电力用户的用电设备所消耗的电功率就是电力系统的负荷，又称为综合用电负荷。综合用电负荷在电网中传输会引起网络损耗，综合用电负荷加上电网的网络损耗就是各发电厂向外输送的功率，称为系统的供电负荷。发电厂内，为了保证发电机及其辅助设备的正常运行，设置了大量的电动机拖动的机械设备以及运行、操作、试验、照明等设备，它们所消耗的功率总和称为厂用电。供电负荷加上发电厂厂用电消耗的功率就是电力系统的发电负荷，它们之间的关系如图 1-9 所示。

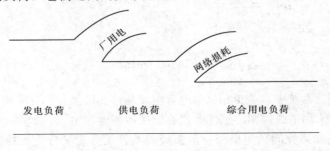

图 1-9　电力系统负荷间的关系

电力用户的用电设备主要为异步电动机、同步电动机、电热装置和照明设备等。根据用户的性质，用电负荷又可分为工业负荷、农业负荷、交通运输业负荷和人民生活用电负荷等。用户性质不同，各种用电设备消耗功率所占比重也不同，如表1-2中列出了几个工业部门各类用电设备消耗功率的分配比例。

表 1-2　　　　　　　　　几个工业部门用电设备比重的统计（%）

用电设备	综合性中小工业	纺织工业	化学工业（化肥厂、焦化厂）	化学工业（电化厂）	大型机械加工工业	钢铁工业
异步电动机	79.1	99.8	56.0	13.0	82.5	20.0
同步电动机	3.2		44.0		1.3	10.0
电热装置	17.7	0.2			15.0	70.0
整流装置				87.0	1.2	
合　　计	100.0	100.0	100.0	100.0	100.0	100.0

二、负荷曲线

电力系统各用户的用电情况不同，并且经常发生变化，因此实际系统的负荷是随时间变化的。描述负荷随时间变化规律的曲线就称为负荷曲线。按负荷种类可分为有功负荷曲线和无功负荷曲线；按时间的长短可分为日负荷曲线和年负荷曲线；也可按计量地点分为个别用户、电力线路、变电所、发电厂、电力系统的负荷曲线。将上述三种特征相结合，就确定了某一种特定的负荷曲线，如电力系统的有功日负荷曲线。

常用的负荷曲线有如下几种：

1. 日负荷曲线

描述系统负荷在一天24h内所需功率的变化情况，分为有功日负荷曲线和无功日负荷曲线。它是调度部门制定各发电厂发电负荷计划的依据。图1-10（a）为某系统的日负荷曲线，实线为有功日负荷曲线，虚线为无功日负荷曲线。为了方便计算，常把负荷曲线绘成阶梯形，如图1-10（b）所示。负荷曲线中的最大值称为日最大负荷 P_{max}（峰荷），最小值称为日最小负荷 P_{min}（谷荷）。从图1-10（a）可见，有功功率和无功功率最大负荷不一定同时出现，低谷负荷时功率因数较低，高峰负荷时功率因数较高。

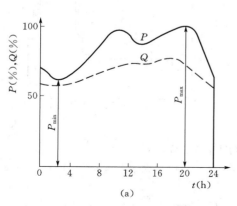
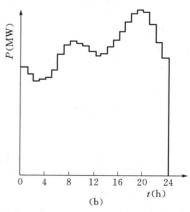

图 1-10　日负荷曲线

7

根据日负荷曲线可估算负荷的日耗电量，即

$$W_d = \int_0^{24} P \mathrm{d}t \qquad\qquad (1\text{-}1)$$

在数值上 W_d 就是有功日负荷曲线 P 包含的曲边梯形的面积。

不同行业、不同季节的日负荷曲线差别很大，如图 1-11 所示几种行业在冬季的有功日负荷曲线。钢铁工业属三班制生产，其负荷曲线 [图 1-11（a）] 很平坦，最小负荷达最大负荷的 85%；食品工业属一班制生产，其负荷曲线 [图 1-11（b）] 变化幅度较大，最小负荷仅达最大负荷的 13%；农村加工负荷每天仅用电 12 小时 [图 1-11（c）]；市政生活用电有明显的用电高峰 [图 1-11（d）]。由图 1-11 可见，各行业的最大负荷不可能同时出现，因此系统负荷曲线上的最大值恒小于各行业负荷曲线上最大值之和。

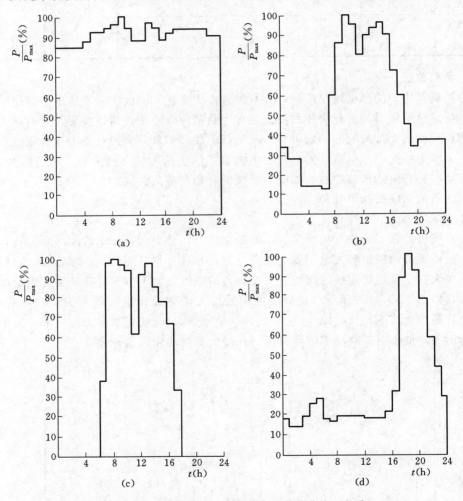

图 1-11　几种行业的有功功率日负荷曲线（冬季）

（a）钢铁工业负荷；（b）食品工业负荷；（c）农村加工负荷；（d）市政生活负荷

2. 年最大负荷曲线

描述一年内每月电力系统最大综合用电负荷变化规律的曲线，为调度、计划部门有计划的安排发电设备的检修、扩建或新建发电厂提供依据。如图 1-12 所示为某系统的年最大负荷曲线，其中阴影面积 A 为检修机组的容量与检修时间的乘积；B 为系统扩建或新建的机组容量。年持续负荷曲线如图 1-13 所示。

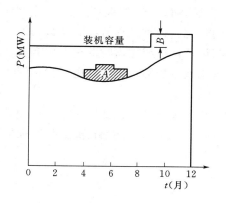

图 1-12　年最大负荷曲线

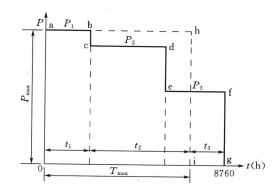

图 1-13　年持续负荷曲线

全年耗电量 W 在数值上等于曲线 P 包围的面积。如果负荷始终等于最大值 P_{max}，经过 T_{max} 小时后消耗的电能恰好等于全年的实际耗电量，则称 T_{max} 为最大负荷利用小时数，即

$$T_{max} = \frac{W}{P_{max}} = \frac{1}{P_{max}} \int_0^{8760} P \mathrm{d}t \qquad (1-2)$$

可见 T_{max} 表示全年用电量若以最大负荷运行时可供耗用的时间。因此在已知 P_{max} 和 T_{max} 的情况下，可估算出电力系统的全年耗电量

$$W = P_{max} T_{max} \qquad (1-3)$$

各类用户的 T_{max} 值见表 1-3。

表 1-3　　　各类用户的 T_{max} 值

负荷类型	T_{max}（h）
户内照明及生活用电	2000～3000
一班制企业用电	1500～2200
二班制企业用电	3000～4500
三班制企业用电	6000～7000
农灌用电	1000～1500

由于系统发电能力是按最大负荷需要再加上适当的备用容量确定的，所以 T_{max} 也反映了系统发电设备的利用率。

第五节　电力系统分析课程的主要内容

电力系统分析课程是"电力系统及其自动化"专业和"农业电气化及自动化"专业的主要专业课程，它系统的分析、讲述了电力系统各种运行状况下的分析计算方法和基本原理。它可分为两部分，即电力系统稳态分析和电力系统暂态分析。

电力系统的稳态是指电力系统正常的、相对静止的运行状态，而电力系统的暂态则指电力系统从一种运行状态向另一种运行状态过渡的过程。实际上，电力系统无时无刻不处在过渡过程中，但为了便于分析问题，作如上的划分是可行的，也是必要的。

电力系统稳态分析课程包括三个方面的内容，即电力系统的基本知识和等值网络；电力系统正常运行状况的分析计算和电力系统的经济运行；电力系统的有功功率——频率和无功功率——电压的控制和调整。

电力系统暂态分析课程包括对电力系统电磁暂态过程、机电暂态过程两大部分的分析。

电磁暂态过程主要与短路和自励磁有关，涉及电压、电流及功率角 δ 随时间的变化，这类过程持续时间较长。机电暂态过程主要与系统振荡、稳定性的破坏、异步运行等有关，涉及功率、功率角、旋转电机的转速等随时间的变化。这类过程持续时间最长。

波过程也属于电力系统暂态过程。波过程主要与运行操作或雷击时的过电压有关，涉及电流、电压波的传播，这类过程持续时间最短。关于波过程的讨论在高电压技术课程中分析。

需指出的是，电力系统的这三类暂态过程有时是相互关联的。例如，雷击造成短路而导致系统稳定性破坏的全过程中，既包括了波过程，也包括了电磁暂态过程和机电暂态过程。

小　　结

本章主要阐明了以下几个问题：

(1) 电力系统的定义及组成。

(2) 电力系统运行的特点和对它的基本要求。

(3) 电力系统的负荷曲线及其作用。

(4) 电力网络各种结线方式的特点和适用范围。

(5) 电力系统各元件额定电压间的配合关系。

(6) 电力系统中性点的概念和分类，以及各种运行方式的优缺点和适用范围。

(7) 电力系统分析课程的主要内容。

第二章　电力网各元件的参数和等值电路

在稳态分析中，研究的对象是三相对称的电力系统，发电机可作为一个固定电源来处理，因此本章主要阐述两个问题：电力线路和变压器的参数及等值电路；电力网络的等值电路。

第一节　电力线路的参数及等值电路

一、架空输电线路的参数

架空线路一般采用铝线、钢芯铝线和铜线，有电阻、电抗、电导、电纳四个参数。下面分别讨论有色金属导线四个参数的确定方法。

1. 电阻

单位长度的直流电阻可按下式计算

$$r_1 = \frac{\rho}{S} \quad \Omega/\text{km} \qquad (2\text{-}1)$$

式中　ρ——导线的电阻率，$\Omega \cdot \text{mm}^2/\text{km}$；

　　　S——导线载流部分的标称截面积，mm^2。

在电力系统计算中，导线材料的电阻率采用下列数值：铜为 $18.8\Omega \cdot \text{mm}^2/\text{km}$，铝为 $31.5\Omega \cdot \text{mm}^2/\text{km}$。它们略大于这些材料的直流电阻率，其原因是：①通过导线的是三相工频交流电流，而由于集肤效应和邻近效应，交流电阻比直流电阻略大；②由于多股绞线的扭绞，导体实际长度比导线长度长 $2\% \sim 3\%$；③在制造中，导线的实际截面积比标称截面积略小。

工程计算中，也可以直接从手册中查出各种导线的电阻值。按式（2-1）计算所得或从手册查得的电阻值，都是指温度为 $20℃$ 时的值，在要求较高精度时，$t℃$ 时的电阻值 r_t 可按下式计算

$$r_t = r_{20}[1 + \alpha(t - 20)] \qquad (2\text{-}2)$$

式中　α——电阻温度系数，对于铜 $\alpha = 0.00382$（$1/℃$），铝 $\alpha = 0.0036$（$1/℃$）。

2. 电抗

电力线路电抗是由于导线中有电流通过时，在导线周围产生磁场而形成的。当三相线路对称排列或不对称排列经完整换位后，每相导线单位长度电抗可按以下公式计算（推导从略）。

（1）单导线单位长度电抗为

$$x_1 = 0.1445\lg\frac{D_\text{m}}{r} + 0.0157\mu_\text{r} \quad (\Omega/\text{km}) \qquad (2\text{-}3)$$

式中　r——导线的半径，mm 或 cm；

μ_r——导线材料的相对导磁系数，对于铝和铜 $\mu_r=1$；

D_m——三相导线几何均距，其单位与导线的半径相同，当三相相间距离为 D_{ab}、D_{bc}、D_{ca} 时，$D_m = \sqrt[3]{D_{ab}D_{bc}D_{ca}}$ mm 或 cm。

由上面的计算公式可见，输电线路单位长度的电抗与几何均距、导线半径为对数关系，即 D_m、r 对 x_1 影响不大，在工程的近似计算中一般可取为 $x_1=0.4\Omega/\text{km}$。

（2）分裂导线单位长度电抗。分裂导线的每相导线由多根分导线组成，各分导线布置在正多边形的顶点。由于分裂导线改变了导线周围的磁场分布，从而减小了导线的电抗，其计算公式为

$$x_1 = 0.1445\lg\frac{D_m}{r_{eq}} + \frac{0.0157}{n}\ (\Omega/\text{km}) \tag{2-4}$$

式中　n——每相分裂根数；

r_{eq}——分裂导线的等值半径，其值为

$$r_{eq} = \sqrt[n]{r\prod_{i=2}^{n}d_{1i}} \tag{2-5}$$

式中　r——分裂导线中每一根导线的半径；

d_{1i}——一相分裂导线中第 1 根与第 i 根的距离，$i=2，3，\cdots，n$。

由分裂导线等值半径的计算公式可见，分裂的根数越多，电抗下降也越多，但分裂根数超过三四根时，电抗下降逐渐减缓，所以实际应用中分裂根数一般不超过 4 根。

与单根导线相同，分裂导线的几何均距、等值半径与电抗成对数关系，其电抗主要与分裂的根数有关，当分裂根数为 2、3、4 根时，每公里电抗分别为 0.33、0.30、0.28Ω/km 左右。

3. 电导

架空输电线路的电导是用来反映泄漏电流和空气游离所引起的有功功率损耗的一种参数。一般线路绝缘良好，泄漏电流很小，可以将它忽略，主要是考虑电晕现象引起的功率损耗。所谓电晕现象，就是架空线路带有高电压的情况下，当导线表面的电场强度超过空气的击穿强度时，导体附近的空气游离而产生局部放电的现象。

线路开始出现电晕的电压称为临界电压 U_{cr}。当三相导线为三角形排列时，电晕临界相电压的经验公式为

$$U_{cr} = 49.3m_1m_2\delta r\lg\frac{D_m}{r}\ \text{kV} \tag{2-6}$$

式中　m_1——考虑导线表面状况的系数，对于多股绞线 $m_1=0.83\sim0.87$；

m_2——考虑气象状况的系数，对于干燥和晴朗的天气 $m_2=1$，对于有雨雪雾等的恶劣天气 $m_2=0.8\sim1$；

r——导线的计算半径；

D_m——几何均距；

δ——空气的相对密度 $[\delta=3.86b/(273+t)$，其中 b 为大气压力（Pa），t 为空气温度（℃）]。

对于水平排列的线路，两根边线的电晕临界电压比上式算得的值高6%；而中间相导线的则较其低4%。

当实际运行电压过高或气象条件变坏时，运行电压将超过临界电压而产生电晕。运行电压超过临界电压愈多，电晕损耗也愈大。如果三相线路每公里的电晕损耗为ΔP_g，则每相等值电导

$$g_1 = \frac{\Delta P_g}{U_L^2} \quad \text{S/km} \tag{2-7}$$

式中　ΔP_g——单位为 MW/km；

U_L——线电压，kV。

实际上，在线路设计时总是尽量避免在正常气象条件下发生电晕。从式（2-6）可以看到，线路结构方面能影响U_{cr}的两个因素是几何均距D_m和导线半径r。由于D_m在对数符号内，故对U_{cr}的影响不大，而且增大D_m会增大杆塔尺寸，从而大大增加线路的造价；而u_{cr}却差不多与r成正比，所以，增大导线半径是防止和减小电晕损耗的有效方法。在设计时，对220kV以下的线路通常按避免电晕损耗的条件选择导线半径；对220kV及以上的线路，为了减少电晕损耗，常常采用分裂导线来增大每相的等值半径，特殊情况下也采用扩径导线。由于这些原因，在一般的电力系统计算中可以忽略电晕损耗，即认为$g_1 \approx 0$。

4. 电纳

在输电线路中，导线之间和导线对地都存在电容，当交流电源加在线路上时随着电容的充放电就产生了电流，这就是输电线路的充电电流或空载电流。反映电容效应的参数就是电纳。三相对称排列或经整循环换位后输电线路单位长度电纳可按公式计算（推导从略）。

（1）单导线单位长度电纳为

$$b_1 = \frac{7.58}{\lg \dfrac{D_m}{r}} \times 10^{-6} \quad \text{（S/km）} \tag{2-8}$$

式中D_m、r的代表意义与式（2-3）相同。显然由于电纳与几何均距、导线半径也有对数关系，所以架空线路的电纳变化也不大，其值一般在2.85×10^{-6} S/km左右。

（2）分裂导线单位长度电纳为

$$b_1 = \frac{7.58}{\lg \dfrac{D_m}{r_{eq}}} \times 10^{-6} \quad \text{（S/km）} \tag{2-9}$$

采用分裂导线由于改变了导线周围的电场分布，等效地增大了导线半径，从而增大了每相导线的电纳。式中r_{eq}的代表意义与式（2-4）相同。当每相分裂根数分别为2、3、4根时，每公里电纳约分别为3.4×10^{-6}、3.8×10^{-6}、4.1×10^{-6}S/km。

二、电力线路的等值电路

1. 电力线路的方程式

设有长度为l的电力线路，其参数沿线均匀分布，单位长度的阻抗和导纳分别为$z_1 = r_1 + jx_1$，$y_1 = g_1 + jb_1$。在距末端x处取一微段dx，可做出等值电路如图 2-1 所示。在正弦电压作用下处于稳态时，电流$\dot{I}$在dx微段阻抗中的电压降为

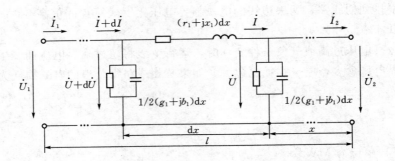

图 2-1 长线的等值电路

$$d\dot{U} = \dot{I}(r_1 + jx_1)dx$$

或

$$\frac{d\dot{U}}{dx} = \dot{I}(r_1 + jx_1) \qquad (2\text{-}10)$$

流入 dx 微段并联导纳中的电流为

$$d\dot{I} = (\dot{U} + d\dot{U})(g_1 + jb_1)dx$$

略去二阶微小量，便得

$$\frac{d\dot{I}}{dx} = \dot{U}(g_1 + jb_1) \qquad (2\text{-}11)$$

将式（2-10）对 x 求导数，计及式（2-11），便得

$$\frac{d^2\dot{U}}{dx^2} = (g_1 + jb_1)(r_1 + jx_1)\dot{U} \qquad (2\text{-}12)$$

上式为二阶常系数齐次微分方程式，其通解为

$$\dot{U} = A_1 e^{\gamma x} + A_2 e^{-\gamma x} \qquad (2\text{-}13)$$

将式（2-13）代入式（2-10），便得

$$\dot{I} = \frac{A_1}{Z_c} e^{\gamma x} - \frac{A_2}{Z_c} e^{-\gamma x} \qquad (2\text{-}14)$$

上两式中　　γ ——线路的传播常数；

Z_c ——线路的物理阻抗。

它们的大小由下式确定

$$\gamma = \sqrt{(g_1 + jb_1)(r_1 + jx_1)} \qquad (2\text{-}15)$$

$$Z_c = \sqrt{\frac{r_1 + jx_1}{g_1 + jb_1}} \qquad (2\text{-}16)$$

长线方程稳态解式（2-13）和式（2-14）中的积分常数 A_1 和 A_2 可由线路的边界条件确定。当 $x=0$ 时，$\dot{U}=\dot{U}_2$ 和 $\dot{I}=\dot{I}_2$，由式（2-13）和式（2-14）可得

$$\dot{U}_2 = A_1 + A_2, \quad \dot{I}_2 = (A_1 - A_2)/Z_c$$

由此可以解出

14

$$A_1 = \frac{1}{2}(\dot{U}_2 + Z_c \dot{I}_2)$$
$$A_2 = \frac{1}{2}(\dot{U}_2 - Z_c \dot{I}_c)$$
(2-17)

将 A_1 和 A_2 代入式（2-13）和式（2-14）便得

$$\dot{U} = \frac{1}{2}(\dot{U}_2 + Z_c \dot{I}_2)\mathrm{e}^{\gamma x} + \frac{1}{2}(\dot{U}_2 - Z_c \dot{I}_2)\mathrm{e}^{-\gamma x}$$
$$\dot{I} = \frac{1}{2Z_c}(\dot{U}_2 + Z_c \dot{I}_2)\mathrm{e}^{\gamma x} - \frac{1}{2Z_c}(\dot{U}_2 - Z_c \dot{I}_2)\mathrm{e}^{-\gamma x}$$
(2-18)

上式可利用双曲线函数写成

$$\dot{U} = \dot{U}_2 \mathrm{ch}\gamma x + \dot{I}_2 Z_c \mathrm{sh}\gamma x$$
$$\dot{I} = \frac{\dot{U}_2}{Z_c} \mathrm{sh}\gamma x + \dot{I}_2 \mathrm{ch}\gamma x$$
(2-19)

当 $x=l$ 时，可得到线路首端电压和电流与线路末端电压和电流的关系如下

$$\dot{U}_1 = \dot{U}_2 \mathrm{ch}\gamma l + \dot{I}_2 Z_c \mathrm{sh}\gamma l$$
$$\dot{I}_1 = \frac{\dot{U}_2}{Z_c} \mathrm{sh}\gamma l + \dot{I}_2 \mathrm{ch}\gamma l$$
(2-20)

将上述方程同二端口网络的通用方程

$$\dot{U}_1 = \dot{A}\dot{U}_2 + \dot{B}\dot{I}_2$$
$$\dot{I}_1 = \dot{C}\dot{U}_2 + \dot{D}\dot{I}_2$$
(2-21)

相比较，若取 $\dot{A}=\dot{D}=\mathrm{ch}\gamma l$，$\dot{B}=Z_c \mathrm{sh}\gamma l$ 和 $\dot{C}=\frac{\mathrm{sh}\gamma l}{Z_c}$，输电线就是对称的无源二端口网络，并可用对称的等值电路来表示。

2. 输电线的集中参数等值电路

方程式（2-20）表明了线路两端电压和电流的关系，它是制订集中参数等值电路的依据。图 2-2 中的 Ⅱ 型和 Ⅰ 型电路均可作为输电线的等值电路，Ⅱ 型电路的参数为

$$Z' = \dot{B} = Z_c \mathrm{sh}\gamma l$$
$$Y' = \frac{2(\dot{A}-1)}{\dot{B}} = \frac{2(\mathrm{ch}\gamma l - 1)}{Z_c \mathrm{sh}\gamma l} = \frac{2}{Z_c} \mathrm{th}\frac{\gamma l}{2}$$
(2-22)

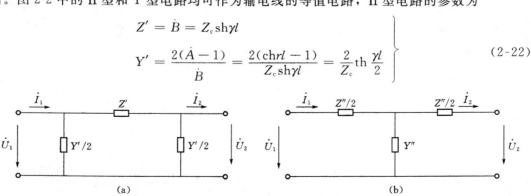

图 2-2　长线的集中参数等值电路

T 型电路的参数为

$$Z'' = \frac{Z_c \, \text{sh}\gamma l}{\text{ch}\gamma l} \left.\right\}$$
$$Y'' = \frac{\text{sh}\gamma l}{Z_c} \qquad (2\text{-}23)$$

实际计算中大多采用 II 型电路代表输电线，现在对 II 型电路的参数计算作进一步的讨论。由于复数双曲线函数的计算很不方便，需要做一些简化。

令 $Z = (r_1 + jx_1) l$ 和 $Y = (g_1 + jb_1) l$ 分别代表全线的总阻抗和总导纳，将式（2-22）改写为

$$Z' = K_Z Z \left.\right\}$$
$$Y' = K_Y Y \qquad (2\text{-}24)$$

式中

$$K_Z = \frac{\text{sh}\sqrt{ZY}}{\sqrt{ZY}} \left.\right\}$$
$$K_Y = \frac{2\text{th}\dfrac{\sqrt{ZY}}{2}}{\sqrt{ZY}} \qquad (2\text{-}25)$$

由此可见，将全线的总阻抗 Z 和总导纳 Y 分别乘以修正系数 K_Z 和 K_Y，便可求得 II 型等值电路的精确参数。

利用双曲线函数的幂级数展式

$$\text{th}\theta = \theta - \frac{1}{3}\theta^3 + \frac{2}{15}\theta^5 - \cdots$$

$$\text{sh}\theta = \theta + \frac{1}{3!}\theta^3 + \frac{1}{5!}\theta^5 + \cdots$$

将式（2-25）的右端展开，并取其前两项，便得

$$K_Z = 1 + \frac{1}{6} ZY \left.\right\}$$
$$K_Y = 1 - \frac{1}{12} ZY \qquad (2\text{-}26)$$

如果略去输电线的电导，再利用修正系数的简化公式（2-26），便可得到

$$Z' \approx k_r r_1 l + jk_x x_1 l \left.\right\}$$
$$Y' \approx jk_b b_1 l \qquad (2\text{-}27)$$

其中

$$k_r = 1 - \frac{1}{3} x_1 b_1 l^2 \left.\right\}$$
$$k_x = 1 - \frac{1}{6}\left(x_1 b_1 - r_1^2 \frac{b_1}{x_1}\right) l^2 \qquad (2\text{-}28)$$
$$k_b = 1 + \frac{1}{12} x_1 b_1 l^2$$

在计算 II 型等值电路的参数时，可以将一段线路的总阻抗和总导纳作为参数的近似

值，也可以按公式（2-27）对近似参数进行修正，或者用公式（2-22）计算其精确值。

在工程计算中，既要保证必要的精度，又要尽可能的简化计算，采用近似参数时，长度不超过 300km 的线路可用一个 Ⅱ 型电路来代替，对于更长的线路，则可用串级联接的多个 Ⅱ 型电路来模拟，每一个 Ⅱ 型电路代替长度为 200～300km 的一段线路。采用修正参数时，一个 Ⅱ 型电路可用来代替 500～600km 长的线路。还须指出，这里所讲的处理方法仅适用于工频下的稳态计算。

第二节　变压器的等值电路和参数

一、变压器的等值电路

在电力系统计算中，双绕组变压器的近似等值电路常将励磁支路前移到电源侧。在这个等值电路中，一般将变压器二次绕组的电阻和漏抗折算到一次绕组侧并和一次绕组的电阻和漏抗合并，用等值阻抗 $R_T + jX_T$ 来表示，见图 2-3（a）。对于三绕组变压器，采用励磁支路前移的星形等值电路，如图 2-3（b）所示，图中的所有参数值都是折算到一次侧的值。

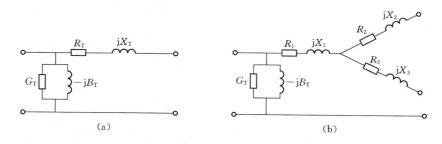

图 2-3　变压器的等值电路

（a）双绕组变压器；（b）三绕组变压器

自耦变压器的等值电路与普通变压器的相同。

二、双绕组变压器的参数计算

变压器的参数一般是指其等值电路中的电阻 R_T、电抗 X_T、电导 G_T 和电纳 B_T。

变压器的四个参数可以从出厂铭牌上代表电气特性的四个数据计算得到。这四个数据是短路损耗 ΔP_s，短路电压 $U_s\%$，空载损耗 ΔP_0，空载电流 $I_0\%$。前两个数据由短路试验得到，用以确定 R_T 和 X_T；后两个数据由空载试验得到，用以确定 G_T 和 B_T。

1. 电阻 R_T

变压器作短路试验时，将一侧绕组短接，在另一侧绕组施加电压，使短路绕组的电流达到额定值。由于此时外加电压较小，相应的铁耗也小，可以认为短路损耗即等于变压器通过额定电流时原、副方绕组电阻的总损耗（亦称铜耗），即 $\Delta P_s = 3I_N^2 R_T$，于是

$$R_T = \frac{\Delta P_s}{3I_N^2} \tag{2-29}$$

在电力系统计算中，常用变压器三相额定容量 S_N 和额定线电压 U_N 进行参数计算，故可把式（2-29）改写为

$$R_{\mathrm{T}} = \frac{\Delta P_{\mathrm{S}} U_{\mathrm{N}}^2}{S_{\mathrm{N}}^2} \times 10^3 \tag{2-30}$$

式中　R_{T}——变压器高低压绕组的总电阻，Ω；

　　ΔP_{S}——变压器的短路损耗，kW；

　　U_{N}——变压器的额定线电压，kV；

　　S_{N}——变压器的额定容量，kVA。

2. 电抗 X_{T}

当变压器通过额定电流时，在电抗 X_{T} 上产生的电压降的大小，可以用额定电压的百分数表示，即

$$U_{\mathrm{X}}\% = \frac{I_{\mathrm{N}} X_{\mathrm{T}}}{\dfrac{U_{\mathrm{N}}}{\sqrt{3}}} \times 100 = \frac{\sqrt{3} I_{\mathrm{N}} X_{\mathrm{T}}}{U_{\mathrm{N}}} \times 100$$

因此

$$X_{\mathrm{T}} = \frac{U_{\mathrm{X}}\%}{100} \times \frac{U_{\mathrm{N}}}{\sqrt{3} I_{\mathrm{N}}} = \frac{U_{\mathrm{X}}\%}{100} \times \frac{U_{\mathrm{N}}^2}{S_{\mathrm{N}}} \times 10^3 \tag{2-31}$$

变压器铭牌上给出的短路电压百分数 $U_{\mathrm{S}}\%$，是变压器通过额定电流时在阻抗上产生的电压降的百分数，即

$$U_{\mathrm{S}}\% = \frac{\sqrt{3} I_{\mathrm{N}} Z_{\mathrm{T}}}{U_{\mathrm{N}}} \times 100$$

所以 $U_{\mathrm{X}}\%$ 可由下式求得

$$U_{\mathrm{X}}\% = \sqrt{(U_{\mathrm{S}}\%)^2 - (U_{\mathrm{R}}\%)^2}$$

式中　$U_{\mathrm{R}}\%$——变压器通过额定电流在电阻上产生的电压降的百分数，即

$$U_{\mathrm{R}}\% = \frac{\sqrt{3} I_{\mathrm{N}} R_{\mathrm{T}}}{U_{\mathrm{N}}} \times 100 \approx \frac{\Delta P_{\mathrm{S}}}{S_{\mathrm{N}}} \times 100 = \Delta P_{\mathrm{S}}\%$$

对于大容量变压器，其绕组电阻比电抗小得多，可以近似地认为 $U_{\mathrm{X}}\% \approx U_{\mathrm{S}}\%$，故

$$X_{\mathrm{T}} = \frac{U_{\mathrm{S}}\%}{100} \times \frac{U_{\mathrm{N}}^2}{S_{\mathrm{N}}} \times 10^3 \tag{2-32}$$

式中　X_{T}——变压器高低压绕组的总电抗，Ω；

　　$U_{\mathrm{S}}\%$——变压器的短路电压百分比。

本式及本章以后各公式中的 S_{N} 与 U_{N} 的含义及其单位均与式（2-30）相同。

3. 电导 G_{T}

变压器的电导是用来表示铁芯损耗的。由于空载电流相对额定电流来说是很小的，绕组中的铜耗也很小，所以，可以近似认为变压器的铁耗就等于空载损耗，即 $\Delta P_{\mathrm{Fe}} \approx \Delta P_0$，于是

$$G_{\mathrm{T}} = \frac{\Delta P_{\mathrm{Fe}}}{U_{\mathrm{N}}^2} \times 10^{-3} = \frac{\Delta P_0}{U_{\mathrm{N}}^2} \times 10^{-3} \tag{2-33}$$

式中　G_{T}——变压器的电导，S；

　　ΔP_0——变压器空载损耗，kW。

4. 电纳 B_T

变压器的电纳代表变压器的励磁功率。变压器空载电流包含有功分量和无功分量，与励磁功率对应的是无功分量。由于有功分量很小，无功分量和空载电流在数值上几乎相等。根据变压器铭牌上给出的 $I_0\% = \dfrac{I_0}{I_N} \times 100$，可以算出

$$B_T = \frac{I_0\%}{100} \times \frac{\sqrt{3}\,I_N}{U_N} = \frac{I_0\%}{100} \times \frac{S_N}{U_N^2} \times 10^{-3} \tag{2-34}$$

式中　　B_T——变压器的电纳，S；

　　　　$I_0\%$——变压器的空载电流百分比。

三、三绕组变压器的参数计算

三绕组变压器等值电路中的参数计算原则与双绕组变压器的相同，下面分别确定各参数的计算公式。

1. 电阻 R_1、R_2、R_3

为了确定三个绕组的等值阻抗，要有三个方程，为此需要有三种短路试验的数据。三绕组变压器的短路试验是依次让一个绕组开路，按双绕组变压器来作的。若测得短路损耗分别为 $\Delta P_{S(1-2)}$，$\Delta P_{S(2-3)}$，$\Delta P_{S(3-1)}$，则有

$$\left.\begin{array}{l}
\Delta P_{S(1-2)} = 3I_N^2 R_1 + 3I_N^2 R_2 = \Delta P_{S1} + \Delta P_{S2} \\[2mm]
\Delta P_{S(2-3)} = 3I_N^2 R_2 + 3I_N^2 R_3 = \Delta P_{S2} + \Delta P_{S3} \\[2mm]
\Delta P_{S(3-1)} = 3I_N^2 R_3 + 3I_N^2 R_1 = \Delta P_{S3} + \Delta P_{S1}
\end{array}\right\} \tag{2-35}$$

式中　　ΔP_{S1}，ΔP_{S2}，ΔP_{S3}——各绕组的短路损耗，于是

$$\left.\begin{array}{l}
\Delta P_{S1} = \dfrac{1}{2}(\Delta P_{S(1-2)} + \Delta P_{S(3-1)} - \Delta P_{S(2-3)}) \\[3mm]
\Delta P_{S2} = \dfrac{1}{2}(\Delta P_{S(1-2)} + \Delta P_{S(2-3)} - \Delta P_{S(3-1)}) \\[3mm]
\Delta P_{S3} = \dfrac{1}{2}(\Delta P_{S(2-3)} + \Delta P_{S(3-1)} - \Delta P_{S(1-2)})
\end{array}\right\} \tag{2-36}$$

求出各绕组的短路损耗后，便可导出与双绕组变压器计算 R_T 相同形式的算式，即

$$R_i = \frac{\Delta P_{Si} U_N^2}{S_N^2} \times 10^3 \quad (i = 1,2,3) \tag{2-37}$$

上述计算公式 适用于三个绕组的额定容量都相同的情况。各绕组额定容量相等的三绕组变压器不可能三个绕组同时都满载运行。根据电力系统运行的实际需要，三个绕组的额定容量，可以制造得不相等。我国目前生产的变压器三个绕组的容量比，按高、中、低压绕组的顺序有 100/100/100、100/100/50、100/50/100 三种。变压器铭牌上的额定容量是指容量最大的一个绕组的容量，也就是高压绕组的容量。公式（2-37）中的 ΔP_{S1}，ΔP_{S2}，ΔP_{S3} 是指组流过与变压器额定容量 S_N 相对应的额定电流 I_N 时所产生的损耗。做短路试验时，三个绕组容量不相等的变压器将受到较小容量绕组额定电流的限制。因此，要应用式（2-36）及式（2-37）进行计算，必须对工厂提供的短路试验的数据进行折算。若工厂提供的试验值为 $\Delta P'_{S(1-2)}$、$\Delta P'_{S(2-3)}$、$\Delta P'_{S(3-1)}$，且编号 1 为高压绕组，则

$$\left.\begin{array}{l} \Delta P_{S(1-2)} = \Delta P'_{S(1-2)} \left(\dfrac{S_N}{S_{2N}}\right)^2 \\[2mm] \Delta P_{S(2-3)} = \Delta P'_{S(2-3)} \left(\dfrac{S_N}{\min\{S_{2N}, S_{3N}\}}\right)^2 \\[2mm] \Delta P_{S(3-1)} = \Delta P'_{S(3-1)} \left(\dfrac{S_N}{S_{3N}}\right)^2 \end{array}\right\} \qquad (2-38)$$

2. 电抗 X_1、X_2、X_3

和双绕组变压器一样，近似地认为电抗上的电压降就等于短路电压。在给出短路电压 $U_{S(1-2)}\%$、$U_{S(2-3)}\%$、$U_{S(3-1)}\%$ 后，与电阻的计算公式相似，各绕组的短路电压为

$$\left.\begin{array}{l} U_{S1}\% = \dfrac{1}{2}(U_{S(1-2)}\% + U_{S(3-1)}\% - U_{S(2-3)}\%) \\[2mm] U_{S2}\% = \dfrac{1}{2}(U_{S(1-2)}\% + U_{S(2-3)}\% - U_{S(3-1)}\%) \\[2mm] U_{S3}\% = \dfrac{1}{2}(U_{S(2-3)}\% + U_{S(3-1)}\% - U_{S(1-2)}\%) \end{array}\right\} \qquad (2-39)$$

各绕组的等值电抗为

$$X_i = \frac{U_{Si}\%}{100} \times \frac{U_N^2}{S_N} \times 10^3 \ \Omega \quad (i = 1,2,3) \qquad (2-40)$$

应该指出，手册和制造厂提供的短路电压值，不论变压器各绕组的容量比如何，一般都已折算为与变压器额定容量相对应的值，因此可以直接用式（2-39）及式（2-40）计算。

各绕组等值电抗的相对大小，与三个绕组在铁芯上的排列有关。高压绕组因绝缘要求排在外层，中压和低压绕组均有可能排在中层。排在中层的绕组，其等值电抗较小，或具有不大的负值。

求取三绕组变压器导纳的方法和求取双绕组变压器导纳的方法相同。

四、自耦变压器的参数计算

自耦变压器的等值电路及其参数计算的原理和普通变压器相同。通常，三绕组自耦变压器的第三绕组（低压绕组）总是接成三角形，以消除由于铁芯饱和引起的三次谐波，并且它的容量比变压器的额定容量（高、中压绕组的通过容量）小。因此，计算等值电阻时要对短路试验的数据进行折算。如果由手册或工厂提供的短路电压是未经折算的值，那么，在计算等值电抗时，也要对它们先进行折算，其公式如下

$$\left.\begin{array}{l} U_{S(2-3)}\% = U'_{S(2-3)}\% \left(\dfrac{S_N}{S_{3N}}\right) \\[2mm] U_{S(3-1)}\% = U'_{S(3-1)}\% \left(\dfrac{S_N}{S_{3N}}\right) \end{array}\right\} \qquad (2-41)$$

【例 2-1】 有一容量比为 $90000/90000/45000\text{kVA}$，额定电压为 $220/121/11\text{kV}$ 的三相三绕组自耦变压器，工厂给出试验数据为 $\Delta P'_{S(1-2)} = 325\text{kW}$，$\Delta P'_{S(2-3)} = 270\text{kW}$，$\Delta P'_{S(3-1)} = 345\text{kW}$，$\Delta P_0 = 104\text{kW}$，$U'_{S(1-2)}\% = 10$，$U'_{S(2-3)}\% = 121$，$U'_{S(3-1)}\% = 18.6$，$I_0\% = 0.65$。试求归算到 220kV 侧的变压器参数。

解 （1）首先将应折算的短路损耗和短路电压折算到变压器的额定容量，即

$$\Delta P_{S(1-2)} = \Delta P'_{S(1-2)} \left(\frac{S_N}{S_{2N}}\right)^2 = 325 \times \left(\frac{90000}{90000}\right)^2 = 325 \text{ (kW)}$$

$$\Delta P_{S(2-3)} = \Delta P'_{S(2-3)} \left(\frac{S_N}{S_{3N}}\right)^2 = 270 \times \left(\frac{90000}{45000}\right)^2 = 1080 \text{ (kW)}$$

$$\Delta P_{S(3-1)} = \Delta P'_{S(3-1)} \left(\frac{S_N}{S_{3N}}\right)^2 = 345 \times \left(\frac{90000}{45000}\right)^2 = 1380 \text{ (kW)}$$

$$U_{S(1-2)}\% = U'_{S(1-2)}\% = 10$$

$$U_{S(2-3)}\% = U'_{S(2-3)}\% \left(\frac{S_N}{S_{3N}}\right) = 12.1 \times \frac{90000}{45000} = 24.2$$

$$U_{S(3-1)}\% = U'_{S(3-1)}\% \left(\frac{S_N}{S_{3N}}\right) = 18.6 \times \frac{90000}{45000} = 37.2$$

（2）计算各绕组的电阻，即

$$\Delta P_{S1} = \frac{1}{2}(\Delta P_{S(1-2)} + \Delta P_{S(3-1)} - \Delta P_{S(2-3)})$$

$$= \frac{1}{2}(325 + 1380 - 1080) = 312.5 \text{ (kW)}$$

$$\Delta P_{S2} = \frac{1}{2}(\Delta P_{S(1-2)} + \Delta P_{S(2-3)} - \Delta P_{S(3-1)})$$

$$= \frac{1}{2}(325 + 1080 - 1380) = 12.5 \text{ (kW)}$$

$$\Delta P_{S3} = \frac{1}{2}(\Delta P_{S(3-1)} + \Delta P_{S(2-3)} - \Delta P_{S(1-2)})$$

$$= \frac{1}{2}(1380 + 1080 - 325) = 1067.5 \text{ (kW)}$$

各绕组的电阻分别为

$$R_1 = \frac{\Delta P_{S1} U_N^2}{S_N^2} \times 10^3 = \frac{312.5 \times 220^2}{90000^2} \times 10^3 = 1.87 \text{ (}\Omega\text{)}$$

$$R_2 = \frac{\Delta P_{S2} U_N^2}{S_N^2} \times 10^3 = \frac{12.5 \times 220^2}{90000^2} \times 10^3 = 0.075 \text{ (}\Omega\text{)}$$

$$R_3 = \frac{\Delta P_{S3} U_N^2}{S_N^2} \times 10^3 = \frac{1067.5 \times 220^2}{90000^2} \times 10^3 = 6.38 \text{ (}\Omega\text{)}$$

（3）计算各绕组的电抗，即

$$U_{S1}\% = \frac{1}{2}(U_{S(1-2)}\% + U_{S(3-1)}\% - U_{S(2-3)}\%) = \frac{1}{2}(10 + 37.2 - 24.2) = 11.5$$

$$U_{S2}\% = \frac{1}{2}(U_{S(1-2)}\% + U_{S(2-3)}\% - U_{S(3-1)}\%) = \frac{1}{2}(10 + 24.2 - 37.2) = -1.5$$

$$U_{S3}\% = \frac{1}{2}(U_{S(3-1)}\% + U_{S(2-3)}\% - U_{S(1-2)}\%) = \frac{1}{2}(37.2 + 24.2 - 10) = 25.7$$

各绕组的等值电抗分别为

$$X_1 = \frac{U_{S1}\%}{100} \times \frac{U_N^2}{S_N} \times 10^3 = \frac{11.5}{100} \times \frac{220^2}{90000} \times 10^3 = 61.84 \text{ (}\Omega\text{)}$$

$$X_2 = \frac{U_{S2}\%}{100} \times \frac{U_N^2}{S_N} \times 10^3 = \frac{-1.5}{100} \times \frac{220^2}{90000} \times 10^3 = -8.06 \ (\Omega)$$

$$X_3 = \frac{U_{S3}\%}{100} \times \frac{U_N^2}{S_N} \times 10^3 = \frac{25.7}{100} \times \frac{220^2}{90000} \times 10^3 = 138.2 \ (\Omega)$$

（4）计算变压器的导纳，即

$$G_T = \frac{\Delta P_0}{U_N^2} \times 10^{-3} = \frac{104}{220^2} \times 10^{-3} = 2.15 \times 10^{-6} \ (S)$$

$$B_T = \frac{I_0\%}{100} \times \frac{S_N}{U_N^2} \times 10^{-3} = \frac{0.65}{100} \times \frac{90000}{220^2} \times 10^{-3} = 0.122 \times 10^{-6} \ (S)$$

五、变压器的 Π 型等值电路

变压器采用图 2-3 所示的等值电路时，计算所得的副方绕组的电流和电压都是它们的折算值（即折算到原方绕组的值），而且与副方绕组相接的其他元件的参数也要用其折算值。在电力系统实际计算中，常常需要求出变压器副方的实际电流和电压。为此，可以在变压器等值电路中增添只反映变比的理想变压器。

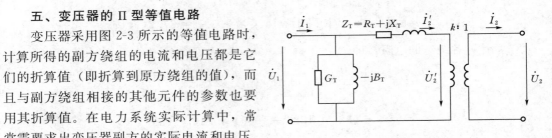

图 2-4 带有变比的等值电路

所谓理想变压器就是无损耗、无漏磁、无需励磁电流的变压器。双绕组变压器的这种等值电路示于图 2-4 中。图中变压器的阻抗 $Z_T = R_T + jX_T$ 是折算到原方的值，$k = U_{1N}/U_{2N}$ 是变压器的变比，$\dot{U}_2$ 和 $\dot{I}_2$ 是副方的实际电压和电流。如果将励磁支路略去或另作处理，则变压器又可用它的阻抗 Z 和理想变压器相串联的等值电路 [见图 2-5（a）] 表示。这种存在磁耦合的电路还可以进一步变换成电气上直接相连的等值电路。

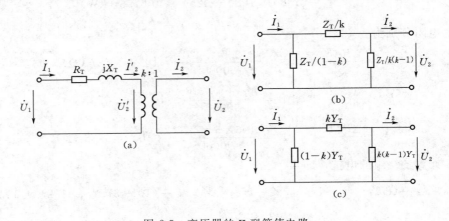

图 2-5 变压器的 Π 型等值电路

由图 2-5（a）可以写出

$$\left.\begin{aligned} \dot{U}_1 - Z_T \dot{I}_1 &= \dot{U}'_2 = k\dot{U}_2 \\ \dot{I}_1 &= \dot{I}'_2 = \frac{1}{k}\dot{I}_2 \end{aligned}\right\} \tag{2-42}$$

由上式可解出

22

$$\dot{I}_1 = \frac{\dot{U}_1}{Z_T} - \frac{k\dot{U}_2}{Z_T} = \frac{1-k}{Z_T}\dot{U}_1 + \frac{k}{Z_T}(\dot{U}_1 - \dot{U}_2)$$
$$\dot{I}_2 = \frac{k\dot{U}_1}{Z_T} - \frac{k^2\dot{U}_2}{Z_T} = \frac{k}{Z_T}(\dot{U}_1 - \dot{U}_2) - \frac{k(k-1)}{Z_T}\dot{U}_2$$

$$(2\text{-}43)$$

若令 $Y_T = \dfrac{1}{Z_T}$，则式（2-43）又可写成

$$\dot{I}_1 = (1-k)Y_T\dot{U}_1 + kY_T(\dot{U}_1 - \dot{U}_2)$$
$$\dot{I}_2 = kY_T(\dot{U}_1 - \dot{U}_2) - k(k-1)Y_T\dot{U}_2$$

$$(2\text{-}44)$$

与式（2-43）和式（2-44）相对应的等值电路图示于图 2-5（b）和图 2-5（c）。

变压器的 Π 型等值电路中三个阻抗（导纳）都与变比 k 有关，Π 型的两个并联支路的阻抗（导纳）的符号总是相反的。三个支路阻抗之和恒等于零，即它们构成了谐振三角形。三角形内产生谐振环流，正是这谐振环流在原、副方间的阻抗上（Π 型的串联支路）产生的电压降，实现了原、副方的变压，而谐振电流本身又完成了原、副方的电流变换，从而使等值电路起到变压器的作用。

三绕组变压器在略去励磁支路后的等值电路示于图 2-6（a）。图中 Ⅱ 侧和 Ⅲ 侧的阻抗都已折算到 Ⅰ 侧，并在 Ⅱ 侧和 Ⅲ 侧分别增添了理想变压器，其变压比为 $k_{12} = U_{\text{I N}}/U_{\text{II N}}$ 和 $k_{13} = U_{\text{I N}}/U_{\text{III N}}$。与双绕组变压器一样，可以做出电气上直接相连的三绕组变压器等值电路，如图 2-6（b）所示。

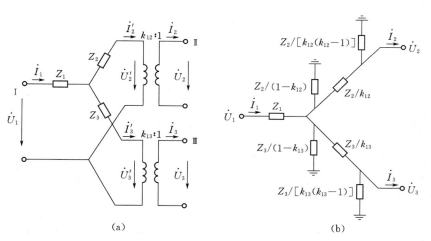

图 2-6　三绕组变压器的等值电路

变压器采用 Π 型等值电路后，电力系统中与变压器相接的各元件就可以直接应用其参数的实际值。在用计算机进行电力系统计算时，常采用这种处理方法。

<h2 style="text-align:center">第三节　电力网络的等值电路</h2>

一、多电压级网络中参数和变量的归算

求得各电力线路和变压器的等值电路后，就可根据网络的电气结线图绘制整个网络的

等值电路。这时，对多电压级网络，根据变压器是否采用 II 型等值电路，还要注意一个不同电压级之间的归算问题。

在有变压器的多电压级网络中，若变压器利用 II 型等值电路，则各级电压的电路参数不必归算，若变压器不采用 II 型等值电路，则系统中所有元件参数均应归算到同一电压等级——基本级。通常取网络中最高电压级为基本级，例如图 2-7 中的 500kV 级。

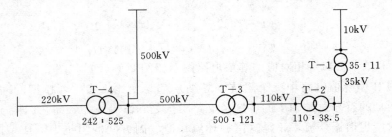

图 2-7　多电压级网络

归算时按下式计算

$$\left.\begin{array}{l} R = R'(k_1 k_2 k_3 \cdots)^2 \\ X = X'(k_1 k_2 k_3 \cdots)^2 \end{array}\right\} \tag{2-45}$$

$$\left.\begin{array}{l} G = G'\left(\dfrac{1}{k_1 k_2 k_3 \cdots}\right)^2 \\ B = B'\left(\dfrac{1}{k_1 k_2 k_3 \cdots}\right)^2 \end{array}\right\} \tag{2-46}$$

相应地有

$$U = U'(k_1 k_2 k_3 \cdots) \tag{2-47}$$

$$I = I'\left(\dfrac{1}{k_1 k_2 k_3 \cdots}\right) \tag{2-48}$$

式中　　k_1、k_2、k_3、$\cdots$——变压器的变比；

R'、X'、G'、B'、U'、I'——归算前电阻、电抗、电导、电纳、相应的电压、电流的值；

R、X、G、B、U、I——归算后的值。

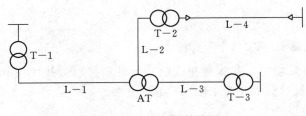

图 2-8　电力网络结线图

式中的变比应取从基本级到待归算级。例如图 2-7 中，如需将 10kV 侧的参数和变量归算到 500kV 侧，则变压器 T-1、T-2、T-3 的变比 k_1、k_2、k_3 应分别取 35/11、110/38.5、500/121，即变比的分子是向基本级一侧的电压，分母则是向待归算级一侧的电压。

【例 2-2】　电力网络结线如图 2-8。图中各元件的技术数据见表 2-1 及表 2-2。试作归算至 220kV 侧的该网络的等值电路。作此等值电路时，变压侧的电阻、导纳、线路 L-1、L-2 的电导，线路 L-3、L-4 的导纳都可略去。

24

例 2-2 电力网络各元件技术数据（一）

符号	名 称	容量 (MVA)	电压 (kV)	$U_s\%$	ΔP_s (kW)	$I_0\%$	ΔP_0 (kW)	备 注
T—1	变压器	180	13.8/242	14	1005	2.5	294	
T—2	变压器	60	110/11	10.5	310	2.5	130	
T—3	变压器	15	35/6.6	8	122	3	39	
AT	自耦 变压器	120	220/121/38.5	9 (1—2) 30 (3—1) 20 (2—3)	228 (1) 202 (2) 98 (3)	1.4	185	$U_s\%$ 已归算至额定 容量

表 2-2 例 2-2 电力网络各元件技术数据（二）

符号	名 称	标 号	长度 (km)	电压 (kV)	电阻 (Ω/km)	电抗 (Ω/km)	电纳 (S/km)	备 注
L—1	架空线路	LGJQ—400	150	220	0.08	0.406	2.81×10^{-6}	
L—2	架空线路	LGJ—300	60	110	0.105	0.383	2.98×10^{-6}	
L—3	架空线路	LGJ—185	13	35	0.17	0.38		
L—4	电缆线路	ZLQ2—3×70	2.5	10	0.45	0.08		

解 变压器 T—1 的电抗为

$$X_{T1} = \frac{U_s\% U_N^2}{100 S_N} = \frac{14 \times 242^2}{100 \times 180} = 45.6 \ (\Omega)$$

线路 L—1 的电阻、电抗、电纳为

$$R_{l1} = r_1 l = 0.08 \times 150 = 12 \ (\Omega)$$

$$X_{l1} = x_1 l = 0.406 \times 150 = 60.9 \ (\Omega)$$

$$\frac{1}{2} B_{l1} = \frac{1}{2} b_1 l = \frac{1}{2} \times 2.81 \times 10^{-6} \times 150 = 21.1 \times 10^{-5} \ (S)$$

自耦变压器 AT 的电抗

$$U_{S1}\% = \frac{1}{2} \big[U_{S(1-2)}\% + U_{S(3-1)}\% - U_{S(2-3)}\% \big] = \frac{1}{2}(9 + 30 - 20) = 9.5$$

$$U_{S2}\% = \frac{1}{2} \big[U_{S(1-2)}\% + U_{S(2-3)}\% - U_{S(3-1)}\% \big] = \frac{1}{2}(9 + 20 - 30) = -0.5$$

$$U_{S3}\% = \frac{1}{2} \big[U_{S(2-3)}\% + U_{S(3-1)}\% - U_{S(1-2)}\% \big] = \frac{1}{2}(20 + 30 - 9) = 20.5$$

$$X_{AT1} = \frac{U_{S1}\% U_N^2}{100 S_N} = \frac{9.5 \times 220^2}{100 \times 120} = 38.3 \ (\Omega)$$

$$X_{AT2} = \frac{U_{S2}\% U_N^2}{100 S_N} = \frac{-0.5 \times 220^2}{100 \times 120} = -2.02 \ (\Omega)$$

$$X_{AT3} = \frac{U_{S3}\% U_N^2}{100 S_N} = \frac{20.5 \times 220^2}{100 \times 120} = 82.8 \ (\Omega)$$

线路 L—3 的电阻、电抗

$$R_{l3} = r_1 l k_{AT(1-3)}^2 = 0.170 \times 13 \left(\frac{220}{38.5} \right)^2 = 72 \ (\Omega)$$

$$X_{l3} = x_1 l k_{\text{AT}(1-3)}^2 = 0.380 \times 13 \left(\frac{220}{38.5}\right)^2 = 161 \text{（}\Omega\text{）}$$

变压器 T−3 的电抗

$$X_{\text{T3}} = \frac{U_{\text{S}}\%U_{\text{N}}^2}{100 S_{\text{N}}} k_{\text{AT}(1-3)}^2 = \frac{8 \times 35^2}{100 \times 15}\left(\frac{220}{38.5}\right)^2 = 213 \text{（}\Omega\text{）}$$

线路 L−2 的电阻、电抗、电纳

$$R_{l2} = r_1 l k_{\text{AT}(1-2)}^2 = 0.105 \times 60 \left(\frac{220}{121}\right)^2 = 20.8 \text{（}\Omega\text{）}$$

$$X_{l2} = x_1 l k_{\text{AT}(1-2)}^2 = 0.383 \times 60 \left(\frac{220}{121}\right)^2 = 75.8 \text{（}\Omega\text{）}$$

$$\frac{1}{2}B_{l2} = \frac{1}{2}b_1 l \frac{1}{k_{\text{AT}(1-2)}^2} = \frac{1}{2} \times 2.98 \times 10^{-6} \times 60 \left(\frac{121}{220}\right)^2 = 27.0 \times 10^{-6} \text{（S）}$$

变压器 T−2 的电抗

$$X_{\text{T2}} = \frac{U_{\text{S}}\%U_{\text{N}}^2}{100 S_{\text{N}}} k_{\text{AT}(1-2)}^2 = \frac{10.5 \times 110^2}{100 \times 60}\left(\frac{220}{121}\right)^2 = 70 \text{（}\Omega\text{）}$$

线路 L−4 的电阻、电抗

$$R_{l4} = r_1 l (k_{\text{T2}} k_{\text{AT}(1-2)})^2 = 0.45 \times 2.5 \left(\frac{110 \times 220}{11 \times 121}\right)^2 = 372 \text{（}\Omega\text{）}$$

$$X_{l4} = x_1 l (k_{\text{T2}} k_{\text{AT}(1-2)})^2 = 0.08 \times 2.5 \left(\frac{110 \times 220}{11 \times 121}\right)^2 = 66 \text{（}\Omega\text{）}$$

至此，可运用求得的各元件参数绘制网络的等值电路如图 2-9。

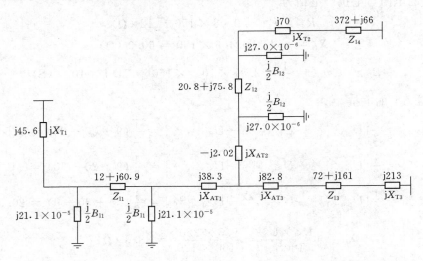

图 2-9　电力网络的等值电路

二、标幺制

在电力系统计算中，除运用上列具有单位的阻抗、导纳、电压、电流等进行运算外，还广泛运用没有单位的阻抗、导纳、电压、电流等的相对值进行运算。前者称有名制，后者称标幺制。标幺制之所以能在相当宽广的范围内取代有名制，是由于标幺制具有计算结果清晰、便于迅速判断计算结果的正确性、可大量简化计算等优点。

标么制中，上列各量都以相对值出现，必然要有所相对的基准，即所谓基准值。标么值、有名值、基准值之间应有如下关系

$$标么值 = \frac{有名值（任一单位）}{基准值（与相应有名值相同单位）} \qquad (2\text{-}49)$$

按上式，并计及三相对称系统中，线电压为相电压的 $\sqrt{3}$ 倍，三相功率为单相功率的 3 倍，如取线电压的基准值为相电压基准值的 $\sqrt{3}$ 倍，三相功率的基准值为单相功率基准值的 3 倍，则线电压和相电压的标么值数值相等，三相功率和单相功率的标么值数值相等。而通过运算将会发现，标么制的这一特点也是它的一个优点。

基准值的单位应与有名值的单位相同是选择基准值的一个限制条件。选择基准值的另一个限制条件是阻抗、导纳、电压、电流、功率的基准值之间也应符合电路的基本关系。如阻抗、导纳的基准值为每相阻抗、导纳；电压、电流的基准值为线电压、线电流；功率的基准值为三相功率，则这些基准值之间应有如下关系

$$\left. \begin{array}{l} S_\mathrm{B} = \sqrt{3}\,U_\mathrm{B} I_\mathrm{B} \\[2mm] U_\mathrm{B} = \sqrt{3}\,I_\mathrm{B} Z_\mathrm{B} \\[2mm] Z_\mathrm{B} = \dfrac{1}{Y_\mathrm{B}} \end{array} \right\} \qquad (2\text{-}50)$$

式中　Z_B、Y_B——每相阻抗、导纳的基准值；

$\quad\quad\ U_\mathrm{B}$、I_B——线电压、线电流的基准值；

$\quad\quad\ S_\mathrm{B}$——三相功率的基准值。

由此可见，五个基准值中只有两个可以任意选择，其余三个必须根据上列关系派生。通常是，先选定三相功率和线电压的基准值 S_B、U_B，然后按上列关系式求出每相阻抗、导纳和线电流的基准值，即

$$\left. \begin{array}{l} Z_\mathrm{B} = \dfrac{U_\mathrm{B}^2}{S_\mathrm{B}} \\[3mm] Y_\mathrm{B} = \dfrac{S_\mathrm{B}}{U_\mathrm{B}^2} \\[3mm] I_\mathrm{B} = \dfrac{S_\mathrm{B}}{\sqrt{3}\,U_\mathrm{B}} \end{array} \right\} \qquad (2\text{-}51)$$

功率的基准值往往就取系统中某一发电厂的总功率或系统的总功率，也可取某发电机或变压器的额定功率，有时也取某一整数，如 100、1000MVA 等。电压的基准值往往就取网络中被选作为基本级的额定电压。例如，图 2-7 中，如选 500kV 电压级为基本级，则可选 500kV 为电压的基准值。

决定了功率、电压的基准值，求得了阻抗、导纳、电流的基准值后，对单一电压级网络，就可根据标么值的定义式（2-49）直接求取这些量的标么值。但对多电压级网络，还有一个不同电压级之间的归算问题。计及电压级之间的归算而求取标么值的方法有以下两种。

（1）将网络各元件阻抗、导纳以及网络中各点电压、电流的有名值都归算到同一电压级——基本级，然后除以与基本级相对应的阻抗、导纳、电压、电流基准值，即

$$Z_* = \frac{Z}{Z_B} = Z \frac{S_B}{U_B^2}$$

$$Y_* = \frac{Y}{Y_B} = Y \frac{U_B^2}{S_B}$$

$$U_* = \frac{U}{U_B}$$

$$I_* = \frac{I}{I_B} = I \frac{\sqrt{3} U_B}{S_B}$$

$$\left. \right\} \quad (2\text{-}52)$$

式中 Z_*、Y_*、U_*、I_*——阻抗、导纳、电压、电流的标么值;

$\qquad$ Z、Y、U、I——归算到基本级的阻抗、导纳、电压、电流的有名值;

Z_B、Y_B、U_B、I_B、S_B——与基本级相对应的阻抗、导纳、电压、电流、功率的基准值。

（2）将未经归算的各元件阻抗、导纳以及网络中各点电压、电流的有名值除以由基本级归算到这些量所在电压级的阻抗、导纳、电压、电流基准值，即

$$Z_* = \frac{Z'}{Z'_B} = Z' \frac{S'_B}{U_B'^2}$$

$$Y_* = \frac{Y'}{Y'_B} = Y' \frac{U_B'^2}{S'_B}$$

$$U_* = \frac{U'}{U'_B}$$

$$I_* = \frac{I'}{I'_B} = I' \frac{\sqrt{3} U'_B}{S'_B}$$

$$\left. \right\} \quad (2\text{-}53)$$

式中 Z_*、Y_*、U_*、I_*——阻抗、导纳、电压、电流的标么值;

$\qquad$ Z'、Y'、U'、I'——未经归算的阻抗、导纳、电压、电流的有名值;

Z'_B、Y'_B、U'_B、I'_B、S'_B——由基本级归算到 Z'、Y'、U'、I' 所在电压级的阻抗、导纳、

$\qquad\qquad\qquad\qquad$ 电压、电流、功率的基准值。

这里，Z、Y、U、I 与 Z'、Y'、U'、I' 的关系如式（2-45）～式（2-48），而 Z_B、Y_B、U_B、I_B、S_B 与 Z'_B、Y'_B、U'_B、I'_B、S'_B 的关系则为

$$Z'_B = Z_B \left(\frac{1}{k_1 k_2 k_3 \cdots} \right)^2$$

$$Y'_B = Y_B (k_1 k_2 k_3 \cdots)^2$$

$$U'_B = U_B \left(\frac{1}{k_1 k_2 k_3 \cdots} \right)$$

$$I'_B = I_B (k_1 k_2 k_3 \cdots)$$

$$S'_B = S_B$$

$$\left. \right\} \quad (2\text{-}54)$$

最后一式表明基准功率不存在不同电压级之间的归算问题，因为 $\sqrt{3} U_B I_B = \sqrt{3} U'_B I'_B$。

由式（2-52）、式（2-53）可见，这两种方法殊途同归，所得各量的标么值毫无差别。例如，设图 2-7 中选定基本级为 500kV 级、基准功率为 1000MVA，与这基本级对应的基准电压为 500kV，设图中 10kV 线路未经归算的阻抗为 $Z'=0.62\Omega$，归算至 500kV 基本级后为

$$Z = Z'(k_1 k_2 k_3)^2 = 0.62 \times \left(\frac{35}{11} \times \frac{110}{38.5} \times \frac{500}{121} \right)^2 = 874.93 \; (\Omega)$$

则按第一种方法求其标么值时，先求与 500kV 基本级对应的阻抗基准值

$$Z_B = U_B^2/S_B = 500^2/1000 = 250 \ (\Omega)$$

然后将归算至 500kV 基本级的 Z 除以这个 Z_B，可得

$$Z_* = Z/Z_B = 874.93/250 = 3.50$$

按第二种方法求其标么值时，先将基准电压由 500kV 基本级归算至线路所在的 10kV 级

$$U'_B = U_B/(k_1 k_2 k_3) = 500 \times \left(\frac{11}{35} \times \frac{38.5}{110} \times \frac{121}{500}\right) = 13.31 \ (kV)$$

再求归算至 10kV 级的阻抗基准值

$$Z'_B = U'^2_B/S_B = 13.31^2/1000 = 0.1772 \ (\Omega)$$

最后将未经归算的 Z' 除以这个 Z'_B，也可得

$$Z_* = Z'/Z'_B = 0.62/0.1772 = 3.50$$

【例 2-3】 网络结线和各元件的技术数据如例 2-2。试分别按两种方法作基准功率为 1000MVA、基准电压为 220kV 时该网络的标么制等值电路。

解 给定基准电压为 220kV，不言而喻，选定的基本级就是与之相近或相等的 220kV 级。因而例 2-2 中已求得各元件归算至 220kV 侧的阻抗、导纳，按第一种方法计算时可直接取

$$U_{B(220)} = 220 \ kV$$

进行标么值的折算。

按第二种方法计算时，可先求得归算至其他各级的电压基准值

$$U'_{B(220)} = 220 \ kV; \quad U'_{B(110)} = U_B \frac{1}{k_{AT(1-2)}} = 220 \times \frac{121}{220} = 121 \ (kV)$$

$$U'_{B(35)} = U_B \frac{1}{k_{AT(1-3)}} = 220 \times \frac{38.5}{220} = 38.5 \ (kV)$$

$$U'_{B(10)} = U_B \frac{1}{k_{AT(1-2)} k_{T2}} = 220 \times \frac{121}{220} \times \frac{11}{110} = 12.1 \ (kV)$$

然后再进行标么值的折算。按这两种方法计算的具体过程如表 2-3。

表 2-3 电力网络各元件参数计算

按 第 一 种 方 法 计 算	按 第 二 种 方 法 计 算
变压器 T-1 的电抗	
$X_{T1*} = X_{T1}\dfrac{S_B}{U_{B(220)}^2} = 45.6 \times \dfrac{1000}{220^2} = 0.94$	$X_{T1*} = \dfrac{U_k\%U_N^2 S_B}{100 U'^2_{B(220)} S_N} = \dfrac{14 \times 242^2 \times 1000}{100 \times 220^2 \times 180} = 0.94$
线路 L-1 的电阻、电抗、电纳	
$R_{l1*} = R_{l1}\dfrac{S_B}{U_{B(220)}^2} = 12 \times \dfrac{1000}{220^2} = 0.248$	$R_{l1*} = r_{l1}\dfrac{S_B}{U'^2_{B(220)}} = 0.08 \times 150 \times \dfrac{1000}{220^2} = 0.248$
$X_{l1*} = X_{l1}\dfrac{S_B}{U_{B(220)}^2} = 60.9 \times \dfrac{1000}{220^2} = 1.26$	$X_{l1*} = x_1 l\dfrac{S_B}{U'^2_{B(220)}} = 0.406 \times 150 \times \dfrac{1000}{220^2} = 1.26$
$\dfrac{1}{2}B_{l1*} = \dfrac{1}{2}B_{l1}\dfrac{U_{B(220)}^2}{S_B} = 21.1 \times 10^{-5} \times \dfrac{220^2}{1000}$ $= 10.2 \times 10^{-3}$	$\dfrac{1}{2}B_{l1*} = \dfrac{1}{2}b_1 l\dfrac{U'^2_{B(220)}}{S_B} = \dfrac{1}{2} \times 2.81 \times 10^{-6} \times 150 \times \dfrac{220^2}{1000}$ $= 10.2 \times 10^{-3}$

按 第 一 种 方 法 计 算	按 第 二 种 方 法 计 算
自耦变压器 AT 的电抗	

按 第 一 种 方 法 计 算	按 第 二 种 方 法 计 算
$X_{AT1*} = X_{AT1} \dfrac{S_B}{U^2_{B(220)}} = 38.3 \times \dfrac{1000}{220^2} = 0.79$	$X_{AT1*} = \dfrac{U_{k1}\% U^2_N S_B}{100 U'^2_{B(220)} S_N} = \dfrac{9.5 \times 220^2 \times 1000}{100 \times 220^2 \times 120} = 0.79$
$X_{AT2*} = X_{AT2} \dfrac{S_B}{U^2_{B(220)}} = -2.02 \times \dfrac{1000}{220^2} = -0.042$	$X_{AT2*} = \dfrac{U_{k2}\% U^2_N S_B}{100 U'^2_{B(220)} S_N} = \dfrac{-0.5 \times 220^2 \times 1000}{100 \times 220^2 \times 120} = -0.042$
$X_{AT3*} = X_{AT3} \dfrac{S_B}{U^2_{B(220)}} = 82.8 \times \dfrac{1000}{220^2} = 1.71$	$X_{AT3*} = \dfrac{U_{k3}\% U^2_N S_B}{100 U'^2_{B(220)} S_N} = \dfrac{20.5 \times 220^2 \times 1000}{100 \times 220^2 \times 120} = 1.71$

线路 L-3 的电阻、电抗

按 第 一 种 方 法 计 算	按 第 二 种 方 法 计 算
$R_{13*} = R_{13} \dfrac{S_B}{U^2_{B(220)}} = 72 \times \dfrac{1000}{220^2} = 1.49$	$R_{13*} = r_1 l \dfrac{S_B}{U'^2_{B(35)}} = 0.170 \times 13 \times \dfrac{1000}{38.5^2} = 1.49$
$X_{13*} = X_{13} \dfrac{S_B}{U^2_{B(220)}} = 161 \times \dfrac{1000}{220^2} = 3.33$	$X_{13*} = x_1 l \dfrac{S_B}{U'^2_{B(35)}} = 0.380 \times 13 \times \dfrac{1000}{38.5^2} = 3.33$

变压器 T-3 的电抗

按 第 一 种 方 法 计 算	按 第 二 种 方 法 计 算
$X_{T3*} = X_{T3} \dfrac{S_B}{U^2_{B(220)}} = 213 \dfrac{1000}{220^2} = 4.40$	$X_{T3*} = \dfrac{U_k\% U^2_N S_B}{100 U'^2_{B(35)} S_N} = \dfrac{8 \times 35^2 \times 1000}{100 \times 38.5^2 \times 15} = 4.40$

线路 L-2 的电阻、电抗、电纳

按 第 一 种 方 法 计 算	按 第 二 种 方 法 计 算
$R_{12*} = R_{12} \dfrac{S_B}{U^2_{B(220)}} = 20.8 \times \dfrac{1000}{220^2} = 0.430$	$R_{12*} = r_1 l \dfrac{S_B}{U'^2_{B(110)}} = 0.105 \times 60 \times \dfrac{1000}{121^2} = 0.430$
$X_{12*} = X_{12} \dfrac{S_B}{U^2_{B(220)}} = 75.8 \times \dfrac{1000}{220^2} = 1.57$	$X_{12*} = x_1 l \dfrac{S_B}{U'^2_{B(110)}} = 0.383 \times 60 \times \dfrac{1000}{121^2} = 1.57$
$\dfrac{1}{2} B_{12*} = \dfrac{1}{2} B_{12} \dfrac{U^2_{B(220)}}{S_B} = 27.0 \times 10^{-6} \times \dfrac{220^2}{1000}$ $= 1.31 \times 10^{-3}$	$\dfrac{1}{2} B_{12*} = \dfrac{1}{2} b_1 l \dfrac{U'^2_{B(110)}}{S_B} = \dfrac{1}{2} \times 2.98 \times 10^{-6} \times 60 \times \dfrac{121^2}{1000}$ $= 1.31 \times 10^{-3}$

变压器 T-2 的电抗

按 第 一 种 方 法 计 算	按 第 二 种 方 法 计 算
$X_{T2*} = X_{T2} \dfrac{S_B}{U^2_{B(220)}} = 70 \times \dfrac{1000}{220^2} = 1.45$	$X_{T2*} = \dfrac{U_k\% U^2_N S_B}{100 U'^2_{B(110)} S_N} = \dfrac{10.5 \times 110^2 \times 1000}{100 \times 121^2 \times 60} = 1.45$

线路 L-4 的电阻、电抗

按 第 一 种 方 法 计 算	按 第 二 种 方 法 计 算
$R_{14*} = R_{14} \dfrac{S_B}{U^2_{B(220)}} = 372 \times \dfrac{1000}{220^2} = 7.69$	$R_{14*} = r_1 l \dfrac{S_B}{U'^2_{B(10)}} = 0.45 \times 2.5 \times \dfrac{1000}{12.1^2} = 7.69$
$X_{14*} = X_{14} \dfrac{S_B}{U^2_{B(220)}} = 66 \times \dfrac{1000}{220^2} = 1.36$	$X_{14*} = x_1 l \dfrac{S_B}{U'^2_{B(10)}} = 0.08 \times 2.5 \times \dfrac{1000}{12.1^2} = 1.36$

按表 2-3 就可绘制以标幺制表示的等值电路如图 2-10。

三、电力网络的等值电路

事实上，以上已讨论了制定电力网络等值电路的全过程。以下仅需作些整理、归纳、补充。

制定电力网络等值电路的方法分两大类：

有名制——所有参数和变量都以有名单位，如 Ω、S、kV（V）、kA（A）、MVA（VA）等表示；

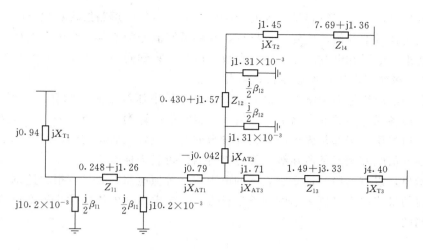

图 2-10　以标么制表示的电力网络等值电路

标么制——所有参数和变量都以与它们同名基准值相对的标么值表示，因此都没有单位。

对多电压级网络，因不同电压级间归算方向的不同，标么值又可有两种算法：其一是先将各参数和变量的有名值归算至基本级，然后在基本级折算为标么值；其二是先将各参数和变量的基准值由基本级归算至其他级，然后"就地"将相应的有名值折算为标么值。

在电力系统稳态分析中，如运用手算，往往采用有名制；如运用计算机计算，则又往往采用标么制。

此外，在制定电力网络等值电路时，有时还同时作某些简化，常见的有：线路的电导通常都被略去；变压器的电导有时以具有定值的有功功率损耗的形式出现在电路中；100km 以下架空线路的电纳被略去；100～300km 架空线路或变压器的电纳有时以具有定值的容性或感性无功功率损耗的形式出现在电路中。

有时，整个元件，甚至部分系统都可能不包括在等值电路中。例如，将某些发电厂的高压母线看做为可维持给定电压、输出给定功率的等值电源时，这些发电厂内部的元件就不再包括在等值电路中。

小　　结

本章阐述了两个问题：电力线路和变压器的参数和等值电路；电力网络的等值电路。

三相交流电力系统常用星形等值电路来模拟，对称运行时，可用一相等值电路进行分析计算。本章讲的是一相等值电路的参数，且架空线路的一相等值参数的计算公式是在三相对称运行状态下导出的。

采用分裂导线相当于扩大了导线的等效半径，因而能减小电感，增大电容。

用集中参数等值电路模拟分布参数电路，采用近似参数时，工频下，一个 Π 型电路可代替 200～300km 的架空线路。

双绕组变压器等值电路中的电阻、电抗、电导和电纳可根据变压器铭牌中给出的短路损耗、短路电压、空载损耗和空载电流这四个数据分别算出。对于三绕组变压器，要了解三个绕组的容量比，对于绕组容量不等的变压器，如果给出的短路损耗和短路电压尚未折算为变压器额定容量下的值，先要进行折算，并将折算值分配给各个绕组，然后再按有关公式计算各绕组的电阻和电抗。变压器的参数一般都归算到同一电压等级，参数计算公式中的 U_N 用哪一级额定电压，参数便归算到哪一级。

在制定多电压级电力网络的等值电路时，需进行电压级之间的归算。采用有名制时，无非是先求出各元件参数的有名值，然后逐级将它们归算到基本级。采用标么制时，虽然两种算法，但本质上仍都是先求出各元件参数的有名值，然后将它们归算至基本级，或将基本级的基准值归算至元件所在级，最后将有名值折算为标么值。

应该指出，以有名制和标么制表示的电力网络等值电路参数虽有很大差别，但运用它们计算所得的最终以有名制表示的网络运行方式——电压、电流、功率等变量的数值却总是完全等同的。

第三章　简单电力网络的分析与计算

本章和下一章阐述的是电力系统正常运行状况的分析与计算，重点在于电压、电流、功率的分布，即潮流分布。潮流计算的方法有手算方法和计算机算法两种，本章主要介绍电力系统的手算方法，尽管该方法仅适用于简单系统而且因采用各种简化假定精度不高，但有助于掌握电网电气量之间的物理关系，并加深对电力系统正常运行状态中各种物理概念的理解，同时为计算机进行潮流计算取得某些原始数据。

由于从本章开始涉及复功率，而复功率的表示方法目前尚未统一，所以在此对复功率或复功率中无功功率的符号作一说明。本书采用国际电工委员会推荐的约定，取 $\widetilde{S}=\dot{U}\overset{*}{I}=P+jQ$，即取

$$\widetilde{S}=\dot{U}\overset{*}{I}=UI\underline{/\varphi_U-\varphi_I}=UI\underline{/\varphi}=S(\cos\varphi+j\sin\varphi)=P+jQ$$

式中　　　$\widetilde{S}$——复功率；

$\dot{U}$——电压相量，$\dot{U}=U\underline{/\varphi_U}$；

$\overset{*}{I}$——电流相量的共轭值，$\overset{*}{I}=I\underline{/-\varphi_I}$；

φ——功率因数角，$\varphi=\varphi_U-\varphi_I$；

S、P、Q——视在功率、有功功率、无功功率。

由此可见，若复功率采用这种表示方法时，负荷以滞后功率因数运行时所吸取的无功功率为正，以超前功率因数运行时所吸取的无功功率为负；发电机以滞后功率因数运行时所发出的无功功率为正，以超前功率因数运行时所发出的无功功率为负。

第一节　网络元件的电压降落和功率损耗

一、电力线路上的电压降落和功率损耗

电力系统计算中常用功率而不用电流。这是因为实际系统中的电源、负荷常以功率形式给出，而电流是未知的。此外，有功功率、无功功率可以分别相加，它们的比率反映了相应的功率因数，而电流却不能反映这些。

在图 3-1 中，设末端电压为 $\dot{U}_2$，末端功率为 $\widetilde{S}_2=P_2+jQ_2$，则线路末端导纳支路的功率损耗 $\Delta\widetilde{S}_{y2}$ 为

$$\Delta\widetilde{S}_{y2}=\left(\frac{Y}{2}\dot{U}_2\right)^*\dot{U}_2=\frac{\overset{*}{Y}}{2}\dot{U}_2\overset{*}{U}_2=\frac{1}{2}(G-jB)U_2^2=\frac{1}{2}GU_2^2-j\frac{1}{2}BU_2^2=\Delta P_{y2}-j\Delta Q_{y2}$$

$$(3-1)$$

则阻抗末端的功率 $\widetilde{S}'_2$ 为

$$\widetilde{S}'_2=\widetilde{S}_2+\Delta\widetilde{S}_{y2}=P'_2+jQ'_2$$

阻抗支路中损耗的功率 $\Delta\widetilde{S}_Z$ 为

$$\Delta\tilde{S}_z = \left(\frac{S'_2}{U_2}\right)^2 Z = \frac{P'^2_2 + Q'^2_2}{U^2_2}(R + jX) = \Delta P_z + jQ_z \tag{3-2}$$

阻抗支路始端的功率 $\tilde{S}'_1$ 为

$$\tilde{S}'_1 = \tilde{S}'_2 + \Delta\tilde{S}_z = P'_1 + jQ'_1$$

线路始端导纳支路的功率损耗 $\Delta\tilde{S}_{y1}$ 为

$$\Delta\tilde{S}_{y1} = \left(\frac{Y}{2}\dot{U}_1\right)^* \dot{U}_1 = \frac{\overset{*}{Y}}{2}\dot{U}_1\overset{*}{U}_1 = \frac{1}{2}(G - jB)U^2_1 = \frac{1}{2}GU^2_1 - j\frac{1}{2}BU^2_1 = \Delta P_{y1} - jQ_{y1} \tag{3-3}$$

线路首端功率 $\tilde{S}_1$ 为

$$\tilde{S}_1 = \tilde{S}'_1 + \Delta\tilde{S}_{y1} = P_1 + jQ_1$$

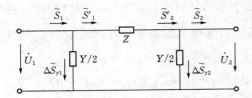 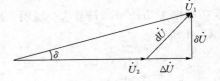

图 3-1　电力线路的电压和功率　　　　　图 3-2　电力线路的电压相量图

从以上推导不难看出，要想求出始端导纳支路的功率损耗 $\Delta\tilde{S}_{y1}$ 从而 $\tilde{S}_1$ 必须先求出始端电压 $\dot{U}_1$。设 $\dot{U}_2$ 与实轴重合，即 $\dot{U}_2 = U_2\underline{/0}$，如图 3-2 所示，则由

$$\dot{U}_1 = \dot{U}_2 + \left[\frac{\tilde{S}'_2}{\dot{U}_2}\right]^* Z$$

可得　　$\dot{U}_1 = U_2 + \frac{P'_2 - jQ'_2}{U_2}(R + jX) = \left(U_2 + \frac{P'_2R + Q'_2X}{U_2}\right) + j\left(\frac{P'_2X - Q'_2R}{U_2}\right)$

令　　　　$\Delta U = \left(\frac{P'_2R + Q'_2X}{U_2}\right); \quad \delta U = \left(\frac{P'_2X - Q'_2R}{U_2}\right) \tag{3-4}$

则有

$$\dot{U}_1 = (U_2 + \Delta U) + j\delta U$$

从而得出

$$U_1 = \sqrt{(U_2 + \Delta U)^2 + (\delta U)^2} \tag{3-5}$$

图 3-2 中的功率角为

$$\delta = \text{arctg}\frac{\delta U}{U_2 + \Delta U} \tag{3-6}$$

在一般电力系统中，$U_2 + \Delta U$ 远远大于 δU，也即电压降落的横分量的值 δU 对电压 U_1 的大小影响很小，可忽略不计，所以

$$U_1 \approx U_2 + \Delta U = U_2 + \frac{P'_2R + Q'_2X}{U_2} \tag{3-7}$$

同理，也可推导出从始端电压 $\dot{U}_1$、始端功率 $\tilde{S}_1$ 求取末端电压 $\dot{U}_2$ 末端功率 $\tilde{S}_2$ 的计算公式。有关功率的推导与式（3-1）～式（3-3）类似，而计算电压的部分应改为

$$\dot{U}_2 = (U_1 - \Delta U') - j\delta U'$$

$$\Delta U' = \left(\frac{P'_1 R + Q'_1 X}{U_1}\right); \quad \delta U' = \left(\frac{P'_1 X - Q'_1 R}{U_1}\right) \qquad (3\text{-}8)$$

$$U_2 = \sqrt{(U_1 - \Delta U')^2 + (\delta U')^2} \qquad (3\text{-}9)$$

$$\delta = \operatorname{arctg}\frac{-\delta U'}{U_1 - \Delta U'} \qquad (3\text{-}10)$$

式（3-8）～式（3-10）是以 $\dot{U}_1$ 为基准参考轴推出的。

将上述两种情况的向量的相对关系在同一相量图上表示，如图 3-3 所示。

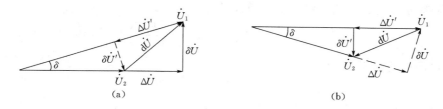

图 3-3　电压降落的两种计算方法

（a）自末端算起；（b）自始端算起

应指出，以上公式均是在负荷为感性的假设下推导的，即 Q 以正值代入，如负荷为容性，则公式中的 Q 以负值代入即可。

在计算线路电压中，常用到电压降落、电压损耗、电压偏移、电压调整等几个指标，它们的定义如下：

（1）电压降落。指线路始末两端电压的向量差 $(\dot{U}_1 - \dot{U}_2)$，它的两个分量 $\Delta\dot{U}$ 和 $\delta\dot{U}$ 分别称为电压降落的纵分量和横分量。

（2）电压损耗。指线路始末两端电压的数值差 $(U_1 - U_2)$。电压损耗通常以线路额定电压 U_N 百分数表示，即

$$电压损耗\% = \frac{U_1 - U_2}{U_N} \times 100$$

（3）电压偏移。指线路始端或末端的实际电压与线路额定电压 U_N 的数值差。电压偏移也常以线路额定电压 U_N 百分数表示，即

$$始端电压偏移\% = \frac{U_1 - U_N}{U_N} \times 100$$

$$末端电压偏移\% = \frac{U_2 - U_N}{U_N} \times 100$$

（4）电压调整。指线路末端的空载与负载时电压的数值差 $(U_{20} - U_2)$。由于输电线路的电容效应，特别是超高压线路，在空载时线路末端电压上升较大。电压调整也常以百分数表示，即

$$电压调整\% = \frac{U_{20} - U_2}{U_{20}} \times 100$$

二、变压器的电压降落和功率损耗

变压器的电压降落和功率损耗的计算与电力线路基本类似，不同之处在于：①计算中

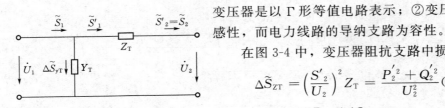

图 3-4 变压器中的电压和功率

变压器是以 Γ 形等值电路表示；②变压器的导纳支路为感性，而电力线路的导纳支路为容性。

在图 3-4 中，变压器阻抗支路中损耗的功率 $\Delta \widetilde{S}_{ZT}$ 为

$$\Delta \widetilde{S}_{ZT} = \left(\frac{S'_2}{U_2}\right)^2 Z_T = \frac{P'^2_2 + Q'^2_2}{U_2^2}(R_T + jX_T)$$
$$= \Delta P_{ZT} + jQ_{ZT} \tag{3-11}$$

变压器导纳支路的功率损耗 $\Delta \widetilde{S}_{yT}$ 为

$$\Delta \widetilde{S}_{yT} = (Y_T \dot{U}_1)^* \dot{U}_1 = \overset{*}{Y}_T \dot{U}_1 \overset{*}{\dot{U}}_1 = (G_T + jB_T)U_1^2 = \Delta P_{yT} + jQ_{yT} \tag{3-12}$$

变压器阻抗中电压降落的纵分量、横分量为

$$\Delta U_T = \left(\frac{P'_2 R_T + Q'_2 X_T}{U_2}\right); \quad \delta U_T = \left(\frac{P'_2 X_T - Q'_2 R_T}{U_2}\right) \tag{3-13}$$

则变压器电源端的电压 U_1 为

$$U_1 = \sqrt{(U_2 + \Delta U_T)^2 + (\delta U_T)^2} \tag{3-14}$$

变压器电源端和负荷端间的相位角 δ_T 为

$$\delta_T = \mathrm{tg}^{-1} \frac{\delta U_T}{U_2 + \Delta U_T} \tag{3-15}$$

需要说明的是在计算发电厂变压器时，因电源侧的功率为已知，所以应从电源侧算起。计算电压的公式参见式（3-8）～式（3-10）。

如将变压器阻抗、导纳参数的计算公式代入式（3-11）、式（3-12）可得

$$\Delta P_{ZT} = \frac{\Delta P_S U_N^2 S'^2_2}{1000 U_2^2 S_N^2}; \quad \Delta Q_{ZT} = \frac{U_S \% U_N^2 S'^2_2}{100 U_2^2 S_N} \tag{3-16}$$

$$\Delta P_{YT} = \frac{\Delta P_0 U_1^2}{1000 U_N^2}; \quad \Delta Q_{YT} = \frac{I_0 \% U_1^2 S_N}{100 U_N^2} \tag{3-17}$$

对发电厂的变压器则有

$$\Delta P_{ZT} = \frac{\Delta P_S U_N^2 S'^2_1}{1000 U_1^2 S_N^2}; \quad \Delta Q_{ZT} = \frac{U_S \% U_N^2 S'^2_1}{100 U_1^2 S_N} \tag{3-18}$$

近似计算中，计及 $S_2 = S'_2$，并取 $S_1 \approx S'_1$、$U_1 \approx U_2 \approx U_N$，它们可简化为

$$\Delta P_{ZT} = \frac{\Delta P_S S_2^2}{1000 S_N^2}; \quad \Delta Q_{ZT} = \frac{U_S \% S_N}{100} \frac{S_2^2}{S_N^2} \tag{3-19}$$

$$\Delta P_{YT} = \frac{\Delta P_0}{1000}; \quad \Delta Q_{YT} = \frac{I_0 \%}{100} S_N \tag{3-20}$$

$$\Delta P_{ZT} = \frac{\Delta P_S S_1^2}{1000 S_N^2}; \quad \Delta Q_{ZT} = \frac{U_S \% S_N}{100} \frac{S_1^2}{S_N^2} \tag{3-21}$$

三、运算负荷功率和运算电源功率

即使是一个最简单的电力网，如果线路都用 Π 型电路表示，变压器都用 Γ 型电路表示，其等值电路也相当复杂。在实际计算中，通常都是先用运算负荷功率和运算电源功率得到一个只有线路阻抗和集中负荷的简明的等值电路，然后再作必要的简化和计算。

所谓运算负荷功率，实质上是变电所高压母线上从系统吸取的等值功率。它等于变电所二次侧的负荷功率加上变压器的功率损耗，减掉变电所高压母线上所连线路对地导纳中

无功功率的一半。如图 3-5（a）所示，变压器二次母线负荷功率为 $\tilde{S}_2$，加上变压器损耗得到进入变压器的功率 $\tilde{S}_1$，再减掉变电所母线所连线路末端电纳中功率 Q_C，得到的 $\tilde{S}'_1$ 即为该变电所的运算负荷功率。

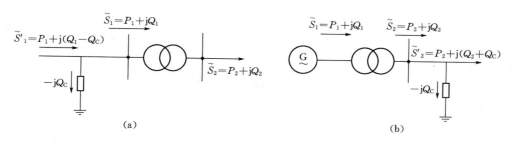

图 3-5　运算负荷功率和运算电源功率
(a) 运算负荷功率；(b) 运算电源功率

所谓运算电源功率，实质上是发电厂高压母线输入系统的等值功率。它等于发电机电压母线送出的功率，减掉变压器功率损耗，加上发电厂高压母线所连线路对地导纳中无功功率的一半。如图 3-5（b）所示，发电机送出的功率为 $\tilde{S}_1$，减掉变压器功率损耗，得到变压器输出的功率 $\tilde{S}_2$，在加上发电厂高压母线所连线路始端电纳功率 Q_C，得到的 $\tilde{S}'_2$ 即为运算电源功率。运算电源功率也可等值地看做负的运算负荷功率。

应该说明的是，在计算运算负荷功率和运算电源功率时变压器损耗和线路电纳功率都是按额定电压计算的。

第二节　开式电力网络的潮流分布计算

开式电力网络是其中任何一个负荷点都只能由一个方向供电的电力网。开式电力网潮流的分析计算，主要是求取网络首端功率、电压和末端功率、电压四个参数中的未知量。根据已知条件的不同，开式电力网有两种基本算法。

如图 3-6 简单系统，线路变压器参数均已知。一种是给定同一端点（3 或 1）的电压、功率，求潮流分布；另一种情况是给定的电压、功率不是同一点的（如 3 点负荷与 1 点电压或 1 点功率与 3 点电压），求潮流分布。下面分别讨论之。

一、给定同一点的电压与功率

如图 3-6 系统，参数均已归算到高压侧。由于给定的是同一点的电压与功率（如 3 点的 $\dot{U}_3$、$\tilde{S}_3$），所以可以直接利用公式先求变压器串联阻抗上的电压损耗和功率损耗，求得 2 点电压 $\dot{U}_2$，由 $\dot{U}_2$ 求得变压器导纳支路功率和线路在 2 侧的导纳支路功率，从而求得通过线路串联阻抗后的功率 $\tilde{S}_2$，用此功率和 2 点电压，求得线路阻抗上的功率损耗及电压损耗，从而求得 1 点电压 $\dot{U}_1$ 及线路串联阻抗前的功率 $\tilde{S}'_1$，最后由 $\dot{U}_1$ 求得线路 1 侧的导纳支路功率，从而求得由 1 点送入系统的功率 $\tilde{S}_1$。

【例 3-1】　如图 3-6 所示系统，变压器的容量为 20MVA，额定电压为 110/38.5kV。参数如下：$Z_T = 4.93 + j63.5\Omega$（归算到 2 侧），$Z_L = 21.6 + j33.0\Omega$，$B_L/2 = 1.1 \times 10^{-4}$ s，变压

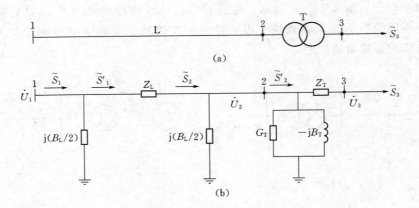

(a)

(b)

图 3-6　开式电力网络的潮流计算

(a) 系统电气接线图；(b) 等值电路图

器导纳支路功率为 $\Delta\tilde{S}_{TY}=60+j600kVA$，低压侧负荷 $\tilde{S}_3=15+j11.25MVA$。现要求低压侧电压为 36kV，求电源处 1 的母线电压及输入的功率。

解　将 3 侧实际要求电压归算到高压侧，即 2 侧得

$$U_3 = 36 \times 110/38.5 = 102.86 \,(kV)$$

变压器的电压损耗为

$$\Delta U_T = \frac{P_3 R_T + Q_3 X_T}{U_3} = \frac{15 \times 4.93 + 11.25 \times 63.5}{102.86} = 7.66 \,(kV)$$

2 点的电压为

$$U_2 = U_3 + \Delta U_T = 102.86 + 7.66 = 110.52 \,(kV)（略去横分量）$$

变压器串联阻抗的功率损耗为

$$\Delta\tilde{S}_{TZ} = \frac{P_3^2 + Q_3^2}{U_3^2}(R_T + jX_T) = \frac{15^2 + 11.25^2}{102.86^2}(4.93 + j63.5)$$

$$= 0.16 + j2.11 \,(MVA)$$

进入变压器的功率

$$\tilde{S}'_2 = \tilde{S}_3 + \Delta\tilde{S}_{TZ} + \Delta\tilde{S}_{TY} = (15+j11.25) + (0.16+j2.11) + (0.06+j0.6)$$

$$= 15.22 + j13.96 \,(MVA)$$

线路末端导纳功率

$$\Delta\tilde{S}_{Y2} = -j\frac{1}{2}U_2^2 B_L = -j1.1 \times 10^{-4} \times 110.52^2 = -j1.34 \,(Mvar)$$

从线路串联阻抗中流出的功率

$$\tilde{S}_2 = \tilde{S}'_2 + \Delta\tilde{S}_{Y2} = (15.22+j13.96) + (-j1.34) = 15.22 + j12.62 \,(MVA)$$

线路电压损耗

$$\Delta U_L = \frac{P_2 R_L + Q_2 X_L}{U_2} = \frac{15.22 \times 21.6 + 12.62 \times 33.0}{110.52} = 6.74 \,(kV)$$

1 点的电压

$$U_1 = U_2 + \Delta U_L = 110.52 + 6.74 = 117.26 \,(kV)（略去横分量）$$

线路阻抗上的功率损耗

$$\Delta \widetilde{S}_{LZ} = \frac{P_2^2 + Q_2^2}{U_2^2}(R_L + jX_L) = \frac{15.22^2 + 12.26^2}{110.52^2}(21.6 + j33.0)$$
$$= 0.69 + j1.06 \text{ (MVA)}$$

线路首端导纳功率

$$\Delta \widetilde{S}_{Y1} = -j \frac{1}{2} U_1^2 B_L = -j1.1 \times 10^{-4} \times 117.26^2 = -j1.51 \text{ (Mvar)}$$

进入系统的功率

$$\widetilde{S}_1 = \widetilde{S}_2 + \Delta \widetilde{S}_{LZ} + \Delta \widetilde{S}_{Y1} = (15.22 + j12.62) + (0.69 + j1.06) + (-j1.51)$$
$$= 15.91 + j12.17 \text{ (MVA)}$$

二、给定不同点的电压与功率

给定不同端点的电压和功率，这类问题求解比较复杂。如给定末端负荷及首端的电压，求首端送入系统的功率和末端电压。因功率损耗和电压损耗公式都要求使用同一点的电压和功率，所以不能直接用前面介绍的公式进行推算。此时可用逐步渐近法求解。这种方法的计算过程主要分为两段：首先假设全网电压等于额定电压，用末端负荷和额定电压由末端向首端计算出各段功率损耗，此时不计算电压，从而求出各段功率分布和首端功率；然后用给定的首端电压和求得的首端功率，由首端向末端推算电压损耗，此时不再重新计算功率损耗与功率分布，从而求出包括末端在内的各点电压。在实际工程计算中，一般往返计算一次精度就够了。

【例 3-2】 110kV 系统如图所示。发电厂 A 装有两台发电机，共输出功率 $24 + j18MVA$，两台升压变压器型号为 SF—10000/121，变比 121/10.5kV，发电机电压负荷 $\widetilde{S}_1 = 10 + j8MVA$，变压器高压侧负荷 $\widetilde{S}_2 = 8 + j6MVA$。

变电所装设两台降压变压器，型号为 SF—15000/110，变比 115.5/11kV，变电所总负荷为 $\widetilde{S}_3 = 20 + j15MVA$。

各线路型号及长度如图 3-7 所示，参数为：$r_1 = 0.27\Omega/km$，$x_1 = 0.423\Omega/km$，$b_1 = 2.69 \times 10^{-6} s/km$。

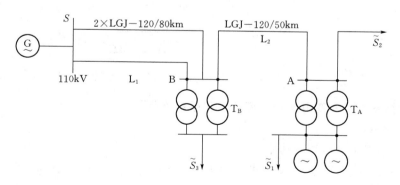

图 3-7 系统结线

各变压器铭牌数据如下：

SF—10000/121 型：$\Delta P_S = 97.5kW$，$\Delta P_0 = 38.5kW$，$U_S\% = 10.5$，$I_0\% = 3.5$；

SF—15000/110 型：$\Delta P_s = 133\text{kW}$，$\Delta P_0 = 50\text{kW}$，$U_s\% = 10.5$，$I_0\% = 3.5$。

若图 3-7 中与等值系统 S 连接处母线电压为 116kV，试求变电所和发电厂低压母线电压。

解 （1）计算变压器及线路参数，归算到高压侧。

SF—10000/121 型变压器

$$R_{TA} = \frac{1}{2} \times \frac{\Delta P_s U_N^2}{S_N^2} \times 10^{-3} = \frac{1}{2} \times \frac{97.5 \times 121^2}{10^2} \times 10^{-3} = 7.14 \; (\Omega)$$

$$X_{TA} = \frac{1}{2} \times \frac{U_s\% U_N^2}{100 S_N} = \frac{1}{2} \times \frac{10.5 \times 121^2}{100 \times 10} = 76.87 \; (\Omega)$$

$$\Delta P_{OA} = 2 \times 38.5(\text{kW}) = 0.077 \; (\text{MW})$$

$$\Delta Q_{OA} = 2 \times \frac{I_0\%}{100} S_N = 2 \times \frac{3.5}{100} \times 10 = 0.7 \; (\text{Mvar})$$

SF—15000/110 型变压器

$$R_{TB} = \frac{1}{2} \times \frac{\Delta P_s U_N^2}{S_N^2} \times 10^{-3} = \frac{1}{2} \times \frac{133 \times 115.5^2}{15^2} \times 10^{-3} = 3.94 \; (\Omega)$$

$$X_{TB} = \frac{1}{2} \times \frac{U_s\% U_N^2}{100 S_N} = \frac{1}{2} \times \frac{10.5 \times 115.5^2}{100 \times 15} = 46.69 \; (\Omega)$$

$$\Delta P_{OB} = 2 \times 50 \; (\text{kW}) = 0.1 \; (\text{MW})$$

$$\Delta Q_{OB} = 2 \times \frac{I_0\%}{100} S_N = 2 \times \frac{3.5}{100} \times 15 = 1.05 \; (\text{Mvar})$$

线路 S-B

$$R_{L1} = \frac{1}{2} \times 0.27 \times 80 = 10.8 \; (\Omega)$$

$$X_{L1} = \frac{1}{2} \times 0.423 \times 80 = 16.92 \; (\Omega)$$

$$\frac{B_{L1}}{2} = 2 \times \frac{1}{2} \times 2.69 \times 10^{-6} \times 80 = 215.2 \times 10^{-6} \; (\text{S})$$

线路 B-A

$$R_{L2} = 0.27 \times 50 = 13.5 \; (\Omega)$$

$$X_{L2} = 0.423 \times 50 = 21.15 \; (\Omega)$$

$$\frac{B_{L2}}{2} = \frac{1}{2} \times 2.69 \times 10^{-6} \times 50 = 67.25 \times 10^{-6} \; (\text{S})$$

（2）计算发电厂和变电所的运算功率和运算负荷。

1）发电厂 A：

通过变压器阻抗低压端的功率为

$$\widetilde{S}_{TA} = (24 + j18) - (10 + j8) - (0.077 + j0.7) = 13.92 + j9.3 \; (\text{MVA})$$

变压器阻抗功率损耗

$$\Delta \widetilde{S}_{ZA} = \frac{13.92^2 + 9.3^2}{110^2} \times (7.14 + j76.87) = 0.17 + j1.78 \; (\text{MVA})$$

发电厂高压母线上所联线路电纳无功功率的一半为

$$\Delta \widetilde{S}_{\mathrm{YA}} = U_{\mathrm{N}}^2 \left(-\mathrm{j}\frac{B_{\mathrm{L2}}}{2}\right) = -\mathrm{j}110^2 \times 67.25 \times 10^{-6} = -\mathrm{j}0.81 \ (\mathrm{Mvar})$$

发电厂运算功率为

$$\widetilde{S}_{\mathrm{A}} = \widetilde{S}_{\mathrm{TA}} - \widetilde{S}_2 - \Delta \widetilde{S}_{\mathrm{ZA}} - \Delta \widetilde{S}_{\mathrm{YA}}$$

$$= (13.92 + \mathrm{j}9.3) - (8 + \mathrm{j}6) - (0.17 + \mathrm{j}1.78) - (-\mathrm{j}0.81)$$

$$= 5.75 + \mathrm{j}2.33 \ (\mathrm{MVA})$$

2) 变电所 B：

两台变压器中的功率损耗为

$$\Delta \widetilde{S}_{\mathrm{TB}} = (\Delta P_{\mathrm{0B}} + \mathrm{j}\Delta Q_{\mathrm{0B}}) + \frac{S_3^2}{U_{\mathrm{N}}^2}(R_{\mathrm{TB}} + \mathrm{j}X_{\mathrm{TB}})$$

$$= (0.10 + \mathrm{j}1.05) + \frac{20^2 + 15^2}{110^2}(3.94 + \mathrm{j}46.69) = 0.3 + \mathrm{j}3.46 \ (\mathrm{MVA})$$

变电所高压母线上所联线路电纳无功功率的一半为

$$\Delta \widetilde{S}_{\mathrm{YB}} = U_{\mathrm{N}}^2 \left[\left(-\mathrm{j}\frac{B_{\mathrm{L1}}}{2}\right) + \left(-\mathrm{j}\frac{B_{\mathrm{L2}}}{2}\right) \right]$$

$$= -\mathrm{j}110^2 (215.2 \times 10^{-6} + 67.25 \times 10^{-6}) = -\mathrm{j}3.42 \ (\mathrm{Mvar})$$

变电所运算负荷为

$$\widetilde{S}_{\mathrm{B}} = \widetilde{S}_3 + \Delta \widetilde{S}_{\mathrm{TB}} + \Delta \widetilde{S}_{\mathrm{YB}} = (20 + \mathrm{j}15) + (0.30 + \mathrm{j}3.46) + (-\mathrm{j}3.42)$$

$$= 20.3 + \mathrm{j}15.04 \ (\mathrm{MVA})$$

（3）设全网电压都为额定电压，计算功率损耗。简化后的等值电路如图 3-8 所示。

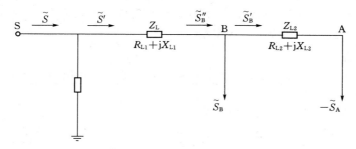

图 3-8　等值电路

L_2 的功率损耗

$$\Delta \widetilde{S}_{\mathrm{L2}} = \frac{S_{\mathrm{A}}^2}{U_{\mathrm{N}}^2}(R_{\mathrm{L2}} + \mathrm{j}X_{\mathrm{L2}}) = \frac{5.75^2 + 2.33^2}{110^2}(13.5 + \mathrm{j}21.15)$$

$$= 0.043 + \mathrm{j}0.067 \ (\mathrm{MVA})$$

$$\widetilde{S}'_{\mathrm{B}} = -\widetilde{S}_{\mathrm{A}} + \Delta \widetilde{S}_{\mathrm{L2}} = -(5.75 + \mathrm{j}2.33) + (0.043 + \mathrm{j}0.067)$$

$$= -(5.71 + \mathrm{j}2.26) \ (\mathrm{MVA})$$

$$\widetilde{S}''_{\mathrm{B}} = \widetilde{S}'_{\mathrm{B}} + \widetilde{S}_{\mathrm{B}} = -(5.71 + \mathrm{j}2.26) + (20.3 + \mathrm{j}15.04)$$

$$= 14.59 + \mathrm{j}12.78 \ (\mathrm{MVA})$$

L_1 的功率损耗

$$\Delta \widetilde{S}_{L1} = \frac{S''^2_B}{U_N^2}(R_{L1} + jX_{L1}) = \frac{14.59^2 + 12.78^2}{110^2}(10.8 + j16.92)$$

$$= 0.336 + j0.526 \ (MVA)$$

$$\widetilde{S}' = \widetilde{S}''_B + \Delta \widetilde{S}_{L1} = (14.59 + j12.78) + (0.336 + j0.0526)$$

$$= 14.93 + j13.31 \ (MVA)$$

线路 L_1 电纳无功功率的一半为

$$\Delta \widetilde{S}_{YL1} = U_N^2 \left(-j\frac{B_{L1}}{2} \right) = -j110^2 \times 215.2 \times 10^{-6} = -j2.60 \ (Mvar)$$

从系统 S 送入电网的总功率为

$$\widetilde{S} = \widetilde{S}' + \Delta \widetilde{S}_{YL1} = (14.93 + j13.31) + (-j2.60) = 14.93 + j10.71 \ (MVA)$$

（4）用给定的始端电压和求得的始端功率计算各点电压（略去横分量）。

线路 L_1 电压损耗

$$\Delta U_{L1} = \frac{P'_1 R_{L1} + Q'_1 X_{L1}}{U_S} = \frac{14.93 \times 10.8 + 13.31 \times 16.92}{116} = 3.33 \ (kV)$$

$$U_B = U_S - \Delta U_{L1} = 116 - 3.33 = 112.67 \ (kV)$$

线路 L_2 电压损耗

$$\Delta U_{L2} = \frac{P'_B R_{L2} + Q'_B X_{L2}}{U_B} = \frac{-5.17 \times 13.5 - 2.26 \times 21.5}{112.67} = -1.11 \ (kV)$$

$$U_A = U_B - \Delta U_{L2} = 112.67 + 1.11 = 113.78 \ (kV)$$

通过变电所 B 变压器阻抗高压侧的功率为

$$\widetilde{S}_{SB} = \widetilde{S}_3 + \Delta \widetilde{S}_{TB} - \Delta P_{OB} - \Delta jQ_{OB} = (20 + j15) + (0.20 + j2.41)$$

$$= 20.20 + j17.41 \ (MVA)$$

变压器的电压损耗为

$$\Delta U_{TB} = \frac{P_{SB} R_{TB} + Q_{SB} X_{TB}}{U_B} = \frac{20.20 \times 3.94 + 17.41 \times 46.69}{112.67} = 7.92 \ (kV)$$

变电所 B 低压侧电压（归算到高压侧）为

$$U_b = U_B - \Delta U_{TB} = 112.67 - 7.92 = 104.75 \ (kV)$$

变电所 B 低压母线实际电压为

$$U'_b = U_b \times \frac{11}{115.5} = 104.75 \times \frac{11}{115.5} = 9.98 \ (kV)$$

系统送往发电厂 A 变压器阻抗高压侧的功率为

$$\widetilde{S}_{SA} = -(\widetilde{S}_{TA} - \Delta \widetilde{S}_{ZA}) = -[(13.92 + j9.3) - (0.17 + j1.78)]$$

$$= -(13.78 + j7.52) \ (MVA)$$

变压器的电压损耗为

$$\Delta U_{TA} = \frac{P_{SA} R_{TA} + Q_{SA} X_{TA}}{U_A} = -\frac{13.78 \times 7.14 + 7.52 \times 76.87}{113.78} = -5.95 \ (kV)$$

发电厂 A 低压侧电压（归算到高压侧）为

$$U_a = U_A - \Delta U_{TA} = 113.78 - (-5.95) = 119.73 \ (kV)$$

发电厂 A 低压母线实际电压为

$$U'_a = U_a \times \frac{10.5}{121} = 119.73 \times \frac{10.5}{121} = 10.39 \text{ (kV)}$$

第三节 闭式电力网的潮流分布计算

闭式电力网有两端供电网络和环形网络两种基本形式。要精确求出闭式电力网的功率分布，采用手工计算是非常困难的。因此，在工程实际计算中常采用近似计算的方法。首先假设全网电压为额定电压，求出各变电所、发电厂的运算负荷和运算功率，以得到简化的等值的电路；其次仍设全网电压为额定电压，在不计功率损耗的情况下求网络的功率分布即初步功率分布；最后，按初步功率分布将闭式网络分解成两个开式网络，对它们分别按开式网进行计算，得出最终结果。

对于复杂的闭式网络，则先要利用网络化简的方法，将其化简成简单的环网后再进行计算。

一、两端供电网络的初步功率分布

在图 3-9 所示的两端供电网络中，A、B 为电源，且 $\dot{U}_A \neq \dot{U}_B$，1、2 为负荷节点，根据基尔霍夫定理可列出如下关系式

$$\left. \begin{array}{l} \dot{U}_A - \dot{U}_B = Z_1 \dot{I}_A + Z_2 \dot{I}_{12} - Z_3 \dot{I}_B \\[2mm] \dot{I}_A - \dot{I}_{12} = \dot{I}_1 \\[2mm] \dot{I}_{12} + \dot{I}_B = \dot{I}_2 \end{array} \right\} \qquad (3\text{-}22)$$

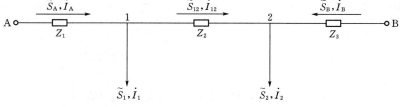

图 3-9 两端供电网络

整理上式得

$$\dot{U}_A - \dot{U}_B = Z_1 \dot{I}_A + Z_2(\dot{I}_A - \dot{I}_1) - Z_3(\dot{I}_2 - \dot{I}_A + \dot{I}_1) \qquad (3\text{-}23)$$

由于在实际计算中，已知的往往是节点功率而不是电流，为了求取网络中的功率分布，可在忽略网络中功率损耗的情况下采用近似算法。即设全网各点电压均为额定电压 U_N，并认为 $\widetilde{S} \approx U_N \overset{*}{\dot{I}}$，因此式（3-23）可整理成

$$U_N(\dot{U}_A - \dot{U}_B) = \overset{*}{Z_1}\widetilde{S}_A + \overset{*}{Z_2}(\overset{*}{S}_A - \overset{*}{S}_1) - \overset{*}{Z_3}(\overset{*}{S}_2 - \overset{*}{S}_A + \overset{*}{S}_1)$$

由上式可解得流经阻抗 Z_1 的功率 $\widetilde{S}_A$ 为

$$\widetilde{S}_A = \frac{(\overset{*}{Z_2} + \overset{*}{Z_3})\widetilde{S}_1 + \overset{*}{Z_3}\widetilde{S}_2}{\overset{*}{Z_1} + \overset{*}{Z_2} + \overset{*}{Z_3}} + \frac{(\dot{U}_A - \dot{U}_B)U_N}{\overset{*}{Z_1} + \overset{*}{Z_2} + \overset{*}{Z_3}} \qquad (3\text{-}24)$$

同理可得

$$\widetilde{S}_{B} = \frac{(\overset{*}{Z}_{2} + \overset{*}{Z}_{1})\widetilde{S}_{2} + \overset{*}{Z}_{1}\widetilde{S}_{1}}{\overset{*}{Z}_{1} + \overset{*}{Z}_{2} + \overset{*}{Z}_{3}} - \frac{(\dot{U}_{A} - \dot{U}_{B})U_{N}}{\overset{*}{Z}_{1} + \overset{*}{Z}_{2} + \overset{*}{Z}_{3}} \qquad (3\text{-}25)$$

可见两端电压不相等的两端供电网络中，各线段流通的功率可看做是两个功率分量的叠加。其一为两端电压相等时的功率，即 $\dot{U}_{A} - \dot{U}_{B} = 0$ 时的功率；另一为取决于两端电压的差值 $d\dot{U} = \dot{U}_{A} - \dot{U}_{B}$ 和网络总阻抗 $Z_{\Sigma} = Z_{1} + Z_{2} + Z_{3}$ 的功率，称循环功率，以 $\widetilde{S}_{C}$ 表示

$$\widetilde{S}_{C} = \frac{U_{N}d\dot{U}}{\overset{*}{Z}_{\Sigma}} \qquad (3\text{-}26)$$

循环功率的正方向与 $d\dot{U}$ 的方向一致，取 $d\dot{U} = \dot{U}_{A} - \dot{U}_{B}$，则循环功率由 A 流向 B，若取 $d\dot{U} = \dot{U}_{B} - \dot{U}_{A}$，则循环功率由 B 流向 A。

对于接有 m 个负荷的两端供电网络，见图 3-10，利用上述原理可以写成

$$\widetilde{S}_{A} = \frac{\sum\limits_{i=1}^{m} \overset{*}{Z}_{i}\widetilde{S}_{i}}{\overset{*}{Z}_{\Sigma}} + \frac{(\dot{U}_{A} - \dot{U}_{B})U_{N}}{\overset{*}{Z}_{\Sigma}} \qquad (3\text{-}27)$$

$$\widetilde{S}_{B} = \frac{\sum\limits_{i=1}^{m} \overset{*}{Z}'_{i}\widetilde{S}_{i}}{\overset{*}{Z}_{\Sigma}} - \frac{(\dot{U}_{A} - \dot{U}_{B})U_{N}}{\overset{*}{Z}_{\Sigma}} \qquad (3\text{-}28)$$

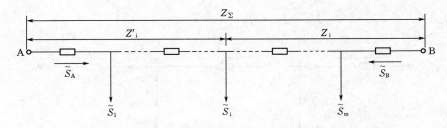

图 3-10　沿线接有多个负荷的两端供电网络

二、环式网络的初步功率分布

在图 3-9 中，若两端电压相等即 $\dot{U}_{A} = \dot{U}_{B}$，则 A 与 B 就可以合并成同一个电源点 C，组成图 3-11 所示的简单环式网络。因此，环式网络与两端供电网络并无本质区别。

对于图 3-11 的环网一般可以在电源点（如 C 点）将网络拆开，变成一两端电压相等的两端供电（如 C_{1} 和 C_{2}）网络，然后按两端供电网络的计算方法求出相应的初步功率分布。由于 $\dot{U}_{C1} = \dot{U}_{C2} = \dot{U}_{C}$，因此功率分布仅取决于环式网络中各段阻抗，即类似于式（3-24）或式（3-25）中的第一项，可写成

$$\widetilde{S}_{C1} = \frac{(\overset{*}{Z}_{2} + \overset{*}{Z}_{3})\widetilde{S}_{1} + \overset{*}{Z}_{3}\widetilde{S}_{2}}{\overset{*}{Z}_{1} + \overset{*}{Z}_{2} + \overset{*}{Z}_{3}} \qquad (3\text{-}29)$$

$$\widetilde{S}_{C2} = \frac{(\overset{*}{Z}_{2} + \overset{*}{Z}_{1})\widetilde{S}_{2} + \overset{*}{Z}_{1}\widetilde{S}_{1}}{\overset{*}{Z}_{1} + \overset{*}{Z}_{2} + \overset{*}{Z}_{3}} \qquad (3\text{-}30)$$

44

当然，以上两式还可推广到接有几个负荷点的单一环形网络。此外，各段线路的阻抗比值相等的网络称为均一网络，不难证明均一网络的功率可按长度进行分配。

循环功率不仅在两端供电网络中可能出现，在单电源供电的环形网络中，如果变压器的变比不匹配也有可能出现。如图 3-12 所示，设变压器 T_1、T_2 的变比分别为 242/10.5、231/10.5，则在网络空载开环运行时，如将图中断路器 1 断开时，其左侧电压为 $10.5 \times 242/10.5 = 242$（kV），右侧电压为 $10.5 \times 231/10.5 = 231$（kV），因此在断路器闭合时，将有顺时针方向的循环功率，这个循环功率的大小取决于断路器两侧的电压和环网的总阻抗，其表达式与式（3-26）相同。

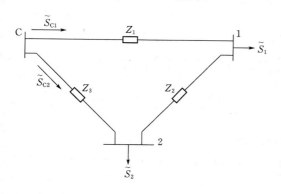

图 3-11 环式网络的功率分布

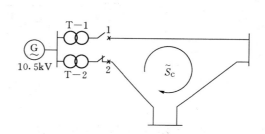

图 3-12 环形网络的循环功率

三、闭式网中的潮流分布计算

在求出闭式网络中的初步功率分布后，还必须计算网络中各段的电压和功率损耗，方能获得潮流分布计算的最终结果。

从闭式网络的初步功率分布可以看出，某些节点的功率是由两侧向其流入的，这种节点称为功率分点，并用符号"▼"标出，如有功、无功功率分点不一致，则以"▼"、"▽"分别表示有功功率、无功功率分点。

确定功率分点后，就可在功率分点处将电力网分解成两个开式网络，由功率分点开始分别从其两侧逐级向电源端推算电压和功率损耗，其计算公式与计算开式网时完全相同。若有功功率与无功功率分点不在一处，一般可以无功功率分点为计算的起点。这是因为在高压网络中，电抗远大于电阻，电压损耗主要由无功功率的流动引起，无功功率分点往往是闭式网络中的电压最低点。

【例 3-3】 电力系统结线如图 3-13 所示，发电厂 F 的运算功率（包括高压母线上的负荷）为 $117 - j22$MVA，变电所 H 的运算负荷（包括输入其他系统的部分）为 $440 + j136$MVA，线路 1、2、3 的阻抗分别为 $Z_1 = 3.17 + j20.7\Omega$，$Z_2 = 5.13 + j27.2\Omega$，$Z_3 = 7.33 + j48.0\Omega$。设发电厂 A 的高压母线电压为 240kV，试计算潮流分布。

解 将系统从高压母线处解开，得等值网络如图 3-14。

（1）计算初步功率分布

$$Z_\Sigma = Z_1 + Z_2 + Z_3 = (3.17 + j20.7) + (5.13 + j27.2) + (7.33 + j48.0)$$
$$= 15.63 + j95.9 （\Omega）$$

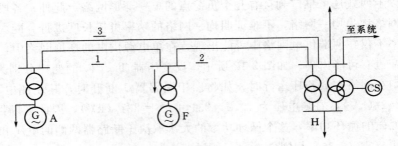

图 3-13　网络结线图

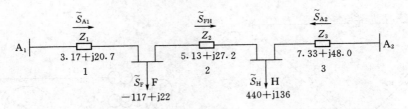

图 3-14　等值电路图

$$Z_F = Z_2 + Z_3 = (5.13 + j27.2) + (7.33 + j48.0) = 12.46 + j75.2 \ (\Omega)$$

$$Z'_F = Z_1 = 3.17 + j20.7 \ (\Omega)$$

$$Z_H = Z_3 = 7.33 + j48.0 \ (\Omega)$$

$$Z'_H = Z_1 + Z_2 = (3.17 + j20.7) + (5.13 + j27.2) = 8.30 + j47.9 \ (\Omega)$$

由式 (3-27)、式 (3-28) 得

$$\widetilde{S}_{A1} = \frac{\widetilde{S}_F \overset{*}{Z}_F + \widetilde{S}_H \overset{*}{Z}_H}{\overset{*}{Z}_\Sigma}$$

$$= \frac{(-117 + j22)(12.46 - j75.2) + (440 + j136)(7.33 - j48.0)}{15.63 - j95.9}$$

$$= 153.05 \underline{/\ 32.74^\circ} = 128.74 + j82.77 \ (MVA)$$

$$\widetilde{S}_{A2} = \frac{\widetilde{S}_F \overset{*}{Z}_{F'} + \widetilde{S}_H \overset{*}{Z}_{H'}}{\overset{*}{Z}_\Sigma}$$

$$= \frac{(-117 + j22)(3.17 - j20.7) + (440 + j136)(8.30 - j47.9)}{15.63 - j95.9}$$

$$= 208.32 \underline{/\ 21.17^\circ} = 194.26 + j75.23 \ (MVA)$$

校核

$$\widetilde{S}_{A1} + \widetilde{S}_{A2} = (128.74 + j82.77) + (194.26 + j75.23) = 323.0 + j158.0 \ (MVA)$$

$$\widetilde{S}_F + \widetilde{S}_H = (-117 + j22) + (440 + j136) = 323.0 + j158.0 \ (MVA)$$

可见计算无误。

由 $\widetilde{S}_{A1}$ 可得 $\widetilde{S}_{FH}$ 为

$$\widetilde{S}_{FH} = \widetilde{S}_{A1} - \widetilde{S}_F = (128.74 + j82.77) - (-117 + j22)$$

$$= 245.74 + j60.77 \ (MVA)$$

按此求出的初步功率分布如图 3-15 所示，有功功率与无功功率分点均在 H 点。

（2）分解网络，计算功率损耗

将网络在功率分点 H 处分解，得两个开式网络，如图 3-16 所示。其中

$$\widetilde{S}_{H1} = \widetilde{S}_{FH} = 245.74 + j60.77 \text{（MVA）}$$

$$\widetilde{S}_{H2} = \widetilde{S}_{A2} = 194.26 + j75.23 \text{（MVA）}$$

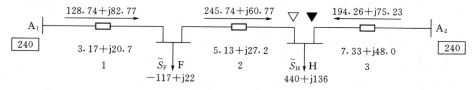

图 3-15 初步功率分布

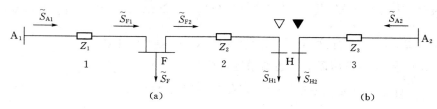

图 3-16 分解的网络

设全网为额定电压 220kV，由图 3-16（a）得线路 2 的功率损耗为

$$\Delta\widetilde{S}_{Z2} = \frac{S_{H1}^2}{U_N^2}Z_2 = \frac{245.74^2 + 60.77^2}{220^2} \times (5.13 + j27.2)$$

$$= 6.79 + j36.01 \text{（MVA）}$$

从线路 1 送入 F 处的功率为

$$\widetilde{S}_{F1} = \widetilde{S}_{H1} + \Delta\widetilde{S}_{Z2} + \widetilde{S}_{F}$$

$$= (245.74 + j60.77) + (6.79 + j36.01) + (-117 + j22)$$

$$= 135.53 + j118.78 \text{（MVA）}$$

线路 1 的功率损耗为

$$\Delta\widetilde{S}_{Z1} = \frac{S_{F1}^2}{U_N^2}Z_1 = \frac{135.53^2 + 118.78^2}{220^2} \times (3.17 + j20.7)$$

$$= 2.13 + j13.89 \text{（MVA）}$$

由 A_1 输入线路 1 的功率 $\widetilde{S}_{A1}$ 为

$$\widetilde{S}_{A1} = \widetilde{S}_{F1} + \Delta\widetilde{S}_{Z1} = (135.53 + j118.78) + (2.13 + j13.89)$$

$$= 137.66 + j132.67 \text{（MVA）}$$

由图 3-16（b）得线路 3 的功率损耗为

$$\Delta\widetilde{S}_{Z3} = \frac{S_{H2}^2}{U_N^2}Z_3 = \frac{194.26^2 + 75.23^2}{220^2} \times (7.33 + j48.0)$$

$$= 6.57 + j43.04 \text{（MVA）}$$

由 A_2 输入线路 3 的功率 $\widetilde{S}_{A2}$ 为

$$\widetilde{S}_{A2} = \widetilde{S}_{H2} + \Delta\widetilde{S}_{Z3} = (194.26 + j75.23) + (6.57 + j43.04)$$

$$= 200.83 + j118.29 \ (\text{MVA})$$

（3）计算电压损耗和各母线电压

由图 3-16（a）求 F 点电压

$$\Delta U_1 = \frac{P_{A1}R_1 + Q_{A1}X_1}{U_{A1}} = \frac{137.66 \times 3.17 + 132.67 \times 20.7}{240} = 13.26 \ (\text{kV})$$

$$\delta U_1 = \frac{P_{A1}X_1 - Q_{A1}R_1}{U_{A1}} = \frac{137.66 \times 20.7 - 132.67 \times 3.17}{240} = 10.12 \ (\text{kV})$$

$$U_F = \sqrt{(240 - 13.26)^2 + 10.12^2} = 226.97 \approx 227 \ (\text{kV})$$

由图 3-16（b）求 H 点电压

$$\Delta U_3 = \frac{P_{A2}R_3 + Q_{A2}X_3}{U_{A2}} = \frac{200.83 \times 7.33 + 118.27 \times 48.0}{240} = 29.79 \ (\text{kV})$$

$$\delta U_3 = \frac{P_{A2}X_3 - Q_{A2}R_3}{U_{A2}} = \frac{200.83 \times 48.0 - 118.27 \times 7.33}{240} = 36.55 \ (\text{kV})$$

$$U_H = \sqrt{(240 - 29.79)^2 + 36.55^2} = 213.36 \approx 213 \ (\text{kV})$$

由图 3-16（a）求 H 点电压以对上述结果进行校验

$$\Delta U_2 = \frac{(P_{H1} + \Delta P_{Z2})R_2 + (Q_{H1} + \Delta Q_{Z2})X_2}{U_F}$$

$$= \frac{(245.74 + 6.79) \times 5.13 + (60.77 + 36.01) \times 27.2}{226.97}$$

$$= 17.31 \ (\text{kV})$$

$$\delta U_2 = \frac{(P_{H1} + \Delta P_{Z2})X_2 - (Q_{H1} + \Delta Q_{Z2})R_2}{U_F}$$

$$= \frac{(245.74 + 6.79) \times 27.2 - (60.77 + 36.01) \times 5.13}{226.97}$$

$$= 28.08 \ (\text{kV})$$

$$U_H = \sqrt{(226.97 - 17.31)^2 + 28.08^2} = 211.53 \approx 212 \ (\text{kV})$$

与由图 3-16（b）求得的 U_H 相差很小。

（4）网络还原，并将计算结果标于图上，则如图 3-17 所示。

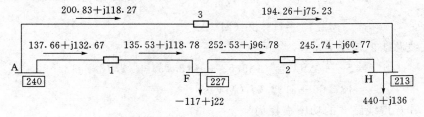

图 3-17　潮流分布计算结果

第四节　电力网络的简化

对较复杂的网络进行潮流计算时，通常采用网络变换将复杂的网络逐步化简成简单环

48

网或两端供电网络，求出其功率分布，然后再通过网络变换将网络逐步还原，确定实际网络的功率分布。常用的网络简化法有等值电源法、负荷移置法及消去节点法等，以下将不加推导地分别予以介绍，至于这些方法的具体推导可参阅有关文献。

一、等值电源法

网络中有两个或两个以上有源支路向同一节点供电时，可用一个等值有源支路替代，替代后节点电压及送入节点总功率保持不变。

如图 3-18 所示，设替代前三个有源支路功率分别为 $\widetilde{S}_1$、$\widetilde{S}_2$、$\widetilde{S}_3$，电源电势分别为 $\dot{E}_1$、$\dot{E}_2$、$\dot{E}_3$，支路复阻抗为 Z_{1n}、Z_{2n}、Z_{3n}，则替代后有源支路功率为 $\widetilde{S}_{\Sigma n}$，电源 $\dot{E}_{\Sigma n}$，支路复阻抗 $Z_{\Sigma n}$ 或导纳 $Y_{\Sigma n}$ 分别为

$$\frac{1}{Z_{\Sigma n}} = \sum_{i=1}^{3} \frac{1}{Z_{in}} \quad 或 \quad Y_{\Sigma n} = \sum_{i=1}^{3} Y_{in} \qquad (3\text{-}31)$$

$$\dot{E}_{\Sigma n} = Z_{\Sigma n} \sum_{i=1}^{3} \frac{\dot{E}_i}{Z_{in}} \quad 或 \quad \dot{E}_{\Sigma n} = \frac{1}{Y_{\Sigma n}} \sum_{i=1}^{3} \dot{E}_i Y_{in} \qquad (3\text{-}32)$$

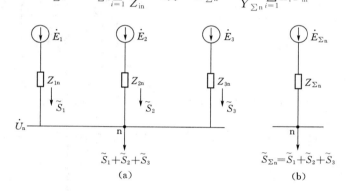

图 3-18   等值电源法

写成有 l 个有源支路的一般形式为

$$\frac{1}{Z_{\Sigma n}} = \sum_{i=1}^{l} \frac{1}{Z_{in}} \quad 或 \quad Y_{\Sigma n} = \sum_{i=1}^{l} Y_{in} \qquad (3\text{-}33)$$

$$\dot{E}_{\Sigma n} = Z_{\Sigma n} \sum_{i=1}^{l} \frac{\dot{E}_i}{Z_{in}} \quad 或 \quad \dot{E}_{\Sigma n} = \frac{1}{Y_{\Sigma n}} \sum_{i=1}^{l} \dot{E}_i Y_{in} \qquad (3\text{-}34)$$

式中　Y_{in}、$Y_{\Sigma n}$ ——替代前、后的复导纳，$Y_{in} = \dfrac{1}{Z_{in}}$，$Y_{\Sigma n} = \dfrac{1}{Z_{\Sigma n}}$。

若从等值有源支路还原，求原来各有源支路的功率，则其计算公式为

$$\widetilde{S}_i = \frac{\overset{*}{\dot{E}}_i - \overset{*}{\dot{E}}_{\Sigma n}}{\overset{*}{Z}_{in}} \dot{U}_n + \frac{\overset{*}{Z}_{\Sigma n}}{\overset{*}{Z}_{in}} \widetilde{S}_{\Sigma n} \qquad (3\text{-}35)$$

$$\widetilde{S}_{\Sigma n} = \sum_{i=1}^{l} \widetilde{S}_i$$

式中　$\dot{U}_n$——节点 n 的电压。

在应用等值电源法时，每个有源支路不能有其他的支接负荷，如有应先用下述的负荷移置法将其移去。

二、负荷移置法

负荷移置法就是将负荷移动位置，包括将一点负荷移到两点和将两点负荷移到一点两种情况。移置前后，网络其他部分的电压和功率应保持不变。

在图 3-19 中，若将 k 点负荷移到 i、j 两点，则两点的负荷由以下两式确定

$$\tilde{S}'_i = \tilde{S}_k \frac{\overset{*}{Z}_{kj}}{\overset{*}{Z}_{ik} + \overset{*}{Z}_{kj}}; \quad \tilde{S}'_j = \tilde{S}_k \frac{\overset{*}{Z}_{ik}}{\overset{*}{Z}_{ik} + \overset{*}{Z}_{kj}} \tag{3-36}$$

若将图 3-20 中 i、j 两点负荷移到 k 点，则该点位置由下式确定

$$Z_{ik} = Z_{ij} \frac{\overset{*}{S}_j}{\overset{*}{S}_i + \overset{*}{S}_j}; \quad Z_{kj} = Z_{ij} \frac{\overset{*}{S}_i}{\overset{*}{S}_i + \overset{*}{S}_j} \tag{3-37}$$

在上述网络中，如果两电源点电压不等，式（3-36）、式（3-37）仍成立，因负荷移置并不影响仅由电压差值决定的循环功率。

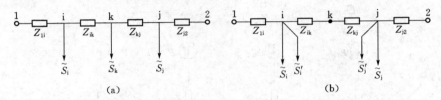

图 3-19　负荷移置法——一点负荷移到两点

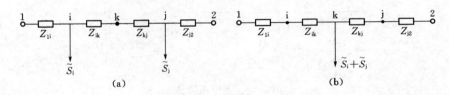

图 3-20　负荷移置法——两点负荷移到一点

三、消去节点法

消去节点法实际由两部分组成，即负荷移置和星—网变换。例如，若消去图 3-21 中的节点 n，首先应将星形中点的负荷移置于各射线端点，移置后各射线端点的电压、功率应保持不变，此时各端点获得的负荷分别为

$$\tilde{S}_{n1} = \tilde{S}_n \frac{\overset{*}{Y}_{1n}}{\overset{*}{Y}_{1n} + \overset{*}{Y}_{2n} + \overset{*}{Y}_{3n}} \tag{3-38}$$

$$\tilde{S}_{n2} = \tilde{S}_n \frac{\overset{*}{Y}_{2n}}{\overset{*}{Y}_{1n} + \overset{*}{Y}_{2n} + \overset{*}{Y}_{3n}} \tag{3-39}$$

$$\tilde{S}_{n3} = \tilde{S}_n \frac{\overset{*}{Y}_{3n}}{\overset{*}{Y}_{1n} + \overset{*}{Y}_{2n} + \overset{*}{Y}_{3n}} \tag{3-40}$$

然后通过 Y—△ 变换消去节点 n，变换后 △ 各边阻抗为

$$Z_{12} = \frac{Z_{1n}Z_{2n} + Z_{2n}Z_{3n} + Z_{3n}Z_{1n}}{Z_{3n}} \tag{3-41}$$

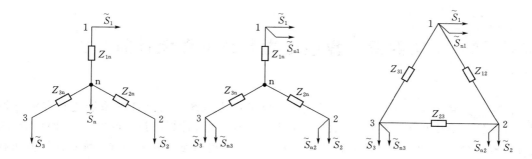

图 3-21 消去节点法

$$Z_{23} = \frac{Z_{1n}Z_{2n} + Z_{2n}Z_{3n} + Z_{3n}Z_{1n}}{Z_{1n}} \tag{3-42}$$

$$Z_{31} = \frac{Z_{1n}Z_{2n} + Z_{2n}Z_{3n} + Z_{3n}Z_{1n}}{Z_{2n}} \tag{3-43}$$

如与 n 点相连的支路有 l 条，则式（3-38）～式（3-40）可写成

$$\widetilde{S}_{nm} = \frac{\widetilde{S}_n \overset{*}{Y}_{mn}}{\sum\limits_{m=1}^{m=l} \overset{*}{Y}_{mn}} \quad (m = 1, 2, \cdots, l) \tag{3-44}$$

式（3-41）～式（3-43）可写成

$$Z_{ij} = Z_{in}Z_{jn} \sum\limits_{m=1}^{m=l} Y_{mn} \quad (i, j = 1, 2, \cdots, l, i \neq j) \tag{3-45}$$

小　结

本章主要讨论了两个问题：一是网络元件的电压降落、功率损耗的概念及计算；二是电力网络的潮流分布计算。

电力网络潮流计算的基础是开式网的分析和计算。在实际工程计算中，开式网往往已知首端电压和末端负荷，此时可按额定电压由末端开始向首端计算各元件的功率损耗，然后利用求得的首端注入功率和已知的电源点电压逐级的向末端推算各元件的电压降落，从而求出各点电压。

闭式电力网有两端供电和环形网络两种基本形式，其潮流计算一般分两步完成。一是计算不计网损的初步功率分布，目的在于确定功率分点；二是在功率分点处将其解开变成两个开式网，然后运用计算开式网的方法计算其潮流分布。此外，在两端电压不等的两端供电网和变压器变比不匹配的环形网络中都会产生循环功率，所以在计算闭式网初步功率分布时要注意加入这部分分量。

对于复杂闭式网络，一般是先通过网络变换方法对原网络进行化简，常用的变换方法有负荷移置、电源合并及消去节点法等。

第四章　复杂电力系统的潮流计算

复杂电力系统是一个包括大量母线、支路的庞大系统。对这样的系统进行潮流分析时，采用第三章中人工计算的方法已不适用。目前，随着计算机技术的发展，计算机算法已逐渐成为分析复杂系统潮流分布的主要方法，其中包括建立数学模型、确定计算方法和编制计算程序三方面的内容。

本章主要讲述前两方面的内容，同时为了方便分析，针对计算机解法作如下规定：

（1）所有参数（功率、电压、电流、阻抗或导纳）都以标幺值表示；

（2）电力系统稳态运行时，可以把负荷作恒定功率处理，也可作恒定阻抗处理；

（3）所有电源(发电机、调相机、电力电容器等)均向母线注入功率(或电流)，取正号；

（4）作恒定功率处理的负荷，均为从母线"吸取"功率，是向母线注入负的功率（或电流），取负号；

（5）母线总的注入功率（或电流）为电源注入功率（或电流）与负荷"吸取"功率（或电流）代数和；

（6）输电线路、变压器用 Ⅱ 型等值电路表示。

第一节　电力网络的数学模型

电力网络的数学模型是指将网络的有关参数和变量及其相互关系归纳起来所组成的、可反映网络性能的数学方程组。电力网络属于线性网络,因此电路理论中关于线性网络的分析方法也适用于分析电力网络。目前,普遍采用的有两种方法:一是节点电压法;二是回路电流法。

一、节点电压方程和回路电流方程

1. 节点电压方程

节点电压方程是依据基尔霍夫电流定律，通过节点导纳矩阵（或节点阻抗矩阵）反映节点电流与节点电压之间关系的数学模型。

（1）用节点导纳矩阵描述的节点电压方程

$$\boldsymbol{I}_\mathrm{B} = \boldsymbol{Y}_\mathrm{B}\boldsymbol{U}_\mathrm{B} \tag{4-1}$$

一般地，当网络中的独立节点数（即母线数）为 n 时，在式（4-1）中：$\boldsymbol{I}_\mathrm{B} = （\dot{I}_1,\ \dot{I}_2,\ \cdots,\ \dot{I}_i,\ \cdots,\ \dot{I}_n）^\mathrm{T}$ 为节点注入电流的 n 维列相量；$\boldsymbol{U}_\mathrm{B} = （\dot{U}_1,\ \dot{U}_2,\ \cdots,\ \dot{U}_i\cdots,\ \dot{U}_n）^\mathrm{T}$ 为节点电压列向量；则

$$\boldsymbol{Y}_\mathrm{B} = \begin{bmatrix} Y_{11} & Y_{12} & \cdots & Y_{1i} & \cdots & Y_{1n} \\ Y_{21} & Y_{22} & \cdots & Y_{2i} & \cdots & Y_{2n} \\ \vdots & & & & & \\ Y_{i1} & Y_{i2} & \cdots & Y_{ii} & \cdots & Y_{in} \\ \vdots & & & & & \\ Y_{n1} & Y_{n2} & \cdots & Y_{ni} & \cdots & Y_{nn} \end{bmatrix} \text{为 } n \times n \text{ 阶节点导纳矩阵} \tag{4-2}$$

由以上分析可知，对 n 母线电力系统有 n 个独立的节点电压方程式（以大地为参考节点）。

（2）用节点阻抗矩阵描述的节点电压方程。将式（4-1）两边同乘 Y_B^{-1}（前提为 Y_B 的逆阵存在），则有 $Y_B^{-1} I_B = Y_B^{-1} Y_B U_B$。又令 $Y_B^{-1} = Z_B$ 为节点阻抗矩阵，其表达

$$Z_B = \begin{bmatrix} Z_{11} & Z_{12} & \cdots & Z_{1i} & \cdots & Z_{1n} \\ Z_{21} & Z_{22} & \cdots & Z_{2i} & \cdots & Z_{2n} \\ \vdots & & & & & \\ Z_{i1} & Z_{i2} & \cdots & Z_{ii} & \cdots & Z_{in} \\ \vdots & & & & & \\ Z_{n1} & Z_{n2} & \cdots & Z_{ni} & \cdots & Z_{nn} \end{bmatrix} \text{仍为 } n \times n \text{ 阶方阵} \tag{4-3}$$

则 n 母线系统的节点方程又表示为

$$U_B = Z_B I_B \tag{4-4}$$

2. 回路电流方程

回路电流方程是依据基尔霍夫电压定律，通过回路阻抗矩阵 Z_L 反映回路电流与回路电压之间关系的数学模型，其方程式为

$$E_L = Z_L I_L \tag{4-5}$$

若网络为 n 母线（即 n 个独立节点）系统，且等值电路有 b 条支路，则基本回路数即独立的回路方程数为 $L = b - n$。则在式（4-5）中：$E_L = (\dot{E}_{11}, \dot{E}_{22}, \cdots, \dot{E}_{ii}, \cdots, \dot{E}_{LL})^T$ 为 L 维回路电势列相量，它的第 i 个元素 $\dot{E}_{ii}$ 是第 i 个回路所含电源电势的代数和，其中与回路电流的绕行方向相同的支路电势取正号；反之取负号。回路中没有电源时则为零。

$I_L = (\dot{I}_1, \dot{I}_2, \cdots, \dot{I}_i, \cdots, \dot{I}_L)^T$ 为 L 维回路电流列相量，其中每个元素为各自回路某一选定绕行方向的电流相量。

$$Z_L = \begin{bmatrix} Z_{11} & Z_{12} & \cdots & Z_{1i} & \cdots & Z_{1L} \\ Z_{21} & Z_{22} & \cdots & Z_{2i} & \cdots & Z_{2L} \\ \vdots & & & & & \\ Z_{i1} & Z_{i2} & \cdots & Z_{ii} & \cdots & Z_{iL} \\ \vdots & & & & & \\ Z_{L1} & Z_{L2} & \cdots & Z_{Li} & \cdots & Z_{LL} \end{bmatrix} \text{为 } L \times L \text{ 阶回路阻抗矩阵} \tag{4-6}$$

3. 节点电压方程和回路电流方程的比较

两种方程在电力系统分析中都有应用，但各有优缺点，现从以下三个方面进行比较。

（1）从方程式的数目来说，我们希望方程式的数目越少越好。当网络的独立节点数为 n，支路数为 b 时，节点电压方程数为 n 个，回路电流方程数为 $L = b - n$ 个。

当 $b > 2n$ 时，$L > n$；当 $b < 2n$ 时，$L < n$。在实际电力系统中，各母线之间的支路一般为变压器或输电线路。如果发电机、负荷、线路电容以及变压器的励磁支路等都用节点对地支路表示时，常有 $b > 2n$；但有某些情况下，例如短路计算中常略去线路电容和变压器励磁支路，甚至略去负荷。这样支路数 b 大为减少，可能出现 $b < 2n$ 的情况。

（2）就状态变量来说，节点方程可以节点电压为状态变量，节点电流可以直接由电源及负荷的情况确定，且节点导纳矩阵的形成与修改，从后面的分析可以发现其优越性；节点电压方程中求解出各母线电压后，支路电流、功率以及母线功率容易算出，而回路电流方程不具备此优点。

（3）应用回路电流方程要预先选定回路方向，使计算机程序设计复杂化，而节点电压方程无此缺点。

基于以上原因，目前的潮流分析计算一般多采用节点电压方程，本节中仅就节电导纳矩阵表示的节点电压法进行分析。

二、节点导纳矩阵的形成和修改

用节点导纳矩阵描述的节点电压方程是依靠节点导纳矩阵来建立节点电流与节点电压之间关系的，因此须先确定节点导纳矩阵。

1. 节点导纳矩阵的形成

节点导纳矩阵如式（4-2）。其中对角元素 Y_{ii} $(i=1, 2, \cdots, n)$ 称为节点 i 的自导纳；非对角元素 Y_{ij} $(i, j=1, 2, \cdots, n; i \neq j)$ 称为互导纳。

（1）自导纳 Y_{ii}。将式（4-1）展开得

$$\dot{I}_i = \sum_{k=1}^{n} Y_{ik} \dot{U}_k \quad (i=1,2,\cdots,n) \tag{4-7}$$

若在节点 i 加电压 $\dot{U}_i$，其他节点都接地，即 $\dot{U}_k = 0$ $(k=1, 2, \cdots, n, k \neq i)$，则

$$\dot{I}_i = \sum_{k=1}^{i-1} Y_{ik} 0 + \sum_{k=i+1}^{n} Y_{ik} 0 + Y_{ii} \dot{U}_i$$

即

$$\dot{I}_i = Y_{ii} \dot{U}_i$$

所以

$$Y_{ii} = \frac{\dot{I}_i}{\dot{U}_i} \bigg|_{\dot{U}_k = 0, k \neq i} \tag{4-8}$$

当 $\dot{U}_i = 1 \underline{/0}$ 时，

$$Y_{ii} = \frac{\dot{I}_i}{\dot{U}_i} \bigg|_{\dot{U}_k = 0, k \neq i; \dot{U}_i = 1 \underline{/0}} = \dot{I}_i \tag{4-9}$$

所以自导纳 Y_{ii} 的物理意义是：在节点 i 施加单位电压，其他节点都接地时，经节点 i 注入网络的电流。实际计算中，由电路原理课程已知，节点 i 的自导纳在数值上就等于与该节点直接相连的所有支路导纳的总和。

（2）互导纳 Y_{ij}。若在节点 j 加电压 $\dot{U}_j$，其他节点都接地，即 $\dot{U}_k = 0$ $(k=1, 2, \cdots, n, k \neq j)$，由式（4-7）可知

$$\dot{I}_i = \sum_{k=1}^{j-1} Y_{ik} 0 + \sum_{k=j+1}^{n} Y_{ik} 0 + Y_{ij} \dot{U}_j$$

即

$$\dot{I}_i = Y_{ij} \dot{U}_j$$

所以

$$Y_{ij} = \frac{\dot{I}_i}{\dot{U}_j} \bigg|_{\dot{U}_k = 0, k \neq j} \tag{4-10}$$

当 $\dot{U}_j = 1 \underline{/0}$ 时，

$$Y_{ij} = \frac{\dot{I}_i}{\dot{U}_j} \bigg|_{\dot{U}_k = 0, k \neq j; \dot{U}_j = 1 \underline{/0}} = \dot{I}_i \tag{4-11}$$

因此，互导纳 Y_{ij} 的物理意义是：在节点 j 施加单位电压，其他节点都接地时，经节点 i

注入网络的电流。实际计算中，节点 i、j 之间的互导纳 Y_{ij} 在数值上就等于连接节点 i 与 j 的支路导纳 y_{ij} 的负值。取负号的原因是节点注入网络的电流为正，而当 i 接地且 $\dot{U}_j = 1 \underline{/0}$ 时，$\dot{I}_i$ 的方向为流出网络（即注入大地）。

依互导纳的物理意义可知 $Y_{ij} = -y_{ij}$，即 $Y_{ij} = Y_{ji}$；特别地，当节点 i、j 之间无直接支路相连时，$Y_{ij} = Y_{ji} = 0$。在复杂电力网中，这种情况较多，从而使矩阵中出现大量的零元素，节点导纳矩阵成为稀疏矩阵。一般来说 $|Y_{ii}| > |Y_{ij}|$，即对角元素的绝对值大于非对角元素的绝对值，使节点导纳矩阵成为具有对角线优势的矩阵。因此，节点导纳矩阵是一个对称、稀疏且具有对角线优势的方阵。这将给以后的分析计算带来很大的方便，它有利于节省内存、提高计算速度以及改善收敛等。

2. 节点导纳矩阵的修改

在电力系统中，接线方式或运行状态等均会发生变化，从而使网络接线改变。比如一台变压器支路的投入或切除，均会使与之相连的节点的自导纳或互导纳发生变化，而网络中其他部分的结构并没改变，因此不必重新形成节点导纳矩阵，而只需对原有的矩阵作必要的修改就可以了。现就几种典型的接线变化说明具体的修改方法。

（1）从原有网络的节点 i 引出一条导纳为 Y_{ij} 的支路，j 为新增点的节点，如图 4-1（a）所示。由于新增加了一个节点，所以节点导纳矩阵增加一阶，矩阵作如下修改：

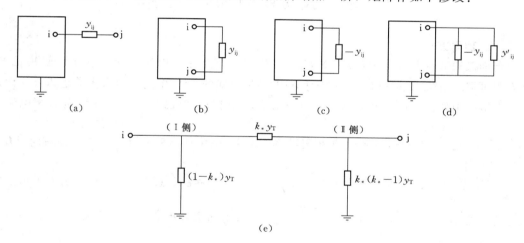

图 4-1 电力网络接线的改变

（a）增加支路和节点；（b）增加支路；（c）切除支路；（d）改变支路参数；（e）改变变压器变比

1）原有节点 i 的自导纳 Y_{ii} 的增量 $\Delta Y_{ii} = y_{ij}$；

2）新增节点 j 的自导纳 $Y_{jj} = y_{ij}$；

3）新增的非对角元 $Y_{ij} = Y_{ji} = -y_{ij}$；其他新增的非对角元素均为零。

（2）在原有网络的节点 i 与 j 之间增加一条导纳为 y_{ij} 的支路，如图 4-1（b）所示。则与 i、j 有关的元素应作如下修改：

1）节点 i、j 的自导纳增量 $\Delta Y_{ii} = \Delta Y_{jj} = y_{ij}$；

2）节点 i 与 j 之间的互导纳增量 $\Delta Y_{ij} = \Delta Y_{ji} = -y_{ij}$。

（3）在网络的原有节点 i、j 之间切除一条导纳为 y_{ij} 的支路，如图 4-1（c）所示，其相当于在 i、j 之间增加一条导纳为 $-y_{ij}$ 的支路，因此与 i、j 有关的元素应作如下修改：

1）节点 i、j 的自导纳增量 $\Delta Y_{ii} = \Delta Y_{jj} = -y_{ij}$；

2）节点 i 与 j 之间的互导纳增量 $\Delta Y_{ij} = \Delta Y_{ji} = y_{ij}$。

（4）原有网络节点 i、j 之间的导纳由 y_{ij} 改变为 y'_{ij}，相当于在节点 i、j 之间切除一条导纳为 y_{ij} 的支路，再增加一条导纳为 y'_{ij} 的支路，如图 4-1（d）所示。则与 i、j 有关的元素应作如下修改：

1）节点 i、j 的自导纳增量 $\Delta Y_{ii} = \Delta Y_{jj} = y'_{ij} - y_{ij}$；

2）节点 i 与 j 之间的互导纳增量 $\Delta Y_{ij} = \Delta Y_{ji} = y_{ij} - y'_{ij}$。

（5）原有网络节点 i、j 之间变压器的变比由 k_* 变为 k'_*，即相当于切除一台变比为 k_* 的变压器，再投入一台变比为 k'_* 的变压器，$k_* = (U_I / U_{II}) / (U_{IB} / U_{IIB})$，如图 4-1（e）变压器 Ⅱ 型等值电路，图中 y_T 为与变压器原边基准电压对应的变压器导纳标么值，则与 i、j 有关的元素应作如下修改：

1）节点 i 的自导纳增量 $\Delta Y_{ii} = 0$；节点 j 的自导纳增量 $\Delta Y_{jj} = (k'^2_* - k^2_*) y_T$；

2）节点 i 与 j 之间的互导纳增量 $\Delta Y_{ij} = \Delta Y_{ji} = (k_* - k'_*) y_T$。

第二节　功率方程和变量节点的分类

一、功率方程

前面已知节点电压方程为 $\boldsymbol{I}_B = \boldsymbol{Y}_B \boldsymbol{U}_B$。在建立了节点导纳矩阵 $\boldsymbol{Y}_B$ 后，如 $\boldsymbol{U}_B$ 或 $\boldsymbol{I}_B$ 已知，则方程可解。由第三章可知，在工程计算中 $\boldsymbol{I}_B$ 是未知的，$\boldsymbol{U}_B$ 中的元素大多数也未知，因此无法直接应用公式（4-1）进行求解。电力系统分析计算中常以节点注入功率 $\boldsymbol{S}_B$ 代替电流 $\boldsymbol{I}_B$（$\boldsymbol{S}_B$ 为节点注入功率的列相量）。根据复功率的定义 $\tilde{S}_i = \dot{U}_i \overset{*}{\dot{I}_i}$，所以 $\dot{I}_i = \left[\dfrac{\tilde{S}_i}{\dot{U}_i} \right]^*$。对应有 $\boldsymbol{I}_B = \left[\dfrac{\boldsymbol{S}}{\boldsymbol{U}} \right]^{* \bullet}_B$，所以节点电压方程为 $\boldsymbol{Y}_B \boldsymbol{U}_B = \left[\dfrac{\boldsymbol{S}}{\boldsymbol{U}} \right]^*_B$，从而将各节点的注入功率 $\tilde{S}$ 引入了节点电压方程。参照式（4-1），将 $\boldsymbol{Y}_B \boldsymbol{U}_B = \left[\dfrac{\boldsymbol{S}}{\boldsymbol{U}} \right]^*_B$ 展开可得功率方程的一般形式为

$$\frac{P_i - jQ_i}{\overset{*}{\dot{U}_i}} = \sum_{j=1}^{n} Y_{ij} \dot{U}_j \quad (i = 1, 2, \cdots, n) \tag{4-12}$$

1. 功率方程的展开式

以下面两端供电网络为例，分析功率方程的展开式。如图 4-2 所示两端供电网络，节点 1、2 的注入功率为

$$\left. \begin{array}{l} \tilde{S}_1 = \tilde{S}_{G1} - \tilde{S}_{D1} = (P_{G1} - P_{D1}) + j(Q_{G1} - Q_{D1}) \\ \tilde{S}_2 = \tilde{S}_{G2} - \tilde{S}_{D2} = (P_{G2} - P_{D2}) + j(Q_{G2} - Q_{D2}) \end{array} \right\} \tag{4-13}$$

---

❶ 为简略计，以 $\left[\dfrac{\boldsymbol{S}}{\boldsymbol{U}} \right]^*_B$ 表示列相量 $\left[\dfrac{\tilde{S}_1}{\overset{*}{\dot{U}_1}}, \dfrac{\tilde{S}_2}{\overset{*}{\dot{U}_2}}, \cdots, \dfrac{\tilde{S}_n}{\overset{*}{\dot{U}_n}} \right]$。

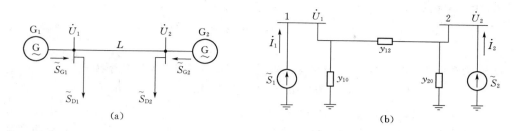

图 4-2　简单系统及其等值网络

(a) 简单系统；(b) 等值网络

从而可知节点 1、2 的注入电流为

$$
\left.\begin{aligned}
\dot{I}_1 &= \frac{\overset{*}{S}_1}{\overset{*}{U}_1} \\
\dot{I}_2 &= \frac{\overset{*}{S}_2}{\overset{*}{U}_2}
\end{aligned}\right\}
\tag{4-14}
$$

网络的节点导纳矩阵元素

$$
Y_{11} = y_{10} + y_{12} = y_{20} + y_{21} = Y_{22}; \quad Y_{12} = Y_{21} = -y_{12}
$$

从而网络的节点电压方程为

$$
\left.\begin{aligned}
\frac{\overset{*}{S}_1}{\overset{*}{U}_1} &= \dot{I}_1 = Y_{11}\dot{U}_1 + Y_{12}\dot{U}_2 \\
\frac{\overset{*}{S}_2}{\overset{*}{U}_2} &= \dot{I}_2 = Y_{21}\dot{U}_1 + Y_{22}\dot{U}_2
\end{aligned}\right\}
\tag{4-15}
$$

可得

$$
\left.\begin{aligned}
\widetilde{S}_1 &= \dot{U}_1\overset{*}{Y}_{11}\overset{*}{U}_1 + \dot{U}_1\overset{*}{Y}_{12}\overset{*}{U}_2 = U_1^2\overset{*}{Y}_{11} + \dot{U}_1\overset{*}{U}_2\overset{*}{Y}_{12} \\
\widetilde{S}_2 &= \dot{U}_2\overset{*}{Y}_{21}\overset{*}{U}_1 + \dot{U}_2\overset{*}{Y}_{22}\overset{*}{U}_2 = U_2^2\overset{*}{Y}_{22} + \overset{*}{U}_1\dot{U}_2\overset{*}{Y}_{21}
\end{aligned}\right\}
\tag{4-16}
$$

如设 $\dot{U}_1 = U_1 e^{j\delta_1}$；$\dot{U}_2 = U_2 e^{j\delta_2}$；$Y_{11} = Y_{22} = y_s e^{-j(90° - \alpha_s)}$；$Y_{12} = Y_{21} = y_m e^{-j(90° - \alpha_m)}$（均为极坐标形式），并将它们代入式（4-16）展开，将有功功率、无功功率分别列出，可得

$$
\left.\begin{aligned}
P_1 &= P_{G1} - P_{D1} = y_s U_1^2 \sin\alpha_s + y_m U_1 U_2 \sin[(\delta_1 - \delta_2) - \alpha_m] \\
P_2 &= P_{G2} - P_{D2} = y_s U_2^2 \sin\alpha_s + y_m U_2 U_1 \sin[(\delta_2 - \delta_1) - \alpha_m] \\
Q_1 &= Q_{G1} - Q_{D1} = y_s U_1^2 \cos\alpha_s - y_m U_1 U_2 \cos[(\delta_1 - \delta_2) - \alpha_m] \\
Q_2 &= Q_{G2} - Q_{D2} = y_s U_2^2 \cos\alpha_s - y_m U_2 U_1 \cos[(\delta_2 - \delta_1) - \alpha_m]
\end{aligned}\right\}
\tag{4-17}
$$

这就是图 4-2（a）简单系统的功率方程。

2. 功率方程的特点

（1）由式（4-17）可见，功率方程是反应节点注入功率和节点电压之间关系的数学模型，是关于 U 和 δ 的非线性方程组，一般无法用解析法求解，应立足于迭代求解。

（2）将式（4-17）的第一、二式相加，第三、四式相加，可得这个系统的有功功率、无功功率平衡关系为

$$P_{G1} + P_{G2} = P_{D1} + P_{D2} + y_s(U_1^2 + U_2^2)\sin\alpha_s - 2y_m U_1 U_2 \cos(\delta_1 - \delta_2)\sin\alpha_m \Big\}$$
$$Q_{G1} + Q_{G2} = Q_{D1} + Q_{D2} + y_s(U_1^2 + U_2^2)\cos\alpha_s - 2y_m U_1 U_2 \cos(\delta_1 - \delta_2)\cos\alpha_m \Big\}$$

$$(4\text{-}18)$$

两等式右边第三项、第四项为系统的有功功率损耗 ΔP、无功功率损耗 ΔQ

$$\Delta P = y_s(U_1^2 + U_2^2)\sin\alpha_s - 2y_m U_1 U_2 \cos(\delta_1 - \delta_2)\sin\alpha_m \Big\}$$
$$\Delta Q = y_s(U_1^2 + U_2^2)\cos\alpha_s - 2y_m U_1 U_2 \cos(\delta_1 - \delta_2)\cos\alpha_m \Big\}$$

（3）在功率方程中，母线电压的相位角以 $\delta_{12} = \delta_1 - \delta_2$ 的形式出现，即决定功率大小的是相对角而不是绝对角，因此在所有电压相量 $\dot{U}_i$ 中，应选定一个电压参考相量。

（4）四个方程中，除去网络参数 y_s、y_m、α_s、α_m 外共十二个变量，它们分别是：

负荷消耗的有功、无功功率——P_{D1}、P_{D2}、Q_{D1}、Q_{D2}；

电源发出的有功、无功功率——P_{G1}、P_{G2}、Q_{G1}、Q_{G2}；

母线或节点电压的大小和相位角——U_1、U_2、δ_1、δ_2。

因此，除非已知或给定其中的八个变量，否则无法求解，即为 n 母线系统将会列出 $2n$ 个方程，但变量有 $6n$ 个。必须根据运行条件，给定其中 $6n - 2n = 4n$ 个变量才可解方程。

二、变量的分类

1. 变量的分类

前面分析已知，为了使功率方程有解，必须要给定某些变量，而其余变量作为未知量。给定哪些变量才合理呢？这首先要求我们要了解变量的性质。实际变量按控制理论可分为三类：不可控变量、可控变量和状态变量。

（1）不可控变量 d。对电力系统来说是指无法由运行方面来控制的变量。这里指负荷消耗的有功 P_D、无功功率 Q_D。它们取决于用户，对系统来说是随机的，又叫扰动变量。它们的变化将引起系统运行状态的变化。一般可根据运行经验或预测做出估计，作为已知量给定。对 n 母线系统共有 $2n$ 个不可控变量，即 $d = (P_{D1}、Q_{D1}、P_{D2}、Q_{D2}、\cdots、P_{Dn}、Q_{Dn})^T$。

（2）控制变量 u。可由运行人员根据需要来决定或改变的变量，这里指电源发出的有功 P_G、无功功率 Q_G。对 n 母线系统共有 $2n$ 个控制变量，在方程组中一般起自变量的作用，$u = (P_{G1}、Q_{G1}、P_{G2}、Q_{G2}、\cdots、P_{Gn}、Q_{Gn})^T$。

（3）状态变量 x。能描述和确定系统运行状态的变量。这里指各母线电压的大小 u 及相角 δ。它们是受系统的控制变量所控制的因变量，其中电压 u 主要受无功功率 Q_G 的控制；相角 δ 主要受有功功率 P_G 的控制。对 n 母线系统共有 $2n$ 个状态变量，$x = (u_1、\delta_1、u_2、\delta_2、\cdots、u_n、\delta_n)^T$。

2. 功率方程给定变量的调整

对变量作如上分类后，似乎只要已知扰动变量和控制变量，就可以运用功率方程（4-17）求解出状态变量，其实不然。因为在上述功率方程中，母线（节点）电压的相位角以相对值出现，以致使当 δ_1、δ_2 发生变化，但（$\delta_1 - \delta_2$）不变时，功率的数值不变，从而不能用它们求取绝对相位角 δ_1、δ_2，当然还有其他原因，如功率损耗与相对角的关系等。

为克服以上困难，可对变量的给定稍作调整：

（1）在具有 n 个节点的系统中，只给定（$n-1$）对控制变量 P_{Gi}、Q_{Gi}，余下一对控制变

量 P_{GS}、Q_{GS} 待定，由这一对控制变量维持系统功率平衡。

（2）指定某节点的电压相量为基准相，一般取与 P_{GS}、Q_{GS} 相同的节点，即 $\dot{U}_s = U_s \underline{/\delta_s} = 1 \underline{/0}$（$U_s$ 也可按实际需要取 1 附近的某一值）。

（3）给定所有的不可控变量 P_{Di}、Q_{Di}。

3. 变量的约束条件

在已知以上 $4n$ 个变量后，就可根据 $2n$ 个功率方程解出 $2n$ 个未知量，其中包括 $2(n-1)$ 个状态变量和 2 个控制变量。这在抽象的数学思维中已经满足方程的要求，但实际电力系统还要受某些条件的约束，当方程的解超出这一约束条件时，对实际系统就无意义了，即这些约束条件是保证系统正常运行所必须的。

（1）对控制变量的约束条件是

$$P_{Gimin} \leqslant P_{Gi} \leqslant P_{Gimax}, \quad Q_{Gimin} \leqslant Q_{Gi} \leqslant Q_{Gimax}$$

若为没有电源的节点则为

$$P_{Gi} = 0, \quad Q_{Gi} = 0$$

其中 P_{Gimax}、P_{Gimin}、Q_{Gimax}、Q_{Gimin} 的确定由一些技术条件所确定，在后面两章将有讨论。

（2）对状态变量 U_i 的约束条件是

$$U_{imin} \leqslant U_i \leqslant U_{imax}$$

即系统中各节点电压都要满足电压质量的要求。

（3）对某些状态变量的相对角 $\delta_{ij} = \delta_i - \delta_j$ 须满足

$$|\delta_i - \delta_j| < |\delta_i - \delta_j|_{max}$$

这是为保证系统运行稳定性所要求的。除此以外，还可根据某些要求考虑其他一些约束，如某些线路的功率限制、经济性要求等。考虑到这些约束条件后，有时对某些节点还得调整它的给定量，如给定 P_{Gi} 和 U_i，而 Q_{Gi} 和 δ_i 待求等。

三、节点的分类

从前面的叙述已知，对不同节点，给定量也不同。这样，系统中的节点就因给定量的不同而分为三类：

（1）PQ 节点。这类节点给定节点注入功率 P_i、Q_i，待求的是节点电压 U_i 及相角 δ_i。属于这一类节点的有固定发电功率的发电厂母线和没有其他电源（无功电源）的变电所母线。这类节点在电力系统中大量存在。

（2）PV 节点。这类节点给定节点注入有功功率 P_i 和电压 U_i，待求的是节点注入无功功率 Q_i 和电压相角 δ_i。这类节点要求有充足的可调无功电源来维持给定电压 U_i。属于这类节点的有具有一定无功储备的发电厂和有一定可调无功电源设备的变电所母线。这类节点在电力系统中为数不多，甚至可能没有。

（3）平衡节点。在潮流计算中所选的电压参考节点，即 $\dot{U}_s = U_s \underline{/\delta_s} = U_s \underline{/0}$ 的节点，也就是电压大小给定、相角为零的节点。待求量是节点注入功率 P_s、Q_s，整个系统的功率平衡由该节点承担，一般选择系统中的主调频发电厂母线作为平衡节点。这类节点在计算中必不可少，但一般只有 1 个。

第三节　高斯—塞德尔法潮流计算

一、高斯—塞德尔迭代法

设有 n 个联立的非线性方程

$$\left.\begin{array}{l} f_1(x_1,x_2,\cdots,x_n)=0 \\ f_2(x_1,x_2,\cdots,x_n)=0 \\ \quad\vdots \\ f_n(x_1,x_2,\cdots,x_n)=0 \end{array}\right\} \tag{4-19}$$

解此方程组得

$$\left.\begin{array}{l} x_1=g_1(x_1,x_2,\cdots,x_n) \\ x_2=g_2(x_1,x_2,\cdots,x_n) \\ \quad\vdots \\ x_n=g_n(x_1,x_2,\cdots,x_n) \end{array}\right\} \tag{4-20}$$

若已经求得各变量的第 k 次迭代值 $x_1^{(k)}$、$x_2^{(k)}$、$\cdots$、$x_n^{(k)}$，则其第 $(k+1)$ 次迭代值为

$$\left.\begin{array}{l} x_1^{(k+1)}=g_1(x_1^{(k)},x_2^{(k)},\cdots,x_n^{(k)}) \\ x_2^{(k+1)}=g_2(x_1^{(k+1)},x_2^{(k)},\cdots,x_n^{(k)}) \\ \quad\vdots \\ x_n^{(k+1)}=g_n(x_1^{(k+1)},x_2^{(k+1)},\cdots,x_{n-1}^{(k+1)},x_n^{(k)}) \end{array}\right\} \tag{4-21}$$

式（4-21）可缩写为

$$x_i^{(k+1)}=g_i(x_1^{(k+1)},x_2^{(k+1)},\cdots,x_{i-1}^{(k+1)},x_i^{(k)},\cdots,x_n^{(k)}) \quad (i=1,2,\cdots,n)$$

只要给出变量的初值 $x_1^{(0)}$，$x_2^{(0)}$，$\cdots$，$x_n^{(0)}$ 就可按式（4-21）迭代计算，一直进行到所有变量都满足收敛条件：$|x_i^{(k+1)}-x_i^{(k)}|<\varepsilon$ 即可（ε 为预先给定的允许误差）。

【例 4-1】　已知非线性方程组为

$$\left.\begin{array}{l} f_1(x_1,x_2)=2x_1+x_1x_2-1=0 \\ f_2(x_1,x_2)=2x_2-x_1x_2+1=0 \end{array}\right\}$$

用高斯—塞得尔法解之（此方程组的真正解是：$x_1=1$，$x_2=-1$）。

解　（1）初值取 $x_1^{(0)}=0$，$x_2^{(0)}=0$，并将方程组改成便于迭代的形式

$$x_1=\frac{1}{2}(-x_1x_2+1), \quad x_2=\frac{1}{2}(x_1x_2-1)$$

（2）第一次迭代

$$x_1^{(1)}=0.5$$

$$x_2^{(1)}=\frac{1}{2}(0.5\times0-1)=-0.5$$

（3）第二次迭代

$$x_1^{(2)}=\frac{1}{2}(0.5\times0.5+1)=0.625$$

$$x_2^{(2)}=\frac{1}{2}(-0.625\times0.5-1)=-0.656$$

60

（4）第三次迭代

$$x_1{}^{(3)} = \frac{1}{2}(0.625 \times 0.656 + 1) = 0.705$$

$$x_2{}^{(3)} = \frac{1}{2}(-0.705 \times 0.656 - 1) = -0.731$$

……

继续迭代下去，可以看出每次所得的值逐步向真正解逼近。

二、高斯—塞德尔法潮流计算

这里只介绍以节点导纳矩阵为对应关系的潮流计算。设系统有 n 个节点，其中 m 个 PQ 节点，且编号为 $i=1$，2，$\cdots$，m；一个平衡节点，$i=n$；其余 $n-(m+1)$ 个为 PV 节点，编号从 $i=m+1$ 到 $i=n-1$。

应用高斯—塞德尔法进行潮流计算的步骤如下：

（1）根据网络结构和参数形成节点导纳矩阵 $\boldsymbol{Y}_B$；

（2）迭代计算各节点电压 $\dot{U}_i$（1，2，$\cdots$，$n-1$）。（平衡节点电压已知，在迭代计算时可以直接应用，即 $\dot{U}_n = U_n \underline{/\delta_n}$）。

从式（4-12）可解出

$$\dot{U}_i = \frac{1}{Y_{ii}}\left[\frac{P_i - jQ_i}{\overset{*}{\dot{U}}_i} - \sum_{\substack{j=1 \\ j \neq i}}^{n} Y_{ij}\dot{U}_j \right] \tag{4-22}$$

将上式写成高斯—塞德尔法的迭代形式

$$\dot{U}_i^{(k+1)} = \frac{1}{Y_{ii}}\left[\frac{P_i - jQ_i}{\overset{*}{\dot{U}}_i^{(k)}} - \sum_{j=1}^{i-1} Y_{ij}\dot{U}_j^{(k+1)} - \sum_{j=i+1}^{n} Y_{ij}\dot{U}_j^{(k)} \right] \quad (i=1,2,\cdots,n-1) \tag{4-23}$$

1）对 PQ 节点的处理（$i=1$，2，$\cdots$，m）。由于已知的是 P_i、Q_i，此时设定电压初值 $\dot{U}_i^{(0)}$，代入式（4-23）进行计算。对 PQ 节点的电压初值一般认为 $\dot{U}_i^{(0)} = 1.0 \underline{/0}$；但是在迭代过程中要与 PV 节点配合，PV 节点的电压大小 U_i（$i=m+1$，$m+2$，$\cdots$，$n-1$）是已知的，因此 PV 节点的电压初值取为 $\dot{U}_i^{(0)} = U_{is}\underline{/\delta_i^{(0)}}$，并且在每次迭代完均要修正，具体方法见 PV 节点。这一迭代过程一直进行到满足收敛条件

$$\max\{ |\dot{U}_i^{(k+1)} - \dot{U}_i^{(k)}| \} < \varepsilon \quad (i=1,2,\cdots,m) \tag{4-24}$$

为止。

2）对 PV 节点的处理（$i=m+1$，$m+2$，$\cdots$，$n-1$）。因为 PV 节点已知的是 P_i、U_i，所以迭代初值应设为 $Q_i^{(0)}$、$\delta_i^{(0)}$，然后应用式（4-23）进行计算，并且作如下修正：

a. 修正节点电压。由式（4-23）算出的 PV 节点电压为 $\dot{U}_i^{(k)} = U_i^{(k)} \underline{/\delta_i^{(k)}}$，由于 $U_i^{(k)}$ 不一定等于给定的 U_{is}，因此应将节点电压修正为

$$\dot{U}_i^{(k)} = U_{is} \underline{/\delta_i^{(k)}} \tag{4-25}$$

b. 节点注入无功功率计算。PV 节点的无功功率只在迭代开始时设定初值 $Q_i^{(0)}$，因此每次迭代之后都要计算出相应的无功功率 $Q_i^{(k)}$，具体算法是根据式（4-12）

$$Q_i^{(k)} = -\,\text{Im}\left[\overset{*}{\dot{U}}_i^{(k)} \left(\sum_{j=1}^{i-1} Y_{ij}\dot{U}_j^{(k+1)} + \sum_{j=i}^{n} Y_{ij}\dot{U}_j^{k} \right) \right] \qquad (4\text{-}26)$$

其中符号 Im 为"取虚部"。

算出 $Q_i^{(k)}$ 之后，还要校验其是否满足约束条件

$$Q_{imin} \leqslant Q_i^{(k)} \leqslant Q_{imax}$$

Q_{imin}、Q_{imax} 表示节点 i 的无功电源设备发出的最小、最大无功功率。若 $Q_i^{(k)} < Q_{imin}$ 则应取 $Q_i^{(k)} = Q_{imin}$；若 $Q_i^{(k)} > Q_{imax}$，则其 $Q_i^{(k)} = Q_{imax}$。按上述方法确定了节点 i 注入的无功功率之后，将其代入式（4-23）计算节点电压的新值 $\dot{U}_i^{(k+1)}$。此过程收敛的判据仍为式（4-24）。

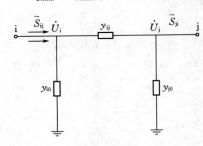

图 4-3 支路功率计算

（3）功率计算。

1）平衡节点的注入功率 $P_n + jQ_n$。平衡节点 n 的电压 $\dot{U}_n$ 已知，其他节点电压 $\dot{U}_i$（$i=1,2,\cdots,n-1$）都求出后，即可按下式计算使全网实现功率平衡的 P_n、Q_n。把式（4-12）改写为

$$\widetilde{S}_n = P_n + jQ_n = \dot{U}_n \sum_{j=1}^{n} \overset{*}{Y}_{nj}\overset{*}{U}_j \qquad (4\text{-}27)$$

2）网络中的功率分布及功率损耗。对于图 4-3 中节点 i 和 j 之间的线路，从 i 端注入线路的功率 $\widetilde{S}_{ij}$ 为

$$\widetilde{S}_{ij} = P_{ij} + jQ_{ij} = \dot{U}_i \overset{*}{\dot{I}}_{ij}$$

而

$$\dot{I}_{ij} = (\dot{U}_i - \dot{U}_j)y_{ij} + \dot{U}_i y_{i0}$$

则

$$\widetilde{S}_{ij} = \dot{U}_i(\overset{*}{U}_i - \overset{*}{U}_j)\overset{*}{y}_{ij} + U_i^2\overset{*}{y}_{i0} \qquad (4\text{-}28)$$

同理，j 端注入线路的功率为

$$\widetilde{S}_{ji} = \dot{U}_j(\overset{*}{U}_j - \overset{*}{U}_i)\overset{*}{y}_{ij} + U_j^2\overset{*}{y}_{j0} \qquad (4\text{-}29)$$

线路中的功率损耗 $\Delta\widetilde{S}_{ij}$ 应等于从 i 端注入的功率 $\widetilde{S}_{ij}$ 减去从 j 端流出的功率（$-\widetilde{S}_{ji}$），即

$$\Delta\widetilde{S}_{ij} = \widetilde{S}_{ij} - (-\widetilde{S}_{ji}) = \widetilde{S}_{ij} + \widetilde{S}_{ji} \qquad (4\text{-}30)$$

第四节　牛顿—拉夫逊法潮流计算

一、牛顿—拉夫逊法的基本原理

设有非线性方程组如下

$$\left. \begin{array}{l} f_1(x_1,x_2,\cdots,x_n) = 0 \\ f_2(x_1,x_2,\cdots,x_n) = 0 \\ \vdots \\ f_n(x_1,x_2,\cdots,x_n) = 0 \end{array} \right\} \qquad (4\text{-}31)$$

其近似解为 $x_1^{(0)}, x_2^{(0)}, \cdots, x_n^{(0)}$。设近似解与精确解分别相差 $\Delta x_1^{(0)}, \Delta x_2^{(0)}, \cdots, \Delta x_n^{(0)}$。

$$\left. \begin{array}{l} f_1(x_1^{(0)} + \Delta x_1^{(0)}, x_2^{(0)} + \Delta x_2^{(0)}, \cdots, x_n^{(0)} + \Delta x_n^{(0)}) = 0 \\ f_2(x_1^{(0)} + \Delta x_1^{(0)}, x_2^{(0)} + \Delta x_2^{(0)}, \cdots, x_n^{(0)} + \Delta x_n^{(0)}) = 0 \\ \vdots \\ f_n(x_1^{(0)} + \Delta x_1^{(0)}, x_2^{(0)} + \Delta x_2^{(0)}, \cdots, x_n^{(0)} + \Delta x_n^{(0)}) = 0 \end{array} \right\} \tag{4-32}$$

将上式中每一式都按泰勒级数展开，以第 i 式为例可得

$$f_i(x_1^{(0)} + \Delta x_1^{(0)}, x_2^{(0)} + \Delta x_2^{(0)}, \cdots, x_n^{(0)} + \Delta x_n^{(0)})$$

$$= f_i(x_1^{(0)}, x_2^{(0)}, \cdots, x_n^{(0)}) + \left.\frac{\partial f_i}{\partial x_1}\right|_0 \Delta x_1 + \left.\frac{\partial f_i}{\partial x_2}\right|_0 \Delta x_2 + \cdots + \left.\frac{\partial f_i}{\partial x_n}\right|_0 \Delta x_n + \Phi_i$$

其中 Φ_i 是包含 Δx_j（$j = 1, 2, \cdots, n$）的高次方与 f_i 的高阶偏导数乘积的函数。如近似解 $x_j^{(0)}$ 与精确解相差不大，则 Δx_j 的高次方可以略去，从而 Φ_i 可略去。另 $\left.\dfrac{\partial f_i}{\partial x_j}\right|_0$ 代表函数 f_i 对自变量 x_j 的偏导数在点 $x_j^{(0)}$ 的值（$j = 1, 2, \cdots, n$）。由此可得

$$\left. \begin{array}{l} f_1(x_1^{(0)}, x_2^{(0)}, \cdots, x_n^{(0)}) + \left.\frac{\partial f_1}{\partial x_1}\right|_0 \Delta x_1 + \left.\frac{\partial f_1}{\partial x_2}\right|_0 \Delta x_2 + \cdots + \left.\frac{\partial f_1}{\partial x_n}\right|_0 \Delta x_n = 0 \\ f_2(x_1^{(0)}, x_2^{(0)}, \cdots, x_n^{(0)}) + \left.\frac{\partial f_2}{\partial x_1}\right|_0 \Delta x_1 + \left.\frac{\partial f_2}{\partial x_2}\right|_0 \Delta x_2 + \cdots + \left.\frac{\partial f_2}{\partial x_n}\right|_0 \Delta x_n = 0 \\ \vdots \\ f_n(x_1^{(0)}, x_2^{(0)}, \cdots, x_n^{(0)}) + \left.\frac{\partial f_n}{\partial x_1}\right|_0 \Delta x_1 + \left.\frac{\partial f_n}{\partial x_2}\right|_0 \Delta x_2 + \cdots + \left.\frac{\partial f_n}{\partial x_n}\right|_0 \Delta x_n = 0 \end{array} \right\} \tag{4-33}$$

将上式写成矩阵形式

$$\begin{bmatrix} f_1(x_1^{(0)}, x_2^{(0)}, \cdots, x_n^{(0)}) \\ f_2(x_1^{(0)}, x_2^{(0)}, \cdots, x_n^{(0)}) \\ \vdots \\ f_n(x_1^{(0)}, x_2^{(0)}, \cdots, x_n^{(0)}) \end{bmatrix} = - \begin{bmatrix} \left.\frac{\partial f_1}{\partial x_1}\right|_0 & \left.\frac{\partial f_1}{\partial x_2}\right|_0 & \cdots & \left.\frac{\partial f_1}{\partial x_n}\right|_0 \\ \left.\frac{\partial f_2}{\partial x_1}\right|_0 & \left.\frac{\partial f_2}{\partial x_2}\right|_0 & \cdots & \left.\frac{\partial f_2}{\partial x_n}\right|_0 \\ \vdots & & & \\ \left.\frac{\partial f_n}{\partial x_1}\right|_0 & \left.\frac{\partial f_n}{\partial x_2}\right|_0 & \cdots & \left.\frac{\partial f_n}{\partial x_n}\right|_0 \end{bmatrix} \begin{bmatrix} \Delta x_1^{(0)} \\ \Delta x_2^{(0)} \\ \vdots \\ \Delta x_n^{(0)} \end{bmatrix} \tag{4-34}$$

简写为

$$\boldsymbol{f} = - \boldsymbol{J} \Delta \boldsymbol{x} \tag{4-35}$$

这是一个关于修正量 $\Delta x_j^{(0)}$ 的线性方程组，式中 $\boldsymbol{f}$ 为误差列向量；$\boldsymbol{J}$ 称为函数 f_i 的雅可比矩阵；$\Delta \boldsymbol{x}$ 为由 Δx_j 组成的修正列向量。因此可解得修正量 Δx_j（$j = 1, 2, \cdots, n$）。

对初值进行修正

$$x_j^{(1)} = x_j^{(0)} + \Delta x_j^{(0)} \quad (j = 1, 2, \cdots, n) \tag{4-36}$$

此时 $x_j^{(1)}$ 并不是方程组的真解，而是向真解 x_j 逼近了一步。可反复进行迭代、修正。其迭代用的修正方程为

$$\begin{bmatrix} f_1(x_1^{(k)},x_2^{(k)},\cdots,x_n^{(k)}) \\ f_2(x_1^{(k)},x_2^{(k)},\cdots,x_n^{(k)}) \\ \vdots \\ f_n(x_1^{(k)},x_2^{(k)},\cdots,x_n^{(k)}) \end{bmatrix} = -\begin{bmatrix} \left.\dfrac{\partial f_1}{\partial x_1}\right|_k & \left.\dfrac{\partial f_1}{\partial x_2}\right|_k & \cdots & \left.\dfrac{\partial f_1}{\partial x_n}\right|_k \\ \left.\dfrac{\partial f_2}{\partial x_1}\right|_k & \left.\dfrac{\partial f_2}{\partial x_2}\right|_k & \cdots & \left.\dfrac{\partial f_2}{\partial x_n}\right|_k \\ \vdots & & & \\ \left.\dfrac{\partial f_n}{\partial x_1}\right|_k & \left.\dfrac{\partial f_n}{\partial x_2}\right|_k & \cdots & \left.\dfrac{\partial f_n}{\partial x_n}\right|_k \end{bmatrix}\begin{bmatrix} \Delta x_1^{(k)} \\ \Delta x_2^{(k)} \\ \vdots \\ \Delta x_n^{(k)} \end{bmatrix} \tag{4-37}$$

其中 k 为迭代次数,解出修正量 $\Delta x_1^{(k)}$,$\Delta x_2^{(k)}$,$\cdots$,$\Delta x_n^{(k)}$,对各变量再进行修正

$$x_j^{(k+1)} = x_j^{(k)} + \Delta x_j^{(k)} \quad (j=1,2,\cdots,n) \tag{4-38}$$

设 $\boldsymbol{x}^{(k)} = (x_1^{(k)},\ x_2^{(k)},\ \cdots,\ x_n^{(k)})^{\mathrm{T}}$,$\boldsymbol{x}^{(k+1)} = (x_1^{(k+1)},\ x_2^{(k+1)},\ \cdots,\ x_n^{(k+1)})^{\mathrm{T}}$,$f(\boldsymbol{x}^{(k)})$ 是由 n 个多元函数 $f_i(x_1^{(k)},\ x_2^{(k)},\ \cdots,\ x_n^{(k)})$ 组成的 n 维误差列相量,则式(4-37)和式(4-38)可缩写为

$$f(\boldsymbol{x}^{(k)}) = -\boldsymbol{J}^{(k)}\Delta\boldsymbol{x}^{(k)} \tag{4-39}$$
$$\boldsymbol{x}^{(k+1)} = \boldsymbol{x}^{(k)} + \Delta\boldsymbol{x}^{(k)} \tag{4-40}$$

$\boldsymbol{J}^{(k)}$ 为第 k 次迭代的雅可比矩阵。

迭代过程一直进行到满足收敛判据

$$\max\{|f_i(x_1^{(k)},x_2^{(k)},\cdots,x_n^{(k)})|\} < \varepsilon_1 \tag{4-41}$$
或
$$\max\{|\Delta x_j^{(k)}|\} < \varepsilon_2 \tag{4-42}$$

为止,其中 ε_1、ε_2 为预先给定的小正数。此过程即是求解误差量 $f(\boldsymbol{x}^{(k)})$ 趋近于零时的 $\boldsymbol{x}$ 相量。

牛顿—拉夫逊法的思想是微分学,它将求解非线性方程的问题转化成反复求解一组线性化的修正方程,并对变量进行修正的迭代过程。在迭代过程中,误差量 $f(\boldsymbol{x}^{(k)})$ 和雅可比矩阵 $\boldsymbol{J}^{(k)}$,每迭代一次都需重新计算一次。它同样存在初值选取问题,当初值选取离真解较远时,就失去牛顿—拉夫逊法的成立基础,将对收敛产生影响。

二、牛顿—拉夫逊法潮流计算

用牛顿—拉夫逊法进行潮流计算时,节点导纳矩阵的形成、平衡节点和支路功率计算都和运用高斯—塞德尔法时相同,区别仅在于迭代过程。根据式(4-12)可得

$$(P_i + \mathrm{j}Q_i) - \dot{U}_i\sum_{j=1}^{n}\overset{*}{Y}_{ij}\overset{*}{U}_j = 0 \tag{4-43}$$

式(4-43)即是用牛顿—拉夫逊法潮流计算时的功率方程。其中 $(P_i+\mathrm{j}Q_i)$ 是给定的节点注入功率。$\dot{U}_i\sum_{j=1}^{n}\overset{*}{Y}_{ij}\overset{*}{U}_j$ 为由节点电压 $\dot{U}_i$ 求得的节点注入功率,二者之差为节点功率的不平衡量。现需要解决的问题是各节点功率的不平衡量都趋近于零时,各节点电压的值应为多少。

由此可见,将式(4-43)与式(4-31)比较可知,式(4-31)中的 $f_i(x_1,\ x_2,\ \cdots,\ x_n)$ 对应式(4-43)中的节点功率不平衡量,而 $x_1,\ x_2,\ \cdots,\ x_n$ 则对应这里的节点电压。由于牛顿—拉夫逊法解非线性方程组的关键在于求解修正量 $\Delta x_i^{(k)}$,则牛顿—拉夫逊法潮流计算的关键是根据功率方程找出其相应的修正方程求解修正量,同时在迭代过程中要根据各节点的不同给定量及各变量的约束条件进行适当处理。

由于节点电压 $\dot{U}_i$ 可表示为两种形式——直角坐标和极坐标形式,下面分别加以叙述。

1. 节点电压用直角坐标表示时的牛顿—拉夫逊法潮流计算

采用直角坐标时,节点电压表示为 $\dot{U}_i = e_i + \mathrm{j}f_i$;节点导纳矩阵各元素表示为 $Y_{ij} = G_{ij} +$

64

jB_{ij}。将其代入式（4-43）展开并将实部、虚部分开得

$$P_i - \sum_{j=1}^{n} \left[e_i (G_{ij} e_j - B_{ij} f_j) + f_i (G_{ij} f_j + B_{ij} e_j) \right] = 0 \tag{4-44}$$

$$Q_i - \sum_{j=1}^{n} \left[f_i (G_{ij} e_j - B_{ij} f_j) - e_i (G_{ij} f_j + B_{ij} e_j) \right] = 0 \tag{4-45}$$

（1）对于 PQ 节点（$i=1，2，\cdots，m$），给定量为节点注入功率，记作 P_{is}，Q_{is}，则节点注入功率的不平衡量为

$$\left. \begin{array}{l} \Delta P_i = P_{is} - P_i = P_{is} - e_i \sum\limits_{j=1}^{n} (G_{ij} e_j - B_{ij} f_j) - f_i \sum\limits_{j=1}^{n} (G_{ij} f_j + B_{ij} e_j) = 0 \\[3mm] \Delta Q_i = Q_{is} - Q_i = Q_{is} - f_i \sum\limits_{j=1}^{n} (G_{ij} e_j - B_{ij} f_j) + e_i \sum\limits_{j=1}^{n} (G_{ij} f_j + B_{ij} e_j) = 0 \end{array} \right\} \tag{4-46}$$

（2）对于 PV 节点（$i=m+1，m+2，\cdots，n-1$），给定量为节点注入有功功率及节点电压的大小，记作 P_{is}，U_{is}，则电压方程为 $\dot U_{is} - \dot U_i = 0$，因此 $U_{is}^2 = e_i^2 + f_i^2$，即 $U_{is}^2 - (e_i^2 + f_i^2) = 0$。则式（4-46）中的无功功率误差方程应由电压误差方程代替

$$\left. \begin{array}{l} \Delta P_i = P_{is} - P_i = P_{is} - e_i \sum\limits_{j=1}^{n} (G_{ij} e_j - B_{ij} f_j) - f_i \sum\limits_{j=1}^{n} (G_{ij} f_j + B_{ij} e_j) = 0 \\[3mm] \Delta U_i^2 = U_{is}^2 - (e_i^2 + f_i^2) \end{array} \right\} \tag{4-47}$$
$$(i = m+1, m+2, \cdots, n-1)$$

（3）对于平衡节点（$i=n$），因为其电压 $\dot U_n = e_n + j f_n$ 给定，故不需迭代求解。

通过以上分析可见，式（4-46）和式（4-47）共 $2(n-1)$ 个方程，待求变量 e_1，f_1，e_2，f_2，$\cdots$，e_{n-1}，f_{n-1} 共 $2(n-1)$ 个。将上述 $2(n-1)$ 个方程按泰勒级数展开，并略去修正量 Δe_i、Δf_i 的高次方项后得修正方程如下

$$\Delta \boldsymbol{W} = -\boldsymbol{J} \Delta \boldsymbol{U} \tag{4-48}$$

式中

$$\Delta \boldsymbol{W} = \begin{bmatrix} \Delta P_1 & \Delta Q_1 & \cdots & \Delta P_m & \Delta Q_m & \Delta P_{m+1} & \Delta U_{m+1}^2 & \cdots & \Delta P_{n-1} & \Delta U_{n-1}^2 \end{bmatrix}^T$$

$$\Delta \boldsymbol{U} = \begin{bmatrix} \Delta e_1 & \Delta f_1 & \cdots & \Delta e_m & \Delta f_m & \Delta e_{m+1} & \Delta f_{m+1} & \cdots & \Delta e_{n-1} & \Delta f_{n-1} \end{bmatrix}^T$$

$$\boldsymbol{J} = \begin{bmatrix} \frac{\partial \Delta P_1}{\partial e_1} & \frac{\partial \Delta P_1}{\partial f_1} & \cdots & \frac{\partial \Delta P_1}{\partial e_m} & \frac{\partial \Delta P_1}{\partial f_m} & \frac{\partial \Delta P_1}{\partial e_{m+1}} & \frac{\partial \Delta P_1}{\partial f_{m+1}} & \cdots & \frac{\partial \Delta P_1}{\partial e_{n-1}} & \frac{\partial \Delta P_1}{\partial f_{n-1}} \\[3mm] \frac{\partial \Delta Q_1}{\partial e_1} & \frac{\partial \Delta Q_1}{\partial f_1} & \cdots & \frac{\partial \Delta Q_1}{\partial e_m} & \frac{\partial \Delta Q_1}{\partial f_m} & \frac{\partial \Delta Q_1}{\partial e_{m+1}} & \frac{\partial \Delta Q_1}{\partial f_{m+1}} & \cdots & \frac{\partial \Delta Q_1}{\partial e_{n-1}} & \frac{\partial \Delta Q_1}{\partial f_{n-1}} \\ \vdots & & & & & & & & & \\ \frac{\partial \Delta P_m}{\partial e_1} & \frac{\partial \Delta P_m}{\partial f_1} & \cdots & \frac{\partial \Delta P_m}{\partial e_m} & \frac{\partial \Delta P_m}{\partial f_m} & \frac{\partial \Delta P_m}{\partial e_{m+1}} & \frac{\partial \Delta P_m}{\partial f_{m+1}} & \cdots & \frac{\partial \Delta P_m}{\partial e_{n-1}} & \frac{\partial \Delta P_m}{\partial f_{n-1}} \\[3mm] \frac{\partial \Delta Q_m}{\partial e_1} & \frac{\partial \Delta Q_m}{\partial f_1} & \cdots & \frac{\partial \Delta Q_m}{\partial e_m} & \frac{\partial \Delta Q_m}{\partial f_m} & \frac{\partial \Delta Q_m}{\partial e_{m+1}} & \frac{\partial \Delta Q_m}{\partial f_{m+1}} & \cdots & \frac{\partial \Delta Q_m}{\partial e_{n-1}} & \frac{\partial \Delta Q_m}{\partial f_{n-1}} \\[3mm] \frac{\partial \Delta P_{m+1}}{\partial e_1} & \frac{\partial \Delta P_{m+1}}{\partial f_1} & \cdots & \frac{\partial \Delta P_{m+1}}{\partial e_m} & \frac{\partial \Delta P_{m+1}}{\partial f_m} & \frac{\partial \Delta P_{m+1}}{\partial e_{m+1}} & \frac{\partial \Delta P_{m+1}}{\partial f_{m+1}} & \cdots & \frac{\partial \Delta P_{m+1}}{\partial e_{n-1}} & \frac{\partial \Delta P_{m+1}}{\partial f_{n-1}} \\[3mm] \frac{\partial \Delta U_{m+1}^2}{\partial e_1} & \frac{\partial \Delta U_{m+1}^2}{\partial f_1} & \cdots & \frac{\partial \Delta U_{m+1}^2}{\partial e_m} & \frac{\partial \Delta U_{m+1}^2}{\partial f_m} & \frac{\partial \Delta U_{m+1}^2}{\partial e_{m+1}} & \frac{\partial \Delta U_{m+1}^2}{\partial f_{m+1}} & \cdots & \frac{\partial \Delta U_{m+1}^2}{\partial e_{n-1}} & \frac{\partial \Delta U_{m+1}^2}{\partial f_{n-1}} \\ \vdots & & & & & & & & & \\ \frac{\partial \Delta P_{n-1}}{\partial e_1} & \frac{\partial \Delta P_{n-1}}{\partial f_1} & \cdots & \frac{\partial \Delta P_{n-1}}{\partial e_m} & \frac{\partial \Delta P_{n-1}}{\partial f_m} & \frac{\partial \Delta P_{n-1}}{\partial e_{m+1}} & \frac{\partial \Delta P_{n-1}}{\partial f_{m+1}} & \cdots & \frac{\partial \Delta P_{n-1}}{\partial e_{n-1}} & \frac{\partial \Delta P_{n-1}}{\partial f_{n-1}} \\[3mm] \frac{\partial \Delta U_{n-1}^2}{\partial e_1} & \frac{\partial \Delta U_{n-1}^2}{\partial f_1} & \cdots & \frac{\partial \Delta U_{n-1}^2}{\partial e_m} & \frac{\partial \Delta U_{n-1}^2}{\partial f_m} & \frac{\partial \Delta U_{n-1}^2}{\partial e_{m+1}} & \frac{\partial \Delta U_{n-1}^2}{\partial f_{m+1}} & \cdots & \frac{\partial \Delta U_{n-1}^2}{\partial e_{n-1}} & \frac{\partial \Delta U_{n-1}^2}{\partial f_{n-1}} \end{bmatrix}$$

其中雅可比矩阵的各元素可以对式（4-46）和式（4-47）求偏导数获得。

当 $i \neq j$ 时

$$\left.\begin{aligned}
\frac{\partial \Delta P_i}{\partial e_j} &= -\left(G_{ij}e_i + B_{ij}f_i\right) & \frac{\partial \Delta Q_i}{\partial e_j} &= B_{ij}e_i - G_{ij}f_i \\
\frac{\partial \Delta P_i}{\partial f_j} &= B_{ij}e_i - G_{ij}f_i & \frac{\partial \Delta Q_i}{\partial f_j} &= B_{ij}f_i + G_{ij}e_i \\
\frac{\partial \Delta U_i^2}{\partial e_j} &= 0 & \frac{\partial \Delta U_i^2}{\partial f_j} &= 0
\end{aligned}\right\} \tag{4-49}$$

当 $i = j$ 时

$$\left.\begin{aligned}
\frac{\partial \Delta P_i}{\partial e_i} &= -\sum_{j=1}^{n}\left(G_{ij}e_j - B_{ij}f_j\right) - G_{ii}e_i - B_{ii}f_i \\
\frac{\partial \Delta P_i}{\partial f_i} &= -\sum_{j=1}^{n}\left(G_{ij}f_j + B_{ij}e_j\right) - G_{ii}f_i + B_{ii}e_i \\
\frac{\partial \Delta Q_i}{\partial e_i} &= \sum_{j=1}^{n}\left(G_{ij}f_j + B_{ij}e_j\right) + B_{ii}e_i - G_{ii}f_i \\
\frac{\partial \Delta Q_i}{\partial f_i} &= -\sum_{j=1}^{n}\left(G_{ij}e_j - B_{ij}f_j\right) + G_{ii}e_i + B_{ii}f_i \\
\frac{\partial \Delta U_i^2}{\partial e_i} &= -2e_i \\
\frac{\partial \Delta U_i^2}{\partial f_i} &= -2f_i
\end{aligned}\right\} \tag{4-50}$$

将雅可比矩阵 $\boldsymbol{J}$ 分块，J_{ij} 是 2×2 阶子阵，误差量 $\Delta \boldsymbol{W}$ 分块为 $\Delta \boldsymbol{W}_i$，修正量 $\Delta \boldsymbol{U}$ 分块为 $\Delta \boldsymbol{U}_i$。

$$\Delta \boldsymbol{U}_i = \begin{pmatrix} \Delta e_i \\ \Delta f_i \end{pmatrix} \tag{4-51}$$

对 PQ 节点

$$\left.\begin{aligned}
\Delta \boldsymbol{W}_i &= \begin{pmatrix} \Delta P_i \\ \Delta Q_i \end{pmatrix} \\
\boldsymbol{J}_{ij} &= \begin{pmatrix} \dfrac{\partial \Delta P_i}{\partial e_j} & \dfrac{\partial \Delta P_i}{\partial f_j} \\[3mm] \dfrac{\partial \Delta Q_i}{\partial e_j} & \dfrac{\partial \Delta Q_i}{\partial f_j} \end{pmatrix}
\end{aligned}\right\} \tag{4-52}$$

对 PV 节点

$$\left.\begin{aligned}
\Delta \boldsymbol{W}_i &= \begin{pmatrix} \Delta P_i \\ \Delta U_i^2 \end{pmatrix} \\
\boldsymbol{J}_{ij} &= \begin{pmatrix} \dfrac{\partial \Delta P_i}{\partial e_j} & \dfrac{\partial \Delta P_i}{\partial f_j} \\[3mm] \dfrac{\partial \Delta U_i^2}{\partial e_j} & \dfrac{\partial \Delta U_i^2}{\partial f_j} \end{pmatrix}
\end{aligned}\right\} \tag{4-53}$$

从而式（4-48）可表示为分块矩阵的形式

$$
\begin{bmatrix} \Delta W_1 \\ \Delta W_2 \\ \vdots \\ \Delta W_{n-1} \end{bmatrix} = - \begin{bmatrix} J_{11} & J_{12} & \cdots & J_{1,n-1} \\ J_{21} & J_{22} & \cdots & J_{2,n-1} \\ \vdots & & & \\ J_{n-1,1} & J_{n-1,2} & \cdots & J_{n-1,n-1} \end{bmatrix} \begin{bmatrix} \Delta U_1 \\ \Delta U_2 \\ \vdots \\ \Delta U_{n-1} \end{bmatrix} \tag{4-54}
$$

由式（4-49）、式（4-50）、式（4-52）～式（4-54）可以看出，雅可比矩阵具有以下特点：

（1）雅可比矩阵各元素都是节点电压的函数，它们的数值将在迭代过程中随节点电压的变化而不断变化；

（2）若节点导纳矩阵元素 $Y_{ij}=G_{ij}+jB_{ij}=0$，则必有 $J_{ij}=0$。可见，分块形式的雅可比矩阵也是稀疏矩阵，因此修正方程的求解可以应用稀疏矩阵的求解技巧；

（3）雅可比矩阵不具有对称性 $J_{ij}\neq J_{ji}$。

图 4-4 是牛顿—拉夫逊法潮流计算的流程图。

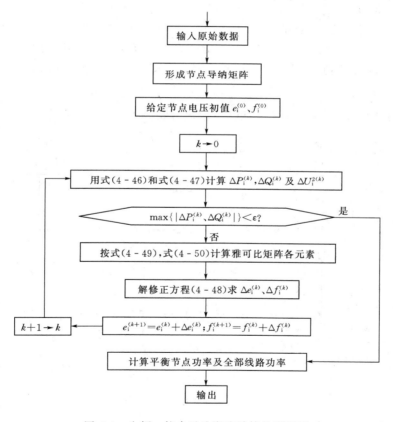

图 4-4　牛顿—拉夫逊法潮流计算的流程图

首先，要输入网络的原始数据形成节点导纳矩阵 Y_B，并输入各节点电压的初始值 $e_i^{(0)}$ 和 $f_i^{(0)}$（一般 $e_i^{(0)}=1$，$f_i^{(0)}=0$；如为 PV 节点，$e_i^{(0)}=U_{is}$），置迭代次数 $k=0$。然后进入牛顿—拉夫逊法的迭代过程。在进行第 $k+1$ 次迭代时，其步骤如下：

（1）按上一次迭代出的节点电压值 $e_i^{(k)}$ 和 $f_i^{(k)}$，利用式（4-46）和式（4-47）计算各类

节点的不平衡量 $\Delta P_{\mathrm{i}}^{(k)}$、$\Delta Q_{\mathrm{i}}^{(k)}$、$\Delta U_{\mathrm{i}}^{2(k)}$。

（2）按条件式（4-41）检验收敛，即

$$\max\{|\Delta P_{\mathrm{i}}^{(k)}、\Delta Q_{\mathrm{i}}^{(k)}、\Delta U_{\mathrm{i}}^{2(k)}|\}<\varepsilon \tag{4-55}$$

ε 一般取 $10^{-3}\sim10^{-5}$ 即可。如果收敛则迭代结束，利用与高斯—塞德尔法功率计算相同的方法计算功率分布，并输出结果。如不收敛则继续迭代计算。（一般在初值选择合适的情况下，经 6～7 次迭代即可满足收敛）。

（3）按式（4-49）和式（4-50）计算雅可比矩阵的各元素。

（4）利用式（4-48）解修正量 $\Delta e_{\mathrm{i}}^{(k)}$ 和 $\Delta f_{\mathrm{i}}^{(k)}$。

（5）修正各节点电压

$$e_{\mathrm{i}}^{(k+1)}=e_{\mathrm{i}}^{(k)}+\Delta e_{\mathrm{i}}^{(k)};\quad f_{\mathrm{i}}^{(k+1)}=f_{\mathrm{i}}^{(k)}+\Delta f_{\mathrm{i}}^{(k)} \tag{4-56}$$

（6）迭代次数加 1，进行下一次迭代。

【例 4-2】　在图 4-5 所示的电力系统中，网络各元件参数的标么值如下

$z_{12}=0.10+\mathrm{j}0.40,y_{120}=y_{210}=\mathrm{j}0.01528,z_{13}=\mathrm{j}0.3,k=1.1$

$z_{14}=0.12+\mathrm{j}0.50,y_{140}=y_{410}=\mathrm{j}0.01920,z_{24}=0.08+\mathrm{j}0.40,y_{240}=y_{420}=\mathrm{j}0.01413$

系统中，节点 1，2 为 PQ 节点，节点 3 为 PV 节点，节点 4 为平衡节点。给定值为

$$P_{1s}+\mathrm{j}Q_{1s}=-0.30-\mathrm{j}0.18,P_{2s}+\mathrm{j}Q_{2s}=-0.55-\mathrm{j}0.13,$$

$$P_{3s}=0.5,U_{3s}=1.10,\dot{U}_{4s}=1.05\underline{/0^\circ}$$

容许误差 $\varepsilon=10^{-5}$ 试用牛顿—拉夫逊法计算潮流分布。

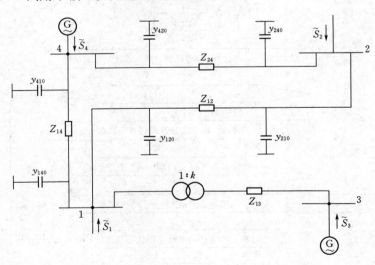

图 4-5　例 2 电力系统结线图

解　（1）按已知网络参数形成节点导纳矩阵如下

$$Y=\begin{bmatrix} 1.042093-\mathrm{j}8.242876 & -0.588235+\mathrm{j}2.352941 & \mathrm{j}3.666667 & -0.453858+\mathrm{j}1.891074 \\ -0.588235+\mathrm{j}2.352941 & 1.069005-\mathrm{j}4.727377 & 0 & -0.480769+\mathrm{j}2.403846 \\ \mathrm{j}3.666667 & 0 & -\mathrm{j}3.333333 & 0 \\ -0.453858+\mathrm{j}1.891074 & -0.480769+\mathrm{j}2.403846 & 0 & 0.934627-\mathrm{j}4.261590 \end{bmatrix}$$

（2）给定节点电压初值

$$e_1^{(0)} = e_2^{(0)} = 1.0, \ e_3^{(0)} = 1.1, \ f_1^{(0)} = f_2^{(0)} = f_3^{(0)} = 0, \ e_4^{(0)} = 1.05, \ f_4^{(0)} = 0$$

（3）按式（4-46）和式（4-47）计算 ΔP_i、ΔQ_i 和 ΔU_i^2

$$\Delta P_1^{(0)} = P_{1s} - P_1^{(0)} = P_{1s} - e_1^{(0)} \sum_{j=1}^{4}(G_{1j}e_j^{(0)} - B_{1j}f_j^{(0)}) - f_1^{(0)} \sum_{j=1}^{4}(G_{1j}f_j^{(0)} + B_{1j}e_j^{(0)})$$

$$= -0.03 - (-0.022693) = -0.277307$$

$$\Delta Q_1^{(0)} = Q_{1s} - Q_1^{(0)} = Q_{1s} - f_1^{(0)} \sum_{j=1}^{4}(G_{1j}e_j^{(0)} - B_{1j}f_j^{(0)}) - e_1^{(0)} \sum_{j=1}^{4}(G_{1j}f_j^{(0)} + B_{1j}e_j^{(0)})$$

$$= -0.18 - (-0.129033) = -0.050967$$

同样的可以算出

$$\Delta P_2^{(0)} = P_{2s} - P_2^{(0)} = -0.55 - (-0.024038) = -0.525962$$
$$\Delta Q_2^{(0)} = Q_{2s} - Q_2^{(0)} = -0.13 - (-0.149602) = 0.019602$$
$$\Delta P_3^{(0)} = P_{3s} - P_3^{(0)} = 0.5 - 0 = 0.5$$
$$\Delta U_3^{2(0)} = |U_{3s}|^2 - |U_3^{(0)}|^2 = 0$$

根据给定的容许误差 $\varepsilon = 10^{-5}$，按式（4-55）校验是否收敛，各节点的不平衡量都未满足收敛条件，于是继续以下计算。

（4）按式（4-49）和式（4-50）计算雅可比矩阵各元素，形成雅可比矩阵，得修正方程式如下

$$-\begin{bmatrix} -1.019400 & -8.371902 & 0.588235 & 2.352941 & 0.000000 & 3.666667 \\ -8.113836 & 1.064786 & 2.352941 & -0.588235 & 3.666667 & 0.000000 \\ 0.588235 & 2.352941 & -1.044966 & -4.876980 & 0.000000 & 0.000000 \\ 2.352941 & -0.588235 & -4.577775 & 1.093043 & 0.000000 & 0.000000 \\ 0.000000 & 4.033333 & 0.000000 & 0.000000 & 0.000000 & -3.666667 \\ 0.000000 & 0.000000 & 0.000000 & 0.000000 & -2.200000 & 0.000000 \end{bmatrix} \begin{bmatrix} \Delta e_1^{(0)} \\ \Delta f_1^{(0)} \\ \Delta e_2^{(0)} \\ \Delta f_2^{(0)} \\ \Delta e_3^{(0)} \\ \Delta f_3^{(0)} \end{bmatrix} = \begin{bmatrix} \Delta P_1^{(0)} \\ \Delta Q_1^{(0)} \\ \Delta P_2^{(0)} \\ \Delta Q_2^{(0)} \\ \Delta P_3^{(0)} \\ \Delta U_3^{2(0)} \end{bmatrix}$$

从上述方程中我们看到，每行元素中绝对值最大的都不在对角线上。为了减少计算过程中的舍入误差，可对上述方程进行适当的调整。把第一行和第二行、第三行和第四行、第五行和第六行分别相互对调，便得如下方程

$$-\begin{bmatrix} -8.113836 & 1.064786 & 2.352941 & -0.588235 & 3.666667 & 0.000000 \\ -1.019400 & -8.371902 & 0.588235 & 2.352941 & 0.000000 & 3.666667 \\ 2.352941 & -0.588235 & -4.577775 & 1.093043 & 0.000000 & 0.000000 \\ 0.588235 & 2.352941 & -1.044966 & -4.876980 & 0.000000 & 0.000000 \\ 0.000000 & 0.000000 & 0.000000 & 0.000000 & -2.200000 & 0.000000 \\ 0.000000 & 4.033333 & 0.000000 & 0.000000 & 0.000000 & -3.666667 \end{bmatrix} \begin{bmatrix} \Delta e_1^{(0)} \\ \Delta f_1^{(0)} \\ \Delta e_2^{(0)} \\ \Delta f_2^{(0)} \\ \Delta e_3^{(0)} \\ \Delta f_3^{(0)} \end{bmatrix} = \begin{bmatrix} \Delta Q_1^{(0)} \\ \Delta P_1^{(0)} \\ \Delta Q_2^{(0)} \\ \Delta P_2^{(0)} \\ \Delta U_3^{2(0)} \\ \Delta P_3^{(0)} \end{bmatrix}$$

（5）求解修正方程得

$$\begin{bmatrix} \Delta e_1^{(0)} \\ \Delta f_1^{(0)} \\ \Delta e_2^{(0)} \\ \Delta f_2^{(0)} \\ \Delta e_3^{(0)} \\ \Delta f_3^{(0)} \end{bmatrix} = \begin{bmatrix} -0.006485 \\ -0.008828 \\ -0.023660 \\ -0.107818 \\ 0.000000 \\ 0.126652 \end{bmatrix}$$

（6）按式（4-56）计算节点电压的第一次近似值

$$e_1^{(1)} = e_1^{(0)} + \Delta e_1^{(0)} = 0.993515, \quad f_1^{(1)} = f_1^{(0)} + \Delta f_1^{(0)} = -0.008828$$

$$e_2^{(1)} = e_2^{(0)} + \Delta e_2^{(0)} = 0.976340, \quad f_2^{(1)} = f_2^{(0)} + \Delta f_2^{(0)} = -0.107818$$

$$e_3^{(1)} = e_3^{(0)} + \Delta e_3^{(0)} = 1.100000, \quad f_3^{(1)} = f_3^{(0)} + \Delta f_3^{(0)} = 0.126652$$

这样便结束了一轮迭代。然后返回第三步重复上述计算。做完第三步后即按式（4-55）校验是否收敛，若已收敛，则迭代结束，转入计算平衡节点的功率和线路潮流分布。否则继续做第四、五、六步计算。迭代过程中节点电压和不平衡功率的变化情况分别列于表4-1和表4-2。

表 4-1　　　　　　　　　　迭代过程中节点电压变化情况

迭代计数 k	节点电压		
	$\dot{U}_1 = e_1 + jf_1$	$\dot{U}_2 = e_2 + jf_2$	$\dot{U}_3 = e_3 + jf_3$
1	$0.993515 - j0.008828$	$0.976340 - j0.107818$	$1.100000 + j0.126652$
2	$0.984749 - j0.008585$	$0.959003 - j0.108374$	$1.092446 + j0.128933$
3	$0.984637 - j0.008596$	$0.958690 - j0.108387$	$1.092415 + j0.128955$

表 4-2　　　　　　　　　　迭代过程中节点不平衡量的变化情况

迭代计数 k	节点不平衡量					
	ΔP_1	ΔQ_1	ΔP_2	ΔQ_2	ΔP_3	ΔU_3^2
0	-2.77307×10^{-1}	-5.09669×10^{-2}	-5.25962×10^{-1}	1.96024×10^{-2}	5.0×10^{-1}	0
1	-1.33276×10^{-3}	-2.77691×10^{-3}	-1.35287×10^{-2}	-5.77115×10^{-2}	3.01149×10^{-3}	-1.60408×10^{-2}
2	-3.60906×10^{-5}	-3.66420×10^{-5}	-2.53856×10^{-4}	-1.06001×10^{-3}	6.65784×10^{-5}	-6.22030×10^{-5}
3	5.96046×10^{-8}	-7.45058×10^{-8}	-5.96046×10^{-8}	-3.42727×10^{-7}	2.98023×10^{-8}	3.17568×10^{-8}

由表中数字可见，经过 3 次迭代计算即已满足收敛条件。收敛后，节点电压用极坐标表示可得

$$\dot{U}_1 = 0.984675 \, \underline{/-0.500172^\circ}$$

$$\dot{U}_2 = 0.964798 \, \underline{/-6.450306^\circ}$$

$$\dot{U}_3 = 1.1 \, \underline{/6.732347^\circ}$$

（7）按式（4-43）计算平衡节点功率，得

$$P_4 + jQ_4 = 0.367883 + j0.264698$$

线路功率分布的计算结果见例 4-3。

2. 节点电压用极坐标表示时的牛顿—拉夫逊法潮流计算

节点电压的极坐标形式为 $\dot{U}_i = U_i \underline{/\delta_i} = U_i e^{j\delta_i} = U_i (\cos\delta_i + j\sin\delta_i)$，节点导纳矩阵各元素仍为 $Y_{ij} = G_{ij} + jB_{ij}$，将其代入式（4-43）可得

$$P_i + jQ_i - U_i e^{j\delta_i} \sum_{j=1}^{n} (G_{ij} - jB_{ij}) U_j e^{-j\delta_j} = 0$$

将其实部和虚部分开可得

$$P_i - U_i \sum_{j=1}^{n} U_j (G_{ij}\cos\delta_{ij} + B_{ij}\sin\delta_{ij}) = 0 \tag{4-57}$$

$$Q_i - U_i \sum_{j=1}^{n} U_j (G_{ij}\sin\delta_{ij} - B_{ij}\cos\delta_{ij}) = 0 \tag{4-58}$$

式中 $\delta_{ij} = \delta_i - \delta_j$，是节点 i、j 两节点电压的相角差。在有 n 个母线的系统中，仍假定 1～m

号节点为 PQ 节点；$m+1 \sim n-1$ 号节点为 PV 节点；节点 n 为平衡节点。

（1）对 PQ 节点，P_{is} 和 Q_{is} 已知，未知量为 U_i 和 δ_i。节点功率的不平衡量为

$$\left.\begin{array}{l}
\Delta P_i = P_{is} - P_i = P_{is} - U_i \sum_{j=1}^{n} U_j (G_{ij}\cos\delta_{ij} + B_{ij}\sin\delta_{ij}) = 0 \\[3mm]
\Delta Q_i = Q_{is} - Q_i = Q_{is} - U_i \sum_{j=1}^{n} U_j (G_{ij}\sin\delta_{ij} - B_{ij}\cos\delta_{ij}) = 0
\end{array}\right\} \tag{4-59}$$

$$(i = 1, 2\cdots, m)$$

（2）对 PV 节点，P_{is} 和 U_{is} 给定，Q_i、δ_i 未知，此时 ΔQ_i 方程失去作用，ΔP_i 方程为

$$\Delta P_i = P_{is} - P_i = P_{is} - U_i \sum_{j=1}^{n} U_j (G_{ij}\cos\delta_{ij} + B_{ij}\sin\delta_{ij}) = 0 \tag{4-60}$$

$$(i = m+1, m+2, \cdots, n-1)$$

（3）对平衡节点 n，电压 U_n、δ_n 已知，不用迭代计算。

由以上分析可见，式（4-59）和式（4-60）共有 $(n-1+m)$ 个方程，未知量为 U_i（$i = 1, 2, \cdots, m$）和 δ_i（$i=1, 2, \cdots, n-1$），共有 $(m+n-1)$ 个，与方程数相同，因此方程可解。将上述 $(n-1+m)$ 个方程按泰勒级数展开，略去修正量 $\Delta\delta_i$、ΔU_i 的二次方及以上的高次方项，可得如下形式的修正方程

$$\begin{bmatrix}
\Delta P_1 \\
\Delta P_2 \\
\vdots \\
\Delta P_{n-1} \\
\Delta Q_1 \\
\Delta Q_2 \\
\vdots \\
\Delta Q_m
\end{bmatrix} = -\begin{bmatrix}
H_{11} & H_{12} & \cdots & H_{1,n-1} & N_{11} & N_{12} & \cdots & N_{1m} \\
H_{21} & H_{22} & \cdots & H_{2,n-1} & N_{21} & N_{22} & \cdots & N_{2m} \\
\vdots & & & & \vdots & & & \\
H_{n-1,1} & H_{n-1,2} & \cdots & H_{n-1,n-1} & N_{n-1,1} & N_{n-1,2} & \cdots & N_{n-1,m} \\
K_{11} & K_{12} & \cdots & K_{1,n-1} & L_{11} & L_{12} & & L_{1m} \\
K_{21} & K_{22} & \cdots & K_{2,n-1} & L_{21} & L_{22} & & L_{2m} \\
\vdots & & & & \vdots & & & \\
K_{m1} & K_{m2} & \cdots & K_{m,n-1} & L_{m1} & L_{m2} & \cdots & L_{mm}
\end{bmatrix}\begin{bmatrix}
\Delta\delta_1 \\
\Delta\delta_2 \\
\vdots \\
\Delta\delta_{n-1} \\
\Delta U_1/U_1 \\
\Delta U_2/U_2 \\
\vdots \\
\Delta U_m/U_m
\end{bmatrix}$$

$$\tag{4-61}$$

式中为了使 H、N、K、L 的表达式有相似的结构，电压的修正量用 $\Delta U_i/U_i$ 形式代替。

雅可比矩阵各元素如下：

$$\left.\begin{array}{l}
H_{ij} = \dfrac{\partial \Delta P_i}{\partial \delta_j} = -U_i U_j (G_{ij}\sin\delta_{ij} - B_{ij}\cos\delta_{ij}) \quad (i \neq j) \\[4mm]
H_{ii} = \dfrac{\partial \Delta P_i}{\partial \delta_i} = U_i \sum_{\substack{j=1 \\ j\neq i}}^{n} U_j (G_{ij}\sin\delta_{ij} - B_{ij}\cos\delta_{ij}) = Q_i + U_i^2 B_{ii} \\[5mm]
N_{ij} = \dfrac{\partial \Delta P_i}{\partial U_j} U_j = -U_i U_j (G_{ij}\cos\delta_{ij} + B_{ij}\sin\delta_{ij}) \quad (i \neq j) \\[4mm]
N_{ii} = \dfrac{\partial \Delta P_i}{\partial U_i} U_i = -U_i \sum_{\substack{j=1 \\ j\neq i}}^{n} U_j (G_{ij}\cos\delta_{ij} + B_{ij}\sin\delta_{ij}) - 2U_i^2 G_{ii} = -P_i - U_i^2 G_{ii} \\[5mm]
K_{ij} = \dfrac{\partial \Delta Q_i}{\partial \delta_j} = U_i U_j (G_{ij}\cos\delta_{ij} + B_{ij}\sin\delta_{ij}) \quad (i \neq j) \\[4mm]
K_{ii} = \dfrac{\partial \Delta Q_i}{\partial \delta_i} = -U_i \sum_{\substack{j=1 \\ j\neq i}}^{n} U_j (G_{ij}\cos\delta_{ij} + B_{ij}\sin\delta_{ij}) = -P_i + U_i^2 G_{ii} \\[5mm]
L_{ij} = \dfrac{\partial \Delta Q_i}{\partial U_j} U_j = -U_i U_j (G_{ij}\sin\delta_{ij} - B_{ij}\cos\delta_{ij}) \quad (i \neq j) \\[4mm]
L_{ii} = \dfrac{\partial \Delta Q_i}{\partial U_i} U_i = -U_i \sum_{\substack{j=1 \\ j\neq i}}^{n} U_j (G_{ij}\sin\delta_{ij} - B_{ij}\cos\delta_{ij}) + 2U_i^2 B_{ii} = -Q_i + U_i^2 B_{ii}
\end{array}\right\} \tag{4-62}$$

将式（4-61）简写成分块矩阵的形式

$$\begin{bmatrix} \Delta \boldsymbol{P} \\ \Delta \boldsymbol{Q} \end{bmatrix} = \begin{bmatrix} \boldsymbol{H} & \boldsymbol{N} \\ \boldsymbol{K} & \boldsymbol{L} \end{bmatrix} \begin{bmatrix} \Delta \boldsymbol{\delta} \\ \Delta \boldsymbol{U}/\boldsymbol{U} \end{bmatrix} \qquad (4\text{-}63)$$

其中 $\boldsymbol{H}$ 为 $(n-1)$ 阶方阵，$\boldsymbol{L}$ 为 m 阶方阵，$\boldsymbol{N}$ 为 $(n-1) \times m$ 阶矩阵，$\boldsymbol{K}$ 为 $m \times (n-1)$ 阶矩阵。

计算的步骤和流程图与直角坐标形式类似。需指出的是，由于 PV 节点可能向 PQ 节点转化，修正方程式的结构不是一成不变的。在 PV 节点因无功功率越限而向 PQ 节点转化时，修正方程式中相应的行也随之转化。采用直角坐标时，应以对应于该节点无功功率不平衡量 $\Delta Q_i^{(k)}$ 的关系式取代原来对应于该节点电压不平衡量 $\Delta U_i^{2(k)}$ 的表达式。采用极坐标时，应增加一个对应于该节点无功功率不平衡量 $\Delta Q_i^{(k)}$ 的关系式，当 $Q_i^{(k)} \geqslant Q_{imax}$ 时，$\Delta Q_i^{(k)} = Q_{imax} - Q_i^{(k)}$，当 $Q_i^{(k)} \leqslant Q_{imin}$ 时，$\Delta Q_i^{(k)} = Q_{imin} - Q_i^{(k)}$。

【例 4-3】 节点电压用极坐标表示，对例 4-2 的电力系统作牛顿法潮流计算。网络参数和给定条件同例 4-2。

解 节点导纳矩阵与例 4-2 的相同。

（1）给定节点电压初值

$$\dot{U}_1^{(0)} = \dot{U}_2^{(0)} = 1.0 \underline{/0^\circ}, \quad \dot{U}_3^{(0)} = 1.1 \underline{/0^\circ}$$

（2）利用式（4-59）和式（4-60）计算节点功率的不平衡量，得

$$\Delta P_1^{(0)} = P_{1s} - P_1^{(0)} = -0.30 - (-0.022693) = -0.277307$$

$$\Delta P_2^{(0)} = P_{2s} - P_2^{(0)} = -0.55 - (-0.024038) = -0.525962$$

$$\Delta P_3^{(0)} = P_{3s} - P_3^{(0)} = 0.5$$

$$\Delta Q_1^{(0)} = Q_{1s} - Q_1^{(0)} = -0.18 - (-0.129034) = -0.050966$$

$$\Delta Q_2^{(0)} = Q_{2s} - Q_2^{(0)} = -0.13 - (-0.149602) = 0.019602$$

（3）用式（4-62）计算雅可比矩阵各元素，可得

$$\boldsymbol{J}^{(0)} = \begin{bmatrix}
-8.371902 & 2.352941 & 4.033333 & -1.019400 & 0.588235 \\
2.352941 & -4.876980 & 0 & 0.588235 & -1.044966 \\
4.033333 & 0 & -4.033333 & 0 & 0 \\
1.064786 & -0.588235 & 0 & -8.113835 & 2.352941 \\
-0.588235 & 1.093043 & 0 & 2.352941 & -4.577775
\end{bmatrix}$$

（4）求解修正方程式（4-63）得节点电压的修正量为

$$\Delta \delta_1^{(0)} = -0.505834^\circ, \quad \Delta \delta_2^{(0)} = -6.177500^\circ, \quad \Delta \delta_3^{(0)} = 6.596945^\circ$$

$$\Delta U_1^{(0)} = -0.006485, \quad \Delta U_2^{(0)} = -0.023660$$

对节点电压进行修正

$$\delta_1^{(1)} = \delta_1^{(0)} + \Delta \delta_1^{(0)} = -0.505834^\circ, \quad \delta_2^{(1)} = \delta_2^{(0)} + \Delta \delta_2^{(0)} = -6.177500^\circ$$

$$\delta_3^{(1)} = \delta_3^{(0)} + \Delta \delta_3^{(0)} = 6.596945^\circ, \quad U_1^{(1)} = U_1^{(0)} + \Delta U_1^{(0)} = 0.993515$$

$$U_2^{(1)} = U_2^{(0)} + \Delta U_2^{(0)} = 0.976340$$

然后返回第二步作下一轮的迭代计算。取 $\varepsilon = 10^{-5}$，经过三次迭代，即满足收敛条件。迭代过程中节点功率不平衡量和电压的变化情况列于表 4-3 和表 4-4。

表 4-3   **节点功率不平衡量的变化情况**

迭代 计数 k	节 点 不 平 衡 量				
	ΔP_1	ΔP_2	ΔP_3	ΔQ_1	ΔQ_2
0	-2.7731×10^{-1}	-5.2596×10^{-1}	5.0×10^{-1}	-5.0966×10^{-2}	1.9602×10^{-2}
1	-3.8631×10^{-5}	-2.0471×10^{-2}	4.5138×10^{-3}	-4.3798×10^{-2}	-2.4539×10^{-2}
2	9.9542×10^{-5}	-4.1948×10^{-4}	7.9285×10^{-5}	-4.5033×10^{-3}	-3.1812×10^{-4}
3	4.1742×10^{-8}	-1.1042×10^{-7}	1.3511×10^{-8}	-6.6572×10^{-8}	-6.6585×10^{-8}

表 4-4   **节点电压的变化情况**

迭代 计数 k	节 点 电 压 幅 值 和 相 角				
	δ_1	δ_2	δ_3	U_1	U_2
1	$-0.505834°$	$-6.177500°$	$6.596945°$	0.993515	0.976340
2	$-0.500797°$	$-6.445191°$	$6.729830°$	0.984775	0.964952
3	$-0.500171°$	$-6.450304°$	$6.732349°$	0.984675	0.964798

节点电压的计算结果同例 4-2 的结果是吻合的。迭代的次数相同，也是三次。

（5）按式（4-43）计算平衡节点的功率

$$P_4 + jQ_4 = 0.367883 + j0.264698$$

按式（4-28）计算全部线路功率，结果如下

$$\widetilde{S}_{12} = 0.246244 - j0.014651, \quad \widetilde{S}_{24} = -0.310010 - j0.140627$$

$$\widetilde{S}_{13} = -0.5000008 - j0.029264, \quad \widetilde{S}_{31} = 0.500000 + j0.093409$$

$$\widetilde{S}_{14} = -0.046244 - j0.136088, \quad \widetilde{S}_{41} = 0.048216 + j0.104522$$

$$\widetilde{S}_{21} = -0.239990 + j0.010627, \quad \widetilde{S}_{42} = 0.319666 + j0.160176$$

第五节　P—Q 分解法潮流计算

P—Q 分解法是结合电力系统本身的特点，在极坐标形式的牛顿—拉夫逊法的基础上加以简化和改进而引出的。现将式（4-63）展开可得修正方程

$$\left.\begin{array}{l} \Delta P = -(H\Delta\delta + N\Delta U/U) \\ \Delta Q = -(K\Delta\delta + L\Delta U/U) \end{array}\right\} \tag{4-64}$$

一、简化修正方程

（1）由于高压电网中各元件的电抗一般远大于电阻，所以各节点电压相位角的改变主要影响各元件输送的有功功率，从而影响各节点的注入有功功率；各节点电压数值的改变主要影响各元件中输送的无功功率，从而影响各节点注入的无功功率。这一特点在式 (4-63) 雅可比矩阵中是指偏导数 $\dfrac{\partial\Delta P}{\partial U}U$ 和 $\dfrac{\partial\Delta Q}{\partial\delta}$ 的数值远小于偏导数 $\dfrac{\partial\Delta P}{\partial\delta}$ 和 $\dfrac{\partial\Delta Q}{\partial U}U$。即可将 N、K 略去，式（4-64）简化为

$$\left.\begin{array}{l} \Delta P = -H\Delta\delta \\ \Delta Q = -L\Delta U/U \end{array}\right\} \tag{4-65}$$

这一步使 P、Q 得以分解。

（2）一般情况下，线路两端电压的相角差 δ_{ij} 不超过 $10°\sim20°$ 且 $G_{ij}\ll B_{ij}$ 因此可以近似认为

$$\cos\delta_{ij}\approx 1,\quad G_{ij}\sin\delta_{ij}\ll B_{ij}$$

则式（4-62）中，H_{ij} 和 L_{ij} 的表达式可简化为

$$\left.\begin{array}{l} H_{ij}=U_iU_jB_{ij}\quad(i,j=1,2,\cdots,n-1,i\neq j)\\ L_{ij}=U_iU_jB_{ij}\quad(i,j=1,2,\cdots,m,i\neq j) \end{array}\right\} \tag{4-66}$$

（3）按自导纳的定义，式（4-62）中 H_{ii}、L_{ii} 表达式中的 $U_i^2B_{ii}$ 项应为（忽略元件电阻）除节点 i 外，其他节点都接地时，由节点 i 注入的无功功率。而正常运行时，节点 i 电压为 $\dot U_i$ 时其他节点电压并不等于零，且与 $\dot U_i$ 的相位相差不大，故此时与 i 节点相连的各支路电流之和 $\sum\limits_{j=1}^{n}(U_i-U_j)B_{ij}$ 必远小于除节点 i 外其他节点都接地时的电流之和 U_iB_{ii}。从而 $Q_i\ll U_i^2B_{ii}$，式（4-62）中 H_{ii}、L_{ii} 的表达式简化为

$$\left.\begin{array}{l} H_{ii}=U_i^2B_{ii}\quad(i=1,2,\cdots,n-1)\\ L_{ii}=U_i^2B_{ii}\quad(i=1,2,\cdots,m) \end{array}\right\} \tag{4-67}$$

二、P—Q 分解法的基本方程

经过以上简化，式（4-65）中雅可比矩阵两个子阵 $\boldsymbol{H}$、$\boldsymbol{L}$ 具有相同的表达式，但阶数不同。从而可将两个子阵展开为以下形式

$$\begin{bmatrix} U_1^2B_{11} & U_1U_2B_{12} & U_1U_3B_{13} & \cdots\\ U_2U_1B_{21} & U_2^2B_{22} & U_2U_3B_{23} & \cdots\\ U_3U_1B_{31} & U_3U_2B_{32} & U_3^2B_{33} & \cdots\\ \vdots \end{bmatrix}$$

$$=\begin{bmatrix} U_1 & 0 & 0 & \cdots\\ 0 & U_2 & 0 & \cdots\\ 0 & 0 & U_3 & \cdots\\ 0 & 0 & 0 & \cdots \end{bmatrix}\begin{bmatrix} B_{11} & B_{12} & B_{13} & \cdots\\ B_{21} & B_{22} & B_{23} & \cdots\\ B_{31} & B_{32} & B_{33} & \cdots\\ \vdots \end{bmatrix}\begin{bmatrix} U_1 & 0 & 0 & \cdots\\ 0 & U_2 & 0 & \cdots\\ 0 & 0 & U_3 & \cdots\\ 0 & 0 & 0 & \cdots \end{bmatrix} \tag{4-68}$$

将其代入式（4-65）展开得

$$\begin{bmatrix} \Delta P_1\\ \Delta P_2\\ \vdots\\ \Delta P_{n-1} \end{bmatrix}=-\begin{bmatrix} U_1 & 0 & 0 & \cdots & 0\\ 0 & U_2 & 0 & \cdots & 0\\ \vdots & & & & \vdots\\ 0 & 0 & 0 & \cdots & U_{n-1} \end{bmatrix}\begin{bmatrix} B_{11} & B_{12} & \cdots & B_{1,(n-1)}\\ B_{21} & B_{22} & \cdots & B_{2,(n-1)}\\ \vdots & & & \vdots\\ B_{(n-1),1} & B_{(n-1),2} & \cdots & B_{(n-1),(n-1)} \end{bmatrix}$$

$$\times\begin{bmatrix} U_1 & 0 & 0 & \cdots & 0\\ 0 & U_2 & 0 & \cdots & 0\\ \vdots & & & & \vdots\\ 0 & 0 & 0 & \cdots & U_{n-1} \end{bmatrix}\begin{bmatrix} \Delta\delta_1\\ \Delta\delta_2\\ \vdots\\ \Delta\delta_{n-1} \end{bmatrix}$$

两边左乘

$$\begin{bmatrix} U_1 & 0 & 0 & \cdots & 0\\ 0 & U_2 & 0 & \cdots & 0\\ \vdots & & & & \vdots\\ 0 & 0 & 0 & \cdots & U_{n-1} \end{bmatrix}^{-1}=\begin{bmatrix} 1/U_1 & 0 & 0 & \cdots & 0\\ 0 & 1/U_2 & 0 & \cdots & 0\\ \vdots & & & & \vdots\\ 0 & 0 & 0 & \cdots & 1/U_{n-1} \end{bmatrix}$$

得

$$\begin{bmatrix} \Delta P_1/U_1 \\ \Delta P_2/U_2 \\ \vdots \\ \Delta P_{n-1}/U_{n-1} \end{bmatrix} = - \begin{bmatrix} B_{11} & B_{12} & \cdots & B_{1,(n-1)} \\ B_{21} & B_{22} & \cdots & B_{2,(n-1)} \\ \vdots & & & \\ B_{(n-1),1} & B_{(n-1),2} & \cdots & B_{(n-1),(n-1)} \end{bmatrix} \begin{bmatrix} U_1\Delta\delta_1 \\ U_2\Delta\delta_2 \\ \vdots \\ U_{n-1}\Delta\delta_{n-1} \end{bmatrix} \qquad (4\text{-}69)$$

同理可得

$$\begin{bmatrix} \Delta Q_1/U_1 \\ \Delta Q_2/U_2 \\ \vdots \\ \Delta Q_m/U_m \end{bmatrix} = - \begin{bmatrix} B_{11} & B_{12} & \cdots & B_{1,m} \\ B_{21} & B_{22} & \cdots & B_{2,m} \\ \vdots & & & \\ B_{m1} & B_{m2} & \cdots & B_{m,m} \end{bmatrix} \begin{bmatrix} \Delta U_1 \\ \Delta U_2 \\ \vdots \\ \Delta U_m \end{bmatrix} \qquad (4\text{-}70)$$

这就是 P—Q 分解法的修正方程，其系数矩阵是对称、稀疏的常数矩阵，在迭代过程中保持不变。

三、P—Q 分解法的计算步骤

（1）形成节点导纳矩阵；

（2）给定初值 $\delta^{(0)}$、$U^{(0)}$；

（3）代入式（4-59）和式（4-60）计算节点的有功误差 $\Delta P_i^{(0)}$ 和相应的 $(\Delta P_i/U_i)^{(0)}$（$i=1$，2，$\cdots$，$n-1$）；

（4）解修正方程式（4-69），求出 $\Delta\delta_i^{(0)}$（$i=1$，2，$\cdots$，$n-1$）；

（5）按 $\delta_i^{(k+1)}=\delta_i^{(k)}+\Delta\delta_i^{(k)}$ 修正电压相角；

（6）由式（4-59）求出 PQ 节点的无功误差 $\Delta Q_i^{(0)}$ 及相应的 $(\Delta Q_i/U_i)^{(0)}$（$i=1$，2，$\cdots$，m）；

（7）解修正方程式（4-70），求出 $\Delta U_i^{(0)}$（$i=1$，2，$\cdots$，m）；

（8）按 $U_i^{(k+1)}=U_i^{(k)}+\Delta U_i^{(k)}$ 修正电压值；

（9）返回第 3 步再进行迭代计算，直至满足收敛条件

$$|\Delta P_i^{(k)}, \Delta Q_i^{(k)}| < \varepsilon$$

（迭代中的其他问题与牛顿—拉夫逊法相同）

【例 4-4】 用 P—Q 分解法对例 4-2 的电力系统作潮流分布计算。网络参数和给定条件与例 4-2 的相同。

解 （1）形成有功迭代和无功迭代的简化雅可比矩阵 $\boldsymbol{B}'$ 和 $\boldsymbol{B}''$，本例直接取用 $\boldsymbol{Y}$ 阵元素的虚部

$$\boldsymbol{B}' = \begin{bmatrix} -8.242877 & 2.352941 & 3.666667 \\ 2.352941 & -4.727377 & 0.000000 \\ 3.666667 & 0.000000 & -3.333333 \end{bmatrix}$$

$$\boldsymbol{B}'' = \begin{bmatrix} -8.242877 & 2.352941 \\ 2.353941 & -4.727377 \end{bmatrix}$$

将 $\boldsymbol{B}'$ 和 $\boldsymbol{B}''$ 进行三角分解，形成因子表并按上三角存放，对角线位置存放 $1/d_{ii}$，非对角线位置存放 u_{ij}，便得

$$\begin{array}{ccc} -0.121317 & -0.285451 & -0.444829 \\ & -0.246565 & -0.258069 \\ & & -0.698235 \end{array} \qquad 和 \qquad \begin{array}{cc} -0.121317 & -0.285451 \\ & -0.246565 \end{array}$$

（2）给定 PQ 节点初值和各节点电压相角初值

$$U_1^{(0)} = U_2^{(0)} = 1.0, \quad \delta_1^{(0)} = \delta_2^{(0)} = 0, \quad U_3^{(0)} = U_{3S} = 1.1, \quad \delta_3^{(0)} = 0$$

$$\dot{U}_4 = U_{4S} \underline{/0^\circ} = 1.05 \underline{/0^\circ}$$

（3）做第一次有功迭代，按式（4-59）计算节点的有功功率不平衡量

$$\Delta P_1^{(0)} = P_{1S} - P_1^{(0)} = -0.30 - (-0.022693) = -0.277307$$

$$\Delta P_2^{(0)} = P_{2S} - P_2^{(0)} = -0.55 - (-0.024038) = -0.525962$$

$$\Delta P_3^{(0)} = P_{3S} - P_3^{(0)} = 0.5, \quad \Delta P_1^{(0)}/U_1^{(0)} = -0.277307,$$

$$\Delta P_2^{(0)}/U_2^{(0)} = -0.525962 \quad \Delta P_3^{(0)}/U_3^{(0)} = 0.454545$$

解修正方程式（4-69）得各节点电压相角修正量为

$$\Delta \delta_1^{(0)} = -0.737156^\circ, \quad \Delta \delta_2^{(0)} = -6.741552^\circ, \quad \Delta \delta_3^{(0)} = 6.365626^\circ$$

于是有

$$\delta_1^{(1)} = \delta_1^{(0)} + \Delta \delta_1^{(0)} = -0.737156^\circ, \quad \delta_2^{(1)} = \delta_2^{(0)} + \Delta \delta_2^{(0)} = -6.741552^\circ$$

$$\delta_3^{(1)} = \delta_3^{(0)} + \Delta \delta_3^{(0)} = 6.365626^\circ$$

（4）做第一次无功迭代，按式（4-59）计算节点的无功功率不平衡量，计算时电压相角用最新的修正值。

$$\Delta Q_1^{(0)} = Q_{1S} - Q_1^{(0)} = -0.18 - (-0.140406) = -0.039594$$

$$\Delta Q_2^{(0)} = Q_{2S} - Q_2^{(0)} = -0.13 - (-0.001550) = -0.131550$$

$$\Delta Q_1^{(0)}/U_1^{(0)} = -0.039594, \quad \Delta Q_2^{(0)}/U_2^{(0)} = -0.131550$$

解修正方程式（4-70），可得各节点电压幅值的修正量为

$$\Delta U_1^{(0)} = -0.014858, \quad \Delta U_2^{(0)} = -0.035222$$

于是有

$$U_1^{(1)} = U_1^{(0)} + \Delta U_1^{(0)} = 0.985142, \quad U_2^{(1)} = U_2^{(0)} + \Delta U_2^{(0)} = 0.964778$$

到这里为止，第一轮的有功迭代和无功迭代便做完了。接着返回第三步继续计算。迭代过程中节点不平衡功率和电压的变化情况分别列于表 4-5 和表 4-6。

表 4-5 节点不平衡功率的变化情况

迭代计数 k	节点不平衡量				
	ΔP_1	ΔP_2	ΔP_3	ΔQ_1	ΔQ_2
0	-2.77307×10^{-1}	-5.25962×10^{-1}	5.0×10^{-1}	-3.95941×10^{-2}	-1.31550×10^{-1}
1	-3.36263×10^{-3}	1.44463×10^{-2}	8.68907×10^{-3}	-3.69753×10^{-3}	1.58264×10^{-3}
2	-3.47263×10^{-4}	-1.39825×10^{-3}	6.55549×10^{-4}	-1.38740×10^{-4}	-4.41963×10^{-4}
3	2.90953×10^{-6}	7.51808×10^{-5}	3.32111×10^{-5}	-8.66194×10^{-6}	1.34870×10^{-5}
4	-3.04319×10^{-6}	-7.14078×10^{-6}	2.41368×10^{-6}	8.69475×10^{-8}	3.99482×10^{-7}

表 4-6　　　　　　　　　　　　　节 点 电 压 变 化 情 况

迭代计数 k	节 点 电 压 幅 值 和 相 角				
	U_1	δ_1	U_3	δ_2	δ_3
1	0.985142	−0.737156°	0.964778	−6.741552°	6.365626°
2	0.984727	−0.493512°	0.964918	−6.429618°	6.729083°
3	0.984675	−0.501523°	0.964795	−6.451888°	6.730507°
4	0.984675	−0.500088°	0.964798	−6.450180°	6.732392°

经过四轮迭代，节点功率不平衡量也下降到 10^{-5} 以下，迭代到此结束。

与例 4-2 的计算结果相比较，电压幅值和相角都能够满足计算精度的要求。

小　　结

本章主要介绍了电力系统潮流计算机解法的数学模型和计算方法。潮流计算的数学模型是以节点方程为基础，推导出相应的功率方程。当电力系统中必需的已知条件给定以后，潮流分布取决于网络的结构，而网络结构在功率方程中的反映即是节点导纳矩阵或节点阻抗矩阵，其形成方法本章已作了介绍。

功率方程是非线性方程组，须立足于数值解，在潮流计算中常用的有高斯—塞德尔迭代法、牛顿—拉夫逊法，以及在后者基础上衍生的 P—Q 分解法。按照功率方程中电压量的表示方法的不同，牛顿—拉夫逊法又分成直角坐标形式和极坐标形式两种。直角坐标形式计算简单；极坐标形式含有三角函数运算，需要占用一定的计算时间，但它的方程个数少于直角坐标形式。这两种形式目前我国都有采用。从解题速度看，P—Q 分解法最快，牛顿—拉夫逊法次之，高斯—塞德尔法更慢。从迭代次数来看，牛顿—拉夫逊法最少，P—Q 分解法次之，高斯—塞德尔法较多。从对初值的要求来看，高斯—塞德尔法要求相对较松，牛顿—拉夫逊法及 P—Q 分解法都要有较好的初值。除此以外，P—Q 分解法还须满足其简化的条件。

电力系统潮流计算机解法是进行电力系统分析、控制的一项基础的、重要的工作，正在得到越来越广泛的应用和发展。它的发展主要围绕着这样几个方面：计算方法的收敛性、可靠性；计算速度的快速性；对计算机存储量的要求以及计算的方便、灵活等。

有关潮流计算中的一些技巧问题，如节点编号的优化、稀疏技术等本章没有涉及，请参考有关文献。

第五章 电力系统的无功功率平衡和电压调整

电压是衡量电能质量的一个重要指标。本章将介绍电力系统各元件的无功功率电压特性、无功功率平衡、各种调压手段的原理及应用等问题。

第一节 电力系统的无功功率平衡

电压是衡量电能质量的重要指标。保证用户处的电压接近额定值是电力系统运行调整的基本任务之一。

电力系统的运行电压水平取决于无功功率的平衡。系统中各种无功电源的无功功率输出（简称无功出力）应能满足系统负荷和网络损耗在额定电压下对无功功率的需求，否则电压就会偏离额定值。为此，先要对无功负荷、网络损耗和各种无功电源的特点作一些说明（假定系统的频率维持在额定值不变）。

一、无功功率负荷和无功功率损耗

1. 无功功率负荷

各种用电设备中，除相对很小的白炽灯照明负荷只消耗有功功率、为数不多的同步电动机可发出一部分无功功率外，大多数都要消耗无功功率。因此，无论工业或农业用户都以滞后功率因数运行，其值约为 $0.6 \sim 0.9$。

异步电动机在电力系统负荷（特别是无功负荷）中占的比重很大，系统无功负荷的电压特性主要由异步电动机决定。异步电动机的简化等值电路示于图 5-1，它所消耗的无功功率为

$$Q_{\text{M}} = Q_{\text{m}} + Q_{\sigma} = \frac{U^2}{X_{\text{m}}} + I^2 X_{\sigma} \tag{5-1}$$

其中，Q_{m} 为励磁功率，它同电压平方成正比，实际上电压较高时，由于饱和影响，励磁电抗 X_{m} 的数值还有所下降，因此，励磁功率 Q_{m} 随电压变化的曲线稍高于二次曲线；Q_{σ} 为漏抗 X_{σ} 中的无功损耗，如果负载功率不变，则 $P_{\text{M}} = I^2 R \ (1-s) / s = $ 常数，当电压降低时，转差率将要增大，定子电流随之增大，相应地在漏抗中的无功损耗 Q_{σ} 也要增大。综合这两部分无功功率的变化特点，可得图 5-2 所示的曲线，其中 β 为电动机的实际负荷同它的额定负荷之比，称为电动机的受载系数。由图可见，在额定电压附近，电动机的无功功率随电压的升降而增减。当电压明显低于额定值时，无功功率主要由漏抗中的无功损耗决定，因此，随电压下降反而具有上升的性质。

2. 变压器的无功损耗

变压器的无功损耗 Q_{LT} 包括励磁损耗 ΔQ_0 和漏抗中的损耗 ΔQ_{T}。

$$Q_{\text{LT}} = \Delta Q_0 + \Delta Q_{\text{T}} = U^2 B_{\text{T}} + \left(\frac{S}{U}\right)^2 X_{\text{T}} \approx \frac{I_0 \%}{100} S_{\text{N}} + \frac{U_{\text{s}} \% S^2}{100 S_{\text{N}}} \left(\frac{U_{\text{N}}}{U}\right)^2 \tag{5-2}$$

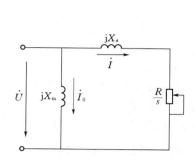

图 5-1 异步电动机的
简化等值电路

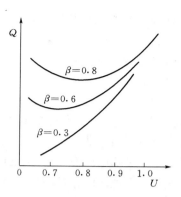

图 5-2 异步电动机的无功
功率与端电压关系

励磁功率大致与电压平方成正比，当通过变压器的视在功率不变时，漏抗中损耗的无功功率与电压平方成反比。因此，变压器的无功损耗电压特性也与异步电动机的相似。

对多电压级网络，变压器中的无功功率损耗是相当可观的。系统中变压器的无功功率损耗占相当大的比例，较有功功率损耗大得多。

3. 输电线路的无功损耗

输电线路用 Ⅱ 形等值电路表示（见图 5-3），线路串联电抗中的无功功率损耗 ΔQ_L 与所通过的电流的平方成正比，呈感性，即

$$\Delta Q_\mathrm{L} = \frac{P_1^2 + Q_1^2}{U_1^2}X = \frac{P_2^2 + Q_2^2}{U_2^2}X$$

线路电纳的充电功率 ΔQ_B 与电压平方成正比，呈容性，当作无功损耗时应取负号，即

$$\Delta Q_\mathrm{B} = -\frac{B}{2}(U_1^2 + U_2^2)$$

$B/2$ 为 Ⅱ 型电路中的等值电纳。线路的无功总损耗为

$$\Delta Q_\mathrm{L} + \Delta Q_\mathrm{B} = \frac{P_1^2 + Q_1^2}{U_1^2}X - \frac{U_1^2 + U_2^2}{2}B \tag{5-3}$$

因此线路作为电力系统的一个元件究竟是消耗容性还是感性无功功率是不能肯定的。但如利用自然功率的概念，可作一个大致估计：当通过线路输送的有功功率大于自然功率时，线路将消耗感性无功功率；当通过线路输送的有功功率小于自然功率时，线路将消耗容性无功功率。一般，通过 110kV 以下线路输送的功率往往大于自然功率；通过 500kV 线路输送的功率大致等于自然功

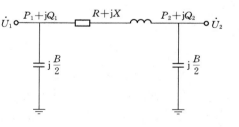

图 5-3 输电线路的 Ⅱ 型等值电路

率。通过 220kV 线路输送的功率则因线路长度而异，线路较长时，小于自然功率；线路较短时，大于自然功率。

二、无功功率电源

电力系统的无功功率电源，除了发电机外，还有同步调相机、静电电容器及静止补偿

器，这三种装置又称无功补偿装置。

1. 发电机

发电机既是惟一的有功功率电源，又是最基本的无功功率电源。发电机在额定状态下运行时，可发出无功功率

$$Q_{GN} = S_{GN}\sin\varphi_N = P_{GN}\tan\varphi_N \qquad (5-4)$$

式中　S_{GN}、P_{GN}、φ_N——发电机的额定视在功率、额定有功功率和额定功率因数角。

现在讨论发电机在非额定功率因数下运行时可能发出的无功功率。假定隐极发电机连接在恒压母线上，母线电压为 U_N。发电机的等值电路和相量图示于图 5-4。图 5-4（b）中的 C 点是额定运行点。电压降相量 $\overline{AC}$ 的长度代表 $X_d I_N$，正比于定子额定全电流，亦即正比于发电机的额定视在功率 S_{GN}，它在纵轴上的投影为 P_{GN}，它在横轴上的投影为 Q_{GN}。相量 $\overline{OC}$ 的长度代表空载电势 E，它正比于发电机的额定励磁电流。当改变功率因数时，发电机发出的有功功率 P 和无功功率 Q 要受定子电流额定值（额定视在功率）、转子电流额定值（空载电势）、原动机出力（额定有功功率）的限制。在图 5-4（b）中，以 A 为圆心，以 AC 为半径的圆弧表示额定视在功率的限制；以 O 为圆心，以 OC 为半径的圆弧表示额定转子电流的限制；而水平线 $P_{GN}C$ 表示原动机出力的限制。这些限制条件在图中用粗线画出，这就是发电机的 $P—Q$ 极限曲线。从图中可以看到，发电机只有在额定电压、电流和功率因数（即运行点 C）下运行时视在功率才能达到额定值，使其容量得到最充分的利用。

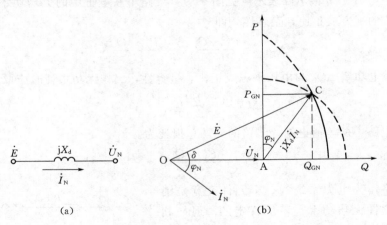

图 5-4　发电机的 P—Q 极限

当系统无功电源不足，而有功备用容量较充裕时，可利用靠近负荷中心的发电机降低功率因数，使之在低功率因数下运行，从而多发出无功功率以提高电力网的电压水平，但是发电机的运行点不应越出 $P—Q$ 极限曲线的范围。

2. 同步调相机

同步调相机相当于空载运行的同步电动机。在过励磁运行时，它向系统供给感性无功功率而起无功电源的作用，能提高系统电压；在欠励磁运行时，它从系统吸取感性无功功率而起无功负荷作用，可降低系统电压。由于实际运行的需要和对稳定性的要求，欠励磁最大容量只有过励磁容量的 50%～65%。装有自动励磁调节装置的同步调相机，能根据装设地点电压的数值平滑改变输出（或吸取）的无功功率，进行电压调节。特别是有强行励

磁装置时，在系统故障情况下，还能调整系统的电压，有利于提高系统的稳定性。但是同步调相机是旋转机械，运行维护比较复杂。它的有功功率损耗较大，在满负荷时约为额定容量的 $1.5\% \sim 5\%$，容量越小，百分值越大。小容量的调相机每 kVA 容量的投资费用也较大。故同步调相机宜于大容量集中使用，容量小于 5MVA 的一般不装设。在我国，同步调相机常安装在枢纽变电所，以便平滑调节电压和提高系统稳定性。

3. 静电电容器

静电电容器可按三角形和星形接法连接在变电所母线上。它供给的无功功率 Q_C 值与所在节点的电压 U 的平方成正比，即

$$Q_C = U^2/X_C$$

式中 X_C——静电电容器的容抗，$X_C = 1/\omega C$。

当节点电压下降时，它供给系统的无功功率将减少。因此，当系统发生故障或由于其他原因电压下降时，电容器无功输出的减少将导致电压继续下降。也就是说，电容器的无功功率调节性能比较差。

静电电容器的装设容量可大可小，既可集中使用，又可分散装设来就地供应无功功率，以降低网络的电能损耗。电容器每单位容量的投资费用较小，而且与总容量的大小无关，运行时功率损耗亦较小，约为额定容量的 $0.3\% \sim 0.5\%$。此外由于它没有旋转部件，维护比较方便。为了在运行中调节电容器的功率，可将电容器连接成若干组，根据负荷的变化，分组投入或切除。

4. 静止补偿器

静止补偿器由静电电容器与电抗器并联组成。电容器可发出无功功率，电抗器可吸收无功功率，两者结合起来，再配以适当的调节装置，就成为能够平滑的改变输出（或吸收）无功功率的静止补偿器。

图 5-5 示出四种不同类型，即可控饱和电抗器型、自饱和电抗器型、可控硅控制电抗器型、可控硅控制电抗器和可控硅投切电容器组合型静止补偿器的原理图。图中 L 为电抗器，C 为电容器，与 C 串联的电抗器 L_h 为高次谐波调谐电感线圈，它与 C 组成滤波电路，可根据需要滤去 5、7、11、13 次等高次谐波。图 5-5（a）所示的可控饱和电抗器型补偿器设有控制绕组 W_{dc}，改变该绕组的直流电流 I_{dc}，即可改变交流绕组 W_{ac} 的动态电感，从而改变补偿器吸收的感性无功功率。自饱和电抗器型补偿器不需要外加控制设备，它实际上是一种

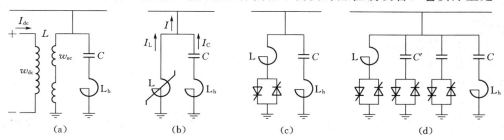

图 5-5 静止无功补偿器的原理图

（a）可控饱和电抗器型；（b）自饱和电抗器型；（c）可控硅控制电抗器型；
（d）可控硅控制电抗器和可控硅投切电容器组合型

大容量的磁饱和稳压器。自饱和电抗器 L 具有这样的特性，当电压大于某值后，随着电压的升高，铁芯急剧饱和。补偿器的电流电压特性如图 5-6 所示，在补偿器的工作范围内，电压的少许变化就会引起电流的大幅度变化。可控硅控制电抗器型补偿器是通过可控硅导通角的控制来改变补偿器吸收的无功功率。

各类静止补偿器在正常工作范围内的无功功率电压静态特性可以近似地用线性方程表示，即

$$Q = Q_0 + K(U - U_N) \tag{5-5}$$

式中　　U、U_N——实际电压和额定电压；

　　　　Q_0——$U = U_N$ 时补偿器的无功功率；

　　　　K——静态特性的斜率。

由于 K 的绝对值很大，近似计算中也可把静止补偿器当作恒电压的无功功率电源，其电压静态特性见图 5-7。

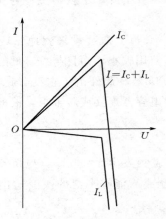

图 5-6　自饱和电抗器型
补偿器的电流电压特性

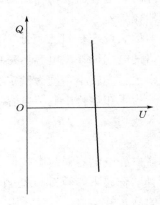

图 5-7　静态补偿器的无功
功率电压静态特性

电压变化时，静止补偿器能快速地、平滑地调节无功功率，以满足动态无功补偿的需要。与同步调相机比较，运行维护简单，功率损耗小，能做到分相补偿以适应不平衡的负荷变化，对于冲击负荷也有较强的适应性。补偿器的滤波电路能排除高次谐波的干扰。20世纪 70 年代以来，静止补偿器在国外已被大量使用，在我国电力系统中也将得到日益广泛的应用。

三、无功功率平衡

所谓无功功率的平衡就是要使系统的无功电源所发出的无功功率与系统的无功负荷及网络中无功损耗相平衡。用公式表示为

$$\sum Q_{GC} = \sum Q_L + \Delta Q_\Sigma \tag{5-6}$$

式中　　Q_{GC}——电源供给的无功功率，它包括发电机供给的无功功率 Q_G 和补偿设备供给的

　　　　　　无功功率 Q_C 两部分。Q_C 又分调相机供给的 Q_{C1} 和并联电容器供给的 Q_{C2}。

因此有　　　　　　　　　$$\sum Q_{GC} = \sum Q_G + \sum_{C1} + \sum_{C2} \tag{5-7}$$

负荷消耗的无功功率 Q_L 可按负荷的功率因数计算。我国现行规程规定，由于 35kV 及

以上电压级直接供电的工业负荷，功率因数不得低于 0.9；其他负荷，功率因数不低于 0.85。

ΔQ_Σ 为无功功率损耗，包括三部分，即

$$\Delta Q_\Sigma = \Delta Q_T + \Delta Q_X - \Delta Q_b \qquad (5\text{-}8)$$

式中　ΔQ_T——变压器中的无功功率损耗；

ΔQ_X——电力线路电抗中的无功功率损耗；

ΔQ_b——电力线路电纳中的无功功率损耗，其属于容性的，一般只计算电压为 110kV 及以上电力线路的充电功率。

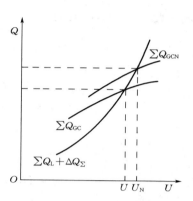

图 5-8　无功功率平衡和系统
电压水平的关系

应该强调指出，进行无功功率平衡计算的前提应是系统的电压水平正常，如不能在正常电压水平下保证无功功率的平衡，系统的电压质量总不能保证。例如对图 5-8 所示的无功功率负荷（包括损耗）静态电压特性，如系统电源所能供应的无功功率为 $\sum Q_{GCN}$、由无功功率平衡的条件决定的电压为 U_N，设这电压对应于系统的正常电压水平。如系统电源所能供应的无功功率仅为 $\sum Q_{GC}$，则无功功率虽也能平衡，平衡条件所决定的电压将为低于正常的电压 U。这种情况下，虽可采取某些措施，如改变某台变压器的变比以提高局部地区的电压水平，但如不能增加系统电源所能供应的无功功率 Q_{GC}，则系统的电压质量总不能获得全面改善。事实上，系统中无功功率电源不足时的无功功率平衡是由于系统电压水平的下降、无功功率负荷（包括损耗）本身的具有正值的电压调节效应使全系统的无功功率需求（$\sum Q_L + \Delta Q_\Sigma$）有所下降而达到的。

从而可见，系统中应保持一定的无功功率备用，否则负荷增大时，电压质量仍无法保证。这个无功功率备用容量一般可取最大无功功率负荷的 7%～8%。

【例 5-1】　某输电系统的接线图示于图 5-9（a）中，各元件参数如下：

变压器 T—1　每台 $\Delta P_0 = 47\text{kW}$，$\Delta P_S = 200\text{kW}$，$I_0\% = 2.7$，$U_S\% = 10.5$，$S_N = 31.5\text{MVA}$

变压器 T—2　每台参数同上。

线路每回每公里　$r_0 = 0.17\Omega$，$x_0 = 0.41\Omega$，$b_0 = 2.82 \times 10^{-6}\text{S}$

试作无功功率平衡。

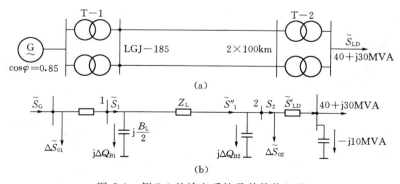

图 5-9　例 5-1 的输电系统及其等值电路

解 (1) 计算输电线路参数得 $Z_L = 8.25 + j20.5\,\Omega$, $0.5B_L = 2.82 \times 10^{-4}\,S$, 作等值电路如图 5-9 (b) 所示。

在用户处增添 10Mvar 无功补偿容量。因为负荷原来的功率因数为 0.8，发电机额定功率因数为 0.85，又有线路和两端变压器的无功损耗，故不进行补偿，将无法满足无功平衡。补偿后的负荷功率为 $\widetilde{S}'_{LD} = 40 + j20\,\text{MVA}$，功率因数为 $\cos\varphi' = 0.895$。在此基础上进行无功平衡的计算。

(2) 以网络的额定电压来计算系统各元件的功率损耗：
变压器 T-2 的绕组损耗为

$$\Delta\widetilde{S}_{T2} = \Delta P_{T2} + j\Delta Q_{T2} = 2\Delta P_s\left(\frac{S'_{LD}}{2S_N}\right)^2 + j2\frac{U_s\%\,S_N}{100}\left(\frac{S'_{LD}}{2S_N}\right)^2$$

$$= 2 \times 0.2 \times \frac{40^2 + 20^2}{(2 \times 31.5)^2} + j2 \times \frac{10.5 \times 31.5}{100} \times \frac{40^2 + 20^2}{(2 \times 31.5)^2}$$

$$= 0.202 + j3.35 \quad (\text{MVA})$$

励磁损耗

$$\Delta\widetilde{S}_{02} = 2(\Delta P_{02} + j\Delta Q_{02}) = 2\left(\Delta P_{02} + j\frac{I_0\%}{100}S_N\right)$$

$$= 2 \times \left(0.047 + j\frac{2.7 \times 31.5}{100}\right) = 0.094 + j1.7 \quad (\text{MVA})$$

线路末端的充电功率

$$\Delta Q_{B2} = -\frac{B_L}{2}U_N^2 = -2.82 \times 10^{-4} \times 110^2 = -3.41 \quad (\text{Mvar})$$

等值电路中功率

$$\widetilde{S}''_1 = \widetilde{S}'_{LD} + \Delta\widetilde{S}_{T2} + \Delta\widetilde{S}_{02} + j\Delta Q_{B2}$$

$$= 40 + j20 + 0.202 + j3.35 + 0.094 + j1.7 - j3.41$$

$$= 40.30 + j21.64 \quad (\text{MVA})$$

线路阻抗中的功率损耗

$$\Delta\widetilde{S}_L = Z_L\left(\frac{S''_1}{U_N}\right)^2 = \frac{40.30^2 + 21.64^2}{110^2}(8.25 + j20.5)$$

$$= 1.47 + j3.56 \quad (\text{MVA})$$

线路首端的充电功率

$$\Delta Q_{B1} = -\frac{B_L}{2}U_N^2 = -3.41 \quad (\text{Mvar})$$

线路首端的功率

$$\widetilde{S}_1 = \widetilde{S}''_1 + \Delta\widetilde{S}_L + jQ_{B1} = 40.296 + j21.64 + 1.47 + j3.56 - j3.41$$

$$= 41.77 + j21.79 \quad (\text{MVA})$$

变压器 T-1 的绕组损耗

$$\Delta\widetilde{S}_{T1} = \Delta P_{T1} + j\Delta Q_{T1} = \left(2\Delta P_s + j2\frac{U_s\%\,S_N}{100}\right)\left(\frac{S_1}{2S_N}\right)^2$$

$$= 2 \times \left(0.2 + j\frac{10.5 \times 31.5}{100}\right) \times \frac{41.77^2 + 21.79^2}{(2 \times 31.5)^2}$$

$$= 0.225 + j3.72 \quad (\text{MVA})$$

励磁损耗

$$\Delta \tilde{S}_{01} = \Delta P_{01} + j\Delta Q_{01} = 0.094 + j1.7 \text{ （MVA）}$$

（3）计算发电机应送出的功率为

$$\begin{aligned}
\tilde{S}_{G} &= \tilde{S}_{1} + \Delta \tilde{S}_{T1} + \Delta \tilde{S}_{01}\\
&= 41.77 + j21.79 + 0.225 + j3.72 + 0.094 + j1.7\\
&= 42.085 + j27.21 \text{ （MVA）}
\end{aligned}$$

如果发电机按额定功率因数 $\cos\varphi_{N} = 0.85$ 运行，可发出的功率 $\tilde{S}_{G} = 42.085 + j26 \text{MVA}$，只要将发电机的功率因数降低到 0.84，即可满足无功功率平衡。

四、无功功率平衡和电压水平的关系

在电力系统运行中，电源的无功出力在任何时刻都同负荷的无功功率和网络的无功损耗之和相等，即

$$Q_{GC} = Q_{LD} + Q_{L} \tag{5-9}$$

问题在于无功功率平衡是在什么样的电压水平下实现的。现在以一个最简单的网络为例来说明。

隐极发电机经过一段线路向负荷供电，略去各元件电阻，用 X 表示发电机电抗与线路电抗之和，等值电路示于图 5-10 （a）。假定发电机和负荷的有功功率为定值，根据向量图［图 5-10 （b）］可以确定发电机送出负荷节点的功率为

$$P = UI\cos\varphi = \frac{EU}{X}\sin\delta$$

$$Q = UI\sin\delta = \frac{EU}{X}\cos\delta - \frac{U^2}{X}$$

当 P 为一定值时，得

$$Q = \sqrt{\left(\frac{EU}{X}\right)^2 - P^2} - \frac{U^2}{X} \tag{5-10}$$

当电势 E 为一定值时，Q 同 U 的关系如图 5-11 曲线 1 所示，是一条向下开口的抛物线。负荷的主要成分是异步电动机，其无功电压特性如图 5-11 中曲线 2 所示。这两条曲线的交点 a 确定了负荷节点的电压值 U_a，系统在电压 U_a 下达到了无功功率的平衡。

当负荷增加时，其无功电压特性如图 5-11 中曲线 2' 所示。如果系统的无功电源没

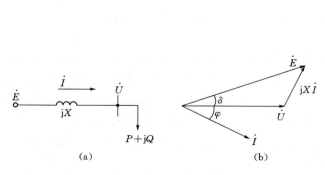

图 5-10　无功功率和电压关系的解释图

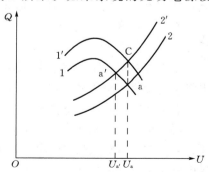

图 5-11　按无功功率平衡确定电压

85

有相应增加（发电机励磁电流不变，电势也就不变），电源的无功特性曲线仍是曲线 1。这时曲线 1 和 2′ 的交点 a′ 就代表了新的无功平衡点，并由此决定了负荷点的电压为 U_a'。显然 U_a' 小于 U_a。这说明负荷增加后，系统的无功电源已不能满足在电压 U_a 下无功平衡的需要，因而只好降低电压的运行，以取得在较低电压下的平衡。如果发电机具有充足的无功备用，通过调整励磁电流，增大发电机的电势 E，则发电机的无功特性曲线将上移到曲线 1′ 的位置，从而使曲线 1′ 和 2′ 的交点 C 所确定的负荷节点电压达到或接近原来的数值 U_a。由此可见，系统的无功电源比较充足，能满足较高电压水平下和无功平衡的需要，系统就有较高的运行电压水平；反之，无功不足就反应为运行电压水平偏低。因此，应该力求实现在额定电压下的系统无功功率平衡，并根据这个要求装设必要的无功补偿装置。

电力系统的供电地区幅员宽广，无功功率不宜长距离输送，负荷所需的无功功率应尽量做到就地供应。因此，不仅应实现整个系统的无功功率平衡，还应分别实现各区域的无功功率平衡。

总之，实现无功功率在额定电压下的平衡是保证电压质量的基本条件。

第二节　电压调整的基本概念

一、允许电压偏移

各种用电设备都是按额定电压来设计制造的。这些设备在额定电压下运行将能取得最佳的效果。电压过大地偏离额定值将对用户产生不良的影响。

电力系统常见的用电设备是异步电动机、各种电热设备、照明灯以及近年来日渐增多的家用电器等。异步电动机的电磁转矩是与其端电压的平方成正比的，当电压降低 10% 时，转矩大约要降低 19%。如果电动机所拖动的机械负载的阻力矩不变，电压降低，电动机的转差增大，定子电流也随之增大，发热增加，绕组温度增高，加速绝缘老化，影响电动机的使用寿命。当端电压太低时，电机可能由于转矩太小而失速甚至停转。电炉等电热设备的出力大致与电压的平方成正比，电压降低就会延长电炉的冶炼时间，降低生产率。电压降低时，照明灯发光不足，影响人的视力和工作效率。电压偏高时，照明设备的寿命将要缩短。

电压偏移过大，除了影响用户的正常工作外，对电力系统本身也有不利影响。电压降低，会使网络中的功率损耗和能量损耗加大，电压过低，还可能危及电力系统运行的稳定性；而电压过高时，各种电器设备的绝缘可能受到损害，在超高压网络中还将增加电晕损耗等。

在电力系统的正常运行中，随着用电负荷的变化和系统运行方式的改变，网络中的损耗也将发生变化。要严格保证所有用户在任何时刻都有额定电压是不可能的，因此系统运行中各节点出现电压偏移是不可避免的。实际上，大多数用电设备在稍许偏离额定值的电压下运行，仍有良好的机械性能。从技术上和经济上综合考虑，合理地规定供电电压的允许偏移是完全必要的。目前，我国规定的在正常运行情况下供电电压的允许偏移如下：35kV 及以上供电电压正、负偏移的绝对值之和不超过额定电压的 10%；10kV 及以下三相供电电压允许偏移为额定电压的 ±7%；220V 单相供电电压允许的偏移为额定电压的 +7% 和 −10%。

要使网络处的电压都达到规定的标准，必须采用各种调压措施。

二、中枢点的电压管理

电力系统调压的目的是保证系统中各负荷点的电压在允许的偏移范围内。但是由于负荷点数目众多又很分散，不可能也没有必要对每一个负荷点的电压进行监视和调整，系统中的负荷点总是通过一些主要的供电点供应电力的，例如：①区域性水火电厂的高压母线；②枢纽变电所的二次母线；③有大量地方负荷的发电机电压母线。这些供电点称为中枢点。

各个负荷点都允许电压有一定的偏移，计及由中枢点到负荷点的馈电线上的电压损耗，便可确定每一个负荷点对中枢点电压的要求。如果能找到中枢点电压的一个允许变化范围，使得由该中枢点供电的所有负荷点的调压要求都能同时得到满足，那么，只要控制中枢点的电压在这个变化范围内就可以了。下面讨论如何确定中枢点电压的允许变化范围。

假定由中枢点 O 向负荷点 A 和 B 供电〔见图 5-12（a）〕，两负荷点电压 U_A 和 U_B 的允许变化范围相同，都是（0.95～1.05）U_N。当线路参数一定时，线路上电压损耗 U_{OA} 和 U_{OB} 分别与 A 点和 B 点的负荷有关。为了简单起见，假定两处的日负荷曲线呈两级阶梯形〔见图 5-12（b）〕，相应地，两段线路的电压损耗的变化曲线如图 5-12（c）所示。

为了满足负荷节点 A 的调压要求，中枢点电压应该控制的变化范围如下：

在 0～8 h，$U_{O(A)} = U_A + \Delta U_{OA} =$（0.95～1.05）$U_N + 0.04 U_N =$（0.99～1.09）$U_N$；

在 8～24 h，$U_{O(A)} = U_A + \Delta U_{OA} =$（0.95～1.05）$U_N + 0.10 U_N =$（1.05～1.15）$U_N$。

同理可以算出负荷节点 B 对中枢点电压变化范围的要求：

在 0～16 h，$U_{O(B)} = U_B + \Delta U_{OB} =$（0.96～1.06）$U_N$；

在 16～24 h，$U_{O(B)} = U_B + \Delta U_{OB} =$（0.98～1.08）$U_N$。

将上述要求表示在同一张图上，如图 5-12（d）所示。图中的阴影部分就是同时满足 A、

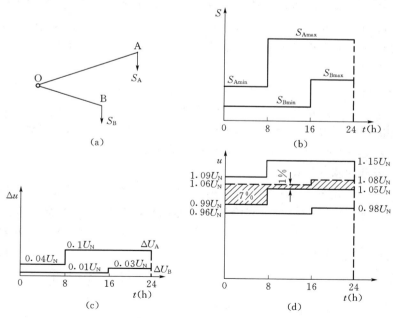

图 5-12　中枢点电压允许变化范围的确定

B 两负荷点调节要求的中枢点电压的允许变化范围。由图可见，尽管 A、B 两负荷点的电压有 10% 的变化范围，但是由于两处负荷大小和变化规律不同，两段线路的电压损耗数值及变化规律亦不相同。为同时满足负荷点的电压质量要求，中枢点电压的允许变化范围就大大地缩小了，最大时为 7%，最小时仅有 1%。

如果在任何时候，各负荷点所要求的中枢点电压允许变化范围都有公共部分，那么，调整中枢点的电压，使其在公共的允许范围内变动，就可以满足各负荷点的调压要求，而不必在各负荷点再装设调压设备。

如果由同一中枢点供电的各用户负荷的变化规律差别很大，调压要求也不相同，就可能在某些时间段内，各用户的电压质量要求反映到中枢点的电压允许变化范围没有公共部分。这种情况下，仅靠控制中枢点的电压并不能保证所有负荷点的电压偏移都在允许范围内。因此为了满足各负荷点的调压要求，还必须在某些负荷点增设必要的调压设备。

在进行电力系统规划设计时，由系统供电的较低电压等级的电力网往往还未建成，或者还未完全建成，许多数据及要求未能准确地确定，这就无法按照上述方法做出中枢点的电压曲线。为了进行调节计算，可以根据电力网的性质对中枢点的调压方式提出原则性的要求。为此，一般将中枢点的调节方式分为三大类：逆调压、顺调压和常调压。

如果中枢点供电的各负荷变化规律大体相同，考虑到高峰负荷时供电线路上电压损耗大，将中枢点电压适当升高以抵偿部分甚至全部电压损耗的增大；低谷负荷时供电线路上电压损耗小，将中枢点电压适当降低以抵偿部分甚至全部电压损耗的减小，完全有可能满足负荷对电压质量的要求。这种高峰负荷时升高电压、低谷负荷时降低电压的中枢点电压调整方式称"逆调压"。供电线路较长、负荷变动较大的中枢点往往要采用这种调压方式。逆调压时，高峰负荷时可将中枢点电压升高至 $105\%U_N$，低谷负荷时将其下降为 U_N。

与逆调压相对，对供电线路不长、负荷变动不大的中枢点，允许采用顺调压。所谓顺调压，就是高峰负荷时允许中枢点电压略低；低谷负荷时，允许中枢点电压略高。一般顺调压时，高峰负荷时的中枢点电压允许不低于 $102.5\%U_N$，低谷负荷时中枢点的电压允许不高于 $107.5\%U_N$。

介于上述两种情况之间的中枢点，还可采取常调压，即在任何负荷下都保持中枢点电压为一基本不变的数值，例如 $(102\% \sim 105\%)U_N$。

如上所述的都是系统正常运行时的调节要求。系统中发生故障时，对电压质量的要求允许适当降低，通常允许故障时的电压偏移较正常时再增大 5%。

三、电压调整的基本原理

现在以图 5-13 所示的简单电力系统为例，说明常用的各种调压措施所依据的基本原理。

发电机通过升压变压器、线路和降压变压器向用户供电。要求调整负荷节点 b 的电压。为简单起见，略去线路的电容功率、变压器的励磁功率和网络的功率损耗。变压器的参数已归算到高压侧。b 点的电压为

$$U_b = (U_G k_1 - \Delta U)/k_2 \approx \left(U_G k_1 - \frac{PR + QX}{U}\right)/k_2 \qquad (5\text{-}11)$$

式中　k_1、k_2——升压和降压变压器的变比；

　　　R、X——变压器和线路的总电阻和总电抗。

由式（5-11）可见，为了调整用户端电压 U_b 可以采用以下措施：

（1）调节励磁电流以改变发电机端电压 U_G。

（2）适当选择变压器的变比。

（3）改变线路的参数。

（4）改变无功功率的分布。

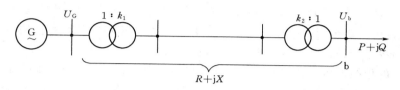

图 5-13　电压调整原理图

第三节　发电机调压

在各种调压手段中，首先应该考虑调节发电机电压，因为这是一种不需耗费投资而且最直接的调压手段。

现代的同步发电机可在额定电压的 95%～105% 范围内保持以额定功率运行。在发电机不经升压直接用发电机电压向用户供电的简单系统中，如供电线路不很长、线路上电压损耗不很大，一般就借调节发电机励磁、改变其母线电压，使之实现逆调压以满足负荷对电压质量的要求。以图 5-14（a）所示简单系统为例，设各部分网络最大、最小负荷时的电压损耗分别如图所示。则最大负荷时，发电机母线至最远负荷处的总电压损耗为 20%，最小负荷时为 8.0%，即最远负荷处的电压变动范围为 12.0%。如发电机母线采用逆调压，最

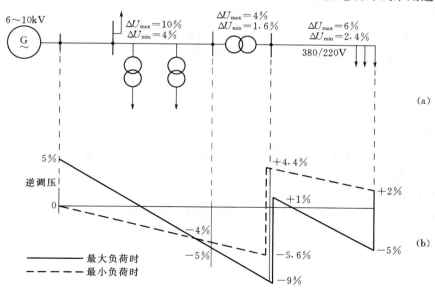

图 5-14　发电机母线逆调压的效果

（a）简单系统接线图；（b）电压分布情况

大负荷时升高至 $105\%U_N$，最小负荷时下降为 U_N；如变压器的变比 $k_* = U_I U_{IIN}/U_{II} U_{IN} =$ $1/1.10$，即一次侧电压为线路额定电压时，二次侧的空载电压较线路额定电压高 10%，则全网的电压分布将如图 5-14（b）。由图可见，这种情况下，最远负荷处的电压偏移最大负荷时为 -5%，最小负荷时为 $+2\%$，即都在一般负荷要求的 $\pm5\%$ 范围内。

对于有若干发电厂并列运行的电力系统，利用发电机调压会出现新的问题。例如两个发电厂相距 60km，由 110kV 线路相连，如果要把一个电厂的 110kV 母线的电压提高 5%，大约要该电厂多输出 25Mvar 的无功功率。因而要求进行电压调整的电厂需要有相当充裕的无功容量储备，一般这是不易满足的。此外，在系统内并列运行的发电厂中，调整个别发电厂的母线电压，会引起系统中无功功率重新分配，这还可能同无功功率的经济分配发生矛盾。所以在大型电力系统中发电厂调压一般只作为一种辅助性的调压措施。

第四节　改变变压器变比调压

一、变压器分接头的选择

改变变压器的变比可以升高或降低次级绕组的电压。为了实现调压，在双绕组变压器的高压绕组上设有若干个分接头以供选择，其中对应额定电压 U_N 的称为主接头。变压器的低压绕组不设分接头。对于三绕组变压器，一般是在高压绕组和中压绕组设置分接头。

改变变压器的变比调压实际上就是根据调压要求适当选择分接头。

1. 降压变压器分接头的选择

图 5-15 所示为一降压变压器。若通过功率为 $P+jQ$，高压侧实际电压为 U_1，归算到高压侧的变压器阻抗为 R_T+jX_T，归算到高压侧的变压器电压损耗为 ΔU_T，低压侧要求得到的电压为 U_2，则有

$$\Delta U_T = (PR_T + QX_T)/U_1$$
$$U_2 = (U_1 - \Delta U_T)/k \tag{5-12}$$

式中　k——变压器的变比，即高压绕组分接头电压 U_{1t} 和低压绕组额定电压 U_{2N} 之比。

将 k 代入式（5-12），便得高压侧分接头电压

$$U_{1t} = \frac{U_1 - \Delta U_T}{U_2} U_{2N} \tag{5-13}$$

当变压器通过不同的功率时，高压侧电压 U_1、电压损耗 ΔU_T，以及低压侧所要求的电压 U_2 都要发生变化。通过计算可以求出在不同的负荷下为满足低压侧调压要求所应选择的高压侧分接头电压。

普通的双绕组变压器不能在有载情况下更改分接头。在正常的运行中无论负荷怎样变化只能使用一个固定的分接头。这时可以分别算出最大负荷和最小负荷下所要求的分接头电压

$$U_{1tmax} = (U_{1max} - \Delta U_{Tmax})U_{2N}/U_{2max} \tag{5-14}$$
$$U_{1tmin} = (U_{1min} - \Delta U_{Tmin})U_{2N}/U_{2min} \tag{5-15}$$

然后取它们的算术平均值，即

$$U_{1tav} = (U_{1tmax} + U_{1tmin})/2 \tag{5-16}$$

根据 U_{1tav} 值可选择一个与它最接近的分接头。然后根据所选取的分接头校验最大负荷和最小负荷时低压母线上实际电压是否符合要求。

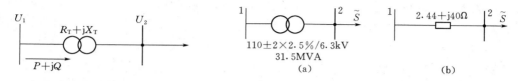

图 5-15　降压变压器　　　　图 5-16　例 5-2 的降压变压器及其等值电路

【例 5-2】　降压变压器及其等值电路示于图 5-16（a）、（b）。归算至高压侧的阻抗为 $R_T + jX_T = 2.44 + j40\Omega$。已知在最大和最小负荷时通过变压器的功率分别为 $\tilde{S}_{max} = 28 + j14\text{MVA}$ 和 $\tilde{S}_{min} = 10 + j6\text{MVA}$，高压侧的电压分别为 $U_{1max} = 110\text{kV}$ 和 $U_{1min} = 113\text{kV}$。要求低压母线的电压变化不超出 $6.0 \sim 6.6\text{kV}$ 的范围，试选择分接头。

解　先计算最大负荷及最小负荷时变压器的电压损耗

$$\Delta U_{Tmax} = \frac{28 \times 2.44 + 14 \times 40}{110} = 5.7 \text{（kV）}$$

$$\Delta U_{Tmin} = \frac{10 \times 2.44 + 6 \times 40}{113} = 2.34 \text{（kV）}$$

假定变压器在最大负荷和最小负荷运行时低侧的电压分别取为 $U_{2max} = 6\text{kV}$ 和 $U_{2min} = 6.6\text{kV}$，则由式（5-14）和式（5-15）可得

$$U_{1tmax} = (110 - 5.7) \times \frac{6.3}{6.0} = 109.4 \text{（kV）}$$

$$U_{1tmin} = (113 - 2.34) \times \frac{6.3}{6.6} = 105.6 \text{（kV）}$$

取算术平均值

$$U_{1tav} = (109.4 + 105.6)/2 = 107.5 \text{（kV）}$$

选最接近的分接头 $U_{1t} = 107.25\text{kV}$。按所选分接头校验低压母线的实际电压为

$$U_{2max} = (110 - 5.7) \times \frac{6.3}{107.25} = 6.13 \text{（kV）} > 6 \text{ kV}$$

$$U_{2min} = (113 - 2.34) \times \frac{6.3}{107.25} = 6.5 \text{（kV）} < 6.6 \text{ kV}$$

可见所选分接头是能满足调压要求的。

2. 升压变压器分接头的选择

选择升压变压器分接头的方法与选择降压变压器的基本相同。但因升压变压器中功率方向是从低压侧送往高压侧的，如图 5-17 所示，故公式（5-13）中 ΔU_T 前的符号应相反，即应将电压损耗和高压侧电压相加。因而有

$$U_{1t} = \frac{U_1 + \Delta U_T}{U_2} U_{2N} \qquad (5-17)$$

式中　U_2——变压器低压侧的实际电压或给定电压；

U_1——高压侧所要求的电压。

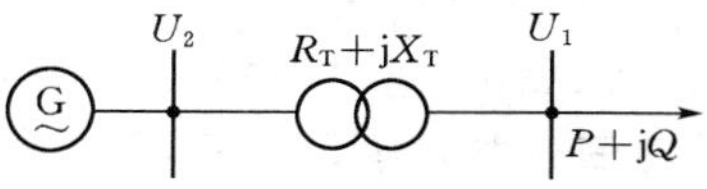

图 5-17　升压变压器

这里要注意升压变压器与降压变压器绕组的额定电压是略有差别的。此外选择发电厂中升压变压器的分接头时，在最大和最小负荷情况下，要求发电机的端电压都不能超过规定的允许范围。如果在发电机电压母线上有地方负荷，则应当满足地方负荷对发电机母线的调压要求，一般可采用逆调压方式调压。

3. 三绕组变压器分接头的选择

三绕组变压器的高、中压绕组带有分接头可供选择，低压绕组没有分接头。上述双绕组变压器的分接头选择公式也适应于三绕组变压器。这时对高压和中压绕组的分接头须经过两次计算来逐个选择。但三绕组变压器在网络中所接电源情况不同，其具体选择方法有所不同。如高压侧有电源的三绕组降压变压器，在选择其分接头时，可首先根据低压母线对调压的要求，选择高压绕组的分接头。然后再根据中压侧所要求的电压和选定的高压绕组的分接头来确定中压绕组的分接头。又如低压侧有电源的三绕组升压变压器，其他两侧分接头可以根据其电压和电源侧电压的情况分别进行选择。而不必考虑它们之间的影响，视为两台双绕组升压变压器进行选择分接头。

二、有载调压变压器

有载调压变压器可以在带负荷的条件下切换分接头，而且调节范围也比较大，一般在15％以上。目前我国暂定 110kV 级的调压变压器有 7 个分接头，即 $U_N \pm 3 \times 2.5\%$；220kV 级的有 9 个分接头即 $U_N \pm 4 \times 2.0\%$。采用有载调压变压器时，可以根据最大负荷算得的 U_{1tmax} 值和最小负荷算得的 U_{1tmin} 值来分别选择各自合适的分接头。这样就可以缩小次级电压的变化幅度，甚至改变电压变化的趋势。

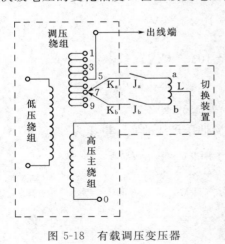

图 5-18 有载调压变压器原理接线图

图 5-18 为有载调压变压器的原理接线图。该变压器的主绕组同一个具有若干个分接头的调压绕组串联，依靠特殊的切换装置，可以在负荷电流下改换分接头。切换位置有两个可动触头，改变分接头时，先将一个可动触头移动到相邻的分接头上，然后再把另一个可动触头也移到分接头上，这样逐步地移动，直到两个可动触头都移到所选定的分接头为止。为了防止可动触头在切换过程中产生电弧，因而使变压器绝缘油劣化，在可动触头 K_a、K_b 的前面接入接触器 J_a 和 J_b，它们放在单独的油箱里。当变压器切换分接头时，首先断开接触器 J_a 将可动触头 K_a 切换到另一个分接头上。然后再将接触器接通。另一个触头也采用相同的切换步骤，使两个接触头都在不同分接头上时，切换装置中的电抗器 L 是用来限制两个分接头间的短路电流的。有的调压变压器用限流电阻来替代限流电抗器。

对 110kV 及以上电压级的变压器一般将调压绕组放在变压器中性点侧。因为变压器的中性点接地，中性点侧电压很低，调节装置的绝缘比较容易解决。

三、加压调压变压器

加压调压变压器 2 由电源变压器 3 和串联变压器 4 组成（见图 5-19），串联变压器 4 的次级绕组串联在主变压器1的引出线上，作为加压绕组。这相当于在线路上串联了一个附加电势。改变附加电势的大小和相位就可以改变线路上电压的大小和相位。通常把附加电势的相位与线路电压的相位相同的变压器称为纵向调压变压器，把附加电势与线路电压有90°相位差的变压器称为横向调压变压器，把附加电势与线路电压之间有不等于90°相位差的调压器称为混合型调压变压器。

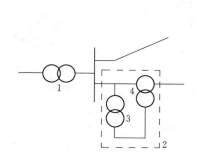

图 5-19　加压调压变压器

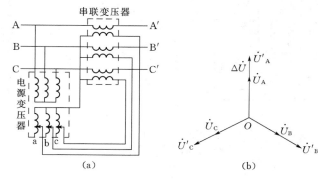

图 5-20　纵向调压变压器

(a) 原理接线图；(b) 相量图

1. 纵向调压变压器

纵向调压变压器的原理接线图如图 5-20 所示。图中电源变压器的次级绕组供电给串联变压器的励磁绕组，串联变压器的次级绕组中产生附加电势 ΔU。当电源变压器取图示的接线方式时，附加电势的方向与主变压器的次级绕组电压相同，可以提高线路电压，如图 5-20（b）所示。反之，如将串联变压器反接，则可降低线路电压。纵向调压变压器只有纵向电势，它只改变线路电压的大小，不改变线路电压的相位，其作用同具有调压绕组的调压变压器的一样。

2. 横向调压变压器

如果电源变压器取图 5-21 所示的接线方式，则加压绕组中产生的附加电势的方向与线路的相电压将有90°相位差。故称为横向电势。从相量图中可以看出，由于 ΔU 超前线路电压90°，调压后的电压 U'_A 较调压前的电压 U_A 超前一个 β 角，但调压前后电压幅值的改变甚小。如将串联变压反接，使附加电势反向，则调压后可得到较原电压滞后的线路电压（电压幅值的变化仍很小）。

横向调压变压器只产生横向电势，所以它只改变线路电压的相位而几乎不改变电压的大小。

3. 混合型调压变压器

混合型调压变压器中既有纵向串联加压变压器，又有横向串联变压器，接线如图 5-22 所示。它既产生纵向电势 $\Delta U'$ 又产生横向电势 $\Delta U''$。因此它既能改变线路电压的大小，又能改变其相位。

在高压网络中主要是架空线路，电抗要比电阻大得多。纵向电势主要影响无功功率，横向电势主要影响有功功率。环网中的实际功率分布将由功率的自然分布（即没有附加电势时网络的功率分布）和均衡功率叠加而成。

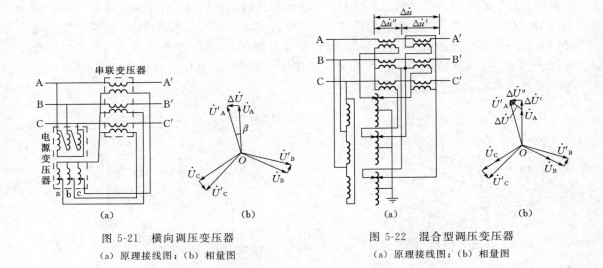

图 5-21 横向调压变压器
(a) 原理接线图；(b) 相量图

图 5-22 混合型调压变压器
(a) 原理接线图；(b) 相量图

第五节 利用无功功率补偿调压

无功功率的产生基本上不消耗能源，但是无功功率沿电力网传送却要引起有功功率损耗和电压损耗。合理的配置无功功率补偿容量，以改变电力网的潮流分布，可以减少网络中的有功功率损耗和电压损耗，从而改善用户处的电压质量。

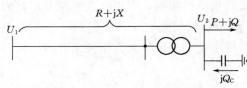

图 5-23 简单电力网的无功功率补偿

图 5-23 所示为一简单电力网，供电点电压 U_1 和负荷功率 $P+jQ$ 已给定，线路电容和变压器的励磁功率略去不计。在未加补偿装置前若不计电压降落的横分量，便有

$$U_1 = U'_2 + \frac{PR+QX}{U'_2}$$

式中 U'_2——归算到高压侧的变电所低压母线电压。

在变电所低压侧设置容量为 Q_C 的无功补偿设备后，网络传送到负荷点的无功功率将变为 $Q-Q_C$，这时变电所低压母线的归算电压也相应变为 U'_{2C}，故有

$$U_1 = U'_{2C} + \frac{PR+(Q-Q_C)X}{U'_{2C}}$$

如果补偿前后 U_1 保持不变，则有

$$U'_2 + \frac{PR+QX}{U'_2} = U'_{2C} + \frac{PR+(Q-Q_C)X}{U'_{2C}} \tag{5-18}$$

由此可解得使变电所低压母线的归算电压从 U'_2 改变到 U'_{2C} 时所需要的无功补偿容量为

$$Q_C = \frac{U'_{2C}}{X}\left[(U'_{2C}-U'_2) + \left(\frac{PR+QX}{U'_{2C}} - \frac{PR+QX}{U'_2}\right)\right] \tag{5-19}$$

上式方括号中第二项的数值一般很小，可以略去，于是式（5-19）便简化为

$$Q_C = \frac{U'_{2C}}{X}(U'_{2C}-U'_2) \tag{5-20}$$

如果变压器的变比选择为 K，经过补偿后，变电所低压侧要求保持的实际电压为 U_{2C}，则，$U'_{2C} = kU_{2C}$。将其代入式（5-20），可得

$$Q_C = \frac{kU_{2C}}{X}(kU_{2C} - U'_2) = \frac{k^2 U_{2C}}{X}\left(U_{2C} - \frac{U'_2}{k}\right) \tag{5-21}$$

由此可见，补偿容量与调压要求和降压变压器的变比选择有关。变比 k 的选择原则是：在满足调压的要求下，使无功补偿容量最小。

由于无功补偿设备的性能不同，选择变比的条件也不相同，现分别阐述如下。

1. 补偿设备为静电电容器

通常在大负荷时降压变电所电压偏低，小负荷时电压偏高。电容器只能发出感性无功功率以提高电压，但电压过高时却不能吸收感性无功功率来使电压降低。为了充分利用补偿容量，在最大负荷时电容器应全部投入，在最小负荷时全部退出。计算步骤如下。

首先，根据调压要求，按最小负荷时没有补偿情况确定变压器的分接头。令 U'_{2min} 和 U_{2min} 分别为最小负荷时低压母线的归算电压和要求保持的实际电压，则 $U'_{2min}/U_{2min} = U_t/U_{2N}$，由此可算出变压器的分接头电压应为

$$U_t = \frac{U_{2N}U'_{2min}}{U_{2min}}$$

选定与 U_t 最接近的分接头 U_{1t}，并由此确定变比

$$k = U_{1t}/U_{2N}$$

其次，按最大负荷时的调压要求计算补偿即

$$Q_C = \frac{U_{2Cmax}}{X}\left(U_{2Cmax} - \frac{U'_{2max}}{k}\right)k^2 \tag{5-22}$$

式中　U'_{2max}、U_{2Cmax}——补偿前变电所低压母线的归算电压和补偿后要求保持的实际电压。

按式（5-22）算得的补偿容量，从产品目录中选择合适的设备。

最后，根据确定的变比和选定的静电电容器容量，校验实际的电压变化。

2. 补偿设备为同步调相机

调相机的特点是既能过励磁运行，发出感性无功功率使电压升高，也能欠励磁运行，吸收感性无功功率使电压降低。如果调相机在最大负荷时按额定容量过励磁运行，在最小负荷时按 $0.5 \sim 0.65$ 额定容量欠励磁运行，那么，调相机的容量将得到最充分的利用。

根据上述条件可确定变比 k。最大负荷时，同步调相机容量为

$$Q_C = \frac{U_{2Cmax}}{X}\left(U_{2Cmax} - \frac{U'_{2max}}{k}\right)k^2 \tag{5-23}$$

用 α 代表数值范围为 $0.5 \sim 0.65$，则最小负荷时调相机容量为

$$-\alpha Q_C = \frac{U_{2Cmin}}{X}\left(U_{2Cmin} - \frac{U'_{2min}}{k}\right)k^2 \tag{5-24}$$

两式相除，得

$$-\alpha = \frac{U_{2Cmin}(kU_{2Cmin} - U'_{2min})}{U_{2Cmax}(kU_{2Cmax} - U'_{2max})} \tag{5-25}$$

由式（5-25）可解出

$$k = \frac{\alpha U_{2Cmax}U'_{2max} + U_{2Cmin}U'_{2min}}{\alpha U_{2Cmax}^2 + U_{2Cmin}^2} \tag{5-26}$$

按式（5-26）算出的 K 值选择最接近的分接头电压 U_{1t}，并确定实际变比 $K=U_{1t}/U_{2N}$，将其代入式（5-23）即可求出所需要的调相机容量。根据产品目录选出与此容量相近的调相机，最后按所需容量进行电压校验。

【例 5-3】　简单系统结线如图 5-24 所示。降压变电所低压侧母线要求常调压，保持 10.5kV。试确定采用下列无功功率补偿设备时的设备容量：（1）补偿设备采用电容器；（2）补偿设备采用调相机。

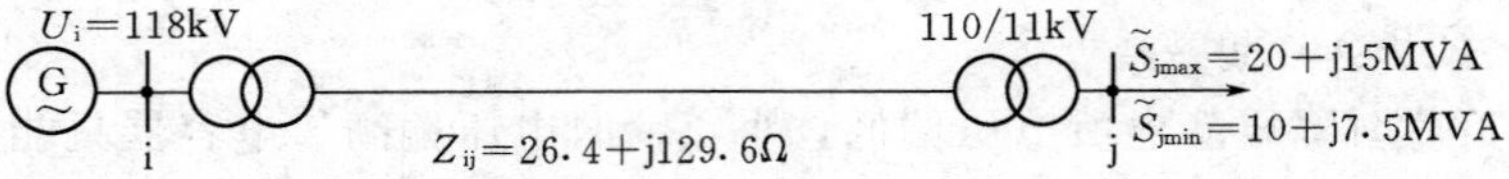

图 5-24　简单系统结线图

解　设置补偿设备前，最大负荷时变电所低压侧归算至高压侧的电压为

$$U_{jmax} = U_i - \frac{P_{jmax}r_{ij} + Q_{jmax}x_{ij}}{U_i} = 118 - \frac{20 \times 26.4 + 15 \times 129.6}{118}$$

$$= 97.1 \text{ (kV)}$$

最小负荷时为

$$U_{jmin} = U_i - \frac{P_{jmin}r_{ij} + Q_{jmin}x_{ij}}{U_i} = 118 - \frac{10 \times 26.4 + 7.5 \times 129.6}{118}$$

$$= 107.5 \text{ (kV)}$$

（1）补偿设备采用电容器时：

按常调压要求确定最小负荷时补偿设备全部退出运行条件下应选用的分接头电压

$$U_{tjmin} = U_{jmin}\frac{U_{Nj}}{U_{jmin}} = 107.5 \times \frac{11}{10.5} = 112.6 \text{ (kV)}$$

选用 $110+2.5\%$ 即 112.75kV 的分接头，并以此代入式（5-22），按最大负荷时的调压要求确定 Q_C

$$Q_C = \frac{U_{jcmax}}{x_{ij}}\left(U_{jcmax} - U_{jmax}\frac{U_{Nj}}{U_{tj}}\right)\frac{U_{tj}^2}{U_{Nj}^2}$$

$$= \frac{10.5}{129.6} \times \left(10.5 - 97.1 \times \frac{11}{112.75}\right) \times \frac{112.75^2}{11^2}$$

$$= 8.74 \text{ (Mvar)}$$

验算电压偏移：最大负荷时补偿设备全部投入

$$U'_{jcmax} = 118 - \frac{20 \times 26.4 + (15 - 8.74) \times 129.6}{118}$$

$$= 106.65 \text{ (kV)}$$

低压母线实际电压为

$$U_{jcmax} = 106.65 \times \frac{11}{112.75} = 10.4 \text{ (kV)}$$

最小负荷时补偿设备全部退出，已知 $U'_{jmin}=107.5$kV，可得低压母线实际电压为

$$U_{jmin} = 107.5 \times \frac{11}{112.75} = 10.49 \text{ (kV)}$$

最大负荷时电压偏移为

$$\frac{10.5 - 10.4}{10.5} \times 100 = 0.95$$

最小负荷时电压偏移为

$$\frac{10.5 - 10.49}{10.5} \times 100 = 0.12$$

可见选择的电容器容量能满足常调压的要求。

（2）补偿设备采用调相机时：

首先按式（5-26）确定应选用的变比

$$-2U_{jcmin}(kU_{jcmin} - U_{jmin}) = U_{jcmax}(kU_{jcmax} - U'_{jmax})$$

$$-2 \times 10.5(k \times 10.5 - 107.5) = 10.5(k \times 10.5 - 97.1)$$

解得 $K = 9.91$，从而 $U_{tj} = 9.91 \times 11 = 109.01$（kV）。选用主接头 110kV 并以此代入式（5-22），按最大负荷时的调压要求确定 Q_C

$$Q_C = \frac{U_{jcmax}}{x_{ij}}\left(U_{jcmax} - U_{jmax}\frac{U_{Nj}}{U_{tj}}\right)\frac{U_{tj}^2}{U_{Nj}^2} = \frac{10.5}{129.6} \times \left(10.5 - 97.1 \times \frac{11}{110}\right) \times \frac{110^2}{11^2}$$

$$= 6.40 \text{ (MVA)}$$

选用容量为 7.5MVA 的调相机。

验算电压偏移：最大负荷时调相机过激满载运行，输出 7.5Mvar 感性无功功率

$$U_{jcmax} = 118 - \frac{20 \times 26.4 + (15 - 7.5) \times 129.6}{118} = 105.3 \text{ (kV)}$$

低压母线实际电压为

$$U_{jcmax} = 105.3 \times \frac{11}{110} = 10.53 \text{ (kV)}$$

最小负荷时，调相机欠激满载运行，吸取 3.75Mvar 感性无功功率

$$U_{jcmin} = 118 - \frac{10 \times 26.4 + (7.5 + 3.75) \times 129.6}{118} = 103.4 \text{ (kV)}$$

低压母线实际电压为

$$U_{jcmin} = 103.4 \times \frac{11}{110} = 10.34 \text{ (kV)}$$

最大负荷时电压偏移为

$$\frac{10.53 - 10.5}{10.5} \times 100 = 0.3$$

最小负荷时电压偏移为

$$\frac{10.34 - 10.5}{10.5} \times 100 = -1.52$$

可见选用的调相机容量是恰当的。最小负荷时适当减少吸取的感性无功功率就可使低压母线电压达到 10.5kV。

第六节　几种调压措施的比较

电压质量问题，从全局来讲是电力系统的电压水平问题。为了确保运行中的系统具有

正常电压水平，系统拥有的无功功率电源必须满足在正常电压水平下的无功需求。

利用发电机调压不需要增加费用，是发电机直接供电的小系统的主要调压手段。在多机系统中，调节发电机的励磁电流要引起发电机间无功功率的重新分配，应该根据发电机与系统的连接方式和承担有功负荷情况，合理地规定各发电机调节装置的整定值。利用发电机调压时，发电机无功功率输出不应超过允许的限值。

当系统的无功功率供应比较充裕时，各变电所的调压问题可以通过选择变压器的分接头来解决。当最大负荷和最小负荷两种情况下的电压变化幅度不很大又不要求逆调压时，适当调整普通变压器的分接头一般就可满足要求。当电压变化幅度比较大或要求逆调压时，宜采用带负荷调压的变压器。有载调压变压器可以装设在枢纽变电所，也可以装设在大容量的用户处。加压调压变压器还可以串联在线路上，对于辐射型线路，其主要目的是为了调压，对于环网，还能改善功率分布。装设在系统间联络线上的串联加压器，还可起隔离作用，使两个系统的电压调整互不影响。

必须指出，在系统无功不足的条件下，不宜采用调整变压器分接头的办法来提高电压。因为当某一地区的电压由于变压器分接头的改变而升高后，该地区所需的无功功率也增大了，这就可能扩大系统的无功缺额，从而导致整个系统的电压水平更加下降。从全局来看，这样做的效果是不好的。

在需要附加设备的调压措施中，对无功功率不足的系统，首要问题是增加无功功率电源，因此以采用并联电容器、调相机或静止补偿器为宜。这种系统中采用串联加压器并不能解决改善电压质量问题。因个别串联加压器的采用，虽能调整网络中无功功率的流通从而使局部地区的电压有所提高，但其他地区的无功功率却因此而更感不足，电压质量也因此而更加下降。

上述各种调压措施的具体运用，只是一种粗略的概括。对于实际电力系统的调压问题，需要根据具体的情况对可能采用的措施进行技术经济比较后，才能找出合理的解决方案。

小　结

电力系统的运行电压水平同无功功率平衡密切相关。为了确保系统的运行电压具有正常水平，系统拥有的无功功率电源必须满足正常电压水平下的无功需求，并留有必要的备用容量。现代电力系统在不同的运行方式下可能分别出现无功不足和无功过剩的情况，都应有相应的解决措施。

从改善电压质量和减少网损考虑，必须尽量做到无功功率的就地平衡，尽量减少无功功率长距离的和跨电压级的传送。这是实现有效的电压调整的基本条件。

要掌握各种调压手段的基本原理，具体的技术经济性能，适用条件，以及与别种措施的配合应用问题。

电压质量问题可以分地区解决。将中枢点电压控制在合理的范围内，再辅以各种分散安排的调压措施，就可以将各用户处的电压保持在容许的偏移范围内。

现代电力系统中的电压和无功功率控制应以实现电力系统的安全、优质和经济运行为目标。本章主要是从保证电压质量方面讨论了无功功率平衡和电压调整问题。

第六章 电力系统的有功功率平衡和频率调整

频率是衡量电能质量的重要指标。本章将介绍电力系统的频率特性、频率调整的原理、有功功率平衡以及系统负荷在各类电厂的合理分配等问题。

第一节 频率调整的必要性

衡量电能质量的另一个重要指标是频率，保证电力系统的频率合乎标准也是系统运行调整的一项基本任务。

电力系统中许多用电设备的运行状况都同频率有密切关系。工业中普遍应用的异步电动机，其转速和输出功率均与频率有关。频率变化时，电动机的转速和输出功率随之变化，因而严重地影响产品的质量。现代工业、国防和科学研究部门广泛应用各种电子技术设备，如系统频率不稳定，将会影响这些电子设备的精确性。频率变化对电力系统的正常运行影响很大。汽轮发电机在额定频率下运行时效率最佳，频率偏高或偏低对叶片都有不良影响。电厂用的许多机械如给水泵、循环水泵、风机等在频率降低时都要减小出力，降低效率，因而影响发电设备的正常工作，使整个发电厂的有功出力减小，从而导致系统频率的进一步下降。频率降低时，异步电动机和变压器的励磁电流增大，无功功率损耗增加，这些都会使电力系统无功平衡和电压调整增加困难。

频率同发电机的转速有密切关系。发电机的转速是由作用在机组转轴上的转矩平衡所确定的。原动机输入的功率扣除了励磁损耗和各种机械损耗后，如果能同发电机输出的电磁功率严格地保持平衡，发电机的转速就恒定不变。但是发电机输出的电磁功率是由系统的运行状态决定的，全系统发电机输出的有功功率之和，在任何时刻都是同系统的有功功率负荷相等。由于电能不能储存，负荷功率的任何变化都立即引起发电机的输出功率的相应变化。这种变化是瞬时出现的。原动机输入功率由于调节系统的相对迟缓无法适应发电机电磁功率的瞬时变化。因此发电机转轴上的转矩的绝对平衡是不存在的，但是把频率对额定值的偏移限制在一个相当小的范围内则是必要的，也是能够实现的。我国电力系统的额定频率 f_N 为 50Hz，频率偏差范围为 $\pm 0.2 \sim \pm 0.5$ Hz，用百分数表示为 $\pm 0.4\% \sim \pm 1\%$。

电力系统的负荷时刻都在变化，图 6-1 为负荷变化的示意图。对系统实际负荷变化曲线的分析表明，系统负荷可以看做由以下三种具有不同变化规律的变动负荷所组成：第一种是变化幅度很小，变化周期较短（一般为 10s 以内）的负荷分量；第

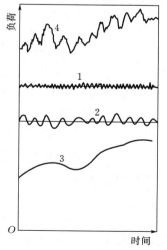

图 6-1 有功功率负荷的变化
1—第一种负荷分量；2—第二种负荷分量；3—第三种负荷分量；4—实际的负荷变化曲线

两种是变化幅度较大，变化周期较长（一般为 10s 到 3min）的负荷分量，属于这类负荷的主要有电炉，延压机械，电气机车等；第三种是变化缓慢的持续变化负荷，引起负荷变化的原因主要是工厂的作息制度、人民生活规律、气象条件的变化等。

负荷的变化将引起频率的相应变化。第一种变化负荷引起的频率偏移将由发电机组的调速器进行调整。这种调整通常称为频率的一次调整。第二种变化负荷引起的频率变化仅靠调速器的作用往往不能将频率偏移限制在容许的范围之内，这时必须有调频器参与频率调整，这种调整通常称为频率的二次调整。

电力系统调度部门预先编制的日负荷曲线大体上反映了第三种负荷的变化规律。这一部分负荷将在有功功率平衡的基础上，按照最优化的原则在各发电厂间进行分配。

第二节　电力系统的频率特性

一、系统负荷的有功功率－频率静态特性

当频率变化时，系统中的有功功率负荷也将发生变化。系统处于运行稳态时，系统中有功负荷随频率的变化特性称为负荷的静态频率特性。

根据所需的有功功率与频率的关系可将负荷分成以下几种：

(1) 与频率变化无关的负荷，如照明、电弧炉、电阻炉和整流负荷等。

(2) 与频率的一次方成正比的负荷，负荷的阻力矩等于常数的属于此类，如球磨机、切削机床、往复式水泵、压缩机和卷扬机等。

(3) 与频率的二次方成正比的负荷，如变压器中的涡流损耗。

(4) 与频率的三次方成正比的负荷，如通风机、静水头阻力不大的循环水泵等。

(5) 与频率的更高次方成正比的负荷，如静水头阻力很大的给水泵。

整个系统的负荷功率与频率的关系可以写成

$$P_D = a_0 P_{DN} + a_1 P_{DN}\left(\frac{f}{f_N}\right) + a_2 P_{DN}\left(\frac{f}{f_N}\right)^2 + a_3 P_{DN}\left(\frac{f}{f_N}\right)^3 + \cdots \tag{6-1}$$

式中　　P_D——频率等于 f 时整个系统的有功负荷；

P_{DN}——频率等于额定值 f_N 时整个系统的有功负荷；

a_i——与频率的 i 次方成正比的负荷占 P_{DN} 的百分数（$i=0，1，2，\cdots$）。

$$a_0 + a_1 + a_2 + a_3 + \cdots = 1 \tag{6-2}$$

式 (6-1) 就是电力系统负荷的静态频率特性的数学表达式。若以 P_{DN} 和 f_N 分别作为功率和频率的基准值，以 P_{DN} 去除式 (6-1) 的各项，便得到用标幺值表示的功率—频率特性

$$P_{D*} = a_0 + a_1 f_* + a_2 f_*^2 + a_3 f_*^3 + \cdots \tag{6-3}$$

多项式 (6-3) 通常只取到频率的三次方为止，因为与频率的更高次方成正比的负荷所占的比重很小，可以忽略。

这种关系可以用曲线来表示，在电力系统运行中，允许频率变化的范围是很小的。在较小的频率变化范围内，这种关系接近一直线。如图 6-2 所示为电力系统负荷的有功功率—频率静态特性曲线。当系统频率略有下降时，负荷的有功功率成正比例自动减小。图中直线的斜率为

$$K_D = \tan\beta = \frac{\Delta P_D}{\Delta f} \quad (\text{MW/Hz}) \qquad (6\text{-}4)$$

或用标么值表示

$$K_{D*} = \frac{\Delta P_D / P_{DN}}{\Delta f / f_N} = \frac{\Delta P_{D*}}{\Delta f_*} \qquad (6\text{-}5)$$

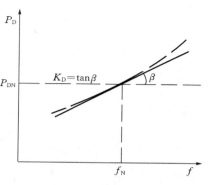

图 6-2 负荷的有功功率
—频率静态特性曲线

K_D、K_{D*} 称为负荷的频率调节效应系数或简称为负荷的频率调节效应。K_D 的数值取决于全系统各类负荷的比重,不同系统或同一系统不同时刻 K_{D*} 值都可能不同。

在实际系统中 $K_{D*} = 1 \sim 3$,它表示频率变化 1% 时,负荷有功功率相应变化 1% ~ 3%。K_{D*} 的具体数值通常由试验或计算求得。K_{D*} 的数值是调度部门必须掌握的一个数据,因为它是考虑按频率减负荷方案和低频率事故时用一次切除负荷来恢复频率的计算依据。

【例 6-1】 某电力系统中,与频率无关的负荷占 30%,与频率一次方成正比的负荷占 40%,与频率二次方成正比的负荷占 10%,与频率三次方成正比的负荷占 20%。求系统频率由 50Hz 降到 48Hz 和 45Hz 时,相应的负荷变化百分数。

解 (1) 频率降为 48Hz 时,$f_* = \dfrac{48}{50} = 0.96$,系统的负荷

$$\begin{aligned}
P_{D*} &= a_0 + a_1 f_* + a_2 f_*^2 + a_3 f_*^3 \\
&= 0.3 + 0.4 \times 0.96 + 0.1 \times 0.96^2 + 0.2 \times 0.96^3 \\
&= 0.953
\end{aligned}$$

负荷变化为

$$\Delta P_{D*} = 1 - 0.953 = 0.047$$

若用百分值表示便有 $\Delta P_D\% = 4.7$。

(2) 频率降为 45Hz 时,$f_* = \dfrac{45}{50} = 0.9$,系统的负荷

$$P_{D*} = 0.3 + 0.4 \times 0.9 + 0.1 \times 0.9^2 + 0.2 \times 0.9^3 = 0.887$$

相应地,$\Delta P_{D*} = 1 - 0.887 = 0.113$;$\Delta P_D\% = 11.3$。

二、发电机组的有功功率—频率静态特性

发电机的频率是由原动机的调速系统来实现的。当系统有功功率平衡遭到破坏,引起频率变化时,原动机的调速系统将自动改变原动机的进汽(水)量,相应增加或减少发电机的出力。当调速器的调节过程结束,建立新的稳态时,发电机的有功出力同频率之间的关系称为发电机组调速器的功率—频率静态特性(简称为功频静态特性)。为了说明这种静态特性,以下对调速系统的作用原理作简要的介绍。

原动机调速系统有很多种,根据测量环节的工作原理,可以分为机械液压调速系统和电气液压调速系统两大类。下面介绍离心飞摆式机械液压调速系统。

离心飞摆式机械液压调速系统的原理如图 6-3 所示,其工作原理如下:

调速器的飞摆由套筒带动转动,套筒则为原动机的主轴所带动。单机运行时,因机组

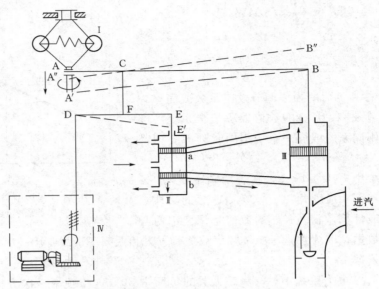

图 6-3　离心飞摆式调速系统示意图

Ⅰ—飞摆；Ⅱ—错油门；Ⅲ—油动机；Ⅳ—调频器

负荷的增大，转速下降，飞摆由于离心力的减小，在弹簧的作用下向转轴靠拢，使 A 点向下移动到 A′。但因油动机活塞两边油压相等，B 点不动，结果使杠杆 AB 绕 B 点逆时针转动到 A′B。在调速器不动作的情况下，D 点也不动，因而在 A 点下降到 A′时，杠杆 DE 绕 D 点顺时针转动到 DE′，E 点向下移动到 E′。错油门活塞向下移动，使油管 a、b 的小孔开启，压力油经油管 b 进入油动机下部，而活塞上部的油则经油管 a 经错油腔滑调门上部小孔溢出。在油压作用下，油动机活塞向上移动，使汽轮机的调节气门或水轮机的导向叶片开度增大，增加进汽量或进水量。

与油动机活塞上升的同时，杠杆 AB 绕 A′点逆时针转动，将连结点 C 从而错油门活塞提升，使油管 a、b 的小孔重新堵住。油动机活塞又处于上下相等的油压下，停止移动。由于进汽或进水量的增加，机组转速上升，A 点从 A′回升到 A″。调节过程结束。这时杠杆 AB 的位置为 A″CB″。分析杠杆 AB 的位置可见，杠杆上 C 点的位置和原来相同，因此机组转速稳定后错油门活塞的位置应恢复原状；B″的位置较 B 高，A″的位置较 A 略低；相应的进汽或进水量较原来多，机组转速较原来略低。这就是频率的"一次调整"作用。

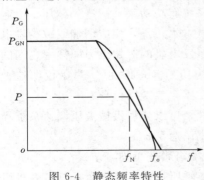

图 6-4　静态频率特性

由此可见，对应着增大了的负荷，发电机组输出功率增加，频率低于初始值；反之，如果负荷减小，则调速器调整的结果使机组输出功率减小，频率高于初始值。这种调整就是频率的一次调整，由调速系统中的元件按有差特性自动执行。反映调整过程结束后发电机输出功率和频率关系的曲线称为发电机组的功率—频率静态特性，可以近似地表示为一条向下倾斜的直线，如图 6-4 所示。

发电机组原动机的斜率为

$$K_G = -\Delta P_G / \Delta f \tag{6-6a}$$

称发电机的单位调节功率，以 MW/Hz 或 MW/（0.1Hz）为单位。它的标幺值则是

$$K_{G*} = -\frac{\Delta P_G f_N}{P_{GN} \Delta f} = K_G f_N / P_{GN} \tag{6-6b}$$

发电机的单位调节功率标志了随频率的变化发电机组发出功率减少或增加的多少。这个单位调节功率和机组的调差系数有互为倒数的关系。因机组的调差系数 σ 为

$$\sigma = -\frac{\Delta f}{\Delta P_G} = -\frac{f_N - f_0}{P_{GN} - 0} = \frac{f_0 - f_N}{P_{GN}}$$

以百分数表示则为

$$\sigma\% = -\frac{\Delta f P_{GN}}{f_N \Delta P_G} \times 100 = \frac{f_0 - f_N}{f_N} \times 100$$

而由式（6-6a）可见

$$K_G = -\frac{\Delta P_G}{\Delta f} = -\frac{P_{GN} - 0}{f_N - f_0} = \frac{P_{GN}}{f_0 - f_N}$$

从而

$$K_G = \frac{1}{\sigma} = \frac{P_{GN}}{f_N \sigma\%} \times 100 \tag{6-7a}$$

或

$$K_{G*} = \frac{1}{\sigma\%} \times 100 \tag{6-7b}$$

调差系数 $\sigma\%$ 或与之对应的发电机的单位调节功率是可以整定的，一般整定为如下的数值：

汽轮发电机组 $\qquad \sigma\% = 3 \sim 5 \quad$ 或 $\quad K_{G*} = 33.3 \sim 20$

水轮发电机组 $\qquad \sigma\% = 2 \sim 4 \quad$ 或 $\quad K_{G*} = 50 \sim 25$

而电力系统频率的一次调整问题主要就与这个调差系数或与之对应的发电机的单位调节功率有关。

第三节　电力系统的频率调整

一、频率的一次调整

要确定电力系统的负荷变化引起的频率波动，需要同时考虑负荷及发电机组两者的调节效应，为简单起见先只考虑一台机组和一个负荷的情况。负荷和发电机组的静态特性如图 6-5 所示。在原始运行状态下，负荷的功频特性为 $P_D(f)$，它同发电机组静态特性的交点 A 确定了系统的频率为 f_1，发电机组的功率（也就是负荷功率）为 P_1。这就是说在频率为 f_1 时达到了发电机组有功输出与系统的有功需求之间的平衡。

假定系统的负荷增加了 ΔP_{D0}，其特性曲线变为 $P'_D(f)$。发电机组仍是原来的特性。那么新的稳态运行点将由 $P'_D(f)$ 和发电机组的静态特性的交点 B 决定，与此相应的系统频率为 f_2。由图 6-5 可见，由于频率变化了 Δf，且

$$\Delta f = f_2 - f_1 < 0$$

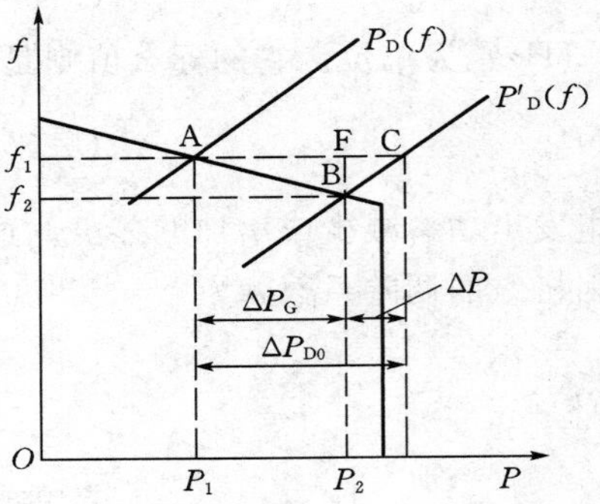

发电机组的功率输出的增量

$$\Delta P_G = -K_G \Delta f$$

由于负荷的频率调节效应所产生的负荷功率变化为

$$\Delta P_D = K_D \Delta f$$

当频率下降时，ΔP_D 是负的。故负荷功率的实际增量为

$$\Delta P_{D0} + \Delta P_D = \Delta P_{D0} + K_D \Delta f \qquad (6\text{-}8)$$

它应同发电机组的功率增量相平衡，即

$$\Delta P_{D0} + \Delta P_D = \Delta P_G \qquad (6\text{-}9)$$

或

$$\Delta P_{D0} = \Delta P_G - \Delta P_D = -(K_G + K_D)\Delta f = -K\Delta f$$
$$(6\text{-}10)$$

图 6-5 电力系统功率—频率静态特性

式（6-10）说明系统负荷增加时，在发电机组功频特性和负荷本身的调节效应共同作用下又达到了新的功率平衡。

在式（6-10）中

$$K = K_G + K_D = -\frac{\Delta P_{D0}}{\Delta f} \qquad (6\text{-}11)$$

K 称为系统的功率—频率静特性系数，或系统的单位调节功率。它表示在计及发电机组和负荷的调节效应时，引起频率单位变化的负荷变化量。根据 K 值的大小，可以确定在允许的频率偏移范围内，系统所能承受的负荷变化量。显然，K 的数值越大，负荷增减引起的频率变化就越小，频率也就越稳定。

系统中不只一台发电机组时，有些机组可能因已满载，以致调速器受负荷限制器的限制不能再参加调整。这就使系统中总的发电机单位调节功率下降。例如系统中有 n 台发电机组，n 台机组都参加调整时

$$K_{GN} = K_{G1} + K_{G2} + \cdots + K_{G(n-1)} + K_{Gn} = \sum_{i=1}^{n} K_{Gi}$$

n 台机组中仅有 m 台参加调整，即第 $m+1$，$m+2$，$\cdots$，n 台机组不参加调整时

$$K_{GM} = K_{G1} + K_{G2} + \cdots + K_{G(m-1)} + K_{Gm} = \sum_{i=1}^{m} K_{Gi}$$

显然

$$K_{GN} > K_{GM}$$

如果将 K_{GN} 和 K_{GM} 换算为以 n 台发电机组的总容量为基准的标么值，则这些标么值的倒数就是全系统发电机组的等值调差系数，即

$$\frac{\sigma_N \%}{100} = \frac{1}{K_{GN*}}; \quad \frac{\sigma_M \%}{100} = \frac{1}{K_{GM*}}$$

显然

$$\sigma_M \% > \sigma_N \%$$

由于上述两方面的原因，使系统中总的发电机单位调节功率从而系统的单位调节功率 K_S 都不可能很大。正因为这样，依靠调速器进行的一次调整只能限制周期较短、幅度较小的负荷变动引起的频率偏移。负荷变动周期更长、幅度更大的调频任务自然地落到了二

次调整方面。

【例 6-2】 设系统中发电机组的容量和它们的调差系数分别为：

水轮机组 $\quad$ 100MW/台×5 台＝500 台 MW $\quad\quad \sigma\%=2.5$

$\quad\quad\quad\quad$ 75MW/台×5 台＝375MW $\quad\quad\quad \sigma\%=2.75$

汽轮机组 $\quad$ 100MW/台×6 台＝600MW $\quad\quad\quad \sigma\%=3.5$

$\quad\quad\quad\quad$ 50MW/台×20 台＝1000MW $\quad\quad \sigma\%=4.0$

较小容量汽轮机组合计 $\quad\quad\quad\quad$ 1000MW $\quad\quad\quad\quad \sigma\%=4.0$

系统总负荷为 3300MW，负荷的单位调节功率 $K_{D*}=1.5$，试计算：（1）全部机组都参加调频；（2）全部机组都不参加调频；（3）仅水轮机组参加调频；（4）仅水轮机组和 20 台 50MW 汽轮机组参加调频等四种情况下系统的单位调节功率 K_s。计算结果分别以 MW/Hz 和标么值表示。

解 按 $K_G=\dfrac{P_{GN}}{f_N\sigma\%}\times 100$。当取 K_G 的基准值 $K_B=P_{DN}/f_N$ 时，K_G 的标么值为 $K_{G*}=\dfrac{P_{GN}\times 100}{P_{DN}\times\sigma\%}$，按此二式先计算各类发电机组的 K_G 和 K_{G*}。

5×100MW 水轮机组 $\quad K_G=\dfrac{500}{50\times 2.5}\times 100=400$（MW/Hz）

$$K_{G*}=\frac{100\times 500}{2.5\times 3300}=6.06$$

5×75MW 水轮机组 $\quad K_G=\dfrac{375}{50\times 2.75}\times 100=273$（MW/Hz）

$$K_{G*}=\frac{100\times 375}{2.75\times 3300}=4.14$$

6×100MW 汽轮机组 $\quad K_G=\dfrac{600}{50\times 3.5}\times 100=343$（MW/Hz）

$$K_{G*}=\frac{100\times 600}{3.5\times 3300}=5.20$$

20×50MW 汽轮机组 $\quad K_G=\dfrac{1000}{50\times 4.0}\times 100=500$（MW/Hz）

$$K_{G*}=\frac{100\times 1000}{4.0\times 3300}=7.58$$

1000MW 小容量汽轮机组

$$K_G=\frac{1000}{50\times 4.0}\times 100=500\text{（MW/Hz）}$$

$$K_{G*}=\frac{100\times 1000}{4.0\times 3300}=7.58$$

系统负荷 $\quad\quad K_D=\dfrac{K_{D*}P_{DN}}{f_N}=\dfrac{1.5\times 3300}{50}=99$（MW/Hz）

而其标么值已知为 $K_{D*}=1.5$。

以下求各种不同情况下的 K_s 和 K_{s*}。

（1）所有机组全部参加调频时

$$K_S = \sum K_G + K_D = (400 + 273 + 343 + 500 + 500) + 99$$
$$= 2115 \ (MW/Hz)$$
$$K_{S*} = \sum K_{G*} + K_{D*} = 6.06 + 4.14 + 5.20 + 7.58 + 7.58 + 1.5$$
$$= 32.06$$

（2）所有机组都不参加调频时

$$K_S = K_D = 99 \ (MW/Hz)$$
$$K_{S*} = K_{D*} = 1.5$$

（3）仅水轮机组参加调频时

$$K_S = 400 + 273 + 99 = 772 \ (MW/Hz)$$
$$K_{G*} = 6.06 + 4.14 + 1.5 = 11.70$$

（4）仅水轮机组和 20 台 50MW 汽轮机参加调频时

$$K_S = 400 + 273 + 99 + 500 = 1272 \ (MW/Hz)$$
$$K_{S*} = 6.06 + 4.14 + 1.5 + 7.58 = 19.28$$

二、频率的二次调整

1. 调频器的工作原理

二次调频由发电机组的转速控制机构——调频器来实现。调频器由伺服电动机、蜗轮、蜗杆等装置组成。在人工手动操作或自动装置控制下，伺服电动机既可正转也可反转，因而使图 6-3 杠杆的 D 点上升或下降。若 D 点固定，则当负荷增加引起转速下降时，由机组调速器自动进行"一次调整"并不能使转速完全恢复。为了恢复初始的转速，可通过伺服电动机令 D 点上移。这时，由于 F 点不动，杠杆 DEF 便以 F 点为支点转动，使 E 点下降，错油门

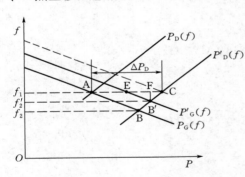

图 6-6 频率的二次调整

被打开。于是压力油进入油动机，使它的活塞向上移动，开大进汽（水）阀门，增加进汽（水）量，因而使原动机输出功率增加，机组转速随之上升。这时套筒位置较 D 点移动以前升高了一些，整个调速系统处于新的平衡状态。

2. 频率的二次调整过程

假定系统中只有一台发电机组向负荷供电，原始运行点为两条特性曲线 $P_G(f)$ 和 $P_D(f)$ 的交点 A，系统的频率为 f_1，如图 6-6 所示。系统的负荷增加 ΔP_{DO} 后，在还未进行二次调整时，

运行点将移到 B 点，系统的频率便下降到 f_2。在调频器的作用下，机组的静态特性上移为 $P'_G(f)$，运行点也随之转移到点 B'。此时系统的频率为 f'_2，频率的偏移值为 $\Delta f = f'_2 - f_1$。由图 6-6 可见，系统的负荷的初始增量 ΔP_{DO} 由三部分组成

$$\Delta P_{DO} = \Delta P_G - K_G \Delta f - K_D \Delta f \qquad (6\text{-}12)$$

式中　ΔP_G——由二次调整而得到的发电机组的功率增量（图 6-6 中 $\overline{AE}$）；

$-K_G \Delta f$——由一次调整而得到的发电机组功率增量（图 6-6 中 $\overline{EF}$）；

$-K_D \Delta f$——由负荷本身的调节效应所得到的功率增量（图 6-6 中 $\overline{FC}$）。

式 (6-12) 就是有二次调整时的功率平衡方程。该式也可整理为

$$\Delta P_{\mathrm{DO}} - \Delta P_{\mathrm{G}} = -(K_{\mathrm{G}} + K_{\mathrm{D}})\Delta f = -K\Delta f \qquad (6\text{-}13)$$

由上式可见,进行频率的二次调整并不能改变系统的单位调节功率 K 的数值。但是由于二次调整增加了发电机的出力,在同样的频率偏移下,系统能承受的负荷变化量增加了。由图 6-6 中的虚线可见,当二次调整所得到的发电机组功率增量能完全抵偿负荷的初始增量,即 $\Delta P_{\mathrm{DO}} - \Delta P_{\mathrm{G}} = 0$ 时,频率将维持不变(即 $\Delta f = 0$),这就实现了无差调节。

在有许多台机组并联运行的电力系统中当负荷变化时,配置了调速器的机组,只要还有可调的容量,都毫无例外地按静态特性参加频率的一次调整。而频率的二次调整一般只是由一台或少数几台发电机组(一个或几个电厂)承担,这些机组(厂)称为主调频机组(厂)。

三、互联系统的频率调整

大型电力系统的供电地区幅员宽广,电源和负荷的分布情况比较复杂,频率调整难免引起网络中潮流的重新分布。如果把整个电力系统看做是由若干个分系统通过联络线连接而成的互联系统,那么在调整频率时,还必须注意联络线交换功率的控制问题。

图 6-7 表示系统 A 和 B 通过联络线组成互联系统。假定系统 A 和 B 的负荷变化量分别为 ΔP_{DA} 和 ΔP_{DB};由二次调整得到的发电功率增量分别为 ΔP_{GA} 和 ΔP_{GB};单位调节功率分别为 K_{A} 和 K_{B}。联络线交换功率增量为 ΔP_{AB},以由 A 至

图 6-7　互联系统的功率交换

B 为正方向。这样,ΔP_{AB} 对系统 A 相当于负荷增量;对于系统 B 相当于发电功率增量。因此,对于系统 A 有

$$\Delta P_{\mathrm{DA}} + \Delta P_{\mathrm{AB}} - \Delta P_{\mathrm{GA}} = -K_{\mathrm{A}}\Delta f_{\mathrm{A}}$$

对于系统 B 有

$$\Delta P_{\mathrm{DB}} - \Delta P_{\mathrm{AB}} - \Delta P_{\mathrm{GB}} = -K_{\mathrm{B}}\Delta f_{\mathrm{B}}$$

互联系统应有相同的频率,故,$\Delta f_{\mathrm{A}} = \Delta f_{\mathrm{B}} = \Delta f$。于是,由以上两式可解出

$$\Delta f = -\frac{(\Delta P_{\mathrm{DA}} + \Delta P_{\mathrm{DB}}) - (\Delta P_{\mathrm{GA}} + \Delta P_{\mathrm{GB}})}{K_{\mathrm{A}} + K_{\mathrm{B}}} = -\frac{\Delta P_{\mathrm{D}} - \Delta P_{\mathrm{G}}}{K} \qquad (6\text{-}14)$$

$$\Delta P_{\mathrm{AB}} = \frac{K_{\mathrm{A}}(\Delta P_{\mathrm{DB}} - \Delta P_{\mathrm{GB}}) - K_{\mathrm{B}}(\Delta P_{\mathrm{DA}} - \Delta P_{\mathrm{GA}})}{K_{\mathrm{A}} + K_{\mathrm{B}}} \qquad (6\text{-}15)$$

式 (6-14) 说明,如果互联系统发电功率的二次调整增量 ΔP_{G} 能同全系统的负荷增量 ΔP_{D} 相平衡,则可实现无差调节,即 $\Delta f = 0$;否则,将出现频率偏移。

现在讨论联络线交换功率增量。当 A、B 两系统都进行二次调整,而且两系统的功率缺额又恰同其单位调节功率成比例,即满足条件

$$\frac{\Delta P_{\mathrm{DA}} - \Delta P_{\mathrm{GA}}}{K_{\mathrm{A}}} = \frac{\Delta P_{\mathrm{DB}} - \Delta P_{\mathrm{GB}}}{K_{\mathrm{B}}} \qquad (6\text{-}16)$$

时,联络线上的交换功率增量 ΔP_{AB} 便等于零。如果没有功率缺额,则 $\Delta f = 0$。

如果对其中的一个系统(例如系统 B)不进行二次调整,则 $\Delta P_{\mathrm{GB}} = 0$,其负荷变化量 ΔP_{DB} 将由系统 A 的二次调整来承担,这时联络线的功率增量

$$\Delta P_{AB} = \frac{K_A \Delta P_{DB} - K_B(\Delta P_{DA} - \Delta P_{GA})}{K_A + K_B} = \Delta P_{DB} - \frac{K_B(\Delta P_D - \Delta P_{GA})}{K_A + K_B} \qquad (6\text{-}17)$$

当互联系统的功率能够平衡时 $\Delta P_D - \Delta P_{GA} = 0$，于是有

$$\Delta P_{AB} = \Delta P_{DB}$$

系统 B 的负荷增量全由联络线的功率增量来平衡，这时联络线的功率增量最大。

在其他情况下联络线的功率变化量将介于上述两种情况之间。

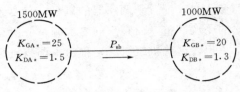

图 6-8　两个系统的联合

【例 6-3】　两系统由联络线连接为一联合系统。正常运行时，联络线上没有交换功率流通。两系统的容量分别为 1500MW 和 1000MW；各自的单位调节功率（分别以两系统容量为基准的标么值）示于图 6-8。设 A 系统负荷增加 100MW，试计算下列情况下的频率变量和联络线上流过的交换功率：（1）A、B 两系统机组都参加一次调频；（2）A、B 两系统机组都不参加一次调频；（3）B 系统机组不参加一次调频；（4）A 系统机组不参加一次调频。

解　将以标么值表示的单位调节功率折算为有名值

$$K_{GA} = K_{GA*}P_{GAN}/f_N = 25 \times 1500/50 = 750 \text{ (MW/Hz)}$$
$$K_{GB} = K_{GB*}P_{GBN}/f_N = 20 \times 1000/50 = 400 \text{ (MW/Hz)}$$
$$K_{DA} = K_{DA*}P_{GAN}/f_N = 1.5 \times 1500/50 = 45 \text{ (MW/Hz)}$$
$$K_{DB} = K_{DB*}P_{GBN}/f_N = 1.3 \times 1000/50 = 26 \text{ (MW/Hz)}$$

（1）两系统机组都参加调频时

$$\Delta P_{GA} = \Delta P_{GB} = \Delta P_{DB} = 0$$
$$\Delta P_{DA} = 100 \text{ MW}$$
$$K_A = K_{GA} + K_{DA} = 795 \text{ MW/Hz}$$
$$K_B = K_{GB} + K_{DB} = 426 \text{ MW/Hz}$$
$$\Delta P_A = 100 \text{ MW}$$
$$\Delta P_B = 0$$

$$\Delta f = -\frac{\Delta P_A + \Delta P_B}{K_A + K_B} = -\frac{100}{795 + 426} = -0.082 \text{ (Hz)}$$

$$\Delta P_{ab} = \frac{K_A \Delta P_B - K_B \Delta P_A}{K_A + K_B} = \frac{-426 \times 100}{795 + 426} = -34.9 \text{ (MW)}$$

这种情况正常，频率下降不多，通过联络线由 B 向 A 输送的功率也不大。

（2）两系统机组都不参加一次调频时

$$\Delta P_{GA} = \Delta P_{GB} = \Delta P_{DB} = 0$$
$$\Delta P_{DA} = 100 \text{ MW}$$
$$K_{GA} = K_{GB} = 0$$
$$K_A = K_{DA} = 45 \text{ MW/Hz}$$
$$K_B = K_{DB} = 26 \text{ MW/Hz}$$
$$\Delta P_A = 100 \text{ MW}$$

108

$$\Delta P_{\mathrm{B}} = 0$$

$$\Delta f = -\frac{\Delta P_{\mathrm{A}} + \Delta P_{\mathrm{B}}}{K_{\mathrm{A}} + K_{\mathrm{B}}} = -\frac{100}{45 + 26} = -1.41\ (\mathrm{Hz})$$

$$\Delta P_{\mathrm{ab}} = \frac{K_{\mathrm{A}}\Delta P_{\mathrm{B}} - K_{\mathrm{B}}\Delta P_{\mathrm{A}}}{K_{\mathrm{A}} + K_{\mathrm{B}}} = \frac{-26 \times 100}{45 + 26} = -36.6\ (\mathrm{MW})$$

这种情况最严重，发生在 A、B 两系统的机组都已满载，调速器受负荷限制器的限制已无法调整，只能依靠负荷本身的调节效应。这时，系统频率质量无法保证。

（3）B 系统机组不参加一次调频时

$$\Delta P_{\mathrm{GA}} = \Delta P_{\mathrm{GB}} = \Delta P_{\mathrm{LB}} = 0$$

$$\Delta P_{\mathrm{DA}} = 100\ \mathrm{MW}$$

$$K_{\mathrm{GA}} = 750\ \mathrm{MW/Hz}$$

$$K_{\mathrm{GB}} = 0$$

$$K_{\mathrm{A}} = K_{\mathrm{GA}} + K_{\mathrm{DA}} = 795\ \mathrm{MW/Hz}$$

$$K_{\mathrm{B}} = K_{\mathrm{DB}} = 26\ \mathrm{MW/Hz}$$

$$\Delta P_{\mathrm{A}} = 100\ \mathrm{MW}$$

$$\Delta P_{\mathrm{B}} = 0$$

$$\Delta f = -\frac{\Delta P_{\mathrm{A}} + \Delta P_{\mathrm{B}}}{K_{\mathrm{A}} + K_{\mathrm{B}}} = -\frac{100}{795 + 26} = -0.122\ (\mathrm{Hz})$$

$$\Delta P_{\mathrm{ab}} = \frac{K_{\mathrm{A}}\Delta P_{\mathrm{B}} - K_{\mathrm{B}}\Delta P_{\mathrm{A}}}{K_{\mathrm{A}} + K_{\mathrm{B}}} = \frac{-26 \times 100}{795 + 26} = -3.17\ (\mathrm{MW})$$

这种情况说明，由于 B 系统机组不参加调频，A 系统的功率缺额主要由该系统本身机组的调速器进行一次调频加以补充。

（4）A 系统机组不参加一次调频时

$$\Delta P_{\mathrm{GA}} = \Delta P_{\mathrm{GB}} = \Delta P_{\mathrm{DB}} = 0$$

$$\Delta P_{\mathrm{DA}} = 100\ \mathrm{MW}$$

$$K_{\mathrm{GA}} = 0$$

$$K_{\mathrm{GB}} = 400\ \mathrm{MW/Hz}$$

$$K_{\mathrm{A}} = K_{\mathrm{DA}} = 45\ \mathrm{MW/Hz}$$

$$K_{\mathrm{B}} = K_{\mathrm{GB}} + K_{\mathrm{DB}} = 426\ \mathrm{MW/Hz}$$

$$\Delta P_{\mathrm{A}} = 100\ \mathrm{MW}$$

$$\Delta P_{\mathrm{B}} = 0$$

$$\Delta f = -\frac{\Delta P_{\mathrm{A}} + \Delta P_{\mathrm{B}}}{K_{\mathrm{A}} + K_{\mathrm{B}}} = -\frac{100}{45 + 426} = -0.212\ (\mathrm{Hz})$$

$$\Delta P_{\mathrm{ab}} = \frac{K_{\mathrm{A}}\Delta P_{\mathrm{B}} - K_{\mathrm{B}}\Delta P_{\mathrm{A}}}{K_{\mathrm{A}} + K_{\mathrm{B}}} = \frac{-426 \times 100}{45 + 426} = -90.5\ (\mathrm{MW})$$

这种情况说明，由于 A 系统机组不参加调频，该系统的功率缺额主要由 B 系统供应，以致联络线上要流过可能会越出限额的大量交换功率。

四、主调频厂的选择

全系统有调整能力的发电机组都参与频率的一次调整，但只有少数厂（机组）承担频率的二次调整。按照是否承担二次调整可将所有电厂分为主调频厂、辅助调频厂和非调频厂三类，其中主调频厂（一般是1~2个电厂）负责全部系统的频率调整（即二次调整）；辅助调频厂只在系统频率超过某一规定的偏移范围时才参与频率的调整，这样的电厂一般也只有少数几个；非调频厂在系统正常运行情况下则按预先给定的负荷曲线发电。

在选择主调频厂（机组）时，主要应考虑：

（1）应拥有足够的调整容量及调整范围。

（2）调频机组具有与负荷变化速度相适应的调整速度。

（3）调整出力时符合安全及经济的原则。

此外还应考虑由于调频所引起的联络线上交换功率的波动，以及网络中某些中枢点的电压波动是否超过允许范围。

水轮机组具有较宽的出力调整范围，一般可达额定容量的50%以上，负荷的增长速度也较快，一般在1 min以内即可从空载过渡到满载状态，而且操作方便、安全。

火力发电厂的锅炉和汽轮机都受允许的最小的技术负荷的限制，其中锅炉约为25%（中温中压）至70%（高温高压）的额定容量，汽轮机为10%~15%的额定容量。因此火力发电厂的出力调整范围不大；而且发电机组的负荷增减的速度也受汽轮机各部分热膨胀的限制，不能过快，在50%~100%额定负荷范围内，每分钟仅能上升2%~5%。

所以从出力调整范围和调整速度来看，水电厂最适宜承担调频任务。但是在安排各类电厂的负荷时，还应考虑整个电力系统运行的经济性。在枯水季节，宜选水电厂作为主调频厂，火电厂中效率较低的机组则承担辅助调频的任务；在丰水季节，为了充分利用水利资源，避免弃水，水电厂宜带稳定的负荷，而由效率不高的中温中压凝汽式火电厂承担调频任务。

第四节　有功功率平衡和系统负荷在各类发电厂间的合理分配

一、有功功率平衡

电力系统运行中，所有发电厂发出的有功功率的总和P_G，在任何时刻都是同系统的总负荷P_D相平衡的。P_D包括用户的有功负荷$P_{LD\Sigma}$、厂用电有功负荷$P_{S\Sigma}$以及网络的有功损耗P_L，即

$$P_G - P_D = P_G - (P_{LD\Sigma} + P_{S\Sigma} + P_L) = 0 \tag{6-18}$$

为保证安全和优质供电，电力系统的有功功率平衡必须在额定运行参数下确立，而且还应具备一定的备用容量。

备用容量按其作用可分为负荷备用、事故备用、检修备用和国民经济备用，按其存在形式可分为旋转备用（亦称热备用）和冷备用。

为满足一日中计划外的负荷增加和适应系统中的短时负荷波动而留有的备用称为负荷备用。负荷备用容量的大小应根据系统总负荷大小、运行经验以及系统中各类用户的比重来确定，一般为最大负荷的2%~5%。

当系统的发电机组由于偶然性事故退出运行时，为保证连续供电所需要的备用称为事故备用。事故备用容量的大小可根据系统中机组的台数、机组容量的大小、机组的故障率

以及系统的可靠性指标等来确定，一般为最大负荷的 5％～10％，但不应小于运转中最大一台机组的容量。

发电设备运转一段时间后必须进行检修。当系统中发电设备计划检修时，为保证对用户供电而留的备用称为检修备用。

为满足工农业生产的超计划增长对电力的需求而设置的备用称为国民经济备用。

从另一个角度来看，在任何时刻运转中的所有发电机组的最大可能出力之和都应大于该时刻的总负荷，这两者的差值就构成一种备用容量，通常称为旋转备用（或热备用）容量。旋转备用容量的作用在于及时抵偿由于随机事件引起的功率缺额。这些随机事件包括短时间的负荷波动、日负荷曲线的预测误差和发电机组因偶然性事故而退出运行等。因此，旋转备用中包含了负荷备用和事故备用。一般情况下，这两种备用容量可以通用，不必按两者之和来确定旋转备用容量，而将一部分事故备用处于停机状态。全部的旋转备用容量都承担频率调整任务。如果在高峰负荷期间，某台发电机组因事故退出运行，同时又遇负荷突然增加，为保证系统的安全运行，还可采取按频率自动减负荷或水轮发电机组低频自动启动等措施，以防止系统频率过分降低。

系统中处于停机状态，但可随时待命启动的发电设备可能发的最大功率称为备用容量。它作为检修备用、国民经济备用及一部分事故备用。

电力系统有适当的备用容量就为保证其安全、优质和经济运行准备了必要的条件。

二、各类发电厂负荷的合理分配

电力系统中的发电厂主要有火力发电厂、水力发电厂和核能发电厂三类。

各类发电厂由于设备容量、机组规格和使用的动力资源的不同有着不同的动力技术经济特性。必须结合它们的特点，合理地组织这些发电厂的运行方式，恰当安排它们在电力系统日负荷曲线和年负荷曲线中的位置，以提高系统运行的经济性。

1. 火力发电厂的主要特点

（1）火电厂在运行中需要支付燃料费用，使用外地燃料时，要占用国家的运输能力。但它的运行不受自然条件的影响。

（2）火力发电设备的效率同蒸汽参数有关，高温高压设备的效率也高，中温中压设备效率较低，低温低压设备的效率更低。

（3）受锅炉和汽机的最小技术负荷的限制。火电厂有功出力的调整范围比较小，其中高温高压设备可以灵活调节的范围最窄，中温中压的略宽。负荷的增减速度也慢。机组的投入和退出运行费时长，消耗能量多，且易损坏设备。

（4）带有热负荷的火电厂称为热电厂，它采用抽汽供热，其总效率要高于一般的凝汽式火电厂。但是与热负荷相适应的那部分发电功率是不可调节的强迫功率。

2. 水力发电厂的特点

（1）不要支付燃料费用，而且水能是可以再生的资源。但水电厂的运行因水库调节性能的不同在不同程度上受自然条件的影响。有调节水库的水电厂按水库的调节周期可分为：日调节、季调节、年调节和多年调节等几种，调节周期越长，水电厂的运行受自然条件影响越小。有调节水库水电厂主要是按调节部门给定的耗水量安排了出力。无调节水库的径流式水电厂只能按实际来水流量发电。

（2）水轮发电机的出力调整范围较宽，负荷增减速度相当快，机组的投入和退出运行费时都很少，操作简便安全，无需额外的耗费。

（3）水力枢纽兼有防洪、发电、航运、灌溉、养殖、供水和旅游等多方面的效益。水库的发电用水量通常按水库的综合效益来考虑安排，不一定同电力负荷的需要相一致。因此只有在火电厂的适当配合下，才能充分发挥水力发电的经济效益。

抽水蓄能发电厂是一种特殊的水力发电厂，它有上下两级水库，在日负荷曲线的低谷期间，作为负荷向系统吸取有功功率，将下级水库的水抽到上级水库；在高峰负荷期间，由上级水库向下级水库放水，作为发电厂运行向系统发出有功功率。抽水蓄能发电厂的主要作用是调节电力系统有功负荷的峰谷差，其调峰作用如图 6-9 所示。在现代电力系统中，核能发电厂、高参数大容量火力发电机组日益增多，系统的调峰容量日显不足，而且随着社会的发展，用电结构的变化，日负荷曲线的峰谷差还有增大的趋势，建设抽水蓄能发电厂对于改善电力系统的运行条件具有很重要的意义。

核能发电厂同火力发电厂相比，一次性投资大，运行费用小，在运行中也不宜带急剧变动的负荷。反应堆和汽轮机组退出运行和再度投入都很费时，且要增加能量消耗。

为了合理利用国家的动力资源，降低发电成本，必须根据各类发电厂的技术经济特点，恰当地分配它们承担的负荷，安排好它们在日负荷曲线中的位置。径流式水电厂的发电功率，利用防洪、灌溉、航运、供水等其他社会需要的放水量的发电功率，以及在洪水期间为避免弃水而满载运行的水电厂的发电功率，都属于水电厂的不可调功率，必须用于承担基本负荷；热电厂应承担与热负荷相适应的电负荷；核电厂应带稳定负荷。它们都必须安排在日负荷曲线的基本部分，然后对凝汽式火电厂按其效率的高低依次由下往上安排。

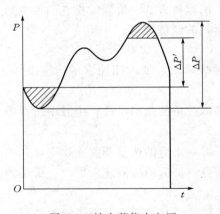

图 6-9　抽水蓄能水电厂
的调峰作用
$\Delta P'$—加抽水蓄能电厂后
的峰谷差；ΔP—原来的
峰谷差

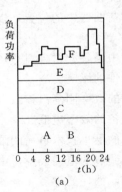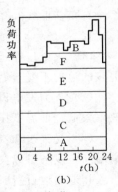

图 6-10　各类发电厂在日负荷
曲线上的负荷分配示例
（a）丰水期；（b）枯水期
A—水电厂的不可调功率；B—水电厂的可调功率；C—热电厂；D—核电厂；E—高温高压凝汽式火电厂；F—中温中压凝汽式火电厂

在夏季丰水期和冬季枯水期各类电厂在日负荷曲线中的安排示例如图 6-10 所示。

在丰水期，因水量充足，为了充分利用水力资源，水电厂功率基本上属于不可调功率。在枯水期，来水较少，水电厂的不可调功率明显减少，仍带基本负荷。水电厂的可调功率应安排在日负荷曲线的尖峰部分，其余各类电厂的安排顺序不变。抽水蓄能电厂的作用主要是削峰填谷，系统中如有这类电厂，其在日负荷曲线中的位置已示于图 6-9。

小　　结

频率是衡量电能质量的重要指标。实现电力系统在额定频率下的有功功率平衡，并留有备用容量，是保证频率质量的基本前提。要了解有功功率平衡的基本内容及各种备用容量的作用。

负荷变化将引起频率偏移，系统中凡装有调速器，又尚有可调容量的发电机组都自动参与频率调整，这就是频率的一次调整，只能做到有差调节。频率的二次调节由主调频厂承担，调频机组通过调频器移动机组的功率频率特性，改变机组的有功输出以承担系统的负荷变化，可以做到无差调节。主调频厂应有足够的调整容量，具有能适应负荷变化的调整速度，调整功率时还应符合安全与经济的原则。

利用负荷和机组的功率频率静态特性可以分析频率的调整过程和调整结果。

全系统的频率是统一的，调频问题涉及整个系统，当线路有功功率不超出容许范围时，有功电源的分布不会妨碍频率的调整。而无功功率平衡和调压问题则宜于按地区解决。

在进行各类电厂的负荷分配时，应根据各类电厂的技术经济特点，力求做到合理利用国家的动力资源，尽量降低发电能耗和发电成本。

第七章 电力系统的经济运行

电力系统经济运行的基本要求是，在保证整个系统安全可靠和电能质量符合标准的前提下，努力提高电能生产和输送的效率，尽量降低供电的燃料消耗或供电成本。

本章将简要介绍电力网中能量损耗的计算方法、降低网损的技术措施、发电厂间有功负荷的合理分配和无功功率的合理补偿和分配方法等。

第一节 电力网中的能量损耗

一、电力网的能量损耗和损耗率

在给定的时间内，系统中所有发电厂的总发电量同厂用电量之差，称为供电量；所有送电、变电和配电环节所损耗的电量，称为电力网的损耗电量。在同一时间内，电力网损耗电量占供电量的百分比，称为电力网的损耗率，简称网损率或线损率。

$$\text{电力网损耗率} = \frac{\text{电力网损耗电量}}{\text{供电量}} \times 100\% \tag{7-1}$$

网损率是国家下达给电力系统的一项重要的经济指标，也是衡量供电企业管理水平的一项主要标志。

在电力网元件的功率消耗和能量损耗中，有一部分同元件通过的电流（或功率）的平方成正比，如变压器绕组和线路导线中的损耗就是这样；另一部分则同施加给元件的电压有关，如变压器铁芯损耗，电缆和电容器绝缘介质的损耗等。以变压器为例，如忽略电压变化对铁芯损耗的影响，则在给定的运行时间 T 内，变压器的能量损耗为

$$\{\Delta A_{\mathrm{T}}\}_{\mathrm{kW \cdot h}} = \{\Delta P_0\}_{\mathrm{kW}}\{T\}_{\mathrm{h}} + 3\int_0^T \{I^2\}_{\mathrm{A}}\{R_{\mathrm{T}}\}_{\Omega} \times 10^{-3}\mathrm{d}t \tag{7-2}$$

式（7-2）右端的第一项计算比较简单，第二项的计算则较为困难。线路电阻的损耗计算公式同式（7-2）右端第二项相似，我们着重讨论这部分损耗的计算方法。

二、线路中能量损耗的计算方法

这里简要介绍两种计算能量损耗的方法：最大负荷损耗时间法和等值功率法。

1. 最大负荷损耗时间法

假定线路向一个集中负荷供电（见图 7-1），在时间 T 内线路的电能损耗为

$$\{\Delta A_{\mathrm{L}}\}_{\mathrm{kW \cdot h}} = \int_0^T \{\Delta P_{\mathrm{L}}\}_{\mathrm{kW}}\mathrm{d}t = \int_0^T \frac{\{S^2\}_{\mathrm{kVA}}}{\{U^2\}_{\mathrm{kV}}}\{R\}_{\Omega} \times 10^{-3}\,\mathrm{d}t \tag{7-3}$$

如果知道负荷曲线和功率因数，就可以做出电流（或视在功率）的变化曲线，并利用式（7-3）计算在时间 T 内的电能损耗。但是这种算法很繁。实际上，在计算电能损耗时，负荷曲线本身就是预计的，又不能确知每一时刻的功率因数，特别是在电网的设计阶段，所能得到的数据就更为粗略。因此，在工程实际中常采用一种简化的方法，即

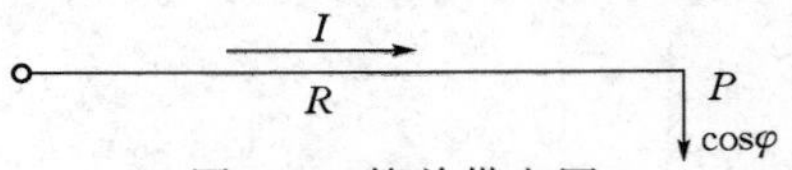

图 7-1 简单供电网

最大负荷损耗时间法来计算能量损耗。

如果线路中输送的功率一直保持为最大负荷功率 $S_{\max}$，在 τh 内的能量损耗恰等于线路全年的实际电能损耗，则称 τ 为最大负荷损耗时间。

$$\{\Delta A\}_{\mathrm{kW \cdot h}} = \int_0^{8760} \frac{\{S^2\}_{\mathrm{kVA}}}{\{U^2\}_{\mathrm{kV}}} \{R\}_\Omega \times 10^{-3}\, \mathrm{d}t = \frac{\{S_{\max}^2\}_{\mathrm{kVA}}}{\{U^2\}_{\mathrm{kV}}} \{R\}_\Omega \{\tau\}_{\mathrm{h}} \times 10^{-3}$$

$$= \{\Delta P_{\max}\}_{\mathrm{kW}} \{\tau\}_{\mathrm{h}} \times 10^{-3} \tag{7-4}$$

若认为电压接近于恒定，则

$$\tau = \frac{\int_0^{8760} S^2\, \mathrm{d}t}{S_{\max}^2} \tag{7-5}$$

由上式可见，最大负荷损耗时间 τ 与用视在功率表示的负荷曲线有关。在一定的功率因数下视在功率与有功功率成正比，而有功功率负荷持续曲线的形状，在某种程度上可由最大负荷的利用小时 $T_{\max}$ 反映出来。可以设想，对于给定的功率因数，τ 同 $T_{\max}$ 之间将存在一定的关系。通过对一些典型负荷曲线的分析，得到的 τ 和 $T_{\max}$ 的关系列于表 7-1。

表 7-1　　　　最大负荷损耗小时数 τ 与最大负荷的利用小时数 $T_{\max}$ 的关系

$T_{\max}$ (h)	τ (h)				
	$\cos\varphi = 0.80$	$\cos\varphi = 0.85$	$\cos\varphi = 0.90$	$\cos\varphi = 0.95$	$\cos\varphi = 1.00$
2000	1500	1200	1000	800	700
2500	1700	1500	1250	1100	950
3000	2000	1800	1600	1400	1250
3500	2350	2150	2000	1800	1600
4000	2750	2600	2400	2200	2000
4500	3150	3000	2900	2700	2500
5000	3600	3500	3400	3200	3000
5500	4100	4000	3950	3750	3600
6000	4650	4600	4500	4350	4200
6500	5250	5200	5100	5000	4850
7000	5950	5900	5800	5700	5600
7500	6650	6600	6550	6500	6400
8000	7400	—	7350	—	7250

在不知道负荷曲线的情况下，根据最大负荷利用小时数 $T_{\max}$ 和功率因数，即从表 7-1 中找出 τ 值，用以计算全年的电能损耗。

【例 7-1】　图 7-2 所示的网络，变电所低压母线上的最大负荷为 40MW，$\cos\varphi = 0.8$，$T_{\max} = 4500$ h。试求线路及变压器中全年的电能损耗。线路和变压器的参数如下：

线路（每回）：$r_0 = 0.17$ Ω/km，$x_0 = 0.409$ Ω/km，$b_0 = 2.82 \times 10^{-6}$ S/km

变压器（每台）：$\Delta P_0 = 86$ kW，$\Delta P_{\mathrm{S}} = 200$ kW，$I_0\% = 2.7$，$U_{\mathrm{S}}\% = 10.5$

解　最大负荷时变压器的绕组功率损耗

$$\Delta \tilde{S}_{\mathrm{T}} = \Delta P_{\mathrm{T}} + \mathrm{j}Q_{\mathrm{T}} = 2\left(\Delta P_{\mathrm{S}} + \mathrm{j}\frac{U_{\mathrm{S}}\%}{100} S_{\mathrm{N}}\right)\left(\frac{S}{2S_{\mathrm{N}}}\right)^2$$

$$= 2\left(200 + \mathrm{j}\frac{10.5}{100} \times 31500\right)\left(\frac{40/0.8}{2 \times 31.5}\right)^2$$

$$= 252 + \mathrm{j}4166 \ (\mathrm{kVA})$$

115

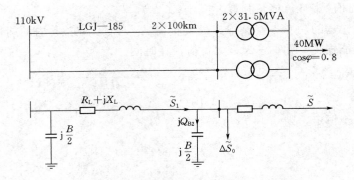

图 7-2 例 7-1 的输电系统及其等值电路

变压器的铁芯功率损耗

$$\Delta \tilde{S}_0 = 2\left(\Delta P_0 + j\frac{I_0\%}{100}S_N\right) = 2\left(86 + j\frac{2.7}{100}\times 31500\right)$$
$$= 172 + j1701 \text{ (kVA)}$$

线路末端充电功率

$$Q_{B2} = -2\frac{b_0 l}{2}U^2 = -2.82\times 10^{-6}\times 100\times 110^2 = -3.412 \text{ (Mvar)}$$

等值电路中用以计算线路损失的功率

$$\tilde{S}_1 = \tilde{S} + \Delta \tilde{S}_T + \Delta \tilde{S}_0 + jQ_{B2}$$
$$= 40 + j30 + 0.252 + j4.166 + 0.172 + j1.701 - j3.412$$
$$= 40.424 + j32.455 \text{ (MVA)}$$

线路上的有功功率损失

$$\Delta P_L = \frac{S_1^2}{U^2}R_L = \frac{40.424^2 + 32.455^2}{110^2}\times \frac{1}{2}\times 0.17\times 100 = 1.888 \text{ (MW)}$$

已知 $T_{max}=4500$ h 和 $\cos\varphi=0.8$，从表 7-1 中查得 $\tau=3150$ h，假定变压器全年投入运行，则变压器中全年能量损耗

$$\Delta A_T = \Delta P_0\times 8760 + \Delta P_T\times 3150$$
$$= 172\times 8760 + 252\times 3150 = 2300520 \text{ (kW·h)}$$

线路中全年能量损耗

$$\Delta A_L = \Delta P_L\times 3150 = 1888\times 3150 = 5946885 \text{ (kW·h)}$$

输电系统全年的总能量损耗

$$\Delta A_T + \Delta A_L = 2300520 + 5946885 = 8247405 \text{ (kW·h)}$$

用最大负荷损耗时间计算电能损耗，准确度不高，ΔP_{max} 的计算，尤其是 τ 值的确定都是近似的，而且还不可能对由此而引起的误差做出有根据的分析。因此，这种方法只适用于电力网的规划设计中的计算。对于已运行电网的能量损耗计算，此方法的误差太大，不宜采用。

2. 等值功率法

仍以图 7-1 的简单网络为例，在给定的时间 T 内的能量损耗

$$\Delta A = 3 \int_0^T I^2 R \times 10^{-3} \, dt = 3 I_{eq}^2 RT \times 10^{-3} = \frac{P_{eq}^2 + Q_{eq}^2}{U^2} RT \times 10^{-3} \qquad (7\text{-}6)$$

式中　I_{eq}、P_{eq}、Q_{eq}——电流、有功功率、无功功率的等效值。

$$I_{eq} = \sqrt{\frac{1}{T} \int_0^T I^2 \, dt} \qquad (7\text{-}7)$$

当电网的电压恒定不变时，P_{eq} 与 Q_{eq} 也有与式（7-7）相似的表达式。由此可见，所谓等效值实际上也是一种均方根。

电流有功功率和无功功率的等效值可以通过各自的平均值表示为

$$\left.\begin{array}{l} I_{eq} = G I_{av} \\ P_{eq} = K P_{av} \\ Q_{eq} = L Q_{av} \end{array}\right\} \qquad (7\text{-}8)$$

式中　G、K、L——负荷曲线 $I(t)$，$P(t)$、$Q(t)$ 的形状系数。

引入平均负荷后，可将电能损耗公式改写为

$$\Delta A = 3 G^2 I_{av}^2 RT \times 10^{-3} = \frac{RT}{U^2} (K^2 P_{av}^2 + L^2 Q_{av}^2) \times 10^{-3} \qquad (7\text{-}9)$$

利用式（7-9）计算电能损耗时，平均功率可由给定运行时间 T 内的有功电量 A_P 和无功电量 A_Q 求得

$$P_{av} = \frac{A_P}{T}$$

$$Q_{av} = \frac{A_Q}{T}$$

形状系数 K 由负荷曲线的形状决定。对各种典型的持续负荷曲线的分析表明，形状系数的取值范围是

$$1 \leqslant K \leqslant \frac{1+a}{2\sqrt{a}} \qquad (7\text{-}10)$$

式中　a——最小负荷率。

当 $a > 0.4$ 时，其最大可能的相对误差不会超过 10%。当负荷曲线的最小负荷率 $a < 0.4$ 时，可将曲线分段，使对每一段而言的最小负荷率大于 0.4，这样就能保证总的最大误差在 10% 以内。

对于无功负荷曲线的形状系数 L 也可以作为类似的分析。当负荷的功率因数不变时，L 与 K 相等。

用等值功率计算法计算电能损耗，原理易懂，方法简单，所要求的原始数据也不多。对于已运行的电网进行网损的理论分析时，可以直接从电能表取得有功电量和无功电量的数据，即使不知道具体的负荷曲线形状，也能对计算结果的最大可能误差做出估计。这种方法的另一个优点是能够推广应用于任意复杂网络的电能损耗计算。

三、降低网损的技术措施

电力网的电能损耗不仅耗费一定的动力资源，而且占用一部分发电设备容量。因此，降低网损是电力部门增产节约的一项重要任务。这里仅从电力网运行方面介绍几种降低网损的技术措施。

1. 减少无功功率在电力网的传送

实现无功功率的就地平衡，不仅改善电压质量，对提高电网运行的经济性也有重大作用。在图 7-1 的简单网络中，线路的有功功率损耗为

$$\Delta P_{\mathrm{L}} = \frac{P^2}{U^2 \cos^2 \varphi} R$$

如果将功率因数由原来的 $\cos\varphi_1$ 提高到 $\cos\varphi_2$，则线路中的功率损耗可降低

$$\delta_{\mathrm{PL}}(\%) = \left[1 - \left(\frac{\cos\varphi_1}{\cos\varphi_2} \right)^2 \right] \times 100 \tag{7-11}$$

当功率因数由 0.7 提高到 0.9 时，线路中的功率损耗可减少 39.5%。

许多工业企业都大量地使用异步电动机。异步电动机所需要的无功功率可用下式表示

$$Q = Q_0 + (Q_{\mathrm{N}} - Q_0) \left(\frac{P}{P_{\mathrm{N}}} \right)^2 = Q_0 + (Q_{\mathrm{N}} - Q_0) \beta^2 \tag{7-12}$$

式中　　Q_0——异步电动机空载运行时所需的无功功率；

P_{N}、Q_{N}——额定负荷下运行的有功功率和无功功率；

P——电动机的实际机械负荷；

β——受载系数。

式（7-12）中的第一项是电动机的励磁功率，它与负荷情况无关，其数值约占 Q_{N} 的 60%～70%。第二项是绕组漏抗中的损耗，与受载系数的平方成正比。受载系数降低时，电动机所需的无功功率只有一小部分按受载系数的平方而减小，而大部分则维持不变。因此受载系数越小，功率因数越低。额定功率因数为 0.85 的电动机，如果 $Q_0 = 0.65 Q_{\mathrm{N}}$，当受载系数为 0.5 时，功率因数将下降到 0.74。

为了提高用户的功率因数，所选择的电动机容量应尽量接近它所带动的机械负载。在技术条件许可的情况下，采用同步电动机代替异步电动机，或者对异步电动机的线绕式转子通以直流励磁，使它同步化运行，工矿企业中已装设的同步电动机应运行在过励磁状态，以减少电网的无功负荷。

装设并联电容补偿是提高用户功率因数的重要措施。就电力网来说，为了实现分地区的无功功率平衡，避免无功功率跨地区、跨电压级的传送，还需要在变电所集中装设无功补偿装置。在电网运行中，应在保证电压质量，满足安全约束的条件下，按网损最小的原则在各无功电源之间实行无功负荷的优化分配。

2. 在闭式网络中实行功率的经济分布

在图 7-3 所示的简单环网中，可知道其功率分布为

$$\tilde{S}_1 = \frac{\tilde{S}_\mathrm{c} \overset{*}{Z}_2 + \tilde{S}_\mathrm{b} (\overset{*}{Z}_2 + \overset{*}{Z}_3)}{\overset{*}{Z}_1 + \overset{*}{Z}_2 + \overset{*}{Z}_3}$$

$$\tilde{S}_2 = \frac{\tilde{S}_\mathrm{b} \overset{*}{Z}_1 + \tilde{S}_\mathrm{c} (\overset{*}{Z}_1 + \overset{*}{Z}_3)}{\overset{*}{Z}_1 + \overset{*}{Z}_2 + \overset{*}{Z}_3}$$

上式说明功率在环形网络中是与阻抗成反比分布的。

现在讨论一下，欲使网络的功率损耗为最小，功率应如何分布？图 7-3 所示环网的功率损耗为

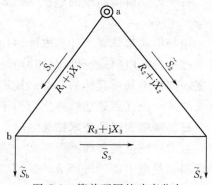

图 7-3　简单环网的功率分布

$$P_L = \left(\frac{S_1}{U}\right)^2 R_1 + \left(\frac{S_2}{U}\right)^2 R_2 + \left(\frac{S_3}{U}\right)^2 R_3$$

$$= \frac{P_1^2 + Q_1^2}{U^2}R_1 + \frac{P_2^2 + Q_2^2}{U^2}R_2 + \frac{P_3^2 + Q_3^2}{U^2}R_3$$

$$= \frac{P_1^2 + Q_1^2}{U^2}R_1 + \frac{(P_b + P_c - P_1)^2 + (Q_b + Q_c - Q_1)^2}{U^2}R_2$$

$$+ \frac{(P_1 - P_b)^2 + (Q_1 - Q_b)^2}{U^2}R_3$$

将上式分别对 P_1 和 Q_1 取偏导数,并令其等于零便得

$$\frac{\partial P_L}{\partial P_1} = \frac{2P_1}{U^2}R_1 - \frac{2(P_b + P_c - P_1)}{U^2}R_2 + \frac{2(P_1 - P_b)}{U^2}R_3 = 0$$

$$\frac{\partial P_L}{\partial Q_1} = \frac{2Q_1}{U^2}R_1 - \frac{2(Q_b + Q_c - Q_1)}{U^2}R_2 + \frac{2(Q_1 - Q_b)}{U^2}R_3 = 0$$

由此可以解出

$$\left.\begin{array}{l} P_{1ec} = \dfrac{P_b(R_2 + R_3) + P_c R_2}{R_1 + R_2 + R_3} \\[3mm] Q_{1ec} = \dfrac{Q_b(R_2 + R_3) + Q_c R_2}{R_1 + R_2 + R_3} \end{array}\right\} \tag{7-13}$$

式 (7-13) 表明,功率在环形网络中与电阻成反比分布时,功率损耗为最小。我们称这种功率分布为经济分布。只有在每段线路的比值 R/X 都相等的均一网络中,功率的自然分布才与经济分布相符。各段线路的不均一程度越大,功率损耗的差别就越大。为了降低网络功率损耗,可以采取一些措施,使非均一网络的功率分布接近于经济分布,可采用的办法有:

(1) 选择适当地点作开环运行。为了限制短路电流或满足继电保护动作选择性要求,需将闭式网络开环运行时,开环点的选择也尽可能兼顾到使开环后的功率分布更接近于经济分布。

(2) 对环网中比值 R/X 特别小的线段进行串联电容补偿。

(3) 在环网中增设混合型加压调压变压器,由它产生环路电势及相应的循环功率,以改善功率分布。

当然,不管采用哪一种措施,都必须对其经济效果以及运行中可能产生的问题作全面的考虑。

3. 合理地确定电力网的运行电压水平

变压器铁芯中的功率损耗在额定电压附近大致与电压平方成正比,当网络电压水平提高时,如果变压器的分接头也作相应的调整,则铁损将接近于不变。而线路的导线和变压器绕组中的功率损耗则与电压平方成反比。

一般说,对于变压器的铁损在网络总损耗所占比重小于 50% 的电力网,适当提高运行电压都可以降低网损,电压在 35 kV 及以上的电力网基本上属于这种情况。但是,对于变压器铁损所占比重大于 50% 的电力网,情况则正好相反。大量统计资料表明,在 6~10 kV 的农村配电网中变压器铁损在配电网总损失中所占比重可达 60%~80%,甚至更高。这是因为小容量变压器的空载电流较大,农村电力用户的负荷率又比较低,变压器有许多时间处于轻载状态。对于这类电力网,为了降低功率损耗和能量损耗,宜适当降低运行电压。

无论对于哪一类电力网,为了经济的目的提高或降低运行电压水平时,都应将其限制

在电压偏移的容许范围内。当然，更不能影响电力网的安全运行。

4. 组织变压器的经济运行

在一个变电所内装有 n（$n \geqslant 2$）台容量和型号都相同的变压器时，根据负荷的变化适当改变投入运行的变压器的台数，可以减少功率损耗。当总负荷功率为 S 时，并联运行的 K 台变压器的总损耗为

$$\Delta P_{T(k)} = K\Delta P_0 + K\Delta P_S \left(\frac{S}{KS_N}\right)^2$$

式中　ΔP_0、ΔP_S——一台变压器的空载损耗和短路损耗；

S_N——一台变压器的额定容量。

由上式可见，铁芯损耗与台数成正比，绕组损耗则与台数成反比。当变压器轻载运行时，绕组损耗所占比重相对减小，铁芯损耗的比重相对增大，在某一负荷下，减小变压器台数，就能降低总的功率损耗。为了求得这一临界负荷值，我们先写出负荷功率为 S 时，$k-1$ 台并联运行的变压器的总损耗为

$$\Delta P_{T(k-1)} = (K-1)\Delta P_0 + (K-1)\Delta P_S \left(\frac{S}{(K-1)S_N}\right)^2$$

使 $\Delta P_{T(k)} = \Delta P_{T(k-1)}$ 的负荷功率即是临界功率，其表达式如下

$$S_{cr} = S_N \sqrt{K(K-1)\frac{\Delta P_0}{\Delta P_S}} \tag{7-14}$$

当负荷功率 S 大于 S_{cr} 时，宜投入 K 台变压器并联运行；当 S 小于 S_{cr} 时，并联运行的变压器可减为 $K-1$ 台。

应该指出，对于季节性变化的负荷，使变压器投入的台数符合损耗最小的原则是有经济意义的，也是切实可行的。但对 24h 内多次大幅度变化的负荷，为了避免断路器因过多的操作而增加检修次数时，变压器则不宜完全按照上述方式运行。此外，当变电所仅有两台变压器而需要切除一台时，应有相应的措施以保证供电的可靠性。

第二节　火电厂有功功率负荷的经济分配

一、耗量特性

电力系统中有功功率负荷合理分配的目标是在满足一定条件的前提下，尽可能节约消耗的一次能源。因此要分析这问题，必须先明确发电设备单位时间内消耗的能源与发出有功功率的关系，即发电设备输入与输出的关系。这关系称耗量特性，如图 7-4 所示。图中，纵坐标可为单位时间内消耗的燃料 F，也可为单位时间内消耗的水量 W。横坐标则为以 kW 或 MW 表示的电功率 P_G。

耗量特性曲线上某一点纵坐标和横坐标的比值，即单位时间内输入能量与输出功率之比称作比耗量 μ。显然，比耗量实际是原点和耗量特性曲线上某一点连线的斜率，$\mu = F/P$ 或 $\mu = W/P$。而当耗量特性纵横坐标单位相同时，它的倒数就是发电设备的效率 η。

耗量特性曲线上某一点切线的斜率称耗量微增率 λ。耗量微增率是单位时间内输入能量微增量与输出功率增量的比值，即 $\lambda = \Delta F/\Delta P = dF/dP$ 或 $= \Delta W/\Delta P = dW/dP$。

比耗量和耗量微增率虽通常都有相同的单位，如 t/（MW·h），却是两个不同的概念。

而且它们的数值一般也不相等。只有在耗量特性曲线上某一特殊点 m，它们才相等，如图 7-5 所示。这一特殊点 m 就是从原点作直线与耗量特殊性曲线相切时的切点。显然，在这一点比耗量的数值恰恰最小。这个比耗量的最小值就称最小比耗量 μ_{min}。比耗量和耗量微增率的变化如图 7-6 所示。

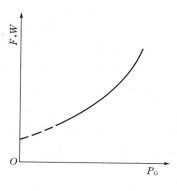

图 7-4　耗量特性

二、等微增率准则

现以并联运行的两台机组间的负荷分配为例，如图 7-7 所示，说明等微增率准则的基本概念。已知两台机组的耗量特性 $F_1(P_{G1})$ 和 $F_2(P_{G2})$ 和总的负荷功率 P_{LD}。假定各台机组燃料消耗量和输出功率都不受限制，要求确定负荷功率在两台机组间的分配，使总的燃料消耗为最小。这就是

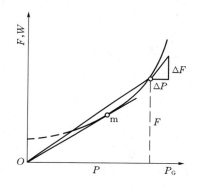

图 7-5　比耗量和耗量微增率

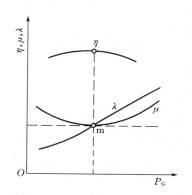

图 7-6　比耗量和微增率的变化

说，要在满足等式约束

$$P_{G1} + P_{G2} - P_{LD} = 0$$

的条件下，使目标函数

$$F = F_1(P_{G1}) + F_2(P_{G2})$$

为最小。对于这个简单问题，可以用做图法求解。设图 7-8 中线段 OO' 的长度等于负荷功率 P_{LD}。在线段的上、下两方分别以 O 和 O′为原点做出机组 1 和 2 的燃料消耗特性曲线 1 和 2，前者的横坐标 P_{G1} 自左向右，后者的横坐标 P_{G2} 自右向左计算。显然，在横坐标上任取一点 A，都有 OA＋AO′＝OO′，即 $P_{G1} + P_{G2} = P_{LD}$。因此，都表示一种可能的功率分配方案。如过 A 点作垂线分别交于两机组耗量特性的 B_1 和 B_2 点，则 $B_1B_2 =$ $B_1A + AB_2 = F_1(P_{G1}) + F_2(P_{G2}) = F$ 就代表了总的燃料消耗量。由此可见，只要在 OO' 上找到一点，通过它所作垂线与两耗量特性曲线的交点间距离为最短，则该点所对应的负荷分配方案就是最优的。

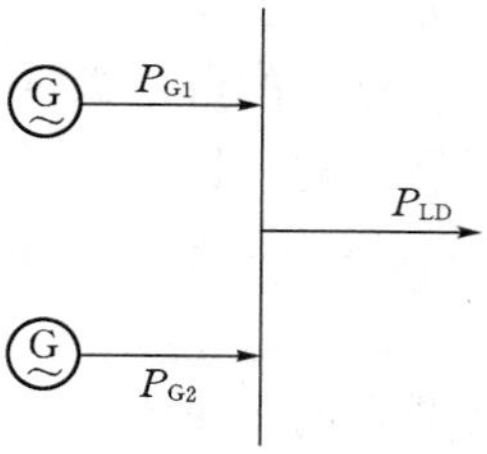

图 7-7　两台机组
并联运行

图中的点 A′就是这样的点，通过 A′点所作垂线与两特性曲线的交点为 B_1' 和 B_2'。在耗量特性曲线具有凸性的情况下，曲线 1 在 B_1' 点的切线与曲线 2 在 B_2' 点的切线相互平行。耗量曲线在某点的斜率即是该点的耗量微增率。由此可得出结论：负荷在两台机组间分配时，如

它们的燃料消耗微增率相等，即
$$dF_1/dP_{G1} = dF_2/dP_{G2}$$
则总的燃料消耗量将是最小的。这就是等微增率准则。

三、多个发电厂间的负荷经济分配

假定有 n 个火电厂，其燃料消耗特性分别为 $F_1(P_{G1})$，$F_2(P_{G2})$，…，$F_n(P_{Gn})$，系统的总负荷为 P_{LD}，暂不考虑网络中的功率损耗，假定各个发电厂的输出功率不受限制，则系统负荷在 n 个发电厂间的经济分配问题可以表述为

$$\sum_{i=1}^{n} P_{Gi} - P_{LD} = 0 \qquad (7\text{-}15)$$

在满足上式的条件下，使目标函数

$$F = \sum_{i=1}^{n} F_i(P_{Gi})$$

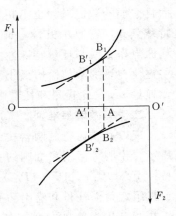

图 7-8　负荷在两台
机组间的经济分配

为最小。

这是多元函数求条件极值问题。可以应用拉格朗日乘数法来求解。为此，先构造拉格朗日函数

$$L = F - \lambda(\sum_{i=1}^{n} P_{Gi} - P_{LD})$$

其中 λ 称为拉格朗日乘数。

拉格朗日函数 L 的无条件极值的必要条件为

$$\frac{\partial L}{\partial P_{Gi}} = \frac{\partial F}{\partial P_{Gi}} - \lambda = 0 \quad (i = 1, 2, \cdots, n)$$

或

$$\frac{\partial F}{\partial P_{Gi}} = \lambda \quad (i = 1, 2, \cdots, n) \qquad (7\text{-}16)$$

由于每个发电厂的燃料消耗只是该厂输出功率的函数，因此式（7-16）又可写成

$$\frac{dF_i}{dP_{Gi}} = \lambda \quad (i = 1, 2, \cdots, n) \qquad (7\text{-}17)$$

这就是多个火电厂间负荷经济分配的等微增率准则。按这个条件决定的负荷分配是最经济的分配。

以上的讨论都没有涉及到不等式约束条件。负荷经济分配中的不等式约束条件也与潮流计算的一样：任一发电厂的有功功率和无功功率都不应超出它的上、下限，即

$$P_{Gimin} \leqslant P_{Gi} \leqslant P_{Gimax} \qquad (7\text{-}18)$$

$$Q_{Gimin} \leqslant Q_{Gi} \leqslant Q_{Gimax} \qquad (7\text{-}19)$$

各节点的电压也必须维持在如下的变化范围内

$$U_{imin} \leqslant U_i \leqslant U_{imax} \qquad (7\text{-}20)$$

在计算发电厂间有功功率负荷经济分配时，这些不等式约束条件可以暂不考虑，待算出结果后再按式（7-18）进行检验。对于有功功率值越限的发电厂，可按式（7-19）和式（7-20）条件留在有功负荷分配已基本确定以后的潮流计算中再进行处理。

【例 7-2】　三个火电厂并联运行，各电厂的燃料特性及功率约束条件如下

$$F_1 = 4 + 0.3P_{G1} + 0.0007P_{G1}^2 \text{ t/h}, \quad 100 \text{ MW} \leqslant P_{G1} \leqslant 200 \text{ MW}$$

$$F_2 = 3 + 0.32P_{G2} + 0.0004P_{G2}^2 \text{ t/h}, \quad 120 \text{ MW} \leqslant P_{G2} \leqslant 250 \text{ MW}$$

$$F_3 = 3.5 + 0.3P_{G3} + 0.00045P_{G3}^2 \text{ t/h}, \quad 150 \text{ MW} \leqslant P_{G3} \leqslant 300 \text{ MW}$$

当总负荷为 700MW 和 400MW 时，试分别确定发电厂间功率的经济分配（不计网损的影响）。

解 （1）按所给耗量特性可得各厂的微增耗量特性为

$$\lambda_1 = \frac{\mathrm{d}F_1}{\mathrm{d}P_{G1}} = 0.3 + 0.0014P_{G1}$$

$$\lambda_2 = \frac{\mathrm{d}F_2}{\mathrm{d}P_{G2}} = 0.32 + 0.0008P_{G2}$$

$$\lambda_3 = \frac{\mathrm{d}F_3}{\mathrm{d}P_{G3}} = 0.3 + 0.0009P_{G3}$$

令 $\lambda_1 = \lambda_2 = \lambda_3$，可解出

$$P_{G1} = 14.29 + 0.572P_{G2} = 0.643P_{G3}$$

$$P_{G3} = 22.22 + 0.889P_{G2}$$

（2）总负荷为 700MW，即 $P_{G1} + P_{G2} + P_{G3} = 700$。

将 P_{G1} 和 P_{G3} 都用 P_{G2} 表示，便得

$$14.29 + 0.572P_{G2} + P_{G2} + 22.22 + 0.889P_{G2} = 700$$

由此可计算出 $P_{G2} = 270$MW，已越出上限值，故应取 $P_{G2} = 250$MW。剩余的负荷功率 450MW 再由电厂 1 和电厂 3 进行经济分配。

$$P_{G1} + P_{G3} = 450$$

将 P_{G1} 用 P_{G3} 表示，便得

$$0.643P_{G3} + P_{G3} = 450$$

由此解出 $P_{G3} = 274$MW 和 $P_{G1} = 450 - 274$MW $= 176$MW，都在限值内。

（3）总负荷为 400MW，即 $P_{G1} + P_{G2} + P_{G3} = 400$。

将 P_{G1} 和 P_{G3} 都用 P_{G2} 表示，可得

$$2.461P_{G2} = 363.49$$

于是，$P_{G2} = 147.7$MW，$P_{G1} = 14.29 + 0.572P_{G2} = 14.29 + 0.572 \times 147.7$MW $= 98.77$MW。

由于 P_{G1} 已低于下限，故应取 $P_{G1} = 100$MW，剩余的负荷功率 300MW，应在电厂 2 和电厂 3 之间重新分配。

$$P_{G2} + P_{G3} = 300$$

将 P_{G3} 用 P_{G2} 表示，便得

$$P_{G2} + 22.22 + 0.889P_{G2} = 300$$

由此可解出 $P_{G2} = 147.05$MW 和 $P_{G3} = 300 - 147.05$MW $= 152.95$MW，都在限值内。

四、计及网损的有功负荷经济分配

电力网络中的有功功率损耗是进行发电厂间有功负荷分配时不容忽视的一个因素，假定网络损耗为 P_L，则等式约束条件式（7-15）将改为

$$\sum_{i=1}^{n} P_{Gi} - P_L - P_{LD} = 0 \tag{7-21}$$

拉格朗日函数可写成

$$L = \sum_{i=1}^{n} F_i - \lambda \left(\sum_{i=1}^{n} P_{Gi} - P_L - P_{LD} \right)$$

于是函数 L 取极值的必要条件为

$$\frac{\partial L}{\partial P_{Gi}} = \frac{dF_i}{dP_{Gi}} - \lambda \left(1 - \frac{\partial P_L}{\partial P_{Gi}} \right) = 0$$

或

$$\frac{dF_i}{dP_{Gi}} \times \frac{1}{\left(1 - \dfrac{\partial P_L}{\partial P_{Gi}} \right)} = \frac{dF_i}{dP_{Gi}} \alpha_i = \lambda \quad (i = 1, 2, \cdots, n) \tag{7-22}$$

这就是经过网损修正后的等微增率准则。式(7-22)亦称为 n 个发电厂负荷经济分配的协调方程式。式中，$\alpha_i = 1/\left(1 - \dfrac{\partial P_L}{\partial P_{Gi}} \right)$ 称为网损修正系数；$\dfrac{\partial P_L}{\partial P_{Gi}}$ 称为网损微增率，表示网络有功损耗对第 i 个发电厂有功出力的微增率。

由于各个发电厂在网络中所处的位置不同，各厂的网络微增率是不大一样的。当 $\partial P_L / \partial P_{Gi} > 0$ 时，说明发电厂 i 出力增加会引起网损的增加，这时网损修正系数 α_i 大于 1，发电厂本身的燃料消耗微增率宜取较小的数值。若 $\partial P_L / \partial P_{Gi} < 0$，则表示发电厂 i 出力增加将导致网损的减少，这时 $\alpha_i < 1$，发电厂的燃料消耗微增率宜取较大的数值。

第三节　水、火电厂间有功功率负荷的经济分配

假定系统中只有一个水电厂和一个火电厂。水电厂运行的主要特点是，在指定的较短运行周期（一日、一周或一月）内总发电用水量 W_Σ 为给定值。水、火电厂间最优运行的目标是：在整个运行周期内满足用户的电力需求，合理分配水、火电厂的负荷，使总燃料（煤）耗量为最小。

用 P_T、$F(P_T)$ 分别表示火电厂的功率和耗量特性；用 P_H、$W(P_H)$ 分别表示水电厂功率和耗量特性。为简单起见，暂不考虑网损，且不计水头的变化。在此情况下，水、火电厂间负荷的经济分配问题可表述为：在满足功率和用水量两等式约束条件

$$P_H(t) + P_T(t) - P_{LD}(t) = 0 \tag{7-23}$$

$$\int_0^\tau W[P_H(t)] dt - W_\Sigma = 0 \tag{7-24}$$

的情况下，使目标函数

$$F_\Sigma = \int_0^\tau F[P_T(t)] dt$$

为最小。

这是求泛函数极值的问题，一般应用变分法来解决。在一定的简化条件下也可以用拉格朗日乘数法进行处理。

把指定的运行周期 τ 划分为 s 个更短的时段

$$\tau = \sum_{k=1}^{s} \Delta t_k$$

在任一时段 Δt_k 内，假定负荷功率、水电厂和火电厂的功率不变，并分别记为 $P_{LD \cdot k}$，$P_{H \cdot k}$

和 $P_{T \cdot k}$。这样，上述等式约束条件式（7-23）和式（7-24）将变为

$$P_{H \cdot k} + P_{T \cdot k} - P_{LD \cdot k} = 0 \quad (k = 1, 2, \cdots, s) \tag{7-25}$$

$$\sum_{k=1}^{s} W(P_{H \cdot k}) \Delta t_k - W_{\Sigma} = \sum_{k=1}^{s} W_k \Delta t_k - W_{\Sigma} = 0 \tag{7-26}$$

总共有 $s+1$ 个等式约束条件。目标函数为

$$F_{\Sigma} = \sum_{k=1}^{s} F(P_{T \cdot k}) \Delta t_k = \sum_{k=1}^{s} F_k \Delta t_k$$

应用拉格朗日乘数法，为式（7-25）设置乘数 λ_k（$k = 1, 2, \cdots, s$），为式（7-26）设置乘数 γ，构成拉格朗日函数

$$L = \sum_{k=1}^{s} F_k \Delta t_k - \sum_{k=1}^{s} \lambda_k (P_{H \cdot k} + P_{T \cdot k} - P_{LD \cdot k}) \Delta t_k + \gamma (\sum_{k=1}^{s} W_k \Delta t_k - W_{\Sigma}) \tag{7-27}$$

在式（7-27）的右端包含有 $P_{H \cdot k}$、$P_{T \cdot k}$、λ_k（$k = 1, 2, \cdots, S$）和 γ 共 $3s+1$ 个变量。将拉格朗日函数分别对这 $3s+1$ 个变量取偏导数，并令其为零，便得下列 $3s+1$ 个方程

$$\frac{\partial L}{\partial P_{H \cdot k}} = \gamma \frac{dW_k}{dP_{H \cdot k}} \Delta t_k - \lambda_k \Delta t_k = 0 \quad (k = 1, 2, \cdots, s) \tag{7-28}$$

$$\frac{\partial L}{\partial P_{T \cdot k}} = \frac{dF_k}{dP_{T \cdot k}} \Delta t_k - \lambda_k \Delta t_k = 0 \quad (k = 1, 2, \cdots, s) \tag{7-29}$$

$$\frac{\partial L}{\partial \lambda_k} = -(P_{T \cdot k} + P_{H \cdot k} - P_{LD \cdot k}) \Delta t_k = 0 \quad (k = 1, 2, \cdots, s) \tag{7-30}$$

$$\frac{\partial L}{\partial \gamma} = \sum_{k=1}^{s} W_k \Delta t_k - W_{\Sigma} = 0 \tag{7-31}$$

式（7-30）和式（7-31）就是原来的等值约束条件。式（7-28）和式（7-29）可以合写成

$$\frac{dF_k}{dP_{T \cdot k}} = \gamma \frac{dW_k}{dP_{H \cdot k}} = \lambda_k \quad (k = 1, 2, \cdots, s)$$

如果时间段取得足够短，则认为任何瞬间都必须满足

$$\frac{dF}{dP_T} = \gamma \frac{dW}{dP_H} = \lambda \tag{7-32}$$

式（7-32）表明，在水、火电厂间负荷的经济分配也符合等微增率准则。

下面说明系数 γ 的物理意义。当火电厂增加功率 ΔP 时，煤耗增量为

$$\Delta F = \frac{dF}{dP_T} \Delta P$$

当水电厂增加功率 ΔP 时，耗水增量为

$$\Delta W = \frac{dW}{dP_H} \Delta P$$

将两式相除并计及式（7-32）可得

$$\gamma = \frac{\Delta F}{\Delta W}$$

ΔF 的单位是 t/h，ΔW 的单位为 m^3/h，因此，γ 的单位为 t（煤）/m^3（水）。这就是说，按发出相同数量的电功率进行比较，$1 m^3$ 的水相当于 γt 煤。因此，γ 又称为水煤换算系数。

把水电厂的水耗量乘以 γ，相当于把水换成了煤，水电厂就变成了等值的火电厂。然后直接套用火电厂间负荷分配的等微增率准则，就可得到式（7-32）。

另一方面，若系统的负荷不变，让水电厂增发功率 ΔP，则忽略网损时，火电厂就可以

少发功率 ΔP。这意味着用耗水增量 ΔW 来换取煤耗的节约 ΔF。当在指定的运行周期内总耗水量给定,并且整个运行周期内 γ 值都相同时,煤耗的节约为最大。这也是等微增率准则的一种应用。水耗微增率特性可从耗水量特性求出,它与火电厂的微增率特性曲线相似。

按等微增率准则在水、火电厂间进行负荷分配时,需要适当选择 γ 的数值。一般情况下,γ 值的大小与该水电厂给定的日用水量有关。在丰水期给定的日用水量较多,水电厂可以多带负荷,γ 应取较小的值,因而根据式(7-32),水耗微增率就较大。由于水耗微增率特性曲线是上升曲线,较大的 $\mathrm{d}W/\mathrm{d}P_H$ 对应较大的发电量和用水量。反之,在枯水期给定的日用水量较少,水电厂应少带负荷。此时 γ 应取较大的值,使水耗微增率较小,从而对应较小的发电量和用水量。γ 值的选取应使给定的水量在指定的运行期间正好全部用完。

对于上述简单情况,计算步骤大致为:

(1) 给定初值 $\gamma^{(0)}$,这就相当于把水电厂折算成了等值火电厂。置迭代计数 $k=0$。

(2) 计算全部时段的负荷分配。

(3) 校验总耗水量 $W^{(k)}$ 是否同给定值 W_Σ 相等,即判断是否满足

$$|W^{(k)} - W_\Sigma| < \varepsilon$$

若满足则计算结束,否则做下一步计算。

(4) 若 $W^{(k)} > W_\Sigma$,则说明 $\gamma^{(k)}$ 之值取得过小,应取 $\gamma^{(k+1)} > \gamma^{(k)}$;若 $W^{(k)} < W_\Sigma$,则说明 $\gamma^{(k)}$ 之值取得偏大,应取 $\gamma^{(k+1)} < \gamma^{(k)}$。然后迭代计数 1,返回第 2 步,继续计算。

【例 7-3】 一个火电厂和一个水电厂并联运行。火电厂的燃料消耗特性为

$$F = 3 + 0.4P_T + 0.00035P_T^2 \quad \mathrm{t/h}$$

水电厂的耗量特性为

$$W = 2 + 0.8P_H + 1.5 \times 10^{-3} P_H^2 \quad \mathrm{m^3/s}$$

水电厂的给定日用水量为 $W_\Sigma = 1.5 \times 10^7 \ \mathrm{m^3}$。系统的日负荷变化如下:

0~8h 负荷为 350MW;8~18h 负荷为 700MW;18~24h 负荷为 500MW。火电厂容量为 600MW,水电厂容量为 450MW。试确定水、火电厂间的功率经济分配。

解 (1) 由已知的水、火电厂耗量特性可得协调方程式

$$0.4 + 0.0007P_T = \gamma(0.8 + 0.003P_H)$$

对于每一时段,有功功率平衡方程式为

$$P_T + P_H = P_{LD}$$

由上述两方程可解出

$$P_H = \frac{0.4 - 0.8\gamma + 0.0007P_{LD}}{0.003\gamma + 0.0007}$$

$$P_T = \frac{0.8\gamma - 0.4 + 0.003\gamma P_{LD}}{0.003\gamma + 0.0007}$$

(2) 任选 γ 的初始值,如取 $\gamma^{(0)} = 0.5$,按已知各个时段的负荷功率值 $P_{LD1} = 350\mathrm{MW}$,$P_{LD2} = 700\mathrm{MW}$ 和 $P_{LD3} = 500\mathrm{MW}$,即算出水火电厂在各时段应分担的负荷

$$P_{H1}^{(0)} = 111.36 \ \mathrm{MW}, \quad P_{T1}^{(0)} = 238.64 \ \mathrm{MW}$$

$$P_{H2}^{(0)} = 222.72 \ \mathrm{MW}, \quad P_{T2}^{(0)} = 477.28 \ \mathrm{MW}$$

$$P_{H3}^{(0)} = 159.09 \ \mathrm{MW}, \quad P_{T3}^{(0)} = 340.91 \ \mathrm{MW}$$

利用所求出的功率值和水电厂的水耗特性计算全日的发电耗水量，即

$$W_\Sigma^{(0)} = (2 + 0.8 \times 111.36 + 1.5 \times 10^{-3} \times 111.36^2) \times 8 \times 3600$$
$$+ (2 + 0.8 \times 222.72 + 1.5 \times 10^{-3} \times 222.72^2) \times 10 \times 3600$$
$$+ (2 + 0.8 \times 159.09 + 1.5 \times 10^{-3} \times 159.09^2) \times 6 \times 3600$$
$$= 1.5936858 \times 10^7 \quad (\text{m}^3)$$

这个数值大于给定的日用水量，故宜增大 γ 值。

（3）取 $\gamma^{(1)} = 0.52$，重做计算，求得

$$P_{\text{H1}}^{(1)} = 101.33 \text{ MW}, \quad P_{\text{H2}}^{(1)} = 209.73 \text{ MW}, \quad P_{\text{H3}}^{(1)} = 147.79 \text{ MW}$$

相应的日耗水量为

$$W_\Sigma^{(1)} = 1.462809 \times 10^7 \quad \text{m}^3$$

这个数值比给定用水量小，γ 的取值应略为减小。若取 $\gamma^{(2)} = 0.514$，可算出

$$P_{\text{H1}}^{(2)} = 104.28 \text{ MW}, \quad P_{\text{H2}}^{(2)} = 213.56 \text{ MW}, \quad P_{\text{H3}}^{(2)} = 151.11 \text{ MW}$$
$$W_\Sigma^{(2)} = 1.5009708 \times 10^7 \quad \text{m}^3$$

继续做迭代，将计算结果列于表 7-2。

表 7-2

γ	P_{H1}（MW）	P_{H2}（MW）	P_{H3}（MW）	W_Σ（m³）
0.50	111.36	222.72	159.09	1.5936858×10^7
0.52	101.33	209.73	147.79	1.4628090×10^7
0.514	104.28	213.56	151.11	1.5009708×10^7
0.51415	104.207	213.463	151.031	1.5000051×10^7

作四次迭代计算后，水电厂的日用水量已很接近给定值，计算到此结束。

第四节　无功功率负荷的经济分配

一、等微增率准则的应用

产生无功功率并不消耗能源，但是无功功率在网络中传送则会产生有功功率损耗。电力系统的经济运行，首先是要求在各发电厂（或机组）间进行有功负荷的经济分配。在有功负荷分配已确定的前提下，调整各无功电源之间的负荷分布，使有功网损达到最小，这就是无功功率负荷经济分布的目标。

网络中的有功功率损耗可表示为所有节点注入功率的函数，即

$$P_{\text{L}} = P_{\text{L}}(P_1, P_2, \cdots, P_n, Q_1, Q_2, \cdots, Q_n)$$

进行无功负荷经济分布时，除平衡机以外，所有发电机有功功率都已确定，各节点负荷的无功功率也已知，待求的是节点无功功率电源的功率。无功电源可以是发电机、同步调相机、静电电容器和静止补偿器等。假定这些无功功率电源接于节点 $1, 2, \cdots, m$，其出力和节点电压的变化范围都不受限制，则无功负荷经济分配问题的数学表述是，在满足 $\sum_{i=1}^{m} Q_{\text{Gi}} - Q_{\text{L}} - Q_{\text{LD}} = 0$ 的条件下，仍使 P_{L} 达到最小。式中 Q_{L} 是网络的无功功率损耗。

仍应用拉格朗日乘数法，构造拉格朗日函数

$$L = P_L - \lambda \left(\sum_{i=1}^{m} Q_{Gi} - Q_L - Q_{LD} \right)$$

将 L 分别对 Q_{Gi} 和 λ 取偏导数并令其等于零，便得

$$\frac{\partial L}{\partial Q_{Gi}} = \frac{\partial P_L}{\partial Q_{Gi}} - \lambda \left(1 - \frac{\partial Q_L}{\partial Q_{Gi}} \right) = 0 \quad (i = 1, 2, \cdots, m)$$

$$\frac{\partial L}{\partial \lambda} = - \left(\sum_{i=1}^{m} Q_{Gi} - Q_L - Q_{LD} \right) = 0$$

共 $m+1$ 个方程。于是得到无功功率负荷经济分布的条件为

$$\frac{\partial P_L}{\partial Q_{Gi}} \times \frac{1}{1 - \dfrac{\partial Q_L}{\partial Q_{Gi}}} = \frac{\partial P_L}{\partial Q_{Gi}} \beta_i = \lambda \tag{7-33}$$

式中偏导数 $\partial P_L / \partial Q_{Gi}$ 是网络有功损耗对于第 i 个无功电源功率的微增率；$\partial Q_L / \partial Q_{Gi}$ 是无功网损对于第 i 个无功电源功率的微增率；$\beta_i = 1/(1 - \partial Q_L / \partial Q_{Gi})$ 称为无功网损修正系数。

对比式（7-22）和式（7-33）可以看到，这两个公式完全相似。式（7-33）是等微增率准则在无功功率负荷经济分配问题中的具体应用。式（7-33）说明，当各无功电源点的网损微增率相等时，网损达到最小。

实际上，在按等网损微增率分配无功负荷时，还必须考虑以下的不等式约束条件

$$Q_{Gimin} \leqslant Q_{Gi} \leqslant Q_{Gimax}$$

$$U_{imin} \leqslant U_i \leqslant U_{imax}$$

在计算过程中，必须逐次检验这些条件，并进行必要的处理。最后的结果是，可能只有一部分电源点是按等微增率条件式（7-33）进行负荷分配，而另一部分电源点按限值或调压要求分配无功负荷。这样，对于 $Q_i = Q_{imax}$ 的节点，其 λ 值必然偏小；对于 $Q_i = Q_{imin}$ 的节点则相反，其 λ 值可能偏大。所以，在实际系统中各节点的值往往不会全部相等。

二、无功功率补偿的经济配置

上述无功负荷经济分配的原则也可以应用于无功补偿容量的经济配置。其差别仅在于：在现有无功电源之间分配负荷不要支付费用，而增添补偿装置则要增加支出。由于设置无功补偿装置一方面能节约网络电能损耗，另一方面又要增加费用，因此无功补偿容量合理配置的目标应该是总的经济效益为最优。

在节点 i 装设补偿容量 Q_{Ci} 每年所能节约的网络能量损耗费以 $C_{ei}(Q_{Ci})$ 表示。由于装设补偿容量 Q_{Ci}，每年需要支出的费用以 $C_{di}(Q_{Ci})$ 表示，这部分年支出费用包括补偿设备的折旧维修费、投资的年回收费，以及补偿设备本身的能量损耗费用。在工程实际中，无功经济补偿的问题是在给定全电网总的补偿容量 $Q_{C\Sigma}$ 的条件下，寻求最经济合理的分配方案。由于受到总补偿量的限制问题将变为：在满足

$$\sum Q_{Ci} - Q_{C\Sigma} = 0$$

的约束条件下，使总的费用节约

$$C_{\Sigma} = \sum_i \Delta C_{ei}(Q_{Ci})$$

达到最大。

选择乘数 λ_c，构造拉格朗日函数

$$L = \sum_i \Delta C_{ei}(Q_{Ci}) - \lambda_c(\sum Q_{Ci} - Q_{C\Sigma})$$

然后求函数 L 的极值，可得

$$\frac{\partial \Delta C_{ei}(Q_{Ci})}{\partial Q_{Ci}} = \frac{\partial [C_{ei}(Q_{Ci}) - C_{di}(Q_{Ci})]}{\partial Q_{Ci}} = \lambda_c$$

或

$$\frac{\partial C_{ei}(Q_{Ci})}{\partial Q_{Ci}} = \lambda_c + k_c = \gamma_c \qquad\qquad (7\text{-}34)$$

补偿容量有限时，λ_c 总是正的，因此 $\gamma_c > k_c$。式（7-34）表明，补偿容量应按网损节约微增率相等的原则，在各补偿点之间进行分配；分配的结果应当是所有补偿点的网损节约微增率都等于某一常数 γ_c，而一切未配置补偿容量之点的网损节约微增率都应小于 γ_c。

在这里，顺便对无功补偿问题作一个简要的概括。前面从无功功率平衡，电压调整和经济运行这三个不同的角度讨论过无功补偿问题。一般说这三个方面的要求是不会相互矛盾的，为满足无功功率平衡而设置的补偿容量必定有助于提高电压水平，为减少网络电压损耗而增添的无功补偿也必然会降低网损。应该说，按无功功率在正常电压水平下的平衡来确定的无功补偿容量，是必须首先满足的。不论实际能提供的补偿容量为多少，在考虑其配置方案时，都要以调压要求作为约束条件，按经济原则，即按式（7-34）进行分配。

小　　结

电力系统经济运行的目标是，在保证安全优质供电的条件下，尽量降低供电能耗（或成本）。

网损率是衡量电力企业管理水平的指标之一。减少无功功率的传送，合理规定电网的运行电压水平，组织变压器的经济运行等都能降低网络的功率损耗。要了解这些技术措施的降损原理和应用条件。任一种降损措施的采用，都不应降低电能质量和供电的安全性。

负荷在两台机组间进行分配，当两机组的能耗（或成本）微增率相等时，总的能耗（或成本）将达到最小。这就是等微增率准则，是经典法负荷经济分配的理论依据。

本章中等微增率准则不仅用于火电厂间的负荷分配，而且还贯彻到水、火电厂间的负荷分配，无功功率的经济调度和无功补偿容量的优化配置等方面。要理解这个准则的物理意义，对该准则在上述各方面的应用，要能做出清楚的解释。

第八章　同步发电机的基本方程

同步发电机是电力系统中最重要的元件，其暂态过程较为复杂，并且对整个电力系统的暂态过程起主导作用。本章将根据理想同步发电机内部各电磁量的关系，建立起较为准确的数学模型，以便清楚的理解有关参数的意义。

第一节　同步发电机的原始方程

一、理想电机

（1）对称性。电机定子三相绕组完全对称，在空间互相相差120°电角度，转子在结构上对本身的直轴和交轴完全对称。

（2）正弦性。定子电流在气隙中产生正弦分布的磁势，转子绕组和定子绕组间的互感磁通也在气隙中按正弦规律分布。

（3）光滑性。定子及转子的槽和通风沟不影响定子及转子绕组的电感，即认为电机的定子及转子具有光滑的表面。

（4）不饱和性。电机铁芯部分的导磁系数为常数，即忽略磁路饱和的影响，在分析中可以应用叠加原理。

符合上述假设条件的电机称为理想同步电机。实验指出，根据理想同步电机所得计算结果能满足一般工程计算的精度要求。

在具有阻尼绕组的凸极同步电机中，共有六个磁耦合关系的绕组。在定子方面有静止的三个相绕组 a、b 和 c，在转子方面有一个励磁绕组 f 和用来代替阻尼绕组的等值绕组 D 和 Q，这三个转子绕组都随转子一起旋转，绕组 f 和绕组 D 位于直轴方向上；绕组 Q 位于交轴方向上。对于没有装设阻尼绕组的隐极同步电机，它的实心转子所起的阻尼作用也可以用等值的阻尼绕组来代表。

二、正方向的规定

为建立发电机六个回路（三个定子绕组、一个励磁绕组以及直轴和交轴阻尼绕组）的方程，首先要选定磁链、电流和电压的正方向。图 8-1 给出了电机各绕组位置的示意图，图中标出了各相绕组的轴线 a、b、c 和转子绕组的轴线 d、q。其中，转子的 d 轴（直轴）滞后于 q 轴（交轴）90°。本书中选定定子各相绕组轴线的正方向作为各相绕组磁链的正方向。励磁绕组和直轴阻尼绕组磁链的正方向与 d 轴正方向相同；交轴阻尼绕组磁链的正方向与 q 轴正方向相同。图 8-1 中也标出了各绕组电流的正方向。定子各相绕组电流产生的磁通方向与各该相绕组轴线的正方向相反时电流为正值；转子各绕组电流产生的磁通方向与 d 轴或 q 轴正方向相同时电流为正值。图 8-2 示出各回路的电路（只画了自感），其中标明了电压的正方向。在定子回路中向负荷侧观察，电压降的正方向与定子电流的正方向一致；在励磁回路中向励磁绕组侧观察，电压降的正方向与励磁电流的正方向一致。阻尼绕组为短接回路，电压为零。

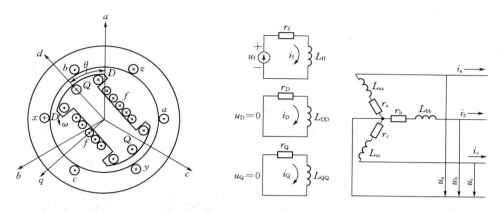

图 8-1　同步发电机各绕组示意图　　　　图 8-2　同步发电机各回路电路图

三、电势方程和磁链方程

根据以上各物理量正方向的规定，其发电机电势方程可用矩阵写成

$$
\begin{bmatrix} u_a \\ u_b \\ u_c \\ u_f \\ 0 \\ 0 \end{bmatrix} =
\begin{bmatrix}
r & 0 & 0 & 0 & 0 & 0 \\
0 & r & 0 & 0 & 0 & 0 \\
0 & 0 & r & 0 & 0 & 0 \\
0 & 0 & 0 & r_f & 0 & 0 \\
0 & 0 & 0 & 0 & r_D & 0 \\
0 & 0 & 0 & 0 & 0 & r_Q
\end{bmatrix}
\begin{bmatrix} -i_a \\ -i_b \\ -i_c \\ i_f \\ i_D \\ i_Q \end{bmatrix} +
\begin{bmatrix} \dot{\Psi}_a \\ \dot{\Psi}_b \\ \dot{\Psi}_c \\ \dot{\Psi}_f \\ \dot{\Psi}_D \\ \dot{\Psi}_Q \end{bmatrix}
\tag{8-1}
$$

式中　　$\dot{\Psi}$——磁链对时间的导数 $\dfrac{\mathrm{d}\Psi}{\mathrm{d}t}$；

　　　　Ψ——各绕组磁链。

同步发电机中各绕组的磁链（合成磁链）是由本绕组的自感磁链和绕组间的互感磁链组合而成。其磁链方程可用矩阵写成

$$
\begin{bmatrix} \Psi_a \\ \Psi_b \\ \Psi_c \\ \Psi_f \\ \Psi_D \\ \Psi_Q \end{bmatrix} =
\begin{bmatrix}
L_{aa} & M_{ab} & M_{ac} & M_{af} & M_{aD} & M_{aQ} \\
M_{ba} & L_{bb} & M_{bc} & M_{bf} & M_{bD} & M_{bQ} \\
M_{ca} & M_{cb} & L_{cc} & M_{cf} & M_{CD} & M_{cQ} \\
M_{fa} & M_{fb} & M_{fc} & L_{ff} & M_{fD} & M_{fQ} \\
M_{Da} & M_{Db} & M_{Dc} & M_{Df} & L_{DD} & M_{DQ} \\
M_{Qa} & M_{Qb} & M_{Qb} & M_{Qf} & M_{QD} & L_{QQ}
\end{bmatrix}
\begin{bmatrix} -i_a \\ -i_b \\ -i_c \\ i_f \\ i_D \\ i_Q \end{bmatrix}
\tag{8-2}
$$

式中　　L——自感系数；

　　　　M——互感系数，两绕组之间的互感系数是可逆的，即 $M_{ab}=M_{ba}$、$M_{af}=M_{fa}$、$M_{fD}=M_{Df}$等等。

式（8-1）和式（8-2）共有 12 个方程式，包含了 6 个绕组的磁链、电流和电压共 16 个运行变量。一般是把各绕组的电压作为给定量，这样就剩下 6 个绕组的磁链和电流共 12 个待求量。作为电机参数的各绕组电阻和自感以及绕组间的互感都应是已知量。

转子旋转时，定、转子绕组的相对位置不断地变化，在凸极机中有些磁通路径的磁导也随着转子的旋转作周期性变化。因此，式（8-2）中的许多自感和互感系数也就随转子位

置而变化。为此先要分析这些自感和互感系数的变化规律。

四、电感系数

1. 定子各相绕组的自感系数

以 a 相为例来讨论定子绕组自感系数的变化。在图 8-3（a）中画出了转子在四个不同位置时，a 相绕组磁通所走的磁路。当 θ 为 $0°$ 和 $180°$ 时自感最大；当 θ 为 $90°$ 和 $270°$ 时自感最小。由此可知，a 相自感的变化规律如图 8-3（b）所示。L_{aa} 是 θ 角的周期函数，其变化周期为 π，它还是 θ 角的偶函数，即转子轴在 $\pm\theta$ 的位置时，L_{aa} 的大小相等。

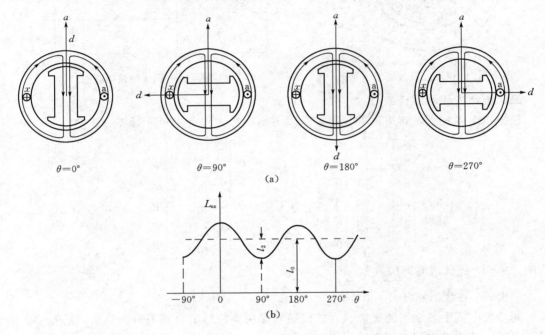

图 8-3 定子绕组的自感
（a）不同位置的磁路图；（b）自感变化规律

周期性偶函数在分解为富氏级数时只含余弦项，而当函数变化周期为 π 时，只有偶次项，于是

$$L_{aa} = l_0 + l_2\cos2\theta + l_4\cos4\theta + \cdots$$

根据正弦性的假设，略去其中 4 次及 4 次以上分量则

$$L_{aa} = l_0 + l_2\cos2\theta$$

类似地，可得 L_{bb} 和 L_{cc} 的变化规律。定子各相绕组自感系数与 θ 角的函数关系可表示为

$$L_{aa} = l_0 + l_2\cos2\theta$$
$$L_{bb} = l_0 + l_2\cos2(\theta - 120°)$$
$$L_{cc} = l_0 + l_2\cos2(\theta + 120°)$$

(8-3)

式中　l_0——自感平均值；

l_2——自感变化部分的幅值。

由于自感总是正的，所以 l_0 恒大于 l_2。隐极机的 l_2 为零。

2. 定子各相绕组间的互感系数

和自感系数的情况类似，凸极机的定子绕组互感也是随着转子转动呈周期性的变化，其周期也是 π。以 M_{ab} 为例讨论定子绕组间互感系数的变化。由于 a、b 两绕组在空间相差 120°，a 相绕组的正磁通交链到 b 相绕组总是负磁通，即定子绕组间的互感系数恒为负值。图 8-4（a）示出转子在四个不同位置时 a 相交链 b 相的互磁通所走的路径。由图可见，当 $\theta = -30°$ 和 $\theta = 150°$ 时，M_{ab} 的绝对值最大；$\theta = 60°$ 和 $\theta = 240°$ 时，M_{ab} 的绝对值最小，变化周期为 π。此外，由图 8-4（a）还可见，如在滞后 a 相轴线 30°处设一轴线，则当 d 轴超前或滞后这轴线相等角度时，a 相和 b 相绕组间互感磁通路径上的磁导相同，M_{ab} 也相同，也就是说 M_{ab} 是角 $\theta + 30°$ 的偶函数。图 8-4（b）示出 M_{ab} 随 θ 角的变化规律，与上述 L_{aa} 情况相似，综上分析可列出定子各相绕组互感的表达式

$$M_{ab} = M_{ba} = -[m_0 + m_2 \cos 2(\theta + 30°)]$$
$$M_{bc} = M_{cb} = -[m_0 + m_2 \cos 2(\theta - 90°)] \qquad (8\text{-}4)$$
$$M_{ca} = M_{ac} = -[m_0 + m_2 \cos 2(\theta + 150°)]$$

其中 m_0 总大于 m_2。另外，根据理论分析和实验结果得知，互感变化部分的幅值与自感变化部分的幅值几乎相等，即 $m_2 \approx l_2$。对于隐极机 m_2 为零。

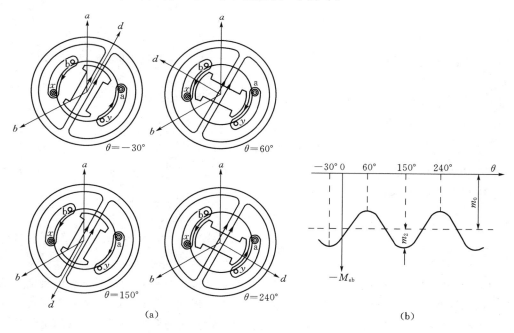

图 8-4　定子绕组间的互感

（a）不同位置的磁路图；（b）互感变化规律

3. 转子各绕组的自感系数

转子上各绕组是随着转子一起转的，无论是凸极机还是隐极机，转子绕组的磁路总是

不变的，即转子各绕组的自感系数为常数，令它们表示为

$$L_{ff} = L_f; \quad L_{DD} = L_D; \quad L_{QQ} = L_Q$$

4. 转子各绕组间的互感系数

同于上述原因，它们也都是常数，而且 Q 绕组与 f、D 绕组互相垂直，它们的互感为零，即

$$M_{fD} = M_{Df} = m_r; \quad M_{fQ} = M_{Qf} = 0; \quad M_{DQ} = M_{QDf} = 0$$

5. 定子绕组与转子绕组间的互感系数

无论是凸极机还是隐极机，这些互感显然与转子绕组相对于定子绕组的位置有关。以 a 相绕组与励磁绕组的互感系数 M_{af} 为例来讨论。当转子 d 轴与定子 a 相轴线重合时，即 $\theta = 0$，两绕组间互感磁通路径的磁导最大，互感系数最大。转子旋转 90°，$\theta = 90°$，d 轴与 a 相轴线垂直，而绕组间互感为零。转子再转 90°，$\theta = 180°$，d 轴负方向与 a 相轴线正方向重合，互感系数为负的最大。M_{af} 随 θ 角的变化如图 8-5 所示，其周期为 2π。

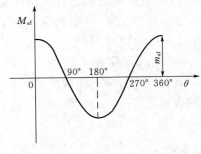

图 8-5 M_{af} 随 θ 角的变化曲线

定子各相绕组与励磁绕组间的互感系数与 θ 角的函数关系可表示如下式

$$
\begin{aligned}
M_{af} &= m_{af}\cos\theta \\
M_{bf} &= m_{af}\cos(\theta - 120°) \\
M_{cf} &= m_{af}\cos(\theta + 120°)
\end{aligned}
\tag{8-5}
$$

定子绕组和直轴阻尼绕组间的互感系数与定子绕组和励磁绕组间的互感系数可类似表示为

$$
\begin{aligned}
M_{aD} &= m_{aD}\cos\theta \\
M_{bD} &= m_{aD}\cos(\theta - 120°) \\
M_{cD} &= m_{aD}\cos(\theta + 120°)
\end{aligned}
\tag{8-6}
$$

由于转子 q 轴超前于 d 轴 90°，以 $(\theta + 90°)$ 替换式（8-6）中的 θ，即可得定子绕组和交轴阻尼绕组间互感系数的表示式如下

$$
\begin{aligned}
M_{aQ} &= -m_{aQ}\sin\theta \\
M_{bQ} &= -m_{aQ}\sin(\theta - 120°) \\
M_{cQ} &= -m_{aQ}\sin(\theta + 120°)
\end{aligned}
\tag{8-7}
$$

由以上分析可知，对于凸极机，大多数电感系数为周期性变化的，对于隐极机则小部分电感为周期性变化的。无论是凸极机还是隐极机，如果将式（8-2）取导数后代入式（8-1）中，发电机的电势方程则是一组变系数的微分方程。用这种方程来分析发电机的运行状态是很困难的。为了方便起见，一般均用转换变量的方法，或者称为坐标变换的方法来进行分析。这种方法就是把 a、b、c 三个绕组的电流 i_a、i_b、i_c 和电压 u_a、u_b、u_c 以及磁链 Ψ_a、Ψ_b、Ψ_c 经过线性变换转换成另外三个电流、三个电压和三个磁链，或者说将 a、b、c 坐标系统上的量转换成另外一个坐标系统上的量。经过上述转换后，将上述方程式（8-1）和式

134

(8-2) 变成新变量的方程，这种新方程应便于求解。当然，在求得新的变量后可利用原线性变换关系来求得 a、b、c 三个绕组的量。目前已有多种坐标转换，这里只介绍其中最常用的一种，它是由美国工程师派克（Park）在 1929 年首先提出的（其后不久，原苏联学者戈列夫（Горев）也独立地完成了大致相同的工作），一般称为派克变换。

第二节   d、q、0 坐标系统的同步机方程

一、坐标变换和 d、q、0 系统

在原始方程中，定子各电磁变量是按三个相绕组也就是对于空间静止不动的三相坐标系统列写的，而转子各绕组的电磁变量则是对于随转子一起旋转的 d、q 两相坐标系统列写的。磁链方程式中出现变系数的原因主要是：

（1）转子的旋转使定、转子绕组间产生相对运动，致使定、转子绕组间的互感系数发生相应的周期性变化。

（2）转子在磁路上只是分别对于 d 轴和 q 轴对称而不是随意对称的，转子的旋转也导致定子各绕组的自感和互感的周期性变化。

在电机学中为了分析凸极电机中电枢磁势对旋转磁场的作用，一般采用双反应理论把电枢磁势分解为直轴分量和交轴分量。电机在转子的直轴方向和交轴方向磁路的磁阻都是完全确定的，这就避免了在同步电机的稳态分析中出现变参数的问题。

同步电机稳态对称运行时，电枢磁势幅值不变，转速恒定，对于转子相对静止。它可以用一个以同步转速旋转的矢量 $\dot{F}_a$ 来表示。如果定子电流用一个同步旋转的通用相量 $\dot{I}_m$ 表示（它对于定子各相绕组轴线的投影即是各相电流的瞬时值），那么相量 $\dot{I}_m$ 与矢量 $\dot{F}_a$ 在任何时刻都同相位，而且在数值上成比例，如图 8-6 所示。

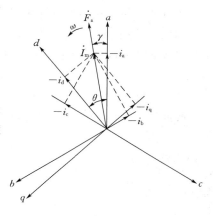

图 8-6   定子电流通用相量

依照电枢磁势的分解方法，也可以把电流相量分解为直轴分量 i_d 和交轴分量 i_q。令 γ 表示电流通用相量同 a 相绕组轴线的夹角，则有

$$i_d = -I_m\cos(\theta - \gamma) \tag{8-8}$$
$$i_q = I_m\sin(\theta - \gamma)$$

定子三相电流的瞬时值则为

$$i_a = -I_m\cos\gamma$$
$$i_b = -I_m\cos(\gamma - 120°) \tag{8-9}$$
$$i_c = -I_m\cos(\gamma + 120°)$$

利用三角恒等式

$$\cos(\theta - \gamma) = 2/3[\cos\theta\cos\gamma + \cos(\theta - 120°)\cos(\gamma - 120°)$$
$$+ \cos(\theta + 120°)\cos(\gamma + 120°)]$$

$$\sin(\theta - \gamma) = 2/3[\sin\theta\cos\gamma + \sin(\theta - 120°)\cos(\gamma - 120°)$$
$$+ \sin(\theta + 120°)\cos(\gamma + 120°)]$$

即可从式（8-8）和式（8-9）得到

$$i_d = 2/3[i_a\cos\theta + i_b\cos(\theta - 120°) + i_c\cos(\theta + 120°)] \atop i_q = -2/3[i_a\sin\theta + i_b\sin(\theta - 120°) + i_c\sin(\theta + 120°)]} \tag{8-10}$$

通过这种变换，将三相电流 i_a、i_b、i_c 变换成了等效的两相电流 i_d 和 i_q。可以设想，这两个电流是定子的两个等效绕组 dd 和 qq 中的电流。这组等效的定子绕组 dd 和 qq 不像实际的 a、b、c 三相绕组那样在空间静止不动，而是随着转子一起旋转。等效绕组中的电流产生的磁势对转子相对静止，它所遇到的磁路磁阻恒定不变，相应的电感系数也就变为常数了。

当定子绕组内存在幅值恒定的三相对称电流时，由式（8-10）确定的 i_d 和 i_q 都是常数。这就是说，等效的 dd、qq 绕组的电流是直流电流。

如果定子绕组中存在三相不对称的电流，只要是一个平衡的三相系统，即满足

$$i_a + i_b + i_c = 0$$

仍然可以用一个通用相量来代表三相电流，不过这时通用相量的幅值和转速都不是恒定的，因而它在 d 轴和 q 轴上的投影也是幅值变化的。

当定子三相电流构成不平衡系统时，三相电流是三个独立的变量，仅用两个新变量（d 轴分量和 q 轴分量）不足以代表原来的三个变量。为此，需要增选第三个新变量 i_0 其值为

$$i_0 = 1/3(i_a + i_b + i_c) \tag{8-11}$$

式（8-11）与常见的对称分量法中零序电流的表达式相似。所不同的是，这里用的是电流的瞬时值，对称分量法中用的则是正弦电流的相量。我们称 i_0 为定子电流的零轴分量。

式（8-10）和式（8-11）构成了一个从 a、b、c 坐标系统到 d、q、0 坐标系统的变换，可用矩阵合写成

$$\begin{bmatrix} i_d \\ i_q \\ i_0 \end{bmatrix} = \frac{2}{3} \begin{bmatrix} \cos\theta & \cos(\theta - 120°) & \cos(\theta + 120°) \\ -\sin\theta & -\sin(\theta - 120°) & -\sin(\theta + 120°) \\ \frac{1}{2} & \frac{1}{2} & \frac{1}{2} \end{bmatrix} \begin{bmatrix} i_a \\ i_b \\ i_c \end{bmatrix} \tag{8-12}$$

或简记为

$$\boldsymbol{i}_{dq0} = \boldsymbol{P}\boldsymbol{i}_{abc} \tag{8-13}$$

式中

$$\boldsymbol{P} = \frac{2}{3} \begin{bmatrix} \cos\theta & \cos(\theta - 120°) & \cos(\theta + 120°) \\ -\sin\theta & -\sin(\theta - 120°) & -\sin(\theta + 120°) \\ \frac{1}{2} & \frac{1}{2} & \frac{1}{2} \end{bmatrix} \tag{8-14}$$

为变换矩阵，容易验证，矩阵 P 非奇，因此存在逆阵 P^{-1}，即

$$\boldsymbol{P}^{-1} = \begin{bmatrix} \cos\theta & -\sin\theta & 1 \\ \cos(\theta - 120°) & -\sin(\theta - 120°) & 1 \\ \cos(\theta + 120°) & -\sin(\theta + 120°) & 1 \end{bmatrix} \tag{8-15}$$

利用逆变换可得

$$\boldsymbol{i}_{abc} = \boldsymbol{P}^{-1}\boldsymbol{i}_{dq0}$$

(8-16)

或展开写成

$$\begin{bmatrix} i_a \\ i_b \\ i_c \end{bmatrix} = \begin{bmatrix} \cos\theta & -\sin\theta & 1 \\ \cos(\theta-120°) & -\sin(\theta-120°) & 1 \\ \cos(\theta+120°) & -\sin(\theta+120°) & 1 \end{bmatrix} \begin{bmatrix} i_d \\ i_q \\ i_0 \end{bmatrix}$$

(8-17)

由此可见，当三相电流不平衡时，每相电流中都含有相同的零轴分量 i_0。由于定子三相绕组完全对称，在空间互相位移 120°电角度，三相零轴电流在气隙中的合成磁势为零，故不产生与转子绕组相交链的磁通。它只产生与定子绕组交链的磁通，其值与转子的位置无关。

上述变换一般称为派克（Park）变换，不仅对定子电流，而且对定子绕组的电压和磁链都可以施行这种变换，变换关系式与电流的相同。

【例 8-1】 设发电机转子转速为 ω，三相电流的瞬时值为

$$(a)\begin{bmatrix} i_a \\ i_b \\ i_c \end{bmatrix} = I_m \begin{bmatrix} \cos(\omega t + \alpha_0) \\ \cos(\omega t + \alpha_0 - 120°) \\ \cos(\omega t + \alpha_0 + 120°) \end{bmatrix}, \quad (b)\begin{bmatrix} i_a \\ i_b \\ i_c \end{bmatrix} = I_m \begin{bmatrix} 1 \\ -0.2 \\ -0.2 \end{bmatrix}$$

试计算经派克变换后的 i_d、i_q、i_0。

解 d 轴和 a 轴之间的夹角 $\theta = \omega t + \theta_0$，$\theta_0$ 为 $t=0$ 时的夹角。则有

$$(a)\begin{bmatrix} i_d \\ i_q \\ i_0 \end{bmatrix} = \frac{2I_m}{3}\begin{bmatrix} \cos(\omega t + \theta_0) & \cos(\omega t + \theta_0 - 120°) & \cos(\omega t + \theta_0 + 120°) \\ -\sin(\omega t + \theta_0) & -\sin(\omega t + \theta_0 - 120°) & -\sin(\omega t + \theta_0 + 120°) \\ \dfrac{1}{2} & \dfrac{1}{2} & \dfrac{1}{2} \end{bmatrix}$$

$$\times \begin{bmatrix} \cos(\omega t + \alpha_0) \\ \cos(\omega t + \alpha_0 - 120°) \\ \cos(\omega t + \alpha_0 + 120°) \end{bmatrix} = I_m \begin{bmatrix} \cos(\theta_0 - \alpha_0) \\ -\sin(\theta_0 - \alpha_0) \\ 0 \end{bmatrix}$$

$$(b)\begin{bmatrix} i_d \\ i_q \\ i_0 \end{bmatrix} = \frac{2I_m}{3}\begin{bmatrix} \cos(\omega t + \theta_0) & \cos(\omega t + \theta_0 - 120°) & \cos(\omega t + \theta_0 + 120°) \\ -\sin(\omega t + \theta_0) & -\sin(\omega t + \theta_0 - 120°) & -\sin(\omega t + \theta_0 + 120°) \\ \dfrac{1}{2} & \dfrac{1}{2} & \dfrac{1}{2} \end{bmatrix}$$

$$\times \begin{bmatrix} 1 \\ -0.2 \\ -0.2 \end{bmatrix} = \frac{2I_m}{3}\begin{bmatrix} \dfrac{6}{5}\cos(\omega t + \theta_0) \\ -\dfrac{6}{5}\sin(\omega t + \theta_0) \\ \dfrac{3}{10} \end{bmatrix} = \frac{I_m}{5}\begin{bmatrix} 4\cos(\omega t + \theta_0) \\ -4\sin(\omega t + \theta_0) \\ 1 \end{bmatrix}$$

由本例题可见，用 a、b、c 坐标系统和用 d、q、0 坐标系统表示的电流是交、直流互换的，这是一个重要的概念。

二、d、q、0 坐标系统的电势方程

派克变换是一种线性变换，它将 a、b、c 三相变量转换为 d、q、0 轴分量。显然，只应

对定子各量施行变换。定子的电势方程可简写为

$$\boldsymbol{u}_{\text{abc}} = -\boldsymbol{r}_{\text{s}}\boldsymbol{i}_{\text{abc}} + \dot{\boldsymbol{\Psi}}_{\text{abc}}$$

等式两侧同时左乘派克变换矩阵 $\boldsymbol{P}$，可得

$$\boldsymbol{u}_{\text{dq0}} = -\boldsymbol{r}_{\text{s}}\boldsymbol{i}_{\text{dq0}} + \boldsymbol{P}\dot{\boldsymbol{\Psi}}_{\text{abc}}$$

由于 $\boldsymbol{\Psi}_{\text{dq0}} = \boldsymbol{P}\boldsymbol{\Psi}_{\text{abc}}$，对两侧求导，得

$$\dot{\boldsymbol{\Psi}}_{\text{dq0}} = \dot{\boldsymbol{P}}\boldsymbol{\Psi}_{\text{abc}} + \boldsymbol{P}\dot{\boldsymbol{\Psi}}_{\text{abc}}$$

$$\boldsymbol{P}\dot{\boldsymbol{\Psi}}_{\text{abc}} = \dot{\boldsymbol{\Psi}}_{\text{dq0}} - \dot{\boldsymbol{P}}\boldsymbol{\Psi}_{\text{abc}} = \dot{\boldsymbol{\Psi}}_{\text{dq0}} - \dot{\boldsymbol{P}}\boldsymbol{P}^{-1}\boldsymbol{\Psi}_{\text{dq0}} = \dot{\boldsymbol{\Psi}}_{\text{dq0}} - \boldsymbol{S}$$

经运算可得

$$\dot{\boldsymbol{P}}\boldsymbol{P}^{-1} = \begin{bmatrix} 0 & \omega & 0 \\ -\omega & 0 & 0 \\ 0 & 0 & 0 \end{bmatrix}$$

式中 ω——转子角速度，转子以同步转速旋转时，ω 标么值为 1。

$$\boldsymbol{S} = \dot{\boldsymbol{P}}\boldsymbol{P}^{-1}\boldsymbol{\Psi}_{\text{dq0}} = \begin{bmatrix} 0 & \omega & 0 \\ -\omega & 0 & 0 \\ 0 & 0 & 0 \end{bmatrix}\begin{bmatrix} \boldsymbol{\Psi}_{\text{d}} \\ \boldsymbol{\Psi}_{\text{q}} \\ \boldsymbol{\Psi}_{0} \end{bmatrix} = \begin{bmatrix} \omega\boldsymbol{\Psi}_{\text{q}} \\ -\omega\boldsymbol{\Psi}_{\text{d}} \\ 0 \end{bmatrix}$$

于是式（8-1）经派克变换后

$$\begin{bmatrix} u_{\text{d}} \\ u_{\text{q}} \\ u_{0} \\ u_{\text{f}} \\ 0 \\ 0 \end{bmatrix} = \begin{bmatrix} r & 0 & 0 & 0 & 0 & 0 \\ 0 & r & 0 & 0 & 0 & 0 \\ 0 & 0 & r & 0 & 0 & 0 \\ 0 & 0 & 0 & r_{\text{f}} & 0 & 0 \\ 0 & 0 & 0 & 0 & r_{\text{D}} & 0 \\ 0 & 0 & 0 & 0 & 0 & r_{\text{Q}} \end{bmatrix}\begin{bmatrix} -i_{\text{d}} \\ -i_{\text{q}} \\ -i_{0} \\ i_{\text{f}} \\ i_{\text{D}} \\ i_{\text{Q}} \end{bmatrix} + \begin{bmatrix} \dot{\boldsymbol{\Psi}}_{\text{d}} \\ \dot{\boldsymbol{\Psi}}_{\text{q}} \\ \dot{\boldsymbol{\Psi}}_{0} \\ \dot{\boldsymbol{\Psi}}_{\text{f}} \\ \dot{\boldsymbol{\Psi}}_{\text{D}} \\ \dot{\boldsymbol{\Psi}}_{\text{Q}} \end{bmatrix} - \begin{bmatrix} \omega\boldsymbol{\Psi}_{\text{q}} \\ -\omega\boldsymbol{\Psi}_{\text{d}} \\ 0 \\ 0 \\ 0 \\ 0 \end{bmatrix} \tag{8-18}$$

同原来的方程组（8-1）比较，可以看出，dd 和 qq 绕组中的电势都包含了两个分量，一个是磁链对时间的导数，另一个是磁链同转速的乘积。前者称为变压器电势，后者称为发电机电势。我们还看到式（8-18）中的第三个方程是独立的，这就是说，等效的零轴绕组从磁场的意义上说，对其他绕组是隔离的。

从 a、b、c 坐标系统到 d、q、0 坐标系统的转换，在数学上代表了一种线性变换，而它的物理意义则在于把观察者的观察点从静止的定子上转移到了转子上。由于这一转变，定子的静止三相绕组被两个同转子一起旋转的等效绕组所代替，并且三相的对称交流变成了直流。这样就使得发电机各绕组之间的电磁关系有如静止的变压器的电磁关系。派克变换并没有改变发电机内部的电磁关系，只是改变了对物理量的表达式。

三、d、q、0 坐标系统的磁链方程和电感系数

现在来讨论磁链方程的变换。将式（8-2）简写为

$$\begin{bmatrix} \boldsymbol{\Psi}_{\text{abc}} \\ \boldsymbol{\Psi}_{\text{fDQ}} \end{bmatrix} = \begin{bmatrix} L_{\text{SS}} & L_{\text{SR}} \\ L_{\text{RS}} & L_{\text{RR}} \end{bmatrix}\begin{bmatrix} -i_{\text{abc}} \\ i_{\text{fDQ}} \end{bmatrix}$$

式中 L——各类电感系数，其下标 SS 表示定子侧各量、RR 表示转子侧各量、SR 和 RS 则表示定子和转子间各量。

将此方程式进行派克变换，即将 Ψ_{abc}、i_{abc} 转换为 Ψ_{dq0}、i_{dq0}，可得

$$\begin{bmatrix} \boldsymbol{\Psi}_{dq0} \\ \boldsymbol{\Psi}_{fDQ} \end{bmatrix} = \begin{bmatrix} \boldsymbol{P} & 0 \\ 0 & \boldsymbol{U} \end{bmatrix}\begin{bmatrix} \boldsymbol{\Psi}_{abc} \\ \boldsymbol{\Psi}_{fDQ} \end{bmatrix} = \begin{bmatrix} \boldsymbol{P} & 0 \\ 0 & \boldsymbol{U} \end{bmatrix}\begin{bmatrix} \boldsymbol{L}_{SS} & \boldsymbol{L}_{SR} \\ \boldsymbol{L}_{RS} & \boldsymbol{L}_{RR} \end{bmatrix}\begin{bmatrix} -\boldsymbol{i}_{abc} \\ \boldsymbol{i}_{fDQ} \end{bmatrix}$$

$$= \begin{bmatrix} \boldsymbol{P} & 0 \\ 0 & \boldsymbol{U} \end{bmatrix}\begin{bmatrix} L_{SS} & L_{SR} \\ L_{RS} & L_{RR} \end{bmatrix}\begin{bmatrix} \boldsymbol{P}^{-1} & 0 \\ 0 & \boldsymbol{U} \end{bmatrix}\begin{bmatrix} \boldsymbol{P} & 0 \\ 0 & \boldsymbol{U} \end{bmatrix}\begin{bmatrix} -\boldsymbol{i}_{abc} \\ \boldsymbol{i}_{fDQ} \end{bmatrix}$$

$$= \begin{bmatrix} \boldsymbol{PL}_{SS}\boldsymbol{P}^{-1} & \boldsymbol{PL}_{SR} \\ \boldsymbol{L}_{RS}\boldsymbol{P}^{-1} & \boldsymbol{L}_{RR} \end{bmatrix}\begin{bmatrix} -\boldsymbol{i}_{dq0} \\ \boldsymbol{i}_{fDQ} \end{bmatrix}$$

式中 U——单位矩阵。

上式中系数矩阵的各分块子阵分别为

$$\boldsymbol{PL}_{SS}\boldsymbol{P}^{-1} = \begin{bmatrix} L_d & 0 & 0 \\ 0 & L_q & 0 \\ 0 & 0 & L_0 \end{bmatrix}$$

其中：$L_d = l_0 + m_0 + \dfrac{3}{2}l_2$；$L_q = l_0 + m_0 - \dfrac{3}{2}l_2$；$L_0 = l_0 - 2m_0$。

$$\boldsymbol{PL}_{SR} = \begin{bmatrix} m_{af} & m_{aD} & 0 \\ 0 & 0 & m_{aQ} \\ 0 & 0 & 0 \end{bmatrix}; \qquad \boldsymbol{L}_{RS}\boldsymbol{P}^{-1} = \begin{bmatrix} \dfrac{3}{2}m_{af} & 0 & 0 \\ \dfrac{3}{2}m_{aD} & 0 & 0 \\ 0 & \dfrac{3}{2}m_{aQ} & 0 \end{bmatrix}$$

经过派克变换后的磁链方程为

$$\begin{bmatrix} \Psi_d \\ \Psi_q \\ \Psi_0 \\ \Psi_f \\ \Psi_D \\ \Psi_Q \end{bmatrix} = \begin{bmatrix} L_d & 0 & 0 & m_{af} & m_{aD} & 0 \\ 0 & L_q & 0 & 0 & 0 & m_{aQ} \\ 0 & 0 & L_0 & 0 & 0 & 0 \\ \dfrac{3}{2}m_{af} & 0 & 0 & L_f & m_r & 0 \\ \dfrac{3}{2}m_{aD} & 0 & 0 & m_r & L_D & 0 \\ 0 & \dfrac{3}{2}m_{aQ} & 0 & 0 & 0 & L_Q \end{bmatrix}\begin{bmatrix} -i_d \\ -i_q \\ -i_0 \\ i_f \\ i_D \\ i_Q \end{bmatrix} \qquad (8\text{-}19)$$

这就是变换到 d、q、0 坐标系统的磁链方程。可以看到，方程中的各项电感系数都变为常数了。因为定子三相绕组已被假想的等效绕组 dd 和 qq 所代替，这两个绕组的轴线总是分别与 d 轴和 q 轴一致的，而 d 轴向和 q 轴向的磁导系数是与转子位置无关的，因此磁链与电流的关系（电感系数）自然亦与转子角 θ 无关。

式（8-19）中的 L_d 和 L_q 分别是定子的等效绕组 dd 和 qq 的电感系数，称为直轴同步电感和交轴同步电感。当转子各绕组开路（即 $i_f = 0$，$i_D = 0$，$i_Q = 0$），定子通以三相对称电流，且电流的通用相量同 d 轴重叠时 $i_q = 0$，气隙中仅存在直轴磁场；这时定子的任一相绕组的磁链和电流的比值为

$$\frac{\Psi_a}{i_a} = \frac{\Psi_d \cos\theta}{i_d \cos\theta} = \frac{\Psi_d}{i_d} = L_d$$

它就是直轴同步电感系数。由于磁链 Ψ_a 包含了另外两相绕组电流所产生的互感磁链在内，因而 L_d 是一种一相等值电感。同 L_d 对应的电抗就是直轴同步电抗 x_d。如果定子电流的通用相量同 q 轴重叠，则有 $i_d = 0$，气隙中仅存在交轴磁场，定子任一相绕组的磁链和电流的比值便是交轴同步电感系数，即

$$\frac{\Psi_a}{i_a} = \frac{\Psi_q \sin\theta}{i_q \sin\theta} = \frac{\Psi_q}{i_q} = L_q$$

同电感系数 L_q 对应的电抗就是交轴同步电抗 x_q。

当转子各绕组开路，定子通以三相零轴电流时，定子任一相绕组（计及另两相的互感）的电感系数就是零轴电感系数 L_0。

还须指出，式（8-19）右端的系数矩阵变得不对称了，即定子等效绕组和转子绕组间的互感系数不能互易了。从数学上讲，这是由于所采用的变换矩阵不是正交矩阵的缘故。在物理意义上，定子对转子的互感中出现系数 3/2，是因为定子三相合成磁势的幅值为一相磁势的 3/2 倍。实际上，只要将变换矩阵 P 略加改造，使之成为一个正交矩阵，这种互感系数不可互易的现象就不会再出现了。在目前采用的变换矩阵情况下，磁链方程中互感系数不可互易问题，只要将各量改为标么值并适当选取基准值即可克服。采用了这种标么制后不但互感系数是可互易的，而且还存在

$$m_{af^*} = m_{aD^*} = m_{r^*} = x_{ad^*}$$

$$m_{aQ^*} = x_{aq^*}$$

这种关系，即所有 d 轴互感系数的标么值与 d 轴电枢反应电抗标么值相等；q 轴互感系数的标么值与 q 轴电枢反应电抗标么值相等。则最终得到的磁链方程为

$$\begin{bmatrix} \Psi_d \\ \Psi_q \\ \Psi_0 \\ \Psi_f \\ \Psi_D \\ \Psi_Q \end{bmatrix} = \begin{bmatrix} x_d & 0 & 0 & x_{ad} & x_{ad} & 0 \\ 0 & x_q & 0 & 0 & 0 & x_{aq} \\ 0 & 0 & x_0 & 0 & 0 & 0 \\ x_{ad} & 0 & 0 & x_f & x_{ad} & 0 \\ x_{ad} & 0 & 0 & x_{ad} & x_D & 0 \\ 0 & x_{aq} & 0 & 0 & 0 & x_Q \end{bmatrix} \begin{bmatrix} -i_d \\ -i_q \\ -i_0 \\ i_f \\ i_D \\ i_Q \end{bmatrix} \qquad (8\text{-}20)$$

习惯上常将 d、q、0 系统中的电势方程和磁链方程合称为同步电机的基本方程，亦称派克方程。这组方程比较精确地描述了同步电机内部的电磁过程，它是同步电机（也是电力系统）暂态分析的基础。

第三节 同步电机的对称稳态运行

一、基本方程的实用化

为使所分析的问题简单化、实用化，假设：

（1）转子转速不变，并等于电机的额定转速。

（2）电机直轴方向三个绕组只有一个公共磁通，而不存在只同两个绕组交链的漏磁通。

（3）略去定子电势方程中的变压器电势，即认为 $\dot{\Psi}_d = \dot{\Psi}_q = 0$，这条假设适用于不计定子回路电磁暂态过程或者对定子电流中的非周期分量另行考虑的场合。

（4）定子回路的电阻只在计算定子电流非周期分量衰减时予以计及，而在其他计算中则略去不计。

上述四项假设主要用于一般的短路计算和电力系统的对称运行分析。此外，式（8-18）和式（8-20）共 12 个方程是具有阻尼绕组的同步电机经过派克变换后的基本方程式，总共包含有 16 个运行参量。在定子方面有 u_d、u_q、u_0；Ψ_d、Ψ_q、Ψ_0；i_d、i_q、i_0。在转子方面有 u_f；Ψ_f、Ψ_D、Ψ_Q；i_f、i_D、i_Q。发电机在对称运行时则有 $u_0 = 0$、$\Psi_0 = 0$、$i_0 = 0$。这时剩下 10 个方程，13 个运行参量，必须给定 3 个运行参量，才能利用 10 个方程求解其他另外 10 个运行参量。

对于不计阻尼绕组的情形，方程和运行参量均减少 4 个，其方程形式如下

$$
\left.
\begin{aligned}
u_d &= -r i_d + \dot{\Psi}_d - \omega \Psi_q \\
u_q &= -r i_q + \dot{\Psi}_q + \omega \Psi_d \\
u_f &= -r_f i_f + \dot{\Psi}_f \\
\Psi_d &= -x_d i_d + x_{ad} i_f \\
\Psi_q &= -x_q i_q \\
\Psi_f &= -x_{ad} i_d + x_f i_f
\end{aligned}
\right\}
\tag{8-21}
$$

二、同步发电机稳态运行方程、相量图和等值电路

同步发电机对称稳态运行时，定子三相电流、电压、磁链都是对称的，经过派克变换后的 i_d、i_q；u_d、u_q；Ψ_d、Ψ_q 都是常数，所有零轴分量均为零，$\dot{\Psi}_d = \dot{\Psi}_q = 0$，阻尼绕组 D 和 Q 中电流 i_D、i_Q 为零，励磁电流 i_f（$= u_f / r_f$）为常数，则由式（8-21）可将发电机定子电压方程式简化为如下代数方程

$$
\left.
\begin{aligned}
u_d &= -r i_d + x_q i_q \\
u_q &= -r i_q - x_d i_d + x_{ad} i_f = -r i_q - x_d i_d + E_q
\end{aligned}
\right\}
\tag{8-22}
$$

式中 $E_q = x_{ad} i_f$ 为空载电势。

由于稳态运行时定子三相电流、电压等均为正弦变化量，而且它们分别是 i_d、i_q 和 u_d、u_q 在 a、b、c 轴线上的投影，故可将 i_d、i_q 和 u_d、u_q 等当作相量。令 q 轴为虚轴、d 轴为实轴，则 i_d、u_d 均为实轴相量 i_q、u_q 均为虚轴相量。即

$$
\dot{U}_d = u_d; \quad \dot{U}_q = j u_q; \quad \dot{I}_d = i_d; \quad \dot{I}_q = j i_q
$$

空载电动势的相量应超前励磁主磁通相量 90°。即在 q 轴方向

$$
\dot{E}_q = j E_q
$$

将式（8-22）的第二式等号两侧乘以 j，式（8-22）可改写为相量形式

$$
\left.
\begin{aligned}
\dot{U}_d &= -r \dot{I}_d - j x_q \dot{I}_q \\
\dot{U}_q &= -r \dot{I}_q - j x_d \dot{I}_d + \dot{E}_q
\end{aligned}
\right\}
\tag{8-23}
$$

两式相加后得电压、电流相量关系

$$
\dot{U}_d + \dot{U}_q = -r(\dot{I}_d + \dot{I}_q) - j x_q \dot{I}_q - j x_d \dot{I}_d + \dot{E}_q
$$

即
$$\dot{U} = -r\dot{I} - jx_q\dot{I}_q - jx_d\dot{I}_d + \dot{E}_q \tag{8-24}$$

式中　$\dot{U}$——发电机端电压相量；

　　　$\dot{I}$——电流相量。

式（8-24）与《电机学》中应用双反应原理得到的结果是一样的。在《电机学》中曾经指出，$jx_d\dot{I}_d$ 和 $jx_q\dot{I}_q$ 代表直轴和交轴电枢反应电抗和漏抗所对应的压降。

对于隐极式发电机，直轴和交轴磁阻相等，即又 $x_d = x_q$，发电机电压方程为

$$\dot{U} = -r\dot{I} - jx_d\dot{I} + \dot{E}_q \tag{8-25}$$

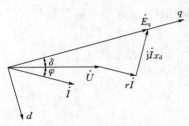

图 8-7　隐极式同步发电机
正常运行时的相量图

图 8-7 绘出了隐极式同步发电机在正常稳态运行时的相量图。通常已知的是发电机端电压和定子电流以及它们之间的相角差 φ，而空载电势是未知的，d、q 轴的方向也是未知的。对于隐极机来说，决定 $\dot{E}_q$ 是很方便的，在画出 $\dot{U}$ 和 $\dot{I}$ 的基础上（任意选定 $\dot{U}$ 或 $\dot{I}$ 为参考相量，另一个量即可根据相角差做出），在 $\dot{U}$ 上加 $r\dot{I}$ 和 $jx_d\dot{I}$ 即可得 $\dot{E}_q$，也就决定了 q 轴和 d 轴的位置。对于凸极机，必须在 $\dot{U}$ 上加

$r\dot{I}$ 和 $jx_q\dot{I}_q$、$jx_d\dot{I}_d$，但是 d、q 轴位置未知，$\dot{I}_d$ 和 $\dot{I}_q$ 是无法得到的。为了决定 q 轴位置，借助下述的虚构电势 $\dot{E}_Q$。将式（8-24）改写如下

$$\begin{aligned}
\dot{E}_q &= \dot{U} + r\dot{I} + jx_d\dot{I}_d + jx_q\dot{I}_q \\
&= \dot{U} + r\dot{I} + jx_q\dot{I}_d + j(x_d - x_q)\dot{I}_d + jx_q\dot{I}_q \\
&= \dot{U} + r\dot{I} + jx_q\dot{I} + j(x_d - x_q)\dot{I}_d = \dot{E}_Q + j(x_d - x_q)\dot{I}_d
\end{aligned} \tag{8-26}$$

式中虚构电势 $\dot{E}_Q$ 为

$$\dot{E}_Q = \dot{U} + r\dot{I} + jx_q\dot{I} \tag{8-27}$$

在式（8-26）中 $j(x_d - x_q)\dot{I}_d$ 显然是在 q 轴方向的量（即与 $\dot{E}_q$ 同方向），因此 $\dot{E}_Q$ 也一定在 q 轴方向上，而 $\dot{E}_Q$ 可以由 $\dot{U}$ 和 $\dot{I}$ 求得。利用 $\dot{E}_Q$ 决定 q 轴、d 轴，即可求得 $\dot{I}_d$，然后由式（8-26）即可计算空载电势。图 8-8 绘出了凸极式同步发电机在正常稳态运行时的相量图。

【例 8-2】　已知一台同步发电机运行在额定电压和额定电流的情况下，$\cos\varphi = 0.85$。若发电机为一隐极机，$x_d = 1.00$；发电机为一凸极机，$x_d = 1.00$，$x_q = 0.65$。试计算其空载电势。（不计定子绕组电阻的影响）

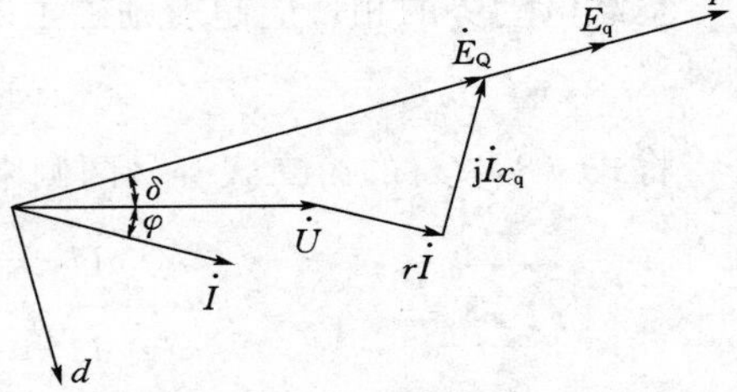

解　以发电机额定值为基准值，则发电机端电压标么值为 $1\underline{/0^\circ}$，电流标么值为 $1\underline{/-\varphi} = 1\underline{/-32^\circ}$。

发电机为隐极机时

$$\begin{aligned}
\dot{E}_q &= \dot{U} + jx_d\dot{I} \\
&= 1 + j1 \times \underline{/-32^\circ} \\
&= 1.53 + j0.85 = 1.75\underline{/29^\circ}
\end{aligned}$$

图 8-8　凸极式同步发电机
正常运行时的相量图

142

发电机为凸极机时

$$\dot{E}_Q = \dot{U} + jx_q\dot{I} = 1 + j0.65 \times \underline{/-32°} = 1.45\ \underline{/22.3°}$$

$$\delta = 22.3°$$

$$I_d = 1 \times \sin(22.3° + 32°) = 0.81$$

故

$$E_q = 1.45 + 0.81(1 - 0.65) = 1.73$$

$$\dot{E}_q = 1.73\ \underline{/22.3°}$$

根据同步发电机稳态运行的方程可以画出其等值电路，如图8-9所示。图8-9（a）由隐极机方程式（8-25）做出；图8-9（b）由式（8-27）做出，其中 $\dot{E}_Q$ 为虚构电势，其值与运行方式有关；图8-9（c）由方程（8-23）忽略 r 而得。

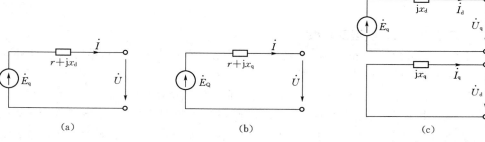

图 8-9　稳态运行时发电机等值电路

(a)隐极机；(b)凸极机；(c)凸极机

小　　结

本章介绍同步发电机的基本方程，为电力系统暂态过程研究准备基础知识。

理想同步电机内各绕组电磁量之间的关系可用一组微分方程（即各绕组电压方程）和一组代数方程（即各绕组的磁链方程）来描述；在 a、b、c 坐标系的磁链方程中，有许多系数是转子角的周期函数，因此为一组变换系数微分方程组。

坐标变换是一种线性变换。采用派克变换，实现从 a、b、c 坐标系到 d、q、0 坐标系的转换，把观察者的立场从静止的定子上转到了转子，定子的三相绕组被两个同转子一起旋转的等效 dd 绕组和 qq 绕组所代替。变换后，磁链方程的系数变为常数。深刻理解派克变换的物理意义。

d、q、0 坐标系的同步电机电压方程和磁链方程合称为同步电机的基本方程。

适当选择基准值，可使标幺制中的基本方程形式不变，而且使定子等效绕组和转子绕组之间的互感具有互易性。

在基本方程的论述中，对于坐标系及各电磁量的规定正向，不同的文献中常有不同的选择，这都不影响问题的本质。本书假定 q 轴超前于 d 轴 $90°$ 电度角，定、转子绕组各电磁量的规定正向遵循电工理论的惯例。

在合理假设的基础上，应用同步电机的基本方程对同步发电机稳态运行方程、相量图和等值电路做一详细的介绍。

第九章 电力系统三相短路的暂态过程

电力系统在正常运行过程中，时常会发生故障，其中的多数是短路故障。发生短路时，系统从一种状态剧变到另一种状态；并伴随产生复杂的暂态现象。本章着重讨论突然短路时的电磁暂态现象，主要的内容有，恒电势源电路的短路过程分析，同步发电机突然短路暂态过程的物理分析，以及同步电机常用的暂态参数的意义及其应用。

第一节 短路的一般概念

一、短路的原因、类型及后果

短路是电力系统的严重故障。所谓短路，是指电力系统正常运行情况以外的相与相之间或相与地（或中性线）之间的连接。

产生短路的主要原因是电气设备载流部分的相间绝缘或相对地绝缘被损坏。包括自然因素和人为因素。自然因素主要有：①元件损坏，例如绝缘材料的自然老化，鸟兽跨接在裸露的载流部分等；②气象条件恶化，例如雷击造成的闪络放电或避雷器动作，架空线路由于大风或导线覆冰引起电杆倒塌等。人为因素主要有：①设计、安装及维护不良所带来的设备缺陷发展成短路等；②人为事故，例如运行人员带负荷拉刀闸，线路或设备检修后未拆除接地线就加上电压等。总之，只要运行人员加强责任心，严格按规章制度办事，就可以把短路故障控制在一个很低的限度内。

表 9-1 短 路 类 型

短路种类	示意图	符 号
三相短路		$f^{(3)}$
两相短路		$f^{(2)}$
单相短路接地		$f^{(1)}$
两相短路接地		$f^{(1,1)}$

在三相系统中，可能发生的短路有：三相短路、两相短路、单相短路接地和两相短路接地。三相短路也称为对称短路，系统各相与正常运行时一样仍处于对称状态。其他类型的短路都是不对称短路。表 9-1 示出三相系统中短路的基本类型。

电力系统的运行经验表明，在各种类型的短路中，单相短路占大多数，两相短路较少，三相短路的机会最少。三相短路虽然很少发生，但情况较严重，应给以足够的重视。

随着短路类型、发生地点和持续时间的不同，短路的后果可能只破坏局部地区的正常供电，也可能威胁整个系统的安全运行。电力系统发生短路时，系统的总阻抗要减小，这在三相短路时是显而易见的，其他类型短路时也是如此。因而伴随短路所产生的基本现象是：电流剧烈增加，例如发电机端发生短路时，电流的最大瞬时值可能高达额定电流的 10～15 倍，在大容量系统中短路电流可达几万安培甚至十几万安培。在电流急剧增加的同时，系统中的电压将大幅度下降，例如系统发生三相短路时，短路点的电压将降到零，短路点附近各点的电压也将明显降低。

由于短路时有上述现象发生，因而短路所引起的后果是破坏性的。具体表现在以下几个方面：

（1）短路点的电弧有可能烧坏电气设备，同时很大的短路电流通过设备会使发热增加，当短路持续时间较长时可能使设备过热而损坏。

（2）很大的短路电流通过导体时，要引起导体间很大的机械应力，如果导体和它们的支架不够坚固，则可能遭到破坏。

（3）短路时，系统电压大幅度下降，对用户工作影响很大。系统中最主要的电力负荷是异步电动机，它的电磁转矩同它的端电压的平方成正比，电压下降时，电磁转矩将显著降低，使电动机停转，以致造成产品报废及设备损坏等严重后果。

（4）当电力系统中发生短路时，有可能使并列运行的发电机失去同步，破坏系统稳定，使整个系统的正常运行遭到破坏，引起大片地区的停电。这是短路故障最严重的后果。

（5）不对称接地短路所造成的不平衡电流，将产生零序不平衡磁通，会在邻近的平行线路内（如通信线路，铁道信号系统等）感应出很大的电动势。这将造成对通信的干扰，并危及设备和人身的安全。

二、短路计算的目的

在电力系统和电气设备的设计和运行中，短路计算是解决一系列技术问题所不可缺少的基本计算，这些问题主要是：

（1）选择有足够机械稳定度和热稳定度的电气设备，例如断路器、互感器、瓷瓶、母线、电缆等，必须以短路计算作为依据。这里包括计算冲击电流以校验设备的动稳定度；计算若干时刻的短路电流周期分量以校验设备的热稳定度；计算指定时刻的短路电流有效值以校验断路器的断流能力等。

（2）为了合理地配置各种继电保护和自动装置并正确整定其参数，必须对电力网中发生的各种短路进行计算和分析。在这些计算中不但要知道故障支路中的电流值，还必须知道电流在网络中的分布情况。有时还要知道系统中某些节点的电压值。

（3）在设计和选择发电厂和电力系统电气主接线时，为了比较各种不同方案的接线图，确定是否需要采取限制短路电流的措施等，都要进行必要的短路电流计算。

（4）进行电力系统暂态稳定计算，研究短路对用户工作的影响等，也包含有部分短路计算的内容。

此外，确定输电线路对通信的干扰，对已发生故障进行分析，都必须进行短路计算。

在实际工作中，根据一定的任务进行短路计算时，必须首先确定计算条件。所谓计算条件，一般包括，短路发生时系统的运行方式，短路的类型和发生地点，以及短路发生后所采取的措施等。从短路计算的角度来看，系统运行方式指的是系统中投入运行的发电、变电、输电、用电的设备的多少以及它们之间相互连接的情况，计算不对称短路时，还应包括中性点的运行状态。对于不同的计算目的，所采用的计算条件是不同的。

第二节　无限大功率电源供电系统的三相短路

一、无限大功率电源的概念

在研究电力系统暂态过程时为了简化分析和计算，常常假设电源的容量为无限大，并称为无限大功率电源。由于电源的容量无限大，当外电路发生短路时引起的功率变化量（近似等于它向短路点供给的短路容量）与电源的容量相比可以忽略不计，网络中的有功功率和无功功率均能保持平衡。因此，无限大功率电源（亦称恒定电势源）具有两个特点：①电源的频率和电压保持恒定；②电源的内阻抗为零。

显然，无限大功率电源是一个相对的概念，真正的无限大功率电源在实际电力系统中是不存在的。但当许多个有限容量的发电机并联运行，或电源距短路点的电气距离很远时，就可将其等值电源近似看做无限大功率电源。前一种情况常根据等值电源的内阻抗与短路回路总阻抗的相对大小来判断该电源能否看做无限大功率电源。若等值电源的内阻抗小于短路回路总阻抗的 10% 时，则可以认为该电源为无限大功率电源。后一种情况则是通过电源与短路点间电抗的标么值来判断的，即该电抗在以电源额定容量作基准容量时的标么值大于 3，则认为该电源是无限大功率电源。

引入无限大功率电源的概念后，在分析网络突然三相短路的暂态过程时，可以忽略电源内部的暂态过程，使分析得到简化，从而推导出工程上适用的短路电流计算公式。用无限大功率电源代替实际的等值电源计算出的短路电流偏于安全。

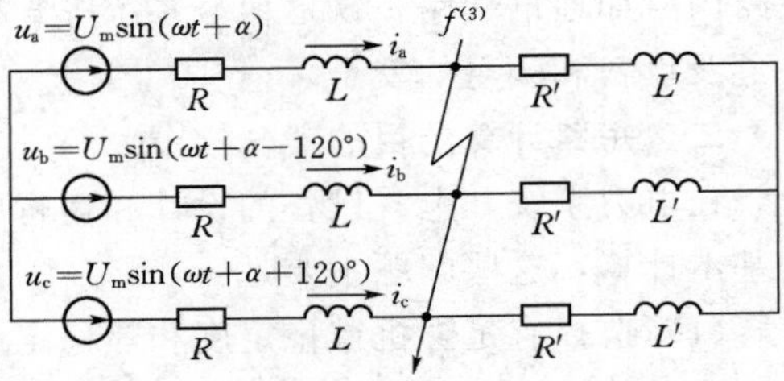

图 9-1　无限大功率电源供电的三相电路突然短路

二、无限大功率电源供电电路突然三相短路的暂态过程

图 9-1 是一个由无限大功率电源供电的简单三相电路，短路前处于正常稳态，由于电路对称，可以用对一相的讨论代替三相。

$$u_{\mathrm{a}} = U_{\mathrm{m}}\sin(\omega t + \alpha) \tag{9-1}$$

$$i_{[0]} = I_{\mathrm{m}[0]}\sin(\omega t + \alpha - \varphi_{[0]}) \tag{9-2}$$

式中

$$I_{\mathrm{m}[0]} = \frac{U_{\mathrm{m}}}{\sqrt{(R+R')^2 + \omega^2(L+L')^2}}$$

$$\varphi_{[0]} = \mathrm{arctg}\frac{\omega(L+L')}{(R+R')}$$

当电路在 f 点发生突然三相短路，网络被短路点分成两个相互独立的部分，短路点左侧的部分仍与电源连接，右边的部分则被短接为无源网络。在此无源网络中，短路前的电流为 $i_{[0]}$，该电路的暂态过程即是电流从这个初始值按指数规律衰减到零的过程，在此过程中，电路中储存的能量将全部转换成为电阻所消耗的热能。因此，三相电路的暂态过程主要针对短路点左侧的有源电路。

假设短路在 $t=0\mathrm{s}$ 时发生，由于电路仍为对称，可以只研究其中的一相，例如 a 相，其电流的瞬时值应满足如下微分方程

$$L\frac{\mathrm{d}i_{\mathrm{a}}}{\mathrm{d}t} + Ri_{\mathrm{a}} = U_{\mathrm{m}}\sin(\omega t + \alpha) \tag{9-3}$$

这是一个一阶常系数，线性非齐次的常微分方程，它的特解即为稳态短路电流 $i_{\infty\mathrm{a}}$，又称交流分量或周期分量 i_{pa} 为

$$i_{\infty a} = i_{pa} = \frac{U_m}{Z}\sin(\omega t + \alpha - \varphi) = I_m\sin(\omega t + \alpha - \varphi) \tag{9-4}$$

式中　Z——短路回路每相阻抗（$R+j\omega L$）的模值；

　　　φ——稳态短路电流和电源电压间的相角（$\text{arctg}\,\dfrac{\omega L}{R}$）；

　　　I_m——稳态短路电流的幅值。

短路电流的自由分量衰减时间常数 T_a 为微分方程式（9-3）的特征根的负倒数，即

$$T_a = \frac{L}{R} \tag{9-5}$$

短路电流的自由分量电流为

$$i_{\alpha a} = Ce^{-\frac{t}{T_a}} \tag{9-6}$$

又称为直流分量或非周期分量，它是不断减小的直流电流，其减小的速度与电路中 L/R 值有关。式中 C 为积分常数，其值即为直流分量的起始值。

短路的全电流为

$$i_a = I_m\sin(\omega t + \alpha - \varphi) + Ce^{-\frac{t}{T_a}} \tag{9-7}$$

式中的积分常数 C 可由初始条件决定。在含有电感的电路中，根据楞次定律，通过电感的电流是不能突变的，即短路前一瞬间的电流值（用下标 [0] 表示）必须与短路发生后一瞬间的电流值（用下标 0 表示）相等，即

$$i_{a[0]} = I_{m[0]}\sin(\alpha - \varphi_{[0]}) = i_{a0} = I_m\sin(\alpha - \varphi) + C = i_{pa0} + i_{\alpha a0}$$

所以

$$C = i_{\alpha a0} = i_{a[0]} - i_{pa0} = I_{m[0]}\sin(\alpha - \varphi_{[0]}) - I_m\sin(\alpha - \varphi) \tag{9-8}$$

将式（9-8）代入式（9-7）中便得

$$i_a = I_m\sin(\omega t + \alpha - \varphi) + [\,I_{m[0]}\sin(\alpha - \varphi_{[0]}) - I_m\sin(\alpha - \varphi)\,]e^{-\frac{t}{T_a}} \tag{9-9}$$

由于三相电路对称，只要用（$\alpha-120°$）和（$\alpha+120°$）代替式（9-9）中的 α 就可分别得到 b 相和 c 相电流表达式。现将三相短路电流表达式综合如下：

$$\left.\begin{aligned}
i_a &= I_m\sin(\omega t + \alpha - \varphi) + [\,I_{m[0]}\sin(\alpha - \varphi_{[0]}) - I_m\sin(\alpha - \varphi)\,]e^{-\frac{t}{T_a}} \\
i_b &= I_m\sin(\omega t + \alpha - 120° - \varphi) + [\,I_{m[0]}\sin(\alpha - 120° - \varphi_{[0]}) \\
&\quad - I_m\sin(\alpha - 120° - \varphi)\,]e^{-\frac{t}{T_a}} \\
i_c &= I_m\sin(\omega t + \alpha + 120° - \varphi) + [\,I_{m[0]}\sin(\alpha + 120° - \varphi_{[0]}) \\
&\quad - I_m\sin(\alpha + 120° - \varphi)\,]e^{-\frac{t}{T_a}}
\end{aligned}\right\} \tag{9-10}$$

由上可见，短路至稳态时，三相中的稳态短路电流为三个幅值相等、相角相差 120°的交流电流，其幅值大小取决于电源电压幅值和短路回路的总阻抗。从短路发生到短路稳态之间的暂态过程中，每相电流还包含有逐渐衰减的直流电流，它们出现的物理原因是电感中电流在突然短路瞬时的前后不能突变。很明显，三相的直流电流是不相等的。

图 9-2 示出三相电流变化的情况（在某一初相角 α 时）。由图可见，短路前三相电流和短路后三相的交流分量均为幅值相等、相角相差 120°的三个正弦电流，直流分量电流使 $t=0$ 时短路电流值与短路前瞬间的电流值相等。由于有了直流分量，短路电流曲线便不与时间

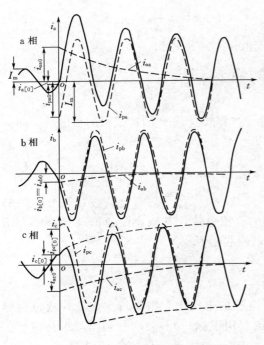

图 9-2　三相短路电流波形图

轴对称，而直流分量曲线本身就是短路电流曲线的对称轴。因此，当已知一短路电流曲线时，可以应用这个性质把直流分量从短路电流曲线中分离出来，即将短路电流曲线的两根包络线间的垂直线等分，如图 9-2 中 i_c 所示。

由图 9-2 还可以看出，直流分量起始值越大，短路电流瞬时值越大。在电源电压幅值和短路回路阻抗恒定的情况下，由式（9-10）可知，直流分量的起始值与电源电压的初始相角 α（相当于在 α 时刻发生短路）、短路前回路中的电流值有关。在图 9-3（a）中画出了 $t=0$ 时 a 相的电源电压、短路前的电流和短路电流交流分量的相量图。显然，$\dot{I}_{ma[0]}$ 和 $\dot{I}_{ma}$ 在时间轴上的投影分别为 $i_{a[0]}$ 和 i_{pa0}，它们的差值即为 $i_{\alpha a0}$。如果改变 α 使相量差（$\dot{I}_{ma[0]}-\dot{I}_{ma}$）与时间轴平行，则 a 相直流分量起始值的绝对值最大；如果改变 α 使相量差（$\dot{I}_{ma[0]}-\dot{I}_{ma}$）与时间轴垂直，则 a 相直流电流为零，这时 a 相电流由短路前的稳态电流直接变为短路后的稳态电流，而不经过暂态过程。

图 9-3（b）中给出了短路前为空载时（$I_{m[0]}=0$）a 相的电流相量图，这时 $\dot{I}_{ma}$ 在 t 轴上的投影即为 $i_{\alpha a0}$，显然比图 9-3（a）中相应的要大。如果在这种情况下，α 满足 $|\alpha-\varphi|=90°$，即 $\dot{I}_{ma}$ 与时间轴平行，则 $i_{\alpha a0}$ 的绝对值达到最大值 I_m。

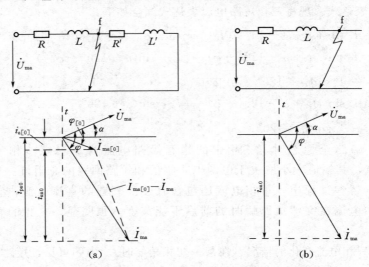

（a）　　　　　　　　　　　　　　　　（b）

图 9-3　初始状态电流相量图

（a）短路前有载；（b）短路前空载

在图 9-4 中示出了短路瞬时（$t=0$）三相的电流相量图，不难看出，三相中直流电流起始值不可能同时最大或同时为零。在任意一个初相角下，总有一相（图 9-4 中为 a 相）的直流电流起始值较大，而有一相较小（图 9-4 中为 b 相）。由于短路瞬时是任意的，因此必须考虑有一相（例如 a 相）的直流分量起始值为最大值。

根据前面的分析可以得出这样的结论：当短路发生在电感电路中、短路前为空载的情况下直流分量电流最大，若初始相角满足 $|\alpha-\varphi|=90°$，则一相（a 相）短路电流的直流分量起始值的绝对值达到最大值，即等于稳态短路电流的幅值。

三、短路冲击电流、最大有效值电流和短路容量

1. 短路冲击电流

短路电流在前述最恶劣短路情况下的最大瞬时值，称为短路冲击电流。

一般在短路回路中，感抗值要比电阻值大得多，即 $\omega L \gg R$，因此可以认为 $\varphi \approx 90°$。在这种情况下，当 $\alpha=0°$ 或 $\alpha=180°$ 时，相量 $\dot{I}_{ma}$ 与时间轴平行，即 a 相处于最严重的情况。将 $I_{m[0]}=0$、$\alpha=0°$、$\varphi=90°$。代入式（9-10）得 a 相全电流的算式如下

$$i_a = -I_m \cos\omega t + I_m e^{-\frac{t}{T_a}}$$

i_a 电流波形示于图 9-5。从图中可见，短路电流的最大瞬时值，即短路冲击电流，将在短路发生经过约半个周期后（当 f 为 50Hz 时，此时间约为 0.01s）出现。由此可得冲击电流值为

$$i_M \approx I_m + I_m e^{-\frac{0.01}{T_a}} = (1 + e^{-\frac{0.01}{T_a}})I_m = K_M I_m \tag{9-11}$$

式中　K_M——冲击系数，即冲击电流值对于交流电流幅值的倍数，K_M 值为 1~2，而在实际计算中，K_M 一般取为 1.8~1.9。

冲击电流主要用于检验电气设备和载流导体的动稳定度。

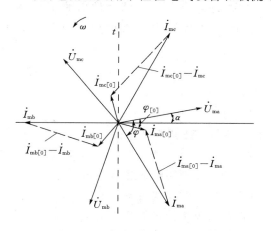

图 9-4　短路瞬时三相电流相量图

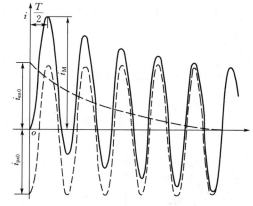

图 9-5　直流分量最大时短路电流波形

2. 最大有效值电流

在短路暂态过程中，任一时刻 t 的短路电流有效值 I_t，是以时刻 t 为中心的一个周期内瞬时电流的均方根值，即

$$I_t = \sqrt{\frac{1}{T}\int_{t-\frac{T}{2}}^{t+\frac{T}{2}} i^2 \mathrm{d}t} = \sqrt{\frac{1}{T}\int_{t-\frac{T}{2}}^{t+\frac{T}{2}} (i_{pt} + i_{\alpha t})^2 \mathrm{d}t}$$

$$= \sqrt{(I_\mathrm{m}/\sqrt{2})^2 + i_{\alpha t}^2} \tag{9-12}$$

式中假设在 t 前后一周期内 $i_{\alpha t}$ 不变。

由图 9-5 可知，最大有效值电流也是发生在短路后半个周期时，其值为

$$\begin{aligned} I_\mathrm{M} &= \sqrt{(I_\mathrm{m}/\sqrt{2})^2 + i_{\alpha t(=0.01\mathrm{s})}^2} \\ &= \sqrt{(I_\mathrm{m}/\sqrt{2})^2 + (i_\mathrm{M} - I_\mathrm{m})^2} \\ &= \sqrt{(I_\mathrm{m}/\sqrt{2})^2 + I_\mathrm{m}^2(K_\mathrm{M}-1)^2} = \frac{I_\mathrm{m}}{\sqrt{2}}\sqrt{1 + 2(K_\mathrm{M}-1)^2} \end{aligned} \tag{9-13}$$

当 $K_\mathrm{M} = 1.9$ 时，$I_\mathrm{M} = 1.62\left(\dfrac{I_\mathrm{m}}{\sqrt{2}}\right)$；当 $K_\mathrm{M} = 1.8$ 时，$I_\mathrm{M} = 1.52\left(\dfrac{I_\mathrm{m}}{\sqrt{2}}\right)$

短路全电流有效值主要用于检验快速断路器的开断能力。

3. 短路容量

短路容量又称短路功率，它等于短路电流有效值与该点短路前电压（在近似计算中取为平均额定电压）的乘积。于是，t 时刻的短路容量为

$$S_t = \sqrt{3}U_{\mathrm{av}}I_t \tag{9-14}$$

在实际计算中取 $U_\mathrm{B} = U_{\mathrm{av}}$ 用标么值表示短路容量时

$$S_{t*} = \frac{\sqrt{3}U_{\mathrm{av}}I_t}{\sqrt{3}U_\mathrm{B}I_\mathrm{B}} = \frac{I_t}{I_\mathrm{B}} = I_{t*} = \frac{1}{X_{\Sigma*}} \tag{9-15}$$

换算为实际值

$$S_t = S_{t*}S_\mathrm{B} = I_{t*}S_\mathrm{B} = \frac{1}{X_{\Sigma*}}S_\mathrm{B} \tag{9-16}$$

式（9-15）说明在工程中短路容量是个很有用的概念，它反映了网络中某点与无限大功率电源间的电气距离。换句话说：当知道系统中某点的短路容量时，该点与电源点间的等值电抗即可求得。在短路电流的实用计算中，常用周期分量初始有效值来计算

$$S = \sqrt{3}U_{\mathrm{av}}I'' \tag{9-17}$$

短路容量主要用来校验开关设备的切断能力。

第三节　同步发电机突然三相短路的物理分析

在暂态过程中电磁和机械量的变化是相互影响的，致使实际的暂态过程十分复杂，但由于电磁量的变化与机械量的变化相比，电磁量的变化速度要快得多，使整个电磁暂态过程十分短暂。因此，在研究电磁暂态过程时，通常都假设机械量的变化还未开始，即计算突然短路暂态过程中的电磁量时，认为同步发电机仍保持同步速度不变，从而各发电机电势间的相位角也保持不变；异步电动机的转差保持不变。这样的假设条件给电磁暂态过程的研究带来许多方便。

一、磁链守恒定律的应用

磁链守恒定律说明：任何闭合线圈，它所交链的磁链不能突变，当外来的磁场企图使闭合线圈所交链的磁链变化时，在该线圈中将感应出一个自由直流电流，使所产生的磁链恰好抵消这种变化，以保持总的合成磁链不突变。如果闭合线圈是超导体线圈（$R=0$），则

能永远保持磁链不变，但实际的线圈都有电阻，因此只能在外部条件突变的那一瞬间保持磁链不变，以后自由电流及由它产生的磁链将按一定的规律衰减到零。

同步发电机定、转子上共有 6 个线圈，各线圈间具有复杂的磁耦合关系。当定子绕组突然三相短路，6 个线圈均成为闭合线圈（励磁绕组看做通过励磁机短接），尽管这时定、转子磁场间的相互作用十分复杂，但在突然短路瞬间，各绕组的磁链变化均遵守磁链守恒定律。因此，发电机三相短路物理过程的讨论，是以磁链守恒定律为基础的，在突然短路瞬间应用磁链守恒定律和分析定、转子间的相对位置变化，便可知道各绕组将是否产生直流自由电流以及这个电流对其他绕组的影响。

二、同步发电机突然三相短路的物理分析

设所讨论的同步发电机是一个理想的凸极机：定子三相绕组对称，即各绕组匝数相同，空间位置彼此相差 120°；转子对称于本身的直轴和交轴，在转子上有一个集中的励磁绕组 f 和两个相互垂直的等效阻尼绕组 D、Q（见图 9-6）。水轮发电机的阻尼绕组是由转子极面上的短路阻尼条构成；汽轮发电机则是由整块钢锭锻制而成的转子起着等效阻尼绕组的作用。它们都可以等效地用分布在直轴和交轴方向的集中绕组来表示。

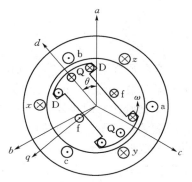

这样的发电机模型，在转子上有 f、D、Q 3 个绕组，定子上有 a、b、c 三相绕组，这 6 个绕组间存在着复杂的磁耦合关系。

图 9-6 同步发电机
各绕组示意图

为了简化研究，首先假设发电机为无阻尼绕组，即对无阻尼绕组发电机进行分析，在此基础上再考虑阻尼绕组的影响。

1. 正常稳态运行定、转子绕组的电磁关系

正常稳态运行时，设励磁机加在励磁绕组两端的电压为 U_f，励磁绕组中流过的励磁电流为 $i_f = U_f / R_f$，励磁电流产生的归算到定子侧的总磁链为 Ψ_F，Ψ_F 由两部分组成：一部分是仅与励磁绕组交链的励磁绕组漏磁链 $\Psi_{f\sigma}$，另一部分是穿过空气隙与定子绕组相交链的互感磁链 Ψ_{fd}，称主磁链。Ψ_{fd} 的正方向是转子 d 轴的方向，它随转子一起以同步速度旋转，切割静止的定子绕组，在定子绕组中感应产生空载电势，由于空载电势由 d 轴方向的磁链产生并滞后 d 轴 90°，是落在 q 轴上，故用 E_q 表示。当定子绕组与外电路接通后，其中将流过同步频率的三相对称电流 $i_{\omega[0]}$，$i_{\omega[0]}$ 产生的磁链包括两个部分：一部分是仅与定子绕组相交链的定子漏磁链 Ψ_σ，另一部分是通过定、转子间的空气隙与转子绕组相交链的互感磁链，即电枢反应磁链。在任意负载下定子电流 $i_{\omega[0]}$ 可分解为 $i_{d[0]}$ 和 $i_{q[0]}$ 两个分量，因此电枢反应磁链也有对应的直轴电枢反应磁链 $\Psi_{ad[0]}$ 和交轴电枢反应磁链 $\Psi_{aq[0]}$ 两个分量，在感性电路中 $\Psi_{ad[0]}$ 对转子磁场 $\Psi_{fd[0]}$ 起去磁作用，在图 9-7（a）中它们的方向是相反的，根据 $\Psi_{fd[0]}$ 和 $\Psi_{ad[0]}$ 的方向用右手螺旋定则确定励磁绕组和定子绕组电流的正方向如图 9-7（a）所示。

有阻尼绕组的同步发电机正常运行时由于定、转子磁场大小保持不变；且定子旋转磁场与转子无相对运动，因此阻尼绕组中没有电流。

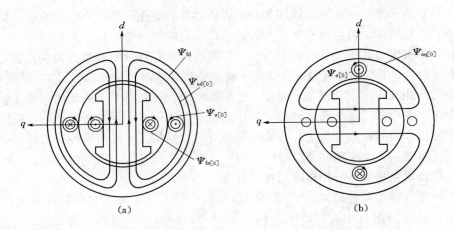

图 9-7 无阻尼绕组同步发电机正常运行磁链分布图

(a) d 轴方向；(b) q 轴方向

有阻尼绕组的同步发电机在 q 轴方向转子上只有 q 轴阻尼绕组，因此正常运行时只有定子电流产生的磁链，正方向的定子电流产生的 $\Psi_{aq[0]}$ 方向与 q 轴的方向相反〔见图 9-7 (b)〕。

综上所述，同步发电机正常稳态运行时，转子上有由励磁电流产生的、随转子一起旋转的磁场，定子三相对称电流在空气隙中产生一个以同步速度顺转子转向旋转的旋转磁场，该旋转磁场幅值恒定，在空间与转子磁场相对静止，因此，定子磁场不会在转子绕组中感生电流。

总结上述正常稳态运行同步发电机定、转子各电磁量的相互关系如下

$$i_{f[0]} \rightarrow \Psi_{F[0]} \begin{cases} \Psi_{f\sigma[0]} \\ \\ \Psi_{fd[0]} \rightarrow E_{q[0]} \rightarrow i_{\omega[0]} \begin{cases} i_{d[0]} \rightarrow \begin{cases} \Psi_{\sigma[0]} \\ \Psi_{ad[0]} \end{cases} \\ i_{q[0]} \rightarrow \begin{cases} \Psi_{\sigma[0]} \\ \Psi_{aq[0]} \end{cases} \end{cases} \end{cases}$$

如果忽略定子回路电阻，认为 $R=0$，则 $i_{q[0]}=0$，$\Psi_{aq[0]}=0$，即电枢反应只有 d 轴分量。

2. 突然三相短路的物理分析

如果同步发电机定子回路突然三相短路，由于外接电抗的骤然减小，定子基频电流突然增大，相应的电枢反应磁链将突然增大，使稳态运行时电机内部的电磁平衡关系遭到破坏。但各闭合绕组为了保持原交链的磁链不突变，必将产生若干新的磁链和电流分量，这些磁链和电流分量的产生和变化的过程，就是要讨论的同步发电机从正常稳态到三相稳定短路状态之间的暂态过程。下面将定性分析暂态过程中发电机各绕组的磁链和电流的变化规律。

(1) 无阻尼绕组同步发电机的电磁暂态过程。先看转子绕组，无阻尼绕组同步发电机转子上只有励磁绕组。设励磁绕组正常运行时励磁电流为 $i_{f[0]}$，当同步发电机定子回路突然三相短路，由于定子回路外接阻抗的骤然减小，定子电流将产生同步频率的电流增量 Δi_ω，由于 Δi_ω 是有源的，它是强制分量。Δi_ω 使电枢反应磁链突然增大，设电枢反应磁链的增量为 $\Delta \Psi_{ad}$。励磁绕组为了保持它交链的合成磁链不突变，短路瞬间将产生一个直流电流，由

$\Delta i_{\mathrm{f}\alpha}$ 产生一个磁链增量 $\Delta\Psi_{\mathrm{F}}=\Delta\Psi_{\mathrm{fd}}+\Delta\Psi_{\mathrm{f}\sigma}$，$\Delta\Psi_{\mathrm{F}}$ 与 $\Delta\Psi_{\mathrm{ad}}$ 大小相等，方向相反，正好抵消。但由于出现了主磁链的增量 $\Delta\Psi_{\mathrm{fd}}$，在定子绕组中将感应出空载电势的增量 ΔE_{q}，在闭合的定子绕组中将出现定子电流同步频率分量的增量 $\Delta i'_{\omega}$。$\Delta i'_{\omega}$ 因 $\Delta i_{\mathrm{f}\alpha}$ 的产生而产生，它们都是没有外部能源供给的自由电流，由于励磁绕组存在电阻，在暂态过程中 $\Delta i'_{\omega}$ 与 $\Delta i_{\mathrm{f}\alpha}$ 一起以定子绕组短接时励磁绕组的时间常数 T'_{d} 按指数规律衰减到零。

总结上述过程，定子回路突然三相短路瞬间，由于励磁绕组要维持磁链守恒，产生了励磁电流直流分量的增量 $\Delta i_{\mathrm{f}\alpha}$，导致各绕组的电磁量发生了如下变化：

励磁电流　$i_{\mathrm{f}[0]}\rightarrow i_{\mathrm{f}[0]}+\Delta i_{\mathrm{f}\alpha}$

主磁链　　$\Psi_{\mathrm{fd}[0]}\rightarrow\Psi_{\mathrm{fd}[0]}+\Delta\Psi_{\mathrm{fd}}$

空载电势　$E_{\mathrm{q}[0]}\rightarrow E_{\mathrm{q}[0]}+\Delta E_{\mathrm{q}}$

定子电流　$i_{\omega[0]}\rightarrow i_{\omega[0]}+\Delta i_{\omega}+\Delta i'_{\omega}=i_{\infty}+\Delta i'_{\omega}$

$\Delta\Psi_{\mathrm{fd}}$、ΔE_{q}、$\Delta i'_{\omega}$ 均因 $\Delta i_{\mathrm{f}\alpha}$ 产生而产生，在暂态过程中必将与 $\Delta i_{\mathrm{f}\alpha}$ 一起按指数规律衰减到零。

再来看定子绕组，定子回路发生突然三相短路后，定子基频电流由短路前的 $i_{\omega[0]}$ 突然增大，使电枢反应磁链突然增大，每相定子绕组为了维持磁链守恒，在短路瞬间必须分别产生直流电流分量，从而产生一个与该相电枢反应磁链增量大小相等、方向相反的磁链与之抵消。由于三相定子绕组在空间相差 $120°$，突然短路瞬间为了维持各绕组所交链的磁链不突变而分别在三相定子绕组中产生的直流电流大小不等，但三相直流电流在空间合成了一个直流磁势，产生在空间静止不动的直流磁场。在凸极发电机中，由于转子 d、q 轴不对称，使定子直流磁场磁通路径上的磁阻以二倍同步频率周期地变化：如当定子直流磁场的磁通穿过转子 d 轴方向的路径闭合时，磁阻最小；转子转过 $90°$，磁通穿过 q 轴方向的路径闭合时，磁阻最大；转子转过 $180°$，磁通又穿过 d 轴方向的路径，磁阻又最小。这样，为了产生恒定的磁场而需要的定子直流电流，其大小也必然随着磁阻以二倍同步频率周期地变化。为了便于分析，通常将这个大小按二倍同步频率变化的直流电流分解为一个恒定直流 Δi_{α} 与一个两倍频变化的交流 $\Delta i_{2\omega}$ 两个分量。

三相定子绕组的直流电流产生的直流磁场在空间静止不动，转子以同步速度旋转，励磁绕组切割定子直流磁场，感应产生一个同步频率交流电流 $\Delta i_{\mathrm{f}\omega}$，定子二倍频电流相对于转子也以同速旋转，同样在励磁绕组中产生 $\Delta i_{\mathrm{f}\omega}$，$\Delta i_{\mathrm{f}\omega}$ 是单相交流，在转子中产生一个同步频率的脉振磁场，这个脉振磁场可分解为两个大小相等、方向相反，相对于转子以同步速度旋转的旋转磁场反作用于定子：一个相对于转子以同步速度顺转子转向旋转，相对于定子以二倍同步速度旋转，这个旋转磁场与定子二倍频电流 $\Delta i_{2\omega}$ 产生的磁场在空间相对静止；另一个以同步速度逆转子转向旋转，与定子绕组相对静止，即在空间与定子恒定直流 Δi_{α} 产生的磁场相对静止，起到削弱定子直流磁场的作用。

$\Delta i_{\mathrm{f}\omega}$ 因 Δi_{α} 和 $\Delta i_{2\omega}$ 的产生而产生，它们都是无外界能源支持的自由电流。由于实际电机各绕组都有电阻，暂态过程中 $\Delta i_{\mathrm{f}\omega}$ 将随（$\Delta i_{\alpha}+\Delta i_{2\omega}$）以励磁绕组短接时的定子绕组的时间常数 T_{a} 按指数规律衰减到零。

总结上述分析，无阻尼绕组同步发电机定子突然三相短路前后，定、转子各绕组电流发生了如下变化：

定子绕组　　$i_{\omega[0]} \rightarrow (i_{\omega[0]} + \Delta i_{\omega}) + \Delta i'_{\omega} + \Delta i_{a} + \Delta i_{2\omega} = i_{\infty} + \Delta i'_{\omega} + \Delta i_{a} + \Delta i_{2\omega}$

转子绕组　　$i_{f[0]} \rightarrow i_{f[0]} + \Delta i_{fa} + \Delta i_{f\omega}$

其中，Δi_{fa} 与 $\Delta i'_{\omega}$ 对应，在暂态过程中均以 T'_d 按指数规律衰减到零；$(\Delta i_{a} + \Delta i_{2\omega})$ 与 $i_{f\omega}$ 对应，暂态过程中以 T_a 按指数规律衰减到零。

定子绕组电流中，仅 $(i_{\omega[0]} + \Delta i_{\omega})$ 是强制分量，这个强制分量就是稳态短路电流即 i_{∞}；转子绕组中仅 $i_{f[0]}$ 是强制分量，其余电流分量均是自由分量。自由电流分量衰减到零就表征暂态过程结束，进入短路稳态。

（2）有阻尼绕组同步发电机的暂态过程。如果发电机具有阻尼绕组，定子回路突然三相短路瞬间，d 轴方向上励磁绕组 f 和阻尼绕组 D 为了维持所交链的磁链不突变，都要分别产生直流自由电流 Δi_{fa} 和 Δi_{Da}，从而产生磁链共同抵消电枢反应磁链的增量 $\Delta \Psi_{ad}$。但由于直轴阻尼绕组和励磁绕组间有磁耦合关系，暂态过程中 Δi_{fa} 和 Δi_{Da} 的变化除受短接的定子绕组影响外，它们之间还相互影响，使暂态过程的分析计算十分复杂，为了简化分析，工程中近似认为 Δi_{Da} 将在定子绕组中感应产生基频电流的次暂态分量 $\Delta i''_{d\omega}$，Δi_{fa} 将在定子绕组中感应产生基频电流的暂态分量 $\Delta i'_{d\omega}$，因此 $\Delta i''_{d\omega}$ 与 Δi_{Da} 同按定子绕组、励磁绕组都短接时阻尼绕组 D 的时间常数衰减；$\Delta i'_{d\omega}$ 与 Δi_{fa} 同按定子绕组短接、阻尼绕组 D 开路时励磁绕组的时间常数衰减。

与无阻尼绕组发电机的情况类似，在突然三相短路瞬间，定子绕组为了维持合成磁链不突变，也要在各相绕组中产生幅值按二倍同步频率变化的直流自由电流，这个直流电流同样可分解为 $(\Delta i_{a} + \Delta i_{2\omega})$，用以产生磁链与电枢反应磁链的增量相抵消。三相定子直流电流共同产生一个在空间静止的恒定磁场，在转子 d 轴方向上的励磁绕组和阻尼绕组 D 切割 $(\Delta i_{a} + \Delta i_{2\omega})$ 对应的磁场，分别产生同步频率分量 $\Delta i_{f\omega}$ 和 $\Delta i_{D\omega}$，在 $t = 0\text{s}$ 时励磁绕组中的 Δi_{fa} 和 $\Delta i_{f\omega}$，阻尼绕组 D 中的 Δi_{Da} 和 $\Delta i_{D\omega}$ 大小相等、方向相反，正好抵消，以维持绕组原电流不突变。在暂态过程中 $\Delta i_{f\omega}$ 和 $\Delta i_{D\omega}$ 与定子 $(\Delta i_{a} + \Delta i_{2\omega})$ 都按同一时间常数 T_a 衰减到零。

在交轴方向，有阻尼绕组发电机转子上有阻尼绕组 Q，突然短路瞬间为了维持磁链守恒，要产生直流自由电流 Δi_{Qa}，它在定子绕组中感应基频次暂态电流 q 轴分量 $\Delta i''_{q\omega}$，$\Delta i''_{q\omega}$ 与 Δi_{Qa} 都按定子绕组短接时阻尼绕组 Q 的时间常数 T''_q 衰减到零。阻尼绕组 Q 切割定子电流 $(\Delta i_{a} + \Delta i_{2\omega})$ 产生磁场感应，产生基频交流 $\Delta i_{Q\omega}$，并与定子电流 $(\Delta i_{a} + \Delta i_{2\omega})$ 按同一时间常数 T_a 衰减到零。

定子绕组中次暂态电流 d 轴分量 $\Delta i''_{d\omega}$ 与 q 轴分量 $\Delta i''_{q\omega}$ 合成短路电流的次暂态分量 $\Delta i''_{\omega}$。

总结上述暂态过程，定子绕组端点突然三相短路后，有阻尼绕组发电机定、转子各绕组中电流发生了如下变化：

定子绕组　　$i_{\omega[0]} \rightarrow [i_{\infty} + \Delta i'_{\omega} + \Delta i''_{\omega}] + \Delta i_{a} + \Delta i_{2\omega}$

励磁绕组　　$i_{f[0]} \rightarrow i_{f[0]} + \Delta i_{fa} + \Delta i_{f\omega}$

阻尼绕组 D　$0 \rightarrow \Delta i_{Da} + i_{D\omega}$

阻尼绕组 Q　$0 \rightarrow \Delta i_{Qa} + i_{Q\omega}$

有阻尼绕组同步发电机暂态过程中的定子电流与无阻尼绕组发电机的相比，不仅是多了一项与阻尼绕组有关的电流分量 $\Delta i''_{\omega}$，而且因为发电机 q 轴方向有了闭合绕组 Q，减少了

154

转子 d、q 轴的不对称程度，使有阻尼绕组同步发电机的 $\Delta i_{2\omega}$ 很小，工程中通常可以忽略不计。

综上所述，为了把同步发电机突然三相短路的物理过程阐述清楚，采用了对定子、转子分别叙述和把短路电流分解为各个分量的方法，并分别说明其产生的原因、变化及相互影响的过程。实际上，电机定子、转子的电磁过程是同时开始的，各绕组电流分量的产生及相互影响也是同时进行的，应该注意到这一点。

第四节 暂态参数和次暂态参数

一、暂态电势和暂态电抗

在电力系统分析中，常用等值电路来代表系统的各种元件，以便把某些待研究的问题归结为对电路的求解。对突然短路的计算分析也是这样。在图 8-9 所示的等值电路中，电势、电压和电流都是指基频分量，这种电路主要适用于稳态分析。在突然短路暂态过程中，定子和转子绕组都要出现多种电流分量，稳态等值电路显然不能适应这种复杂情况，即使是仅考虑定子方面的基频分量和转子方面的直流分量，由于其中包含有待求的自由分量，故稳态等值电路也不便应用。因此，必须制订更适合于暂态分析的等值电路。

暂态分析是以磁链守恒原则为基础的。可以设想，依据磁链平衡关系制订的等值电路将能适应暂态分析的需要。

根据方程组 8-20，无阻尼绕组电机的磁链平衡方程如下

$$
\left.
\begin{aligned}
\Psi_\mathrm{d} &= -x_\mathrm{d} i_\mathrm{d} + x_\mathrm{ad} i_\mathrm{f} = -x_\sigma i_\mathrm{d} + x_\mathrm{ad}(i_\mathrm{f} - i_\mathrm{d}) \\
\Psi_\mathrm{q} &= -x_\mathrm{q} i_\mathrm{q} \\
\Psi_\mathrm{f} &= -x_\mathrm{ad} i_\mathrm{d} + x_\mathrm{f} i_\mathrm{f} = x_\mathrm{ad}(i_\mathrm{f} - i_\mathrm{d}) + x_{\mathrm{f}\sigma} i_\mathrm{f}
\end{aligned}
\right\}
\tag{9-18}
$$

与方程式（9-18）相适应的等值电路示于图 9-8。

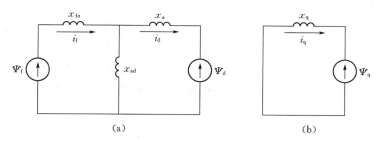

(a)   (b)

图 9-8 无阻尼绕组电机的磁链平衡等值电路

(a) d 轴方向；(b) q 轴方向

如果从 Ψ_d 和 Ψ_f 的方程中消去励磁绕组电流 i_f，又可得到

$$
\Psi_\mathrm{d} = \frac{x_\mathrm{ad}}{x_\mathrm{f}}\Psi_\mathrm{f} - \left(x_\sigma + \frac{x_{\mathrm{f}\sigma} x_\mathrm{ad}}{x_{\mathrm{f}\sigma} + x_\mathrm{ad}}\right)i_\mathrm{d}
$$

定义

$$
E'_\mathrm{q} = \frac{x_\mathrm{ad}}{x_\mathrm{f}}\Psi_\mathrm{f} = \sigma_\mathrm{f}\frac{x_\mathrm{ad}}{x_{\mathrm{f}\sigma}}\Psi_\mathrm{f}
\tag{9-19}
$$

$$x'_d = x_\sigma + \frac{x_{f\sigma} x_{ad}}{x_{f\sigma} + x_{ad}} = x_\sigma + \sigma_f x_{ad} \qquad (9\text{-}20)$$

其中 $\sigma_f = \frac{x_{f\sigma}}{x_{f\sigma} + x_{ad}} = \frac{x_{f\sigma}}{x_f}$ 是励磁绕组的漏磁系数。

这样，便得到下列方程

$$\Psi_d = E'_q - x'_d i_d \qquad (9\text{-}21)$$

与方程式（9-21）相适应的等值电路示于图 9-9（a）。

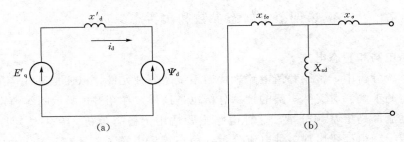

图 9-9　暂态电势和暂态电抗的等值电路

习惯上称 E'_q 为暂态电势，它同励磁绕组的总磁链 Ψ_f 成正比。运行状态突变瞬间，励磁绕组磁链守恒，Ψ_f 不能突变，暂态电势 E'_q 也不能突变。x'_d 称为暂态电抗，如果沿 d 轴方向把同步电机看做是双绕组变压器，当副方绕组（即励磁绕组）短路时，从原方（即定子绕组）测得的电抗即是 x'_d，其等值电路示于图 9-9（b）。

现在我们对暂态电势和暂态电抗的物理意义再作一些说明。由方程式（9-18）的第一式，定子磁链的 d 轴分量可写成

$$\Psi_d = x_{ad}(i_f - i_d) - x_\sigma i_d = \Psi_{\delta d} - \Psi_\sigma$$

上式右端的第一项代表电枢反应磁链与励磁绕组电流产生的有用磁链共同组成的气隙磁链 $\Psi_{\delta d}$，第二项即是定子绕组的漏磁链 Ψ_σ。

如果把电枢反应磁链作如下的分解，即

$$x_{ad} i_d = (1 - \sigma_f) x_{ad} i_d + \sigma_f x_{ad} i_d$$

把电枢反应磁链的一部分 $(1 - \sigma_f)\,x_{ad} i_d$ 与励磁绕组电流产生的有用磁链合起来组成新的气隙磁链 $\Psi'_{\delta d}$，而把另一部分 $\sigma_f x_{ad} i_d$ 与漏磁链合并为新的定子漏磁链 Ψ'_σ，便可得到

$$\Psi_d = [x_{ad} i_f - (1 - \sigma_f) x_{ad} i_d] - (x_\sigma + \sigma_f x_{ad}) i_d$$
$$= \frac{x_{ad}}{x_f}(x_f i_f - x_{ad} i_d) - x'_d i_d = \frac{x_{ad}}{x_f}\Psi_f - x'_d i_d = \Psi'_{\delta d} - \Psi'_\sigma$$

容易看出，这就是方程式（9-21）。电势正比于磁链，由此可见，暂态电势 E'_q 也是某种意义下的气隙电势，暂态电抗 x'_d 则是某种意义下的定子漏抗。由于 $0 < \sigma_f < 1$，故知 $x_\sigma < x'_d < x_d$。如果励磁绕组没有漏磁，即 $\sigma_f = 0$，便有 $\Psi'_{\delta d} = \Psi_{\delta d}$ 和 $\Psi'_\sigma = \Psi_\sigma$，暂态电势 E'_q 就是普通意义下的气隙电势，x'_d 就是定子漏抗。因此，可以说，E'_q 和 x'_d 是励磁绕组的漏磁效应以某种方式转移到定子方面时的一种等值的气隙电势和定子漏抗。

当变压器电势 $\dot{\Psi}_d = \dot{\Psi}_q = 0$ 时，由于 $\Psi_d = U_q$ 和 $\Psi_q = -U_d$，定子磁链平衡方程便变为定子电势方程

$$U_q = E'_q - x'_d i_d \atop U_d = x_q i_q \qquad\quad (9\text{-}22)$$

这组方程既适用于稳态分析，也适用于暂态分析中将变压器电势略去或另作处理的场合。或者说，方程组（9-22）反映了定子方面电势、电压和电流的基频分量之间的关系。所以这组用暂态参数表示的电势方程式也可以写成交流相量的形式

$$\dot{U}_q = \dot{E}'_q - \mathrm{j}x'_d \dot{I}_d \atop \dot{U}_d = -\mathrm{j}x_q \dot{I}_q \qquad\quad (9\text{-}23)$$

或

$$\dot{U} = \dot{E}'_q - \mathrm{j}x_q \dot{I}_q - \mathrm{j}x'_d \dot{I}_d \qquad\quad (9\text{-}24)$$

无论是凸极机还是隐极机，一般都有 $x'_d \neq x_q$。为便于工程计算，也常采用等值隐极机法进行处理。具体说又有以下两种不同的方案。

（1）用电势 $\dot{E}_Q$ 和电抗 X_q 作等值电路。这时假想电势 $\dot{E}_Q$ 将表示为

$$\dot{E}_Q = \dot{E}'_q + \mathrm{j}(x_q - x'_d)\dot{I}_d \qquad\quad (9\text{-}25)$$

或者用绝对值表示时

$$E_Q = E'_q + (x_q - x'_d)I_d \qquad\quad (9\text{-}26)$$

由于 $x_q > x'_d$，故 $E_Q > E'_q$。

（2）用电势 $\dot{E}'$ 和电抗 x'_d 作等值电路。如果令

$$\dot{E}' = \dot{E}'_q - \mathrm{j}(x_q - x'_d)\dot{I}_q \qquad\quad (9\text{-}27)$$

便可将方程式（9-24）改写成

$$\dot{U} = \dot{E}' - \mathrm{j}x'_d \dot{I} \qquad\quad (9\text{-}28)$$

电势 $\dot{E}'$ 常称为暂态电抗后的电势。这个电势没有什么物理意义，纯粹是虚构的计算用电势，它的相位落后于暂态电势 $\dot{E}'_q$。在不要求精确计算的场合，常认为 E'_q 守恒即是 E' 守恒，并且用 E' 的相位代替转子 q 轴的方向。这是一种不太精确的处理方法，但是颇有实用价值。

采用暂态参数时，同步电机的相量图示于图 9-10。

以上根据磁链平衡方程式导出了暂态电势和暂态电抗的表达式，并对这些参数的意义作了说明。暂态电抗是同步电机的结构参数，可以根据设计资料计算出来，也可以进行实测，因此是实在的参数。暂态电势属于运行参数，它只能根据给定的运行状态（稳态或暂态）计算出来，但无法进行实测。暂态电势在运行状态发生突变瞬间能够守恒。利用这一特点，可以从突变前瞬间的稳态中算出它的数值，并且直接应用于突变后瞬间的计算中，从而给暂态分析带来极大的方便。但是必须指出，尽管能对暂态电势作出某些物理解释，它仍是虚构的、为方便计算而引用的参数。

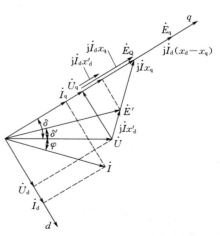

图 9-10　同步电机的相量图

【例 9-1】　就例 8-2 的同步机及所给运行条件，

再给出 $x'_d=0.3$，试计算电势 E'_q 和 E'。

解 例 8-2 中已算出 $E_Q=1.45$ 和 $I_d=0.81$，因此

$$E'_q = E_Q + (x'_d - x_q)I_d$$
$$= 1.45 + (0.3 - 0.65) \times 0.81$$
$$= 1.17$$

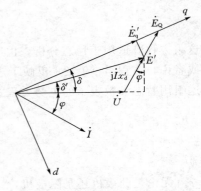

图 9-11 例 9-1 的电势相量图

根据相量图 9-11，可知

$$E' = \sqrt{(U + x_d I\sin\varphi)^2 + (x'_d I\cos\varphi)^2}$$
$$= \sqrt{(1 + 0.3 \times 0.53)^2 + (0.3 \times 0.85)^2}$$
$$= 1.187$$

电势 $\dot{E}'$ 同机端电压 $\dot{U}$ 的相位差为

$$\delta' = \mathrm{arctg}\, \frac{x'_d I\cos\varphi}{U + x'_d I\sin\varphi} = \mathrm{arctg}\, \frac{0.3 \times 0.85}{1 + 0.3 \times 0.53} = 12.4°$$

二、次暂态电势和次暂态电抗

对于有阻尼绕组电机，由式（8-20）的磁链平衡方程，可以做出等值电路如图 9-12 所示。

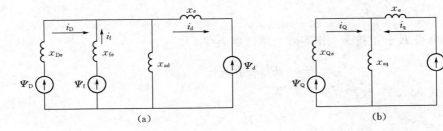

图 9-12 有阻尼绕组电机磁链平衡的等值电路

(a) d 轴方向；(b) q 轴方向

直轴方向的等值电路又可简化为图 9-13（a）所示的电路。应用戴维宁定理可以导出

$$E''_q = \frac{\dfrac{\Psi_f}{x_{f\sigma}} + \dfrac{\Psi_D}{x_{D\sigma}}}{\dfrac{1}{x_{ad}} + \dfrac{1}{x_{f\sigma}} + \dfrac{1}{x_{D\sigma}}} = \sigma_{eq} x_{ad} \left(\frac{\Psi_f}{x_{f\sigma}} + \frac{\Psi_D}{x_{D\sigma}} \right) \tag{9-29}$$

$$x''_d = x_\sigma + \frac{1}{\dfrac{1}{x_{ad}} + \dfrac{1}{x_{f\sigma}} + \dfrac{1}{x_{D\sigma}}} = x_\sigma + \sigma_{eq} x_{ad} \tag{9-30}$$

$$\sigma_{eq} = \frac{\dfrac{x_{f\sigma} x_{D\sigma}}{x_{f\sigma} + x_{D\sigma}}}{x_{ad} + \dfrac{x_{f\sigma} x_{D\sigma}}{x_{f\sigma} + x_{D\sigma}}} = \frac{\sigma_f \sigma_D}{1 - (1 - \sigma_f)(1 - \sigma_D)}$$

$$\sigma_D = \frac{x_{\sigma D}}{x_{\sigma D} + x_{ad}}$$

E''_q 称为次暂态电势交轴分量，它同励磁绕组的总磁链 Ψ_f 和直轴阻尼绕组的总磁链 Ψ_D 成线性关系。在运行状态突变瞬间 Ψ_f 和 Ψ_D 都不能突变，所以电势 E''_q 也不能突变。

x''_d 称为直轴次暂态电抗，如果沿同步电机直轴方向，把电机看做是三绕组变压器，次暂态电抗 x''_d 就是这个变压器的两个副方绕组（即励磁绕组和直轴阻尼绕组）都短路时从原方（定子绕组侧）测得的电抗 [见图 9-13（b）]。σ_D 是直轴阻尼绕组的漏磁系数。如果用一个等值绕组来代替励磁绕组和直轴阻尼绕组，σ_{eq} 就是这个等值绕组的漏磁系数。

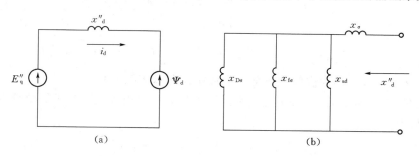

图 9-13　次暂态电势 E''_q 和次暂态电抗 x''_d 的等值电路

同样地，交轴方向的等值电路也可以作类似的简化 [见图（9-14）]。图中的 E''_d 称为次暂态电势的直轴分量，x''_q 称为交轴次暂态电抗，这两个次暂态参数的表达式如下

$$E''_d = \frac{-\dfrac{\Psi_Q}{x_{Q\sigma}}}{\dfrac{1}{x_{\sigma Q}}+\dfrac{1}{x_{aq}}} = -\sigma_Q x_{aq} \frac{\Psi_Q}{X_{Q\sigma}} \tag{9-31}$$

$$x''_q = x_\sigma + \frac{1}{\dfrac{1}{x_{Q\sigma}}+\dfrac{1}{x_{aq}}} = x_Q + \sigma_Q x_{aq} \tag{9-32}$$

$$\sigma_Q = \frac{x_{Q\sigma}}{x_{Q\sigma}+x_{ad}}$$

电势 E''_d 同交轴阻尼绕组的总磁链 φ_Q 成正比，运行状态发生突变时，φ_Q 不能突变，电势 E''_d 也就不能突变。次暂态电抗 x''_q 的等值电路示于图 9-14（b）。σ_Q 称为交轴阻尼绕组的漏磁系数。

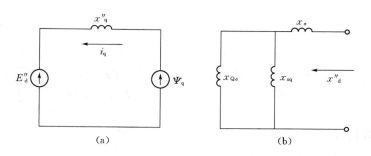

图 9-14　次暂态电势 E''_d 和次暂态电抗 x''_q 的等值电路

引入次暂态电势和次暂态电抗以后，同步电机的磁链平衡方程可以改写为

$$\left.\begin{array}{l} \Psi_d = E''_q - x''_d i_d \\ \Psi_q = -(E''_d + x''_q i_q) \end{array}\right\} \tag{9-33}$$

当电机处于稳态或忽略变压器电势时，$\Psi_d = +U_q$，$\Psi_q = -U_d$，便得定子电势方程如下

$$U_q = E''_q - x''_d i_d \left.\right\}$$
$$U_d = E''_d + x''_q i_q \left.\right\} \tag{9-34}$$

也可用交流相量的形式写成

$$\dot{U}_q = \dot{E}''_q - jx''_d \dot{I}_d \left.\right\}$$
$$\dot{U}_d = \dot{E}''_d - jx''_q \dot{I}_q \left.\right\} \tag{9-35}$$

或 $\qquad \dot{U} = (\dot{E}''_q + \dot{E}''_d) - jx''_d \dot{I}_d - jx''_q \dot{I}_q = \dot{E}'' - jx''_d \dot{I}_d - jx''_q \dot{I}_q \tag{9-36}$

式中，$\dot{E}'' = \dot{E}''_d + \dot{E}''_q$ 称为次暂态电势。电势相量图示于图 9-15。

为了避免按两个轴向制作等值电路和列写方程，可采用等值隐极机的处理方法，将式 (9-36) 改写为

$$\dot{U} = \dot{E}'' - jx''_d \dot{I} - j(x''_q - x''_d)\dot{I}_q$$

略去此式右端的第三项，便得

$$\dot{U} = \dot{E}'' - jx''_d \dot{I} \tag{9-37}$$

这样确定的次暂态电势在图 9-15 中用虚线示出。由于 x''_d 和 x''_q 在数值上相差不大，由式（9-36）和式（9-37）确定的次暂态电势在数值上和相位上都相差很小。因此，在实用计算中，对于有阻尼绕组电机常根据式（9-37）做出等值电路见图（9-16），并认为其中的电势 E'' 的数值是不能突变的。

还须指出，正如暂态参数一样，次暂态电抗 x''_d 和 x''_q 都是电机的实际参数，而次暂态电势 E''_d、E''_q 和 E'' 则是虚拟的计算用参数。

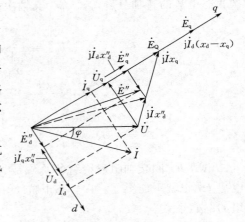

图 9-15 同步电机相量图

【例 9-2】 同步发电机有如下的参数：

$x_d = 1.0$，$x_q = 0.6$，$x'_d = 0.3$，$x''_d = 0.21$，$x''_q = 0.31$，$\cos\varphi = 0.85$。试计算额定满载下 E_q、E'_q、E''_q、E''_d、E''。

解 本题电机参数除次暂态电抗外，都与例题 9-1 的电机的参数相同，可以直接利用例题 8-2 和例题 9-1 的下列计算结果：$E_q = 1.73$，$E'_q = 1.17$，$\delta = 21.1°$，$U_q = 0.93$，$U_d = 0.36$，$I_q = 0.6$，$I_d = 0.8$。

根据上述数据可以继续算出

$$E''_q = U_q + x''_d I_d = 0.93 + 0.21 \times 0.8 = 1.098$$
$$E''_d = U_d - x''_q I_q = 0.36 - 0.31 \times 0.6 = 0.174$$
$$E'' = \sqrt{(E''_q)^2 + (E''_d)^2} = 1.112$$
$$\delta'' = \delta - \mathrm{arctg}\frac{E''_d}{E''_q} = 21.1° - 9° = 12.1°$$

电势相量图示于图 9-17。

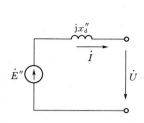

图 9-16　简化的次暂态
参数等值电路

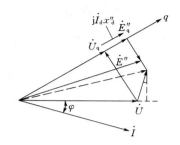

图 9-17　例 9-2 的电势
相量图

如果按近似公式（9-37）计算，由相量图 9-15 可知

$$E'' = \sqrt{(U + x''_{\mathrm{d}} I \sin\varphi)^2 + (x''_{\mathrm{d}} I \cos\varphi)^2}$$

$$= \sqrt{(1 - 0.21 \times 0.53)^2 + (0.21 \times 0.85)^2} = 1.126$$

$$\delta'' = \mathrm{arctg}\, \frac{x''_{\mathrm{d}} I \cos\varphi}{U + x''_{\mathrm{d}} I \sin\varphi} = \mathrm{arctg}\, \frac{0.1785}{1.111} = 9.13°$$

同前面的精确计算结果相比较，电势幅值相差甚小，相角误差略大。

我们已经导出了分别用稳态、暂态和次暂态参数列写的同步电机定子电势方程式，根据这些方程式可以做出相应的等值电路。各种不同的电势方程式（或相应的等值电路）都可用于稳态或暂态分析，并在工程计算中得到了实际的应用。但须注意，在每种电势方程式（或相应的等值电路）中所用的电势同电抗间具有明确的对应关系，切不可混淆。

第五节　短路全电流表达式

一、自由电流在暂态过程中的变化规律

在讨论短路全电流表达式之前，应该首先了解短路电流各分量在暂态过程中的变化规律，即了解各自由电流衰减的时间常数。

1. 定子基频自由电流衰减的时间常数

由于定子绕组的电阻很小，定子基频电流 q 轴分量可以忽略不计。前面已述及工程中近似认为基频电流次暂态分量和阻尼绕组的直流分量同按定子绕组和励磁绕组都短接时阻尼绕组 D 的时间常数 T''_{d} 衰减到零；定子基频电流暂态分量和励磁绕组的直流分量同按定子绕组短接、阻尼绕组 D 开路时励磁绕组的时间常数 T'_{d} 衰减到零。图 9-18 和图 9-19 就是求

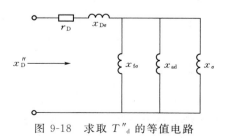

图 9-18　求取 T''_{d} 的等值电路　　　　图 9-19　求取 T'_{d} 的等值电路

取时间常数 T''_d 和 T'_d 的等值电路。由图可得

$$x''_D = x_{D\sigma} + \cfrac{1}{\cfrac{1}{x_{a\sigma}} + \cfrac{1}{x_{f\sigma}} + \cfrac{1}{x_\sigma}}$$

$$T''_d = \frac{x''_D}{r_D} \qquad\qquad\qquad (9\text{-}38)$$

$$x'_f = x_{f\sigma} + \cfrac{1}{\cfrac{1}{x_{ad}} + \cfrac{1}{x_\sigma}}$$

$$T'_d = \frac{x'_f}{r_f} \qquad\qquad\qquad (9\text{-}39)$$

表 9-2 给出了同步发电机的几种常数，从表中看出：$T''_d \ll T'_d$ 则说明次暂态电流的衰减要比暂态电流快得多，因此在对有阻尼绕组的同步发电机进行分析时，常常人为地将整个暂态过程划分为两个阶段：短路后的最初阶段称次暂态阶段，这一阶段中近似认为只有次暂态分量的衰减而暂态分量未开始衰减。由于 T''_d 很小，次暂态阶段大约历时仅几个周期。就进入了暂态阶段。在暂态阶段中阻尼绕组的作用基本消失，被看做定子漏磁链的那部分电枢反应磁链 Ψ''_{ad} 穿过阻尼绕组。此时，阻尼绕组可视为开路状态。在暂态阶段中只有暂态分量的衰减，而次暂态分量近似认为已衰减到零，这种情况相当于无阻尼绕组的同步发电机。当暂态分量衰减到零，电枢反应磁链 Ψ'_{ad} 穿过励磁绕组，即进入稳定短路状态。如图9-20所示。

表 9-2　　　　　　　　　　　　同步发电机的时间常数

发电机类型	水轮发电机		汽轮发电机		调 相 机
容量 （MVA）	5～15	40～120	0.6～15	30～165	5～75
T'_d （s）	0.8～15	1.5～3.0	0.4～0.8	0.8～1.6	0.8～2.4
$T''_d \approx T''_q$ （s）	0.02～0.06		0.03～0.11		0.07～0.03
T_a （s）	0.02～0.2	0.14～0.4	0.04～0.03	0.16～0.4	0.1～0.3

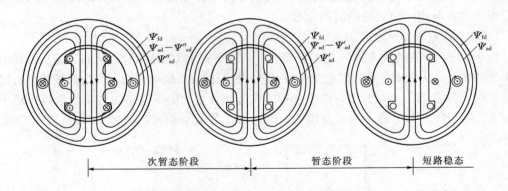

图 9-20　暂态过程划分示意图

2. 定子绕组直流分量和二倍频分量衰减的时间常数 T_a

定子绕组直流分量和二倍频分量，转子绕组同步频率分量均按 T_a 衰减到零，T_a 是阻尼绕组和励磁绕组都短接时定子绕组的时间常数。

162

由于转子不断转动，从定子侧观察同步发电机时定子绕组的等值电抗在 x''_d 和 x''_q 间变化。取它们的某一平均值

$$x = \frac{2x''_\text{d}x''_\text{q}}{x''_\text{d} + x''_\text{q}}$$

得

$$T_\text{a} = \frac{2x''_\text{d}x''_\text{q}}{r(x''_\text{d} + x''_\text{q})} \tag{9-40}$$

表 9-2 列出了同步发电机各时间常数的范围，从表中看出：T_a 比 T'_d 小得多，定子直流分量和转子同步频分量不到 1s 的时间已衰减到很小的数值，工程上认为它们已经不存在。所以，当仅计算暂态过程后期的电流时，可认为定子电流中只有基频分量，励磁绕组中只有直流分量。

二、短路全电流表达式

前面已讨论过有阻尼绕组同步发电机在暂态过程中的短路电流包含如下成分

$$i_\text{a} = i_\infty + \Delta i'_\omega + \Delta i''_\omega + \Delta i_\alpha + \Delta i_{2\omega} \tag{9-41}$$

式中，第一项为强制分量，它的幅值在整个暂态过程中是不可衰减的。后面四项均为自由分量，它们在暂态过程中都要按各自的时间常数以指数规律衰减到零。因此，只要知道各项电流的幅值以及各自由分量的衰减系数，就能写出短路全电流的表达式。

式（9-41）中前三项是基频电流。假设同步发电机在空载运行时机端突然三相短路，$t=0$ 时 a 相绕组轴线与转子 d 轴间夹角为 θ_0。则由于发电机短路前空载，可得到 $E''_\text{q[0]} = E'_\text{q[0]} = E_\text{q[0]} = U_\text{q[0]}$，$E''_\text{d[0]} = U_\text{d[0]} = 0$，从而 $I''_\text{q0} = I'_\text{q0} = I_\text{q\infty} = 0$，即定子基频电流无 q 轴分量，故 $I = I_\text{d}$。得到基频电流有效值的变化规律如图 9-21 所示。从图中看出：只要知道了次暂态初值、暂态电流初值和稳态短路，也就是图中 A、B、C 三点的电流，则定子基频电流在暂态过程中的变化规律可得。

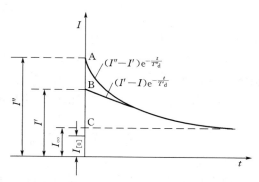

图 9-21 短路电流基频分量效值的变化规律

次暂态电流衰减幅值

$$\Delta I'' = I'' - I' = \frac{E_\text{q[0]}}{x''_\text{d}} - \frac{E_\text{q[0]}}{x'_\text{d}} = E_\text{q[0]}\left(\frac{1}{x''_\text{d}} - \frac{1}{x'_\text{d}}\right)$$

暂态电流衰减幅值

$$\Delta I' = I' - I_\infty = \frac{E_\text{q[0]}}{x'_\text{d}} - \frac{E_\text{q[0]}}{x_\text{d}} = E_\text{q[0]}\left(\frac{1}{x''_\text{d}} - \frac{1}{x_\text{d}}\right)$$

总的基频电流有效值

$$\begin{aligned}
I_\text{t} &= \Delta I'' \text{e}^{-\frac{t}{T''_\text{d}}} + \Delta I' \text{e}^{-\frac{t}{T'_\text{d}}} + I_\infty \\
&= E_\text{q[0]}\left(\frac{1}{x''_\text{d}} - \frac{1}{x'_\text{d}}\right)\text{e}^{-\frac{t}{T''_\text{d}}} + E_\text{q[0]}\left(\frac{1}{x'_\text{d}} - \frac{1}{x_\text{d}}\right)\text{e}^{-\frac{t}{T'_\text{d}}} + \frac{E_\text{q[0]}}{x_\text{d}}
\end{aligned} \tag{9-42}$$

下面讨论直流分量和二倍频率分量表达式。

限制定子直流分量的电抗是从定子侧看同步发电机的等值电抗，即平均电抗 $\frac{2x''_{\mathrm{d}}x''_{\mathrm{q}}}{x''_{\mathrm{d}}+x''_{\mathrm{q}}}$，因此定子直流电流衰减的幅值为

$$\Delta I_{\mathrm{a}} = \frac{E_{\mathrm{q[0]}}}{\dfrac{2x''_{\mathrm{d}}x''_{\mathrm{q}}}{x''_{\mathrm{d}}+x''_{\mathrm{q}}}} \tag{9-43}$$

由于突然短路瞬间电感电路中的电流不能突变，在 $t=0\mathrm{s}$ 时，直流分量与二倍频率分量之和应刚好与基频分量大小相等、方向相反，以保持定子电流为零。故二倍频率分量衰减的幅值为

$$\Delta I_{2\omega} = \frac{E_{\mathrm{q[0]}}}{x''_{\mathrm{d}}} - \frac{E_{\mathrm{q[0]}}}{\dfrac{2x''_{\mathrm{d}}x''_{\mathrm{q}}}{x''_{\mathrm{d}}+x''_{\mathrm{q}}}} = \frac{E_{\mathrm{q[0]}}}{-\dfrac{2x''_{\mathrm{d}}x''_{\mathrm{q}}}{x''_{\mathrm{d}}+x''_{\mathrm{q}}}} \tag{9-44}$$

由式（9-44）可见：当 $x''_{\mathrm{d}}=x''_{\mathrm{q}}$ 时，定子电流不含二频分量计及式（9-42）～式（9-44），得 a 相定子电流表达式

$$i_{\mathrm{a}} = \sqrt{2}E_{\mathrm{q[0]}}\left[\left(\frac{1}{x''_{\mathrm{d}}}-\frac{1}{x'_{\mathrm{d}}}\right)\mathrm{e}^{-\frac{t}{T''_{\mathrm{d}}}} + \left(\frac{1}{x'_{\mathrm{d}}}-\frac{1}{x_{\mathrm{d}}}\right)\mathrm{e}^{-\frac{t}{T'_{\mathrm{d}}}} + \frac{1}{x_{\mathrm{d}}}\right]\cos(\omega t+\theta_0)$$

$$- \frac{\sqrt{2}E_{\mathrm{q[0]}}}{\dfrac{2x''_{\mathrm{d}}x''_{\mathrm{q}}}{x''_{\mathrm{d}}+x''_{\mathrm{q}}}}\cos\theta_0\mathrm{e}^{-\frac{t}{T_{\mathrm{a}}}} - \frac{\sqrt{2}E_{\mathrm{q[0]}}}{\dfrac{2x''_{\mathrm{d}}x''_{\mathrm{q}}}{x''_{\mathrm{d}}-x''_{\mathrm{q}}}}\cos(2\omega t+\delta_0+\theta_0)\mathrm{e}^{-\frac{t}{T_{\mathrm{a}}}} \tag{9-45}$$

由于三相电流对称，不难写出 i_{b}、i_{c} 的表达式。

如果短路不是发生在发电机的机端，而是发生在外电路电抗为 x 的点，则式（9-45）仍然适用，只是 x''_{d}、x''_{q}、x'_{d}、x_{d} 均应加上外电抗的值，变为 $x''_{\mathrm{d}}+x$、$x''_{\mathrm{q}}+x$、$x'_{\mathrm{d}}+x$、$x_{\mathrm{d}}+x$。此外，绕组的时间常数也应作相应的修正。

第六节　强行励磁对短路暂态过程的影响

前面对同步发电机暂态过程的分析，都没有考虑电机的自动调节励磁装置的影响。现代电力系统的同步发电机均装有自动调节励磁装置，它的作用是当发电机端电压偏离给定值时，自动调节励磁电压，改变励磁电流，从而改变发电机的空载电势，以维持发电机端电压在允许范围内。当发电机端点或端点附近发生突然短路时，端电压急剧下降，自动调节励磁装置中的强行励磁装置就会迅速动作，增大励磁电压到它的极限值，以尽快恢复系统的电压水平和保持系统运行的稳定性。下面以自动调节励磁装置中的一种继电强行励磁装置的动作原理，来分析自动调节励磁装置对短路电流的影响。

图 9-22 是具有继电强行励磁的励磁系统示意图，发电机端点或端点附近短路，使发电机端电压下降到额定电压 85% 以下时，低电压继电器 VR 的触点闭合，接触器 KM 动作，励磁机磁场调节电阻 R_{c} 被短接，励磁机励磁绕组 ff 两端的电压 u_{ff} 升高。但由于励磁机励磁绕组具有电感，它的电流 i_{ff} 不可能突然增大，以致使与之对应的励磁机电压 u_{f} 也不可能突然增高，而是开始上升慢，后来上升快，最后达到极限值 u_{fm}，如图 9-23 中按曲线 1 的规律变化。为了简化分析，通常为 u_{f} 近似按指数规律上升到最大值 u_{fm}，即用图 9-23 中曲线 2 所示的指数曲线代替实际曲线 1，从而得到励磁机电压

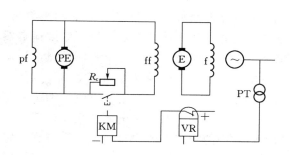

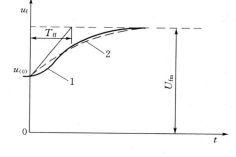

图 9-22　具有继电强行励磁的
励磁系统示意图

图 9-23　u_f 的变化曲线

$$u_f = u_{f[0]} + (u_{fm} - u_{f[0]})(1 - e^{-\frac{t}{T_{ff}}}) = u_{f[0]} + \Delta u_{fm}(1 - e^{-\frac{t}{T_{ff}}}) \tag{9-46}$$

式中　T_{ff}——励磁机励磁绕组的时间常数。

　　励磁电压的增大，使励磁电流产生一个相应的增量。由于强行励磁装置只在转子 d 轴方向起作用，这个电流的变化量可以从发电机 d 轴方向的等值电路求解得出，下面就以无阻尼绕组发电机为例加以说明。

　　图 9-24 是强行励磁装置动作后同步发电机 d 轴方向的等值电路（假设在发电机端点短路），从图中可以列出方程

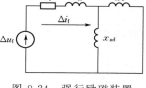

图 9-24　强行励磁装置
动作后同步发电机 d 轴
方向的等值电路

$$r_f \Delta i_f + \left(x_{f\sigma} + \frac{x_\sigma x_{ad}}{x_\sigma + x_{ad}}\right)\frac{d\Delta i_f}{dt} = (u_{fm} - u_{f[0]})(1 - e^{-\frac{t}{T_{ff}}})$$

用 r_f 除等式两边，得

$$\Delta i_f + T'_d \frac{d\Delta i_f}{dt} = (i_{fm} - i_{f[0]})(1 - e^{-\frac{t}{T_{ff}}}) \tag{9-47}$$

上式的解为

$$\Delta i_f = (i_{fm} - i_{f[0]})\left(1 - \frac{T'_d e^{-\frac{t}{T'_d}} - T_{ff} e^{-\frac{t}{T_{ff}}}}{T'_d - T_{ff}}\right) \tag{9-48}$$

$$= \Delta i_{fm} F(t)$$

式中，$\Delta i_f = (i_{fm} - i_{f[0]})$ 是对应于 Δu_{fm} 的励磁电流强制分量的最大可能增量；$F(t)$ 则是一个包含 T'_d 和 T_{ff} 的时间函数；T'_d 因短路点的远近不同而有不同的数值，短路点愈远，T'_d 愈大，$F(t)$ 增大的速度愈慢。这是因为短路点愈远，故障对发电机的影响愈小的缘故。

　　由 Δi_{fm} 引起的空载电势的最大增量为

$$\Delta E_q = \Delta E_{qm} F(t) \tag{9-49}$$

　　ΔE_q 将产生定子电流 d 轴分量的增量。由于无阻尼绕组发电机周期分量电流无 q 轴分量，可得 ΔE_q 对应的 a 相电流周期分量为

$$\Delta i_a = \frac{\Delta E_{qm}}{x_d} F(t)\cos(\omega t + \theta_0) \tag{9-50}$$

$$= \Delta I_m F(t)\cos(\omega t + \theta_0)$$

从而使发电机的端电压也按相同的规律变化。

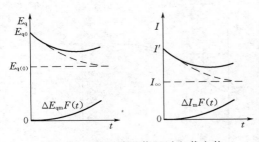

图 9-25　强行励磁装置对空载电势
和定子电流的影响

考虑强行励磁装置动作后空载电势和定子电流的变化曲线如图 9-25 所示，从图中看出：强行励磁装置动作的结果是在按指数规律自然衰减的电势和电流上叠加一个强制分量，从而使发电机的端电压迅速恢复到额定值，以保证系统的稳定运行。但由于定子电流增加了一个强制分量，改变了原短路电流的变化规律，使暂态过程中的短路电流先是衰减，衰减到一定的时候反而上升，甚至稳态短路电流大于短路电流初值，使运算曲线出现了相交的现象。

以上是短路点距电源的电气距离较近，强行励磁装置动作后励磁电压达到极限值时对短路电流的影响。如果短路点距电源点较远，强行励磁装置动作后一段时间机端电压就恢复到额定值。当机端电压一旦恢复到额定值，该装置中的低电压继电器就会返回，由自动调节励磁装置将机端电压维持为额定值不变。此后，励磁电流、空载电势、定子电流将不再按式（9-48）～式（9-50）的规律增大。定子电流的强制分量为 $I = u_N / x$。x 是发电机端点到短路点间的电抗。

小　　结

短路是电力系统的严重故障。短路冲击电流、短路电流最大有效值和短路容量是校验电气设备的重要数据。

超导体闭合回路磁链守恒原则是对同步电机突然短路过程进行物理分析的基础。根据磁链守恒原则可以说明，三相短路时同步电机定子、转子绕组将出现哪些电流分量及它们相互之间的依存关系。在自由电流中，定子绕组中的基频分量同转子绕组的直流分量相对应，定子绕组的二倍频和直流分量则同转子组的基频分量相对应。自由电流产生的磁链同哪个绕组相对静止，便按该绕组（计及同其他绕组的磁耦合关系）的时间常数衰减。

暂态电势 E'_q 是电力系统暂态分析中为方便计算而设定的一个变量，它同励磁绕组的磁链成正比，由于磁链守恒，暂态电势 E'_q 在运行状态发生突变时能保持不变。

根据无阻尼绕组同步电机的磁链方程，可以建立以暂态电势 E'_q 和暂态电抗 x'_d 表示的同步电机暂态等值电路，还可以确定三相短路时定子、转子各绕组中各种自由电流分量的初值。

同样地，利用有阻尼绕组同步电机的磁链方程，可以建立相应的暂态等值电路，也可以对三相短路时定子、转子绕组有关电流分量作定量计算。

同步电机的强行励磁旨在尽快恢复机端电压，它对短路电流基频分量的变化规律有影响。

第十章　电力系统三相短路电流的实用计算

上一章讨论了一台发电机的三相短路电流，其分析过程已相当复杂，而且还不是完全严格的。对于包含有许多台发电机的实际电力系统，在进行短路电流的工程实用计算时，不可能也没有必要作如此复杂的分析。实际上，电力系统短路电流的工程计算在多数情况下，只要求计算短路电流基频交流分量（以后略去基频二字）的初始值，即次暂态电流 I''。这是由于使用快速保护和高速断路器后，断路器开断时间小于 0.1s，此外，若已知交流分量初始值，即可近似决定直流分量以至冲击电流。交流分量初始值的计算原理比较简单，可以手算，但对于大型电力系统则一般应用计算机来计算。工程上还通用一种运算曲线，是按不同类型发电机，给出暂态过程中不同时刻短路电流交流分量有效值对发电机与短路点间电抗的关系曲线，它可用来近似计算短路后任意时刻的交流电流。

第一节　短路计算的基本假设

在短路的实际计算中，为了简化计算工作，常采取如下一些假设：

（1）各台发动机均用 x''_d（或 x'_d）作为其等值电抗，E''（或 E'）作为其等值电势。即：$\dot{E}'' = \dot{U} + \mathrm{j}x''_d \dot{I}$（或 $\dot{E}' = \dot{U} + \mathrm{j}x'_d \dot{I}$），虽然 $\dot{E}''$（或 $\dot{E}'$）并不具有在突然短路前后不突变的特性，但从工程实用计算角度看，可近似认为不突变。

（2）短路过程中各发电机之间不发生摇摆，并认为所有发电机的电势都同相位。对于短路点而言，计算所得的电流数值稍稍偏大。

（3）负荷只作近似估计，或当作恒定电抗，或当作某种临时附加电源，视具体情况而定。在一般情况下，负荷电流对短路电流的影响可忽略不计。但当短路点附近有大容量的电动机则需要计及它们对短路电流的影响。

（4）不计磁路饱和。系统各元件的参数都是恒定的，可以应用叠加原理。

（5）对称三相系统。除不对称故障处出现局部的不对称以外，实际的电力系统通常都可当做是对称的。

（6）忽略高压输电线的电阻和电容，忽略变压器的电阻和励磁回路（三相三柱变压器的零序等值电路除外），这就是说，发电、输电、变电和用电的元件均用纯电抗表示。加上所有发电机电势都同相位的条件，这就避免了复数运算。

（7）金属性短路。短路处相与相（或地）的接触往往经过一定的电阻（如外物电阻、电弧电阻、接地电阻等），这种电阻通常称为"过渡电阻"。所谓金属性短路，就是不计过渡电阻的影响，即认为过渡电阻等于零的短路情况。

第二节 起始次暂态电流和冲击电流的实用计算

起始次暂态电流就是短路电流周期分量（指基频分量）的初值。只要把系统所有的元件都用其次暂态参数代表，次暂态电流的计算就同稳态电流的计算一样了。系统中所有静止元件的次暂态参数都与其稳态参数相同，而旋转电机的次暂态参数则不同于其稳态参数。

在突然短路瞬间，同步电机（包括同步电动机和调相机）的次暂态电势保持着短路发生前瞬间的数值。根据简化相量图 10-1，取同步发电机在短路前瞬间的端电压为 $U_{[0]}$，电流为 $I_{[0]}$，根据第一节第（1）条假设利用下式即可近似地算出暂态电势值，即

$$E''_0 \approx U_{[0]} + x'' I_{[0]} \sin\varphi_{[0]} \qquad (10\text{-}1)$$

在实用计算中，汽轮发电机和有阻尼绕组的凸极发电机的次暂态电抗可以取为 $x'' = x''_d$。

假定发电机在短路前额定满载运行，$U_{[0]} = 1$，$I_{[0]} = 1$，$\sin\varphi_{[0]} = 0.53$，$x'' = 0.13 \sim 0.20$，则有

$$E''_0 \approx 1 + (0.13 \sim 0.20) \times 1 \times 0.53 = 1.07 \sim 1.11$$

如果不能确知同步发电机短路前的运行参数，则近似地取 $E''_0 \approx 1.05 \sim 1.1$ 亦可。不计负载影响时，常取 $E''_0 = 1$

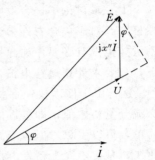

图 10-1 同步发电机
简化相量图

电力系统的负荷中包含有大量的异步电动机。在正常运行情况下，异步电动机的转差率很小（$s = 2\% \sim 5\%$），可以近似地当作依同步转速运行。根据短路瞬间转子绕组磁链守恒的原则，异步电动机也可以用与转子绕组的总磁链成正比的次暂态电势以及相应的次暂态电抗来代表。异步电机次暂态电抗的额定标么值可由下式确定

$$x'' = 1/I_{st} \qquad (10\text{-}2)$$

式中 I_{st}——异步电机起动电流的标么值（以额定电流为基准），一般为 $4 \sim 7$，因此近似地可取 $x'' = 0.2$。

图 10-2 示出异步电机的次暂态参数简化相量图。由图可得次暂态电势的近似计算公式为

$$E''_0 \approx U_{[0]} - x'' I_{[0]} \sin\varphi_{[0]} \qquad (10\text{-}3)$$

式中 $U_{[0]}$、$I_{[0]}$、$\varphi_{[0]}$——短路前异步电动机的端电压、电流以及电压和电流间的相角差。

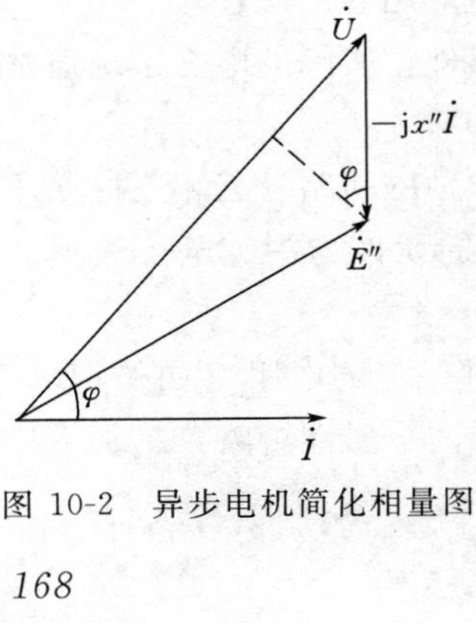

异步电动机的次暂态电势 E''_0 低于正常情况下的端电压。在系统发生短路后，只有当电动机端的残余电压小于 E''_0 时，电动机才会暂时地作为电源向系统供给一部分短路电流。

由于配电网络中电动机的数目很多，要查明它们在短路前的运行状态是困难的，加之电动机所提供的短路电流数值不大；所以在实用计算中，只对于短路点附近能显著地供给短路电流的大型电动机，才按式（10-2）和式（10-3）算出次暂态电抗和次暂态电势。其余的电动机，则看做是系统中负荷节点的综合负荷的一部分。综合负荷的参数须

图 10-2 异步电机简化相量图

由该地区用户的典型成分及配电网典型线路的平均参数来确定。在短路瞬间，这个综合负荷也可以近似地用一个含次暂态电势和次暂态电抗的等值支路来表示。以额定运行参数为基准，综合负荷的电势和电抗的标么值约为 $E''=0.8$ 和 $x''=0.35$。暂态电抗中包括电动机电抗 0.2 和降压变压器以及馈电线路的估计电抗 0.15。

由于异步电动机的电阻较大，在突然短路后，由异步电动机供给的电流的周期分量和非周期分量都将迅速衰减（见图 10-3），而且衰减的时间常数也很接近，其数值约为百分之几秒。

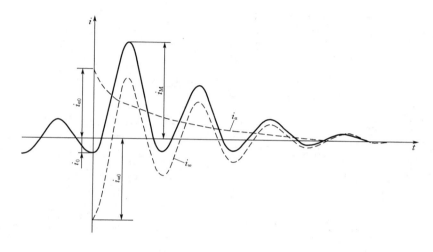

图 10-3　异步电机短路电流波形图

在实用计算中，负荷提供的冲击电流可以表示为

$$i_M = k_{fM} \sqrt{2} I''_{fh} \tag{10-4}$$

其中 I''_{fh} 为负荷提供的起始次暂态电流的有效值，通过适当选取冲击系数 k_{fM}，可以把周期电流的衰减估计进去，对于小容量的电动机和综合负荷，取 $k_{fM}=1$；容量为 $200\sim500\mathrm{kW}$ 的异步电动机，取 $k_{fM}=1.3\sim1.5$；容量为 $500\sim1000\mathrm{kW}$ 的异步电动机，取 $k_{fM}=1.5\sim1.7$；容量为 $1000\mathrm{kW}$ 以上的异步电动机，取 $k_{fM}=1.7\sim1.8$。同步电动机和调相机冲击系数之值和相同容量的同步发电机的大约相等。

这样，计及负荷影响时短路点的冲击电流为

$$i_M = k_M \sqrt{2} I'' + k_{fM} \sqrt{2} I''_{fh} \tag{10-5}$$

式中的第一项为发电机提供的冲击电流。

【例 10-1】　系统接线如图 10-4 所示。在 6kV 母线上接有数台异步电动机，总容量 10MW。各元件参数图中已给出，试分别计算在 f_1、f_2 点发生三相短路时，由电动机供给的次暂态电流和短路冲击电流，以及它们在短路点的次暂态电流和冲击电流中所占的比例。

解　（1）取 $S_B=100\mathrm{MVA}$，$U_B=U_{av}$（各段电压平均值），计算各元件电抗的标么值标于等值电路图 10-5（a）中，$E''_1 = E''_2 = \dfrac{11}{10.5} = 1.05$

（2）网络化简，即

$$x_8 = x_1 + x_3 = 0.17 + 1.10 = 0.27$$

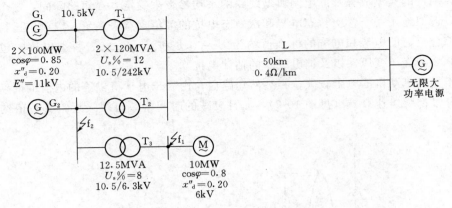

图 10-4 例 10-1 系统接线图

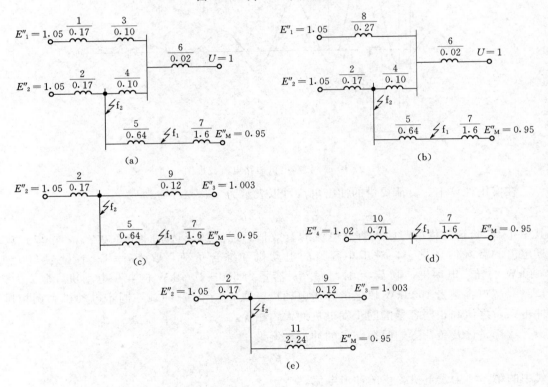

图 10-5 等值电路及化简

$$E''_3 = \left(\frac{E''_1}{x_8} + \frac{U}{x_6}\right) / \left(\frac{1}{x_8} + \frac{1}{x_6}\right)$$

$$= \left(\frac{1.05}{0.27} + \frac{1}{0.02}\right) / \left(\frac{1}{0.27} + \frac{1}{0.02}\right) = 1.003$$

$$x_9 = x_4 + x_8 \; /\!/ \; x_6 = 0.10 + 0.27 \; /\!/ \; 0.02 = 0.12$$

$$E''_4 = \left(\frac{E''_3}{x_9} + \frac{E''_2}{x_2}\right) / \left(\frac{1}{x_9} + \frac{1}{x_2}\right)$$

$$= \left(\frac{1.003}{0.12} + \frac{1.05}{0.17} \right) / \left(\frac{1}{0.12} + \frac{1}{0.17} \right) = 1.02$$

$$x_{10} = x_2 \text{ // } x_9 + x_5 = 0.17 \text{ // } 0.12 + 0.64 = 0.71$$

$$x_{11} = x_5 + x_7 = 0.64 + 1.6 = 2.24$$

（3）求 f_1 点短路时的电流，如图 10-5（d）所示，即

$$I''_{10} = \frac{E''_4}{x_{10}} I_B = \frac{1.02}{0.71} \times \frac{100}{\sqrt{3} \times 6.3} = 13.16 \text{（kA）}$$

$$I''_7 = \frac{E''_M}{x_7} I_B = \frac{0.95}{1.6} \times \frac{100}{\sqrt{3} \times 6.3} = 5.44 \text{（kA）}$$

$$I''_{f1} = I''_{10} + I''_7 = 13.16 + 5.44 = 18.6 \text{（kA）}$$

I''_7 所占比例为 $\dfrac{I''_7}{I''_{f1}} = \dfrac{5.44}{18.6} = 29.2\%$

冲击电流

$$i_{fM} = i_{10M} + i_{7M} = 1.8\sqrt{2} \times I''_{10} + 1.1\sqrt{2} \times I''_M$$

$$= 1.8\sqrt{2} \times 13.6 + 1.1\sqrt{2} \times 5.44$$

$$= 33.49 + 8.46 = 41.95 \text{（kA）}$$

i_{7M} 所占比例

$$\frac{i_{7M}}{i_{fM}} = \frac{8.46}{41.95} = 20.1\%$$

（4）求 f_2 点短路时的电流，如图 10-5（e）所示，即

$$I''_2 = \frac{E''_2}{x_2} I_B = \frac{1.05}{0.17} \times \frac{100}{\sqrt{3} \times 10.5} = 33.96 \text{（kA）}$$

$$I''_9 = \frac{E''_{t3}}{x_9} I_B = \frac{1.003}{0.12} \times \frac{100}{\sqrt{3} \times 10.5} = 45.96 \text{（kA）}$$

$$I''_{11} = \frac{E''_{tM}}{x_{11}} I_B = \frac{0.95}{2.24} \times \frac{100}{\sqrt{3} \times 10.5} = 2.33 \text{（kA）}$$

$$I''_{f2} = I''_2 + I''_9 + I''_{11} = 33.96 + 45.96 + 2.33 = 82.25 \text{（kA）}$$

$$i_M = \sqrt{2} K_{M2} I''_2 + \sqrt{2} K_{M9} I''_9 + \sqrt{2} K_{M11} I''_{11}$$

$$= \sqrt{2} \times 1.9 \times 33.96 + \sqrt{2} \times 1.8 \times 45.96 + \sqrt{2} \times 1.1 \times 2.33$$

$$= 91.24 + 116.98 + 3.62$$

$$= 211.84 \text{（kA）}$$

则

$$\frac{i''_{11}}{i''_{f2}} = \frac{2.33}{82.25} = 2.8\%$$

$$\frac{i''_{11M}}{i''_{f2M}} = \frac{3.62}{211.84} = 1.7\%$$

从本例题计算结果看出，当在电动机端点发生三相短路时，电动机供给的短路点的短路电流占有较大比例，必须计及其反馈电流的影响。但经集中阻抗（变压器 T_3）后短路，电

动机的反馈电流对短路点的总电流所占比重较小，可以忽略不计。

第三节　短路电流运算曲线及其应用

由第九章的分析可知，即使是一台发电机，要计算其任意时刻的短路电流，也是较繁的，首先必须知道各时间常数（T'_d，T''_d 和 T_{ff}）和各电抗，然后进行指数的计算。这对于工程上的实用计算显然是不大合适的。20 世纪 50 年代以来，我国电力部门曾长期采用从前苏联引进的一种运算曲线来计算任意时刻的短路电流。现在，正在试行根据我国实际机组参数绘制的运算曲线，下面将介绍这种运算曲线的制定和使用方法。

一、运算曲线的制定

图 10-6 示出了制作运算曲线用的网络图。图 10-6（a）为正常运行的系统，发电机运行在额定电压和额定功率情况，50% 的负荷接在变压器高压母线上，另外 50% 的负荷接在短路点外侧。根据发电机的电抗，可以很方便地算出电动势 $E''t_{q[0]}$，$E''t_{d[0]}$，$E'_{q[0]}$ 和 $E_{q[0]}$。图 10-6（b）为短路时的系统，只有变压器高压母线上的负荷对短路电流有影响，其等值阻抗为

$$Z_D = \frac{U^2}{S_D}(\cos\varphi + j\sin\varphi)$$

式中　U——负荷点电压，取为 1；

　　　S_D——发电机额定功率的 50%，即为 0.5。

$\cos\varphi$ 取 0.9。

图中 x_T 和 x_L 均为以发电机额定值为基准值的标么值，改变 x_L 的值即可表示短路点的远近。

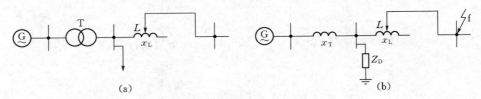

(a)　　　　　　　　　　　　　　　(b)

图 10-6　制作运算曲线的系统图

根据图 10-6（b）所示的系统，可求出发电机外部电网对发电机的等值阻抗（$jx_T +$ $\frac{jx_L Z_D}{Z_D + jx_L}$），将此外部等值阻抗加到发电机的相应参数上，即可用发电机短路电流交流分量有效值随时间变化的表达式，计算任意时刻发电机送出的电流，将此电流分流到 x_L 支路后即可得对应的 $I_f(t)$，即为流到短路点的电流。顺便指出，制作运算曲线时计及定于回路电阻对交流分量有效值的影响。另外，强行励磁引起的附加分量也计及了阻尼绕组的影响。

改变 x_L 的值即可得到不同的时刻 $I_f(t)$，绘制曲线时，对于不同的时刻 t，以计算电抗 $x_{js} = x''_d + x_T + x_L$ 为横坐标及该时刻的 I_f 为纵坐标，以得到的点连成曲线，即为运算曲线。

对于不同的发电机，由于其参数不同，其运算曲线是不同的。实际的运算曲线，是按我国电力系统的统计得到汽轮发电机（或水轮发电机）的参数，逐台计算在不同的 x_L 条件下，某时刻 t 的短路电流，然后取所有这些短路电流的平均值，作为运算曲线在某时刻 t 和

电抗 x_{js} 情况下的短路电流值。最后，对运算曲线分别提出两种类型，即一套汽轮发电机的运算曲线和一套水轮发电机的运算曲线（见附录）。

在查用曲线时，如果实际发电机的参数（主要是 T'_d、T''_d、T_{ff} 和励磁电压最大值 U_{fm}）和与运算曲线对应的"标准参数"（由运算曲线求得的拟合参数）有较大的差别，则必须进行修正计算，这里不再详述了。

二、应用运算曲线计算短路电流的方法

1. 计算步骤

在制作运算曲线时，所用的系统中只含有一台发电机，但是实际电力系统中有多台发电机，应用运算曲线计算电力系统短路电流时，将各台发电机用其 x''_d 作为等值电抗，不计网络中负荷（曲线制作时已近似地计及了负荷的影响，对于短路点附近的大容量电动机，必须考虑其影响，要将它的电流加到短路电流上），作出等值网络后进行网络化简，消除了短路点和各发电机电动势节点以外的所有节点（又称中间节点），即可得到只含有发电机电动势节点和短路点的简化网络，如图 10-7 所示。由图可见，各电源送到短路点的电流由各电源电动势节点和短路点之间的阻抗所决定，这个阻抗称为该电源对短路点间的转移阻抗。各电源点之间的转移阻抗只影响电源间的平衡电流。由于等值网络中所有阻抗是按统一的功率基准值归算的，必须将各电源与短路点间的转移阻抗分别归算到各电源的额定容量，得到各电源的计算电抗 x_{js}，然后才能查运算曲线求得各电源流到短路点的某时刻的电流标幺值。短路点的总电流则为这些标幺值换算得到的有名值之和。

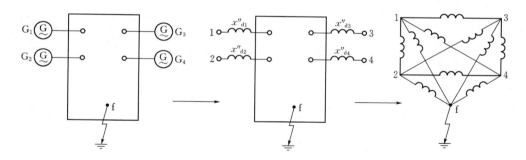

图 10-7　应用运算曲线时网络化简

将上述的计算步骤归纳为以下几点：

（1）网络化简，得到各电源对短路点的转移阻抗。

（2）求各电源的计算电抗 x_{js}（将各转移阻抗按各发电机额定功率归算）。

（3）查运算曲线，得到以发电机额定功率为基准值的各电源送至短路点电流的标幺值。

（4）求（3）中各电流的有名值之和，即为短路点的短路电流。

（5）若解要求提高准确度，可进行有关的修正计算。

【例 10-2】　试计算图 10-8（a）所示系统中，分别在 f_1 点和 f_2 点发生三相短路后 0.2s 时的短路电流。图中所有发电机均为汽轮发电机。发电机母线断路器是断开的。

解　取 $S_B = 300MVA$；电压基准值为各段的平均额定电压，求得各元件的电抗标幺值为：

发电机 G—1、G—2　　　　　$x_1 = x_2 = 0.13 \times \dfrac{300}{30} = 1.3$

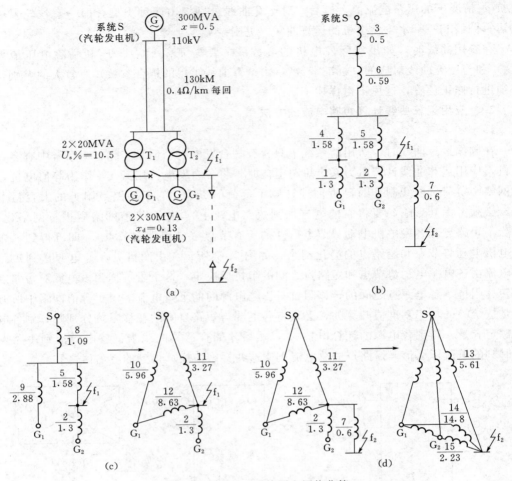

图 10-8 例 10-2 系统图和网络化简

（a）系统图；（b）等值电路；（c）、（d）f_1，f_2 点短路时网络化简

变压器 T—1、T—2 $\quad\quad x_4 = x_5 = 0.105 \times \dfrac{300}{20} = 1.58$

系统 $\quad\quad\quad\quad\quad\quad\quad\quad x_3 = 0.5$

架空线路 $\quad\quad\quad\quad\quad x_6 = \dfrac{1}{2} \times 130 \times 0.4 \times \dfrac{300}{115^2} = 0.59$

电缆线路 $\quad\quad\quad\quad\quad x_7 = 0.08 \times 1 \times \dfrac{300}{6.3^2} = 0.6$

等值电路如图 10-8（b）所示。

（1）f_1 点短路。

1）网络化简，求转移阻抗。

如图 10-8（c）所示，将星形 x_5，x_8，x_9 化成网形 x_{10}，x_{11}，x_{12}，即消去了网络中的中间节点，x_{11} 即为系统 S 对 f_1 点的转移阻抗；x_{12} 即为 G—1 对 f_1 点的转移阻抗

$$x_{10} = 1.09 + 2.88 + \dfrac{1.09 \times 2.88}{1.58} = 5.96$$

174

$$x_{11} = 1.09 + 1.58 + \frac{1.09 \times 1.58}{2.88} = 3.27$$

$$x_{12} = 1.58 + 2.88 + \frac{1.58 \times 2.88}{1.09} = 8.63$$

G—2 对 f_1 点的转移阻抗 $x_2 = 1.3$。

2）求各电源的计算电抗

$$x_{sjs} = 3.27 \times \frac{300}{300} = 3.27$$

$$x_{1js} = 8.63 \times \frac{30}{300} = 0.863$$

$$x_{2js} = 1.3 \times \frac{30}{300} = 0.13$$

3）由计算电抗查运算曲线得各电源 0.2s 短路电流标么值

$$I_s = 0.3; \quad I_1 = 1.14; \quad I_2 = 4.92$$

由曲线可知，当 $x_{js} \geqslant 3.45$，各时刻的短路电流均相等，相当于无限大电源的短路电流，可以用 $1/x_{js}$ 求得。

4）短路点总短路电流

$$I_{0.2} = 0.3 \times \frac{300}{\sqrt{3} \times 6.3} + 1.14 \times \frac{30}{\sqrt{3} \times 6.3} + 4.92 \times \frac{30}{\sqrt{3} \times 6.3}$$

$$= 8.25 + 3.13 + 13.5 = 24.9 \,(\text{kA})$$

（2）f_2 点短路。

1）网络化简，求转移阻抗：

如图 10-8（d）所示，将星形 x_2，x_7，x_{11}，x_{12} 转化成网形，只计算有关的转移阻抗 x_{13}、x_{14}、x_{15}

$$x_{13} = x_{11}x_7 \sum \frac{1}{x} = 3.27 \times 0.6 \left(\frac{1}{3.27} + \frac{1}{8.63} + \frac{1}{1.3} + \frac{1}{0.6} \right) = 5.61$$

$$x_{14} = x_{12}x_7 \sum \frac{1}{x} = 8.63 \times 0.6 \left(\frac{1}{3.27} + \frac{1}{8.63} + \frac{1}{1.3} + \frac{1}{0.6} \right) = 14.8$$

$$x_{15} = x_2x_7 \sum \frac{1}{x} = 1.3 \times 0.6 \left(\frac{1}{3.27} + \frac{1}{8.63} + \frac{1}{1.3} + \frac{1}{0.6} \right) = 2.23$$

2）求各电源的计算电抗

$$x_{sjs} = 5.61$$

$$x_{1js} = 14.8 \times \frac{30}{300} = 1.48$$

$$x_{2js} = 2.23 \times \frac{30}{300} = 0.223$$

3）由计算电抗查运算曲线得各电源 0.2s 短路电流标么值

$$I_s = \frac{1}{5.61} = 0.178; \quad I_1 = 0.66; \quad I_2 = 3.45$$

4）短路点总短路电流

$$I_{0.2} = 0.178 \times \frac{300}{\sqrt{3} \times 6.3} + 0.66 \times \frac{30}{\sqrt{3} \times 6.3} + 3.45 \times \frac{30}{\sqrt{3} \times 6.3}$$

$$= 4.89 + 1.81 + 9.49 = 16.19 \, (\text{kA})$$

2. 计算的简化

实际系统中发电机台数甚多，如果每一台发电机都作为一个电源计算，则计算工作量太大，而且也无此必要。可以把短路电流变化规律大体相同的发电机合并成等值发电机，以减少计算工作量。影响短路电流变化规律的主要因素有两个：一个是发电机的特性（指类型，参数），另一个是发电机对短路点的电气距离。在离短路点甚近的情况下，发电机本身特性的不同对短路电流的变化规律具有决定性的影响，因此不能将不同类型的发电机合并。如果发电机与短路点之间的阻抗数值甚大，不同类型发电机的特性引起的短路电流变化规律的差异受到极大的削弱，在这种情况下，可以将不同类型的发电机合并起来。根据以上原则，一般接在同一母线（非短路点）上的发电机总可以合并成一台等值发电机。

【例 10-3】 对例 10-2 进行简化计算。

解 由图 10-8 （a）看出系统 S 和 G_1 离短路点较远，可将它们合并成一个电源计算。

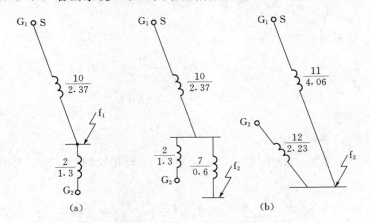

图 10-9 例 10-3 网络化简

(a) f_1 点短路；(b) f_2 时网络化简

（1）当 f_1 点短路。图 10-9 （a）所示出，电源合并后求得的对 f_1 点的转移阻抗

$$x_{10} = (1.09 /\!\!/ 2.88) + 1.58 = 2.37$$

S 和 G_1 的计算电抗

$$x_{sjs} = 2.37 \times \frac{300 + 30}{300} = 2.6$$

G_2 的计算电抗仍为

$$x_{2js} = 0.13$$

S 和 G_1 在 0.2s 时的短路电流为

$$I_s = 0.37$$

短路点总短路电流

$$I_{0.2} = 0.37 \times \frac{330}{\sqrt{3} \times 6.3} + 13.5 = 11.2 + 13.5 = 24.7 \, (\text{kA})$$

（2）当 f_2 点短路。图 10-9（b）所示出，电源合并后求得的对 f_2 点的转移阻抗

$$x_{11} = 2.37 + 0.6 + \frac{2.37 \times 0.6}{1.3} = 4.06$$

$$x_{12} = 1.3 + 0.6 + \frac{1.3 \times 0.6}{2.37} = 2.23$$

S 和 G_1 的计算电抗

$$x_{sjs} = 4.06 \times \frac{330}{300} = 4.47$$

G_2 的计算电抗仍为 0.223

S 和 G_1 在 0.2s 时的短路电流

$$I_s = \frac{1}{4.47} = 0.224 \text{（kA）}$$

短路点总短路电流

$$I_{0.2} = 0.224 \times \frac{330}{\sqrt{3} \times 6.3} + 9.49 = 6.77 + 9.49 = 16.26 \text{（kA）}$$

第四节　短路电流周期分量的近似计算

在短路电流的最简化计算中，可以假定短路电路连接到内阻抗为零的恒电势电源上。因此，短路电流周期分量的幅值不随时间而变化，只有非周期分量是衰减的。

计算时略去负荷，选定基准功率 S_B 和基准电压 $U_B = U_{av}$，算出电源对短路点的组合电抗标么值 $x_{f\sum *}$，而电源的电势标么值取作 1，于是短路电流周期分量的标么值为

$$I_{p*} = 1/x_{f\sum *} \tag{10-6}$$

有名值为

$$I_p = I_{p*} I_B = I_B / x_{f\sum *} \tag{10-7}$$

相应的短路功率为

$$S = S_B / x_{f\sum *} \tag{10-8}$$

这样算出的短路电流（或短路功率）要比实际的大些。但是它们的差别随短路点距离的增大而迅速地减小。因为短路点愈远，电源电压恒定的假设条件就愈接近实际情况，尤其是当发电机装有自动励磁调节器时，更是如此。利用这种简化的算法，可以对短路电流（或短路功率）的最大可能作出近似的估计。

在计算电力系统的某个发电厂（或变电所）内的短路电流时，往往缺乏整个系统的详细数据。在这种情况下，可以把整个系统（该发电厂或变电所除外）或它的一部分看作是一个由无限大功率电源供电的网络。例如，在图 10-10 的电力系统中，母线 c 以右的部分实际包含有许多发电厂、变电所和线路，可以表示为经一定的电抗 x_s 接于 c 点的无限大功率电源。如果在网络中的母线 c 发生三相短路时，该部分系统提供的短路电流 I_s（或短路功率 S_s）是已知的，则无限大功率电源到母线 c 的电抗 X_s 可以利用式（10-7）或式（10-8）推算出

$$x_{s*} = \frac{I_{\mathrm{B}}}{I_{\mathrm{s}}} = \frac{S_{\mathrm{B}}}{S_{\mathrm{s}}} \qquad (10\text{-}9)$$

式中　I_{s}、S_{s}——都用有名值 x_{s*} 是以 S_{B} 为基准功率的电抗标么值。

　　如果就上述短路电流的数值也不知道，那么还可以从与该部分连接的变电所装设的断路器的切断容量得到极限利用的条件来近似地计算系统的电抗。例如，在图 10-10 中，已知断路器 QF 的额定切断容量，即认为在断路器后发生三相短路时，该断路器的额定切断容量刚好被充分利用。这种计算方法将通过例 10-5 作具体说明。

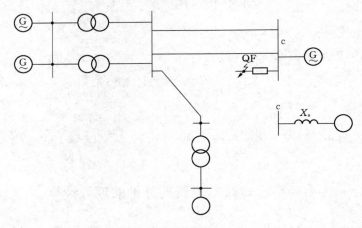

图 10-10　电力系统图

　　【例 10-4】　在图 10-11（a）所示的电力系统中，三相短路分别发生在 f_1 点和 f_2 点，试计算短路电流周期分量，如果：（1）系统对母线 a 处的短路功率为 1000MVA；（2）母线 a 的电压为恒定值。各元件的参数如下：

　　线路 L_1：40km、$x = 0.4\Omega/\mathrm{km}$；变压器 T：30MVA、$U_{\mathrm{s}}\% = 10.5$。电抗器 R：6.3kV、0.3kA、$x\% = 4$。电缆 L_2：0.5km、$x = 0.08\Omega/\mathrm{km}$。

　　解　取 $S_{\mathrm{B}} = 100\mathrm{MVA}$、$U_{\mathrm{B}} = U_{\mathrm{av}}$。先计算第一种情况。

　　系统用一个无限大功率电源代表，它到母线 a 的电抗标么值为

$$x_{\mathrm{s}} = \frac{S_{\mathrm{B}}}{S_{\mathrm{s}}} = \frac{100}{1000} = 0.1$$

各元件的电抗标么值分别计算如下：

　　线路 L：　　　　$x_1 = 0.4 \times 40 \times \frac{100}{115^2} = 0.12$

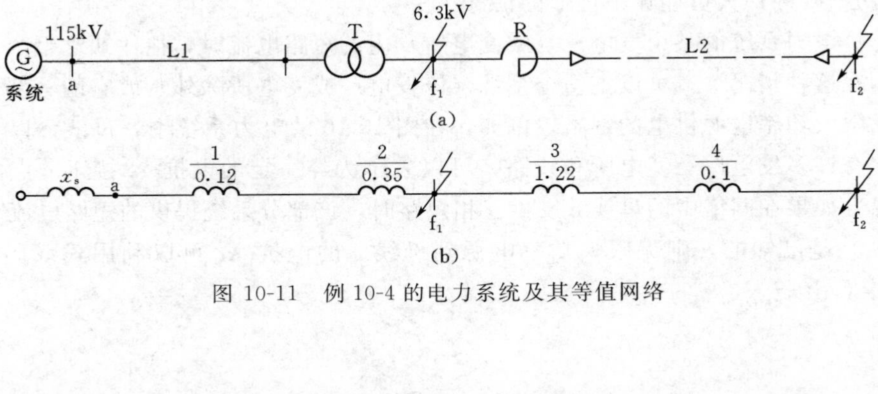

图 10-11　例 10-4 的电力系统及其等值网络

变压器 T：
$$x_2 = 0.105 \times \frac{100}{30} = 0.35$$

电抗器 R：
$$x_3 = 0.04 \times \frac{100}{\sqrt{3} \times 6.3 \times 0.3} = 1.22$$

电缆 L_2：
$$x_4 = 0.08 \times 0.5 \times \frac{100}{6.3^2} = 0.1$$

在网络的 6.3kV 电压级的基准电流为 $I_B = \frac{100}{\sqrt{3} \times 6.3} = 9.16$ (kA)

当 f_1 点短路时
$$x_{f\Sigma} = x_s + X_1 + X_2 = 0.1 + 0.12 + 0.35 = 0.57$$

短路电流为
$$I = \frac{I_B}{x_{f\Sigma}} = \frac{9.16}{0.57} = 16.07 \text{ (kA)}$$

当 f_2 点短路时
$$x_{f\Sigma} = x_s + x_1 + x_2 + x_3 + x_4 = 0.1 + 0.12 + 0.35 + 1.22 + 0.1 = 1.89$$

短路电流为
$$I = \frac{9.16}{1.89} = 4.85 \text{ (kA)}$$

对于第二种情况，无限大功率电源直接接于母线 a 即 $x_s = 0$，所以在 f_1 点短路时
$$x_\Sigma = x_1 + x_2 = 0.12 + 0.35 = 0.47, I = \frac{9.16}{0.47} = 19.49 \text{ (kA)}$$

在 f_2 点短路时
$$x_\Sigma = x_1 + x_2 + x_3 + x_4 = 0.12 + 0.35 + 1.22 + 0.1 = 1.79$$
$$I = \frac{9.16}{1.79} = 5.12 \text{ (kA)}$$

比较以上的计算结果可见，如把无限大功率电源直接接于母线 a，则短路电流的数值，在 f_1 点短路时要增大 21%，而在 f_2 点短路时只增大 6%。

【例 10-5】 在图 10-12 （a）的电力系统中，三相短路发生在 f 点，试求短路后 0.5s 的短路功率。连接到变电所 c 母线的电力系统的电抗是未知的，装设在该处（115kV 电压级）的断路器 QF 的额定切断容量为 2500MVA。火力发电厂 1 的容量为 60MVA，$x = 0.3$；水力发电厂 2 的容量为 480MVA，$x = 0.4$；线路 L—1 的长度为 10km，L—2 为 6km；L—3 为 3×24km，各条线路的电抗均为每回 0.4Ω/km。

解 （1）取基准功率 $S_B = 500$MVA，$U_B = U_{av}$。算出各元件的电抗标么值，注明在图 10-12 （b）的等值网络中。

（2）根据变电所 c 处断路器 QF 的额定切断容量的极限利用条件确定未知系统的电抗，近似地认为断路器的额定切断容量 $S_{N(QF)}$ 即等于 k 点三相短路时与短路电流周期分量的初值相对应的短路功率。

在 k 点发生短路时，发电厂 1 和 2 对短路点的组合电抗为
$$x_{(1\text{//}2)K} = [(x_1 + x_5) \text{ // } x_2] + x_6 = [(2.5 + 0.09) \text{ // } 0.42] + 0.12 = 0.48$$

在短路开始瞬间，该两发电厂供给的短路功率为
$$S_{(1\text{//}2)k} = \frac{S_B}{x_{(1\text{//}2)k}} = \frac{500}{0.48} = 1042 \text{ (MVA)}$$

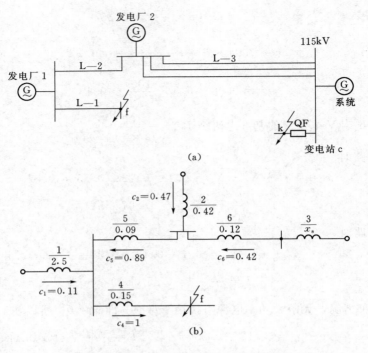

图 10-12　例 10-5 的电力系统及其等值网络

因此，未知系统供给的短路功率应为

$$S_{sk} = S_{N(QF)} - S_{(1//2)k} = 2500 - 1042 = 1458 \text{（MVA）}$$

故系统的电抗应为

$$x_s = \frac{S_B}{S_{sk}} = \frac{500}{1458} = 0.34$$

（3）简化等值网络，求对短路点 f 的组合电抗，其步骤如下

$$x_7 = x_s + x_6 = 0.34 + 0.12 = 0.46, x_8 = x_7 \text{ // } x_2 = 0.46 \text{ // } 0.42 = 0.22$$

$$x_9 = x_8 + x_5 = 0.22 + 0.09 = 0.31, x_{10} = x_9 \text{ // } x_1 = 0.31 \text{ // } 2.5 = 0.28$$

$$x_{f\Sigma} = x_{10} + x_4 = 0.28 + 0.15 = 0.43$$

（4）用分布系数法求各电源对短路点的转移电抗，并把转移电抗换算为计算电抗：
火力发电厂 1 的分布系数为

$$c_1 = \frac{x_{10}}{x_1} = \frac{0.28}{2.5} = 0.11$$

支路 5 的分布系数为

$$c_5 = 1 - c_1 = 1 - 0.11 = 0.89$$

水力发电厂 2 的分布系数为

$$c_2 = \frac{x_8}{x_2}c_5 = \frac{0.22}{0.42} \times 0.89 = 0.47$$

系统的分布系数为

$$c_6 = \frac{x_8}{x_7} c_5 = \frac{0.22}{0.46} \times 0.89 = 0.43$$

系统对短路点 f 的转移电抗为

$$x_{sf} = \frac{x_{f\Sigma}}{c_6} = \frac{0.43}{0.43} = 1.00$$

发电厂 1 的计算电抗为

$$x_{js1} = \frac{x_{f\Sigma}}{c_1} \times \frac{S_{N1}}{S_B} = \frac{0.43}{0.11} \times \frac{60}{500} = 0.47$$

发电厂 2 的计算电抗为

$$x_{js2} = \frac{x_{f\Sigma}}{c_2} \times \frac{S_{N2}}{S_B} = \frac{0.43}{0.47} \times \frac{480}{500} = 0.88$$

（5）由汽轮发电机和水轮发电机的运算曲线分别查得短路发生后 0.5s 发电厂 1 和发电厂 2 提供的短路电流标么值为 $I_{1*} = 1.788$ 和 $I_{2*} = 1.266$。因此，待求的短路功率为

$$S_f = I_{1*} S_{N1} + I_{2*} S_{N2} + \frac{S_B}{x_{sf}} = 1.788 \times 60 + 1.266 \times 480 + \frac{500}{1.00} = 1215 \ (MVA)$$

小　　结

本章着重讨论了简单网络的短路电流周期分量的计算，其原理和方法同样适用于复杂网络。

根据叠加原理，短路电流计算可归结为短路点输入阻抗和短路点同电源点之间转移阻抗的计算。网络的等值变换和化简是求取输入阻抗和转移阻抗的主要方法，电流分布系数不仅用来确定电流分布，对于转移阻抗的计算也很有用。

计算曲线是反映短路电流周期分量同计算电抗和时间的函数关系的一簇曲线。计算曲线可以用来确定短路后不同时刻的短路电流，使用时先要将转移电抗换算成计算电抗。

在大规模电力系统中，只要知道系统同某局部网络连接点上的短路容量，就可以进行该局部网络短路电流的近似计算，这是工程计算中常用的一种方法。

第十一章　电力系统各元件的序阻抗和等值电路

对称分量法是分析不对称故障的常用方法。根据对称分量法，一组不对称的三相相量可以分解为正序、负序和零序三组对称的三相相量。在不同序别的对称分量作用下，电力系统的各元件可能呈现不同的特性。本章将着重讨论发电机、变压器、输电线路和负荷的各序参数，特别是电网元件的零序参数及等值电路。

第一节　对称分量法在不对称短路计算中的应用

一、不对称三相相量的分解

在三相电路中，对于任意一组不对称的三相相量（电流或电压），可以分解为三组三相对称的相量。当选择 a 相作为基准相时，三相相量与其对称分量之间的关系（如电流）为

$$\begin{bmatrix} \dot{I}_{a1} \\ \dot{I}_{a2} \\ \dot{I}_{a0} \end{bmatrix} = \frac{1}{3}\begin{bmatrix} 1 & a & a^2 \\ 1 & a^2 & a \\ 1 & 1 & 1 \end{bmatrix}\begin{bmatrix} \dot{I}_a \\ \dot{I}_b \\ \dot{I}_c \end{bmatrix} \tag{11-1}$$

式中，运算子 $a = e^{j120°}$，$a^2 = e^{j240°}$，$a^0 = 1$，且有 $1 + a + a^2 = 0$；$\dot{I}_{a1}$、$\dot{I}_{a2}$、$\dot{I}_{a0}$ 分别为 a 相电流的正序，负序，零序分量，并且有

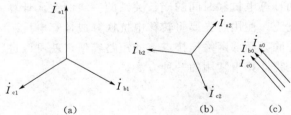

图 11-1　三相相量的对称分量
(a) 正序分量；(b) 负序分量；(c) 零序分量

$$\left. \begin{aligned} \dot{I}_{b1} = a^2\dot{I}_{a1}, \dot{I}_{c1} = a\dot{I}_{a1} \\ \dot{I}_{b2} = a\dot{I}_{a2}, \dot{I}_{c2} = a^2\dot{I}_{a2} \\ \dot{I}_{b0} = \dot{I}_{c0} = \dot{I}_{a0} \end{aligned} \right\} \tag{11-2}$$

由上式可以做出三相相量的三组对称分量如图 11-1 所示。

我们看到，正序分量的相序与正常对称运行下的相序相同，而负序分量的相序则与正序相反，零序分量则三相同相位。

把式 (11-1) 写成

$$I_{120} = SI_{abc} \tag{11-3}$$

矩阵 S 称为对称分量变换矩阵。当已知三相不对称的相量时，可由上式求得各序对称分量；已知各序对称分量时，也可以用反变换求出三相不对称的相量，即

$$I_{abc} = S^{-1}I_{120} \tag{11-4}$$

式中

$$S^{-1} = \begin{bmatrix} 1 & 1 & 1 \\ a^2 & a & 1 \\ a & a^2 & 1 \end{bmatrix} \tag{11-5}$$

称为对称分量反变换矩阵。展开式（11-4）并计及式（11-2）有

$$
\left.\begin{aligned}
\dot{I}_{\mathrm{a}} &= \dot{I}_{\mathrm{a1}} + \dot{I}_{\mathrm{a2}} + \dot{I}_{\mathrm{a0}} \\
\dot{I}_{\mathrm{b}} &= a^2 \dot{I}_{\mathrm{a1}} + a \dot{I}_{\mathrm{a2}} + \dot{I}_{\mathrm{a0}} = \dot{I}_{\mathrm{b1}} + \dot{I}_{\mathrm{b2}} + \dot{I}_{\mathrm{b0}} \\
\dot{I}_{\mathrm{c}} &= a \dot{I}_{\mathrm{a1}} + a^2 \dot{I}_{\mathrm{a2}} + \dot{I}_{\mathrm{a0}} = \dot{I}_{\mathrm{c1}} + \dot{I}_{\mathrm{c2}} + \dot{I}_{\mathrm{c0}}
\end{aligned}\right\}
\tag{11-6}
$$

电压和电流具有同样的变换和反变换矩阵。

二、序阻抗的概念

我们以一个静止的三相电路元件为例来说明序阻抗的概念。如图 11-2 所示，各相自阻抗分别为 Z_{aa}，Z_{bb}，Z_{cc}；相间互阻抗为 $Z_{\mathrm{ab}} = Z_{\mathrm{ba}}$，$Z_{\mathrm{bc}} = Z_{\mathrm{cb}}$，$Z_{\mathrm{ca}} = Z_{\mathrm{ac}}$。当元件通过三相不对称的电流时，元件各相的电压降为

$$
\begin{bmatrix} \Delta \dot{U}_{\mathrm{a}} \\ \Delta \dot{U}_{\mathrm{b}} \\ \Delta \dot{U}_{\mathrm{c}} \end{bmatrix} = \begin{bmatrix} Z_{\mathrm{aa}} & Z_{\mathrm{ab}} & Z_{\mathrm{ac}} \\ Z_{\mathrm{ab}} & Z_{\mathrm{bb}} & Z_{\mathrm{bc}} \\ Z_{\mathrm{ac}} & Z_{\mathrm{bc}} & Z_{\mathrm{cc}} \end{bmatrix} \begin{bmatrix} \dot{I}_{\mathrm{a}} \\ \dot{I}_{\mathrm{b}} \\ \dot{I}_{\mathrm{c}} \end{bmatrix}
\tag{11-7}
$$

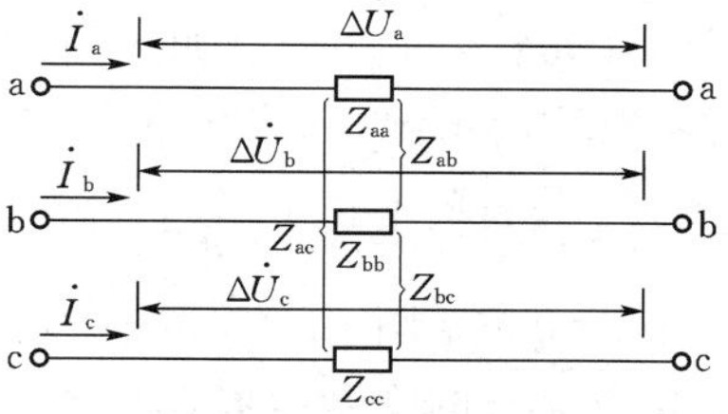

图 11-2　静止三相电路元件

或写为

$$
\Delta \boldsymbol{U}_{\mathrm{abc}} = \boldsymbol{Z} \boldsymbol{I}_{\mathrm{abc}}
\tag{11-8}
$$

应用式（11-3）、式（11-4）将三相量变换成对称分量，可得

$$
\Delta \boldsymbol{U}_{120} = \boldsymbol{SZS}^{-1} \boldsymbol{I}_{120} = \boldsymbol{Z}_{\mathrm{sc}} \boldsymbol{I}_{120}
\tag{11-9}
$$

式中，$\boldsymbol{Z}_{\mathrm{sc}} = SZS^{-1}$ 称为序阻抗矩阵。

当元件结构参数完全对称，即 $Z_{\mathrm{aa}} = Z_{\mathrm{bb}} = Z_{\mathrm{cc}} = Z_{\mathrm{s}}$，$Z_{\mathrm{ab}} = Z_{\mathrm{bc}} = Z_{\mathrm{ca}} = Z_{\mathrm{m}}$ 时

$$
\boldsymbol{Z}_{\mathrm{sc}} = \begin{bmatrix} Z_{\mathrm{s}} - Z_{\mathrm{m}} & 0 & 0 \\ 0 & Z_{\mathrm{s}} - Z_{\mathrm{m}} & 0 \\ 0 & 0 & Z_{\mathrm{s}} + 2Z_{\mathrm{m}} \end{bmatrix} = \begin{bmatrix} Z_1 & 0 & 0 \\ 0 & Z_2 & 0 \\ 0 & 0 & Z_0 \end{bmatrix}
\tag{11-10}
$$

上式为一对角线矩阵。将式（11-9）展开，得

$$
\left.\begin{aligned}
\Delta \dot{U}_{\mathrm{a1}} &= Z_1 \dot{I}_{\mathrm{a1}} \\
\Delta \dot{U}_{\mathrm{a2}} &= Z_2 \dot{I}_{\mathrm{a2}} \\
\Delta \dot{U}_{\mathrm{a0}} &= Z_0 \dot{I}_{\mathrm{a0}}
\end{aligned}\right\}
\tag{11-11}
$$

式（11-11）表明，在三相参数对称的线性电路中，各序对称分量具有独立性。也就是说，当电路通以某序对称分量的电流时，只产生同一序对称分量的电压降。反之，当电路施加某序对称分量的电压时，电路中也只产生同一序对称分量的电流。这样，我们可以对正序、负序和零序分量分别进行计算。

如果三相参数不对称，则矩阵 $\boldsymbol{Z}_{\mathrm{sc}}$ 的非对角元素将不全为零，因而各序对称分量将不具有独立性。

根据以上的分析，所谓元件的序阻抗，是指元件三相参数对称时，元件两端某一序的电压降与通过该元件同一序电流的比值，即

$$Z_1 = \Delta \dot{U}_{a1}/\dot{I}_{a1} \atop \left. \begin{array}{c} \\ Z_2 = \Delta \dot{U}_{a2}/\dot{I}_{a2} \\ \\ Z_0 = \Delta \dot{U}_{a0}/\dot{I}_{a0} \end{array} \right\} \tag{11-12}$$

Z_1、Z_2、Z_0 分别称为该元件的正序阻抗、负序阻抗和零序阻抗。电力系统每个元件的正、负、零序阻抗可能相同，也可能不同，视元件的结构而定。

三、对称分量法在不对称短路计算中的应用

现以图 11-3 所示简单电力系统为例来说明应用对称分量法计算不对称短路的一般原理。一台发电机接于空载输电线路，发电机中性点经阻抗 Z_n 接地。在线路某处发生单相（例如 a 相）短路，使故障点出现了不对称的情况。a 相对地阻抗为零（不计电弧等电阻），a 相对地电压 $\dot{U}_a = 0$，而 b、c 两相的电压 $\dot{U}_b \neq 0$，$\dot{U}_c \neq 0$ [见图 11-4（a）]。此时，故障点以外的系统其余部分的参数（指阻抗）仍然是对称的。因此，在计算不对称短路时，应设法把故障点的不对称转化成对称，使被短路破坏了的对称性的三相电路转化成对称电路，然后就可以用单相电路进行计算。

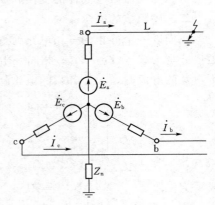

图 11-3　简单电力系统的单相短路

短路点处的不对称电压为 $\dot{U}_a$、$\dot{U}_b$、$\dot{U}_c$，可用电势源表示，如图 11-4（b）所示。应用对称分量法将这组不对称电势源分解成正序、负序和零序三组对称分量（各序具有独立性），如图 11-4（c）所示。根据叠加原理，图 11-4（c）所示的状态，可以当作是图 11-4（d）、（e）、（f）三个图所示状态的叠加。

图 11-4（d）的电路称为正序网络，其中只有正序电势在作用（包括发电机的电势和故障点的正序分量电势），网络中只有正序电流，各元件呈现的阻抗就是正序阻抗。图 11-4（e）及（f）的电路分别称为负序网络和零序网络。因为发电机只产生正序电势，所以在负序和零序网络中，只有故障点的负序和零序分量电势在作用，网络中也只有同一序的电流，元件也只呈现同一序的阻抗。

根据这三个电路图，可以分别列出各序网络的电压方程式。因为每一序都是三相对称的，只需列出一相便可以了。在正序网络中，当以 a 相为基准相时，有

$$\dot{E}_a - \dot{I}_{a1}(Z_{G1} + Z_{L1}) - (\dot{I}_{a1} + a^2\dot{I}_{a1} + a\dot{I}_{a1})Z_n = \dot{U}_{a1}$$

因为 $\dot{I}_{a1} + \dot{I}_{b1} + \dot{I}_{c1} = \dot{I}_{a1} + a^2\dot{I}_{a1} + a\dot{I}_{a1} = 0$，中性点接地阻抗 Z_n 上的电压降为零，它在正序网络中不起作用。这样，正序网络的电压方程可写成

$$\dot{E}_a - \dot{I}_{a1}(Z_{G1} + Z_{L1}) = \dot{U}_{a1}$$

在负序网络中，由于 $\dot{I}_{a2} + \dot{I}_{b2} + \dot{I}_{c2} = \dot{I}_{a2} + a\dot{I}_{a2} + a^2\dot{I}_{a2} = 0$，而且发电机的负序电势为零，因此，负序网络的电压方程为

$$0 - \dot{I}_{a2}(Z_{G2} + Z_{L2}) = \dot{U}_{a2}$$

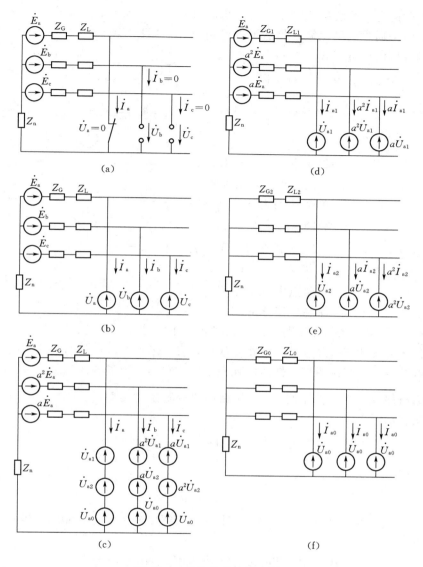

图 11-4 对称分量法的应用

在零序网络中，由于 $\dot{I}_{a0}+\dot{I}_{b0}+\dot{I}_{c0}=3\dot{I}_{a0}$，在中性点接地阻抗中将流过三倍的零序电流，产生电压降。计及发电机的零序电势为零，零序网络的电压方程为

$$0-\dot{I}_{a0}(Z_{G0}+Z_{L0})-3\dot{I}_{a0}Z_n=\dot{U}_{a0}$$

或写为

$$0-\dot{I}_{a0}(Z_{G0}+Z_{L0}+3Z_n)=\dot{U}_{a0}$$

根据以上所得的各序电压方程式，可以绘出各序的等值网络（见图 11-5）。必须注意，在一相的零序网络中，中性点接地阻抗必须增大为三倍。这是因为接地阻抗 Z_n 上的电压降是由三倍的一相零序电流产生的，在数值上，它等于一相零序电流在三倍中性点接地阻抗上产生的电压降。

虽然实际的电力系统接线复杂，发电机的数目也很多，但是通过网络化简，仍然可以得到与以上相似的各序电压方程式

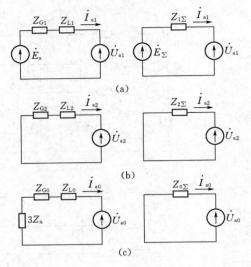

$$\left. \begin{array}{l} \dot{E}_\Sigma - \dot{I}_{a1} Z_{1\Sigma} = \dot{U}_{a1} \\ 0 - \dot{I}_{a2} Z_{2\Sigma} = \dot{U}_{a2} \\ 0 - \dot{I}_{a0} Z_{0\Sigma} = \dot{U}_{a0} \end{array} \right\} \quad (11\text{-}13)$$

式中

$\dot{E}_\Sigma$ ——正序网络中相对短路点的戴维宁等值电势；

$Z_{1\Sigma}$、$Z_{2\Sigma}$、$Z_{0\Sigma}$ ——正序、负序和零序网络中短路点的输入阻抗；

$\dot{I}_{a1}$、$\dot{I}_{a2}$、$\dot{I}_{a0}$ ——短路点电流的正序，负序和零序分量；

$\dot{U}_{a1}$、$\dot{U}_{a2}$、$\dot{U}_{a0}$ ——短路点电压的正序，负序和零序分量。

图 11-5 正序、负序和零序等值网络
(a) 正序；(b) 负序；(c) 零序

方程式（11-13）又称为序网方程，它对各种不对称短路都适用。它说明了各种不对称短路时各序电流和同一序电压间的相互联系，表示了不对称短路的共性。根据不对称短路的类型可以得到三个说明短路性质的补充条件，它们表示了各种不对称短路的特性，通常称为故障条件或边界条件。例如，a 相接地的故障条件为 $\dot{U}_a = 0$、$\dot{I}_b = 0$、$\dot{I}_c = 0$，用各序对称分量表示可得

$$\left. \begin{array}{l} \dot{U}_a = \dot{U}_{a1} + \dot{U}_{a2} + \dot{U}_{a0} = 0 \\ \dot{I}_b = a^2 \dot{I}_{a1} + a \dot{I}_{a2} + \dot{I}_{a0} = 0 \\ \dot{I}_c = a \dot{I}_{a1} + a^2 \dot{I}_{a2} + \dot{I}_{a0} = 0 \end{array} \right\} \quad (11\text{-}14)$$

由式（11-13）和式（11-14）的六个方程，便可解出短路点电压和电流的各序对称分量。

第二节 同步发电机的负序和零序电抗

同步发电机在对称运行时，只有正序电势和正序电流，此时的电机参数，就是正序参数。前几章已讨论过的 x_d、x_q、x'_d、x''_d、x''_q 等均属于正序电抗。

当发电机定子绕组中通过负序基频电流时，它产生的负序旋转磁场与正序基频电流产生的旋转磁场转向正好相反，因此负序旋转磁场同转子之间有两倍同步转速的相对运动。负序电抗取决于定子负序旋转磁场所遇到的磁阻（或磁导）。由于转子纵横轴间不对称，随着负序旋转磁场同转子间的相对位置的不同，负序磁场所遇到的磁阻也不同，负序电抗也就不同。图 11-6（a）、(b) 分别示出负序旋转磁场对正转子纵轴和横轴时确定负序电抗的等值电路。由图可见，$x_{2d} = x''_d$ 和 $x_{2q} = x''_q$。对于无阻尼绕组电机，图中代表阻尼绕组的支路应断开，于是有 $x_{2d} = x'_d$ 和 $x_{2q} = x_q$。因此，负序电抗将在 x''_d 和 x''_q（对于无阻尼绕组电机

则在 X'_d 和 X_q) 之间变化。

实际上，当系统发生不对称短路时，包括发电机在内的网络中出现的电磁现象是相当复杂的。由于发电机转子纵横轴间的不对称，定、转子绕组都将出现一系列的高次谐波电流，这就使对发电机序参数的分析变复杂了。为使发电机负序电抗具有确定的含义，我们取发电机负序端电压的基频分量与负序电流基频分量的比值，作为计算电力系统基频短路电流时发电机的负序阻抗。

根据比较精确的数学分析，对于同一台发电机，在不同类型的不对称短路中，负序电抗也不相同，其计算公式列于表 11-1。

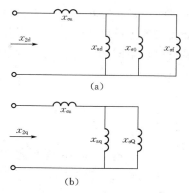

图 11-6 确定发电机负序
电抗的等值电路

表 11-1

短 路 种 类	负 序 电 抗
单相短路	$x_2^{(1)} \sqrt{\left(x''_d + \dfrac{x_0}{2}\right)\left(x''_q + \dfrac{x_0}{2}\right)} - \dfrac{x_0}{2}$
两相短路	$x_2^{(2)} = \sqrt{x''_d x''_q}$
两相短路接地	$x_2^{(1,1)} = \dfrac{x''_d x''_q + \sqrt{x''_d x''_q (2x_0 + x''_d)(2x_0 + x''_q)}}{2x_0 + x''_d + x''_q}$

表中的 X_0 为发电机的零序电抗。当同步发电机经外接电抗 x_e 短路时，表中的 x''_d、x''_q 和 x_0 应分别以 $x''_d + x_e$、$x''_q + x_e$ 和 $x_0 + x_e$ 代替，这时，转子直轴交轴间不对称的程度被削弱。当直轴交轴向的电抗接近相等时，表中三个公式的计算结果差别很小。电力系统的短路故障一般发生在线路上，所以在短路电流的实用计算中，同步电机本身的负序电抗可以认为与短路种类无关，并取为 x''_d 和 x''_q 的算术平均值，即

$$x_2 = \frac{1}{2}(x''_d + x''_q) \tag{11-15}$$

对于无阻尼绕组凸极机，取为 X'_d 和 X_q 的几何平均值，即

$$x_2 = \sqrt{x'_d x_q} \tag{11-16}$$

作为近似估计，对汽轮发电机及有阻尼绕组的水轮发电机，可采用 $x_2 = 1.22 x''_d$；对无阻尼绕组的发电机，可采用 $x_2 = 1.45 x'_d$。如无电机的确切参数，也可按表 11-2 取值。

当发电机定子绕组通过基频零序电流时，由于各相电枢磁势大小相等，相位相同，且

表 11-2

电 机 类 型	x_2	x_0	电 机 类 型	x_2	x_0
汽轮发电机	0.16	0.06	无阻尼绕组水轮发电机	0.45	0.07
有阻尼绕组水轮发电机	0.25	0.07	同步调相机和大型同步电动机	0.24	0.08

注　均为以电机额定值为基准的标幺值。

在空间相差 120°电角度，它们在气隙中的合成磁势为零，所以发电机的零序电抗仅由定子绕组的等值漏磁通确定。但是零序电流所产生的漏磁通与正序（或负序）电流所产生的漏磁通是不同的，它们的差别视绕组的结构形式而定。零序电抗的变化范围大致是 $x_0 = (0.15 \sim 0.6) x''_d$。

第三节　变压器的零序等值电路及其参数

一、普通变压器的零序等值电路及其参数

变压器的等值电路表征了一相原、副绕组间的电磁关系。不论变压器通以哪一序的电流，都不会改变原、副绕组间的电磁关系，因此变压器的正序、负序和零序等值电路具有相同的形状，图 11-7 为不计绕组电阻和铁芯损耗时变压器的零序等值电路。

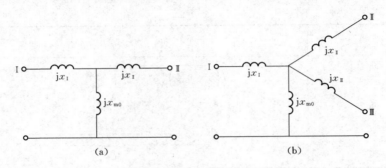

图 11-7　变压器的零序等值电路

(a) 双绕组变压器；(b) 三绕组变压器

变压器等值电路中的参数不仅同变压器的结构有关，有的参数也同所通电流的序别有关。

变压器的漏抗，反映了原、副绕组间磁耦合的紧密情况。漏磁通的路径与所通电流的序别无关。因此，变压器的正序、负序和零序的等值漏抗也相等。

变压器的励磁电抗，取决于主磁通路径的磁导。当变压器通以负序电流时，主磁通的路径与通以正序电流时完全相同。因此，负序励磁电抗与正序的相同。由此可见，变压器正、负序等值电路及其参数是完全相同的。这个结论适用于电力系统中的一切静止元件。

变压器的零序励磁电抗与变压器的铁芯结构密切相关。图 11-8 所示为三种常用的变压器铁芯结构及零序励磁磁通的路径。

对于由三个单相变压器组成的三相变压器，每相的零序主磁通与正序主磁通一样，都有独立的铁芯磁路 [图 11-8 (a)]。因此，零序励磁电抗与正序的相等。对于三相四柱式（或五柱式）变压器，零序主磁通也能在铁芯中形成回路，磁阻很小，因此零序励磁电抗的数值很大 [见图 11-8 (b)]。以上两种变压器，在短路计算中都可以看做 $x_{mo} \approx \infty$，即忽略励磁电流，把励磁支路断开。

对于三相三柱式变压器，由于三相零序磁通大小相等、相位相同，因而不能像正序（或负序）主磁通那样，一相主磁通可以经过另外两相的铁芯形成回路，它们被迫经过绝缘介质和外壳形成回路 [见图 11-8 (c)]，导致有很大的磁阻。因此，这种变压器的零序励磁

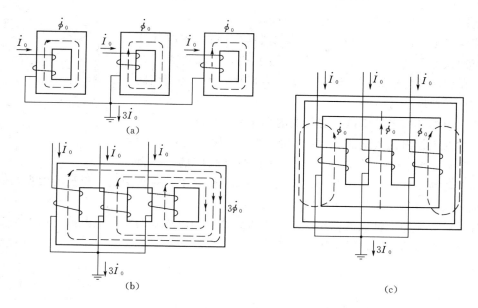

图 11-8　零序主磁通的磁路

(a) 三个单相的组式；(b) 三相四柱式；(c) 三相三柱式

电抗比正序励磁电抗小得多，在短路计算中，应视为有限值，其值一般用实验方法确定，取 $x_{\mathrm{mo}} = 0.3 \sim 1.0$。

二、变压器零序等值电路与外电路的连接

变压器的零序等值电路与外电路的连接，取决于零序电流的流通路径，因而与变压器三相绕组连接形式及中性点是否接地有关。不对称短路时，零序电压（或电势）是施加在相线和大地之间的。根据这一点，我们可从以下三个方面来讨论变压器零序等值电路与外电路的连接情况。

(1) 当外电路向变压器某侧三相绕组施加零序电压时，如果能在该侧绕组产生零序电流，则等值电路中该侧绕组端点与外电路接通；如果不能产生零序电流，则从电路等值的观点，可以认为变压器该侧绕组与外电路断开。根据这个原则，只有中性点接地的星形接法（用 Y_0 表示）的绕组才能与外电路接通，才能将变压器的这一绕组的等值参数在电力系统的等值电路中与外电路相接。

(2) 当变压器是 YN，yn 接法时，一旦一侧绕组有了零序电流，就会在另一侧绕组上感应零序电势，这三相零序电势施加到外电路上，能不能形成零序电流，还要看外电路的连接方式。只有外电路也是星形接地方式，才会构成零序电流通路，在系统的等值电路中，才将变压器的另一侧绕组的参数与相应的外电路相接。

(3) 在三角形接法的绕组中，如果三相绕组感应出三相零序电势，绕组的零序电势虽然不能作用到外电路去，但能在三相绕组中形成零序环流，如图 11-9 所示。此时，零序电势将被零序环流在绕组漏抗上的电压降所平衡，绕组两端电压为零。这种情况，与变压器绕组短接是等效的。因此，在等值电路中该侧绕组端点接零序等值中性点（等值中性点与地同电位时则接地）。

上述三点也完全适用于三绕组变压器。

顺便指出，由于三角形接法的绕组漏抗与励磁支路并联，不管何种铁芯结构的变压器，一般励磁电抗总比漏抗大得多。所以，在零序等值电路中，当变压器有接等值中性点的绕组时，都可以近似地取 $X_{m0} \approx \infty$。

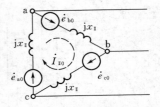

图 11-9 YN, d 接法三角形侧的零序环流

三、中性点有接地阻抗时变压器的零序等值电路

当中性点经阻抗接地的 Y_0 接法绕组通过零序电流时，中性点接地阻抗上将流过三倍零序电流，并且产生相应的电压降，使中性点与地不同电位。因此，在单相零序等值电路中，应将中性点阻抗增大为三倍，并同它所接入的该侧绕组的漏抗串联 [见图 11-10]。

当求解变压器中性点的电压时，需要用到通过相应绕组的实际电流值（而不是等值电路中的折算电流值）乘以接地阻抗的三倍。

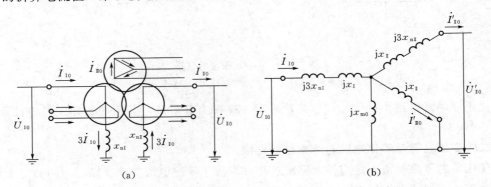

图 11-10 变压器中性点经阻抗接地时的零序等值电路

四、自耦变压器的零序等值电路及其参数

自耦变压器中两个有直接电气联系的自耦绕组，一般是用来联系两个直接接地的系统的。中性点直接接地的自耦变压器的零序等值电路及其参数、等值电路与外电路的连接情况、短路计算中励磁电抗 x_{m0} 的处理等，都与普通变压器的相同。但应注意，由于两个自耦绕组共用一个中性点和接地线，因此不能直接从等值电路中已折算的电流值求出中性点的入地电流。中性点的入地电流，应等于两个自耦绕组零序电流实际有名值之差的三倍 [见图 11-11 (a)]，即 $\dot{I}_n = 3(\dot{I}_{I0} - \dot{I}_{II n})$

当自耦变压器的中性点经电抗接地时，其等值电路中的接地电抗该如何表示，下面我们来分析。

图 11-12 (a) 为三绕组自耦变压器及其折算到 I 侧的零序等值电路，并且将 III 侧绕组开路（即三角形开口）。设中性点电压为 $\dot{U}_n$，绕组端点对地电压为 $\dot{U}_{I0}$, $\dot{U}_{II0}$，绕组端点对中性点电压为 $\dot{U}_{I n}$, $\dot{U}_{II n}$，于是有

$$\left. \begin{array}{l} \dot{U}_{I0} = \dot{U}_{I n} + \dot{U}_n \\ \dot{U}_{II0} = \dot{U}_{II n} + \dot{U}_n \end{array} \right\} \qquad (11\text{-}17)$$

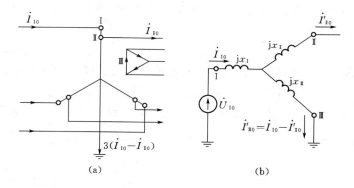

图 11-11　中性点直接接地自耦变压器及其零序等值电路

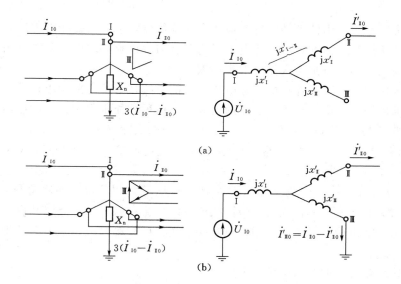

图 11-12　中性点经电抗接地的自耦变压器及其零序等值电路

若 I、II 侧间的变比为 $k_{12} = U_{IN}/U_{IIN}$，则可以得到归算到 I 侧的等值电抗

$$\mathrm{j}x'_{I} + \mathrm{j}x'_{II} = \mathrm{j}x'_{I-II} = \frac{\dot{U}_{I0} - \dot{U}'_{II0}}{\dot{I}_{I0}} = \frac{(\dot{U}_{In} + \dot{U}_n) - (\dot{U}_{IIn} + \dot{U}_n)k_{12}}{\dot{I}_{I0}}$$

$$= \frac{\dot{U}_{In} - \dot{U}_{IIn}k_{12}}{\dot{I}_{I0}} + \frac{\dot{U}_n(1 - k_{12})}{\dot{I}_{I0}}$$

上式等号右边第一项是变压器直接接地时 I—II 间归算到 I 侧的等值电路，即

$$\frac{\dot{U}_{In} - \dot{U}_{IIn}k_{12}}{\dot{I}_{I0}} = \mathrm{j}x_{I-II}$$

而 $\dfrac{\dot{U}_n}{\dot{I}_{I0}} = \dfrac{\mathrm{j}3x_n(\dot{I}_{I0} - \dot{I}_{II0})}{\dot{I}_{I0}} = \mathrm{j}3x_n(1 - k_{12})$，于是

$$\mathrm{j}x'_{I-II} = \mathrm{j}x_{I-II} + \mathrm{j}3x_n(1 - k_{12})^2 = \mathrm{j}x_I + \mathrm{j}x_{II} + \mathrm{j}3x_n(1 - k_{12})^2 \qquad (11\text{-}18)$$

若将Ⅱ侧绕组开路，则自耦变压器相当于一台 YN，d 接法的普通变压器。其折算到Ⅰ侧的等值电抗为

$$j x'_{\mathrm{I}} + j x'_{\mathrm{III}} = j x'_{\mathrm{I-III}} = j x_{\mathrm{I-III}} + j3 x_{\mathrm{n}} = j x_{\mathrm{I}} + j x_{\mathrm{III}} + j3 x_{\mathrm{n}} \qquad (11\text{-}19)$$

若将Ⅰ侧绕组开路，也是一台 YN，d 接法的普通变压器，折算到Ⅰ侧的等值电抗为

$$j x'_{\mathrm{II}} + j x'_{\mathrm{III}} = j x'_{\mathrm{II-III}} = j x_{\mathrm{II-III}} + j3 x_{\mathrm{n}} k_{12}^2 = j x_{\mathrm{II}} + j x_{\mathrm{III}} + j3 x_{\mathrm{n}} k_{12}^2 \qquad (11\text{-}20)$$

由式（11-18）～式（11-20）即可求得各绕组折算到Ⅰ侧的等值漏抗分别为

$$\left. \begin{aligned} x'_{\mathrm{I}} &= \frac{1}{2}(x'_{\mathrm{I-II}} + x'_{\mathrm{I-III}} - x'_{\mathrm{II-III}}) = x_{\mathrm{I}} + 3 x_{\mathrm{n}}(1 - k_{12}) \\ x'_{\mathrm{II}} &= \frac{1}{2}(x'_{\mathrm{I-II}} + x'_{\mathrm{II-III}} - x'_{\mathrm{I-III}}) = x_{\mathrm{II}} + 3 x_{\mathrm{n}} k_{12}(k_{12} - 1) \\ x'_{\mathrm{III}} &= \frac{1}{2}(x'_{\mathrm{I-III}} + x'_{\mathrm{II-III}} - x'_{\mathrm{I-II}}) = x_{\mathrm{III}} + 3 x_{\mathrm{n}} k_{12} \end{aligned} \right\} \qquad (11\text{-}21)$$

从上式可以看到，中性点经阻抗接地的自耦变压器，与普通变压器不同，零序等值电路中，包括三角形侧在内的各侧等值电抗，均含有与中性点接地电抗有关的附加项，而普通变压器则仅在中性点电抗接入侧增加附加项。

与普通变压器一样，中性点的实际电压也不能直接从等值电路中求得。对于自耦变压器，还必须求出两个自耦绕组零序电流的实际有名值后才能求得中性点的电压，它等于两个自耦绕组零序电流实际有名值之差的三倍乘以 x_{n} 的实际有名值。

【例 11-1】 有一自耦变压器，其铭牌参数为：额定容量 120000kVA；额定电压 220/121/11kV；折算到额定容量的短路电压 $U_{\mathrm{s(I-II)}}\% = 10.6$，$U_{\mathrm{s(I-III)}}\% = 36.4$，$U_{\mathrm{s(II-III)}}\% = 23$。若将其高压侧三相短路接地，中压侧加以 10kV 零序电压，如图 11-13 （a）所示。试求下列情况下各绕组和中性线流过的电流：（1）第Ⅲ绕组开口，中性点直接接地。（2）第Ⅲ绕组接成三角形，中性点直接接地。（3）第Ⅲ绕组接成三角形，中性点经 12.5Ω 电抗接地。

解 先计算各绕组的等值电抗

$$U_{\mathrm{sI}}\% = \frac{1}{2}(U_{\mathrm{s(I-II)}}\% + U_{\mathrm{s(I-III)}}\% - U_{\mathrm{s(II-III)}}\%) = \frac{1}{2}(10.6 + 36.4 - 23) = 12$$

$$U_{\mathrm{sII}}\% = \frac{1}{2}(U_{\mathrm{s(I-II)}}\% + U_{\mathrm{s(II-III)}}\% - U_{\mathrm{s(I-III)}}\%) = \frac{1}{2}(10.6 + 23 - 36.4) = -1.4$$

$$U_{\mathrm{sIII}}\% = \frac{1}{2}(U_{\mathrm{s(I-III)}}\% + U_{\mathrm{s(II-III)}}\% - U_{\mathrm{s(I-II)}}\%) = \frac{1}{2}(36.4 + 23 - 10.6) = 24.4$$

归算到 121kV 侧的各绕组等值电抗为

$$x_{\mathrm{I}} = \frac{U_{\mathrm{sI}}\%}{100} \times \frac{U_{\mathrm{N}}^2}{S_{\mathrm{N}}} \times 10^3 = \frac{12}{100} \times \frac{121^2}{120000} \times 10^3 = 14.4 \ (\Omega)$$

$$x_{\mathrm{II}} = \frac{U_{\mathrm{sII}}\%}{100} \times \frac{U_{\mathrm{N}}^2}{S_{\mathrm{N}}} \times 10^3 = \frac{-1.4}{100} \times \frac{121^2}{120000} \times 10^3 = -1.7 \ (\Omega)$$

$$x_{\mathrm{III}} = \frac{U_{\mathrm{sIII}}\%}{100} \times \frac{U_{\mathrm{N}}^2}{S_{\mathrm{N}}} \times 10^3 = \frac{24.4}{100} \times \frac{121^2}{120000} \times 10^3 = 29.8 \ (\Omega)$$

（1）第Ⅲ绕组开口、中性点直接接地时，其等值电路见图 11-13（b）。121kV 侧的零序电流

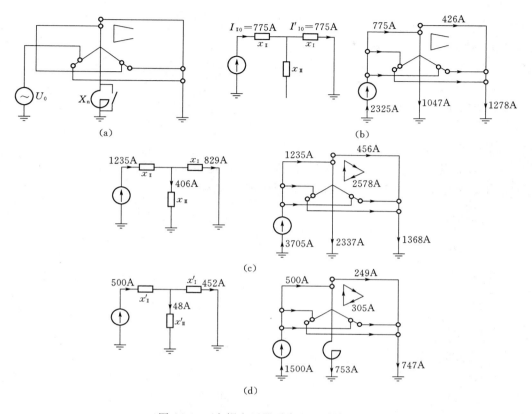

图 11-13　自耦变压器零序电流计算结果

$$I_{\mathrm{II}0} = \frac{U_{\mathrm{II}0}}{x_{\mathrm{I}} + x_{\mathrm{II}}} = \frac{10000}{14.6 - 1.7} = 775 \ (\mathrm{A})$$

220kV 侧零序电流的实际值

$$I_{\mathrm{I}0} = I'_{\mathrm{I}0} k_{21} = 775 \times \frac{121}{220} = 426 \ (\mathrm{A})$$

自耦变压器公共绕组的电流为

$$I_{\mathrm{II}0} - I_{\mathrm{I}0} = 775 - 426 = 349 \ (\mathrm{A})$$

经接地中性点的入地电流为

$$I_{\mathrm{n}} = 3(I_{\mathrm{II}0} - I_{\mathrm{I}0}) = 3 \times 349 = 1047 \ (\mathrm{A})$$

计算结果示于图 11-13 （b）。

（2）第Ⅲ绕组接成三角形、中性点直接接地时，其等值电路见图 11-13 （c）。由图有

$$I_{\mathrm{II}0} = \frac{U_{\mathrm{II}0}}{\dfrac{x_{\mathrm{I}} x_{\mathrm{III}}}{x_{\mathrm{I}} + x_{\mathrm{III}}} + x_{\mathrm{II}}} = \frac{10000}{\dfrac{14.6 \times 29.8}{14.6 + 29.8} - 1.7} = 1235 \ (\mathrm{A})$$

$$I'_{\mathrm{I}0} = I_{\mathrm{I}0} \frac{x_{\mathrm{III}}}{x_{\mathrm{I}} + x_{\mathrm{III}}} = 1235 \times \frac{29.8}{14.6 + 29.8} = 829 \ (\mathrm{A})$$

$$I'_{\mathrm{III}0} = I_{\mathrm{II}0} - I'_{\mathrm{I}0} = 1235 - 829 = 406 \ (\mathrm{A})$$

220kV 侧零序电流的实际值

$$I_{I0} = I'_{I0} k_{21} = 829 \times \frac{121}{220} = 456 \,(A)$$

绕组Ⅲ中零序电流的实际值

$$I_{\text{Ⅲ}0} = \frac{1}{\sqrt{3}} I'_{\text{Ⅲ}0} k_{23} = \frac{1}{\sqrt{3}} \times 406 \times \frac{121}{11} = 2578 \,(A)$$

中性点入地电流的实际值

$$I_n = 3(I_{\text{Ⅱ}0} - I_{I0}) = 3 \times (1235 - 456) = 2337 \,(A)$$

计算结果示于图 11-13 (c) 中。

(3) 第Ⅲ绕组接成三角形、中性点经 12.5Ω 的电抗接地时，其等值电路如图 11-13 (d) 所示。等值电路中归算到Ⅱ侧的各绕组等值电抗为

$$x'_I = x_I + 3x_n(1 - k_{12})k_{21}^2 = 14.6 + 3 \times 12.5\left(1 - \frac{220}{121}\right)\left(\frac{121}{220}\right)^2$$

$$= 5.3 \,(\Omega)$$

$$x'_{\text{Ⅱ}} = x_{\text{Ⅱ}} + 3x_n k_{12}(k_{12} - 1)k_{21}^2 = -1.7 + 3 \times 12.5 \times \frac{220}{121} \times \left(\frac{220}{121} - 1\right)\left(\frac{121}{220}\right)^2$$

$$= 15.2 \,(\Omega)$$

$$x'_{\text{Ⅲ}} = x_{\text{Ⅲ}} + 3x_n k_{12}k_{21}^2 = 29.8 + 3 \times 12.5 \times \frac{220}{121} \times \left(\frac{121}{220}\right)^2$$

$$= 50.4 \,(\Omega)$$

于是有

$$I_{\text{Ⅱ}0} = \frac{U_{\text{Ⅱ}0}}{x'_{\text{Ⅱ}} + \dfrac{x'_I x'_{\text{Ⅲ}}}{x'_I + x'_{\text{Ⅲ}}}} = \frac{10000}{15.2 + \dfrac{5.3 \times 50.4}{5.3 + 50.4}} = 500 \,(A)$$

$$I'_{I0} = I_{\text{Ⅱ}0} \frac{x'_{\text{Ⅲ}}}{x'_I + x'_{\text{Ⅲ}}} = 500 \times \frac{50.4}{5.3 + 50.4} = 425 \,(A)$$

$$I_{I0} = I'_{I0} k_{21} = 425 \times \frac{121}{220} = 249 \,(A)$$

$$I'_{\text{Ⅲ}0} = I_{\text{Ⅱ}0} \frac{x'_I}{x'_I + x'_{\text{Ⅲ}}} = 500 \times \frac{5.3}{5.3 + 50.4} = 48 \,(A)$$

$$I_{\text{Ⅲ}0} = \frac{1}{\sqrt{3}} I'_{\text{Ⅲ}0} k_{23} = \frac{1}{\sqrt{3}} \times 48 \times \frac{121}{11} = 305 \,(A)$$

$I_n = 3(I_{\text{Ⅱ}0} - I_{I0}) = 3 \times (500 - 249) = 753 \,(A), U_n = I_n x_n = 735 \times 12.5 = 9.4 \,(kV)$
计算结果示于图 11-13 (d)。

第四节　架空输电线路的零序阻抗及其等值电路

输电线路是静止元件，其正、负序阻抗及等值电路完全相同，这里只讨论零序阻抗。当输电线路通过零序电流时，由于三相零序电流大小相等、相位相同，因此必须借助大地及架空地线来构成零序电流通路。这样，架空输电线路的零序阻抗与电流在地中的分布有关，精确计算是很困难的。

一、"单导线—大地"回路的自阻抗和互阻抗

图 11-14 （a）示出一"单导线—大地"回路。导线 aa 与大地平行，导线中流过电流 $\dot{I}_a$，经由大地返回。设大地体积无限大，且具有均匀的电阻率，则地中电流就会流经一个很大的范围，这种"单导线—大地"的交流电路，可以用卡松（Carson）线路来模拟，如图 11-14 （b）所示。卡松线路就是用一虚拟导线 ee 作为地中电流的返回导线。该虚拟导线位于架空线 aa 的下方，与 aa 的距离为 D_{ae}。

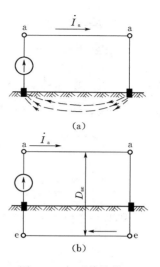

图 11-14 "单导线——大地"回路

根据推导得，"单导线—大地"回路的自阻抗为

$$\{Z_s\}_{\Omega/\mathrm{km}} = r_a + r_e + \mathrm{j}0.1445\lg\frac{D_e}{D_s} \qquad (11\text{-}22)$$

上式中 r_a——单位长度导线 aa 的电阻；

        r_e——单位长度虚拟导线 ee 的等值电阻，它是所通交流电频率的函数，可用卡松经验公式计算：$r_e = \pi^2 f \times 10^{-4} = 9.87 f \times 10^{-4}\ \Omega/\mathrm{km}$，当 $f = 50\mathrm{Hz}$ 时为

$$r_e \approx 0.05\ \Omega/\mathrm{km} \qquad (11\text{-}23)$$

        D_e——地中虚拟导线的等值深度，$D_e = D_{ae}^2/D_{se}$（D_{se} 为虚拟导线 ee 的自几何均距），它也是大地电阻率 ρ_e 和频率 f 的函数，即

$$\{D_e\}_m = 660\sqrt{\frac{\{\rho_e\}_{\Omega \cdot m}}{\{f\}_{\mathrm{Hz}}}} \qquad (11\text{-}24)$$

        D_s——aa 导线的自几何均距。

如果有两根平行长导线都以大地作为电流的返回路径，也可以用一根虚拟导线 ee 来代表地中电流的返回导线，这样就形成了两个平行的"单导线—大地"回路，如图 11-15 所示。记两导线轴线间的距离为 D，两导线与虚拟导线间的距离分别为 D_{ae} 和 D_{be}。两个回路之间单位长度的互阻抗 Z_m 可以这样求得：当一个回路通以单位电流时，在另一个回路单位长度上产生的电压降，在数值上即等于 Z_m。因此，可推得

$$\{Z_m\}_{\Omega/\mathrm{km}} = r_e + \mathrm{j}0.1445\lg\frac{D_{ae}D_{be}}{DD_{se}}$$

由于虚拟导线 ee 远离导线 aa 和 bb，故有 $\dfrac{D_{ae}D_{be}}{D_{se}} = D_e$，上式可简写成

$$\{Z_m\}_{\Omega/\mathrm{km}} = r_e + \mathrm{j}0.1445\lg\frac{D_e}{D} \qquad (11\text{-}25)$$

二、三相输电线路的零序阻抗

如图 11-16 所示为以大地为回路的三相输电线路，地中电流返回路径仍以一根虚拟导线表示。这样就形成了三个平行的"单导线—大地"回路。若每相导线半径都是 r，单位长度的电阻为 r_a，而且三相导线实现了整循环换位。当输电线路通以零序电流时，在 a 相回路每单位长度上产生的电压降为

$$\dot{U}_{a0} = Z_s\dot{I}_{a0} + Z_m\dot{I}_{b0} + Z_m\dot{I}_{c0} = (Z_s + 2Z_m)\dot{I}_{a0} \qquad (11\text{-}26)$$

195

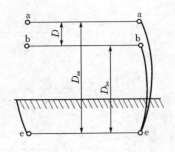

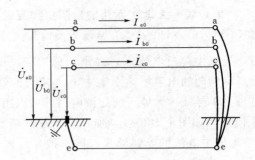

图 11-15　两平行的"单导线　　　　　　图 11-16　以大地为回路的
　　　　　—大地"回路　　　　　　　　　　　　　三相输电线路

因此，三相线路每单位长度的一相等值零序阻抗为

$$Z_0 = \dot{U}_{a0}/\dot{I}_{a0} = Z_s + 2Z_m \tag{11-27}$$

此式与式（11-10）的结果相同。

将 Z_s 和 Z_m 的表达式（11-22）和式（11-25）代入式（11-27），并注意到用三相导线的互几何均距 D_{eq} 代替式（11-25）中的 D，便得

$$\{Z_0\}_{\Omega/km} = r_a + 3r_e + j0.1445 lg\frac{D_e^3}{D_s D_{eq}^2} = r_a + 3r_e + j0.4335 lg\frac{D_e}{D_{sT}} \tag{11-28}$$

式中　D_{sT}——三相导线组的自几何均距，$D_{sT} = \sqrt[3]{D_s D_{eq}^2}$。

因三相正（负）序电流之和为零，故由式（11-26）或直接由式（11-10），可以得到输电线路正（负）序等值阻抗为

$$Z_1 = Z_2 = Z_s - Z_m = r_a + j0.1445 lg\frac{D_{eq}}{D_s}$$

比较上式与式（11-28）可以看到，输电线路的零序阻抗比正（负）序阻抗大。这一方面是由于三倍零序电流通过大地返回，大地电阻使线路每相等值电阻增大，另一方面，由于三相零序电流同相位，每一相零序电流产生的自感磁通与来自另两相的零序电流产生的互感磁通是互相助增的，这就使一相的等值电感增大。

由于输电线路所经地段的大地电阻率一般是不均匀的，因此零序阻抗一般要通过实测才能得到较为准确的数值。在一般的计算中，可以取 $D_e = 1000m$ 并按式（11-28）进行计算。

三、平行架设的双回输电线路的零序阻抗及等值电路

输电线路平行架设时，三相零序电流之和不为零，并且双回路都以同一大地作为零序电流的返回通路，因此不能像正（负）序电流那样，可以忽略平行回路间的影响。

图 11-17（a）表示两端共母线的双回输电线路。这两回线路的电压降分别为

$$\left.\begin{array}{l} \Delta\dot{U}_{I0} = \Delta\dot{U}_0 = Z_{I0}\dot{I}_{I0} + Z_{I-II0}\dot{I}_{II0} \\ \Delta\dot{U}_{II0} = \Delta\dot{U}_0 = Z_{II0}\dot{I}_{II0} + Z_{I-II0}\dot{I}_{I0} \end{array}\right\} \tag{11-29}$$

式中　$\dot{I}_{I0}$、$\dot{I}_{II0}$——线路 I 和 II 中的零序电流；

　　　Z_{I0}、Z_{II0}——不计两回线路间互相影响时线路 I 和 II 的一相零序等值阻抗；

　　　Z_{I-II0}——平行线路 I 和 II 之间的零序互阻抗。

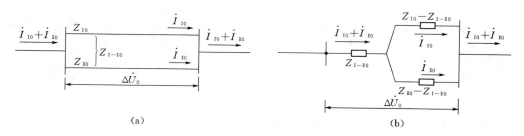

(a)   (b)

图 11-17　双回平行输电线路的零序等值电路

方程式（11-29）可改写为

$$\left. \begin{array}{l} \Delta \dot{U}_0 = (Z_{\mathrm{I}0} - Z_{\mathrm{I-II}0})\dot{I}_{\mathrm{I}0} + Z_{\mathrm{I-II}0}(\dot{I}_{\mathrm{I}0} + \dot{I}_{\mathrm{II}0}) \\ \Delta \dot{U}_0 = (Z_{\mathrm{II}0} - Z_{\mathrm{I-II}0})\dot{I}_{\mathrm{II}0} + Z_{\mathrm{I-II}0}(\dot{I}_{\mathrm{I}0} + \dot{I}_{\mathrm{II}0}) \end{array} \right\} \tag{11-30}$$

根据式（11-30），可以绘出双回平行输电线路的零序等值电路，如图 11-17（b）所示。如果双回路完全相同，即 $Z_{\mathrm{I}0} = Z_{\mathrm{II}0} = Z_0$，则 $\dot{I}_{\mathrm{I}0} = \dot{I}_{\mathrm{II}0}$，此时，计及平行回路间相互影响后每一回路一相的零序等值阻抗为

$$Z'_0 = Z_0 + Z_{\mathrm{I-II}0} \tag{11-31}$$

由此可见，由于平行线路间的互阻抗的影响，使输电线路的零序等值阻抗增大了。

在以上各式中，$Z_{\mathrm{I}0}$ 和 $Z_{\mathrm{II}0}$ 的每单位长度的值可用式（11-28）计算。$Z_{\mathrm{I-II}0}$ 的每单位长度的值可用式（11-25）计算，但要用线路 Ⅰ 和 Ⅱ 的导线之间的互几何均距 $D_{\mathrm{I-II}}$ 来代替式（11-25）中的 D，即

$$\{Z_{\mathrm{I-II}0}\}_{\Omega/\mathrm{km}} = 3\left(r_e + \mathrm{j}0.1445\lg \frac{D_e}{D_{\mathrm{I-II}}}\right) \tag{11-32}$$

上式等号右边出现系数 3 是因为线路之间的互阻抗电压降是由三倍的一相零序电流产生的。

线路 Ⅰ 和 Ⅱ 之间的互几何均距 $D_{\mathrm{I-II}}$ 等于线路 Ⅰ 中每一导线（设为 a_1，b_1，c_1）到线路 Ⅱ 中每一导线（设为 a_2，b_2，c_2）的所有九个轴间距离连乘积的九次方根，即

$$D_{\mathrm{I-II}} = \sqrt[9]{D_{a_1 a_2} D_{a_1 b_2} D_{a_1 c_2} D_{b_1 a_2} D_{b_1 b_2} D_{b_1 c_2} D_{c_1 a_2} D_{c_1 b_2} D_{c_1 c_2}} \tag{11-33}$$

四、架空地线对输电线路零序阻抗及等值电路的影响

图 11-18 所示为有架空地线的单回输电线路零序电流的通路。线路中的零序电流入地之后，由大地和架空地线返回，此时地中电流 $\dot{I}_e = 3\dot{I}_0 - \dot{I}_g$。我们不妨设想架空地线也由三相组成，每相电流 $\dot{I}_{g0} = \dot{I}_g/3$。这样，架空地线的影响可以按平行架设的输电线路来处理，不同的是架空地线电流的方向与输电线路零序电流的方向相反。据此，可以做出有架空地线的单回线路一相的示意图［见图 11-19

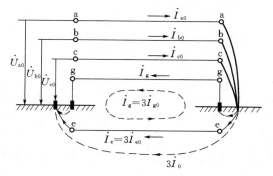

图 11-18　有架空地线时零序电流的通路

(a)]。

根据图 11-19（a），可以列出输电线路和架空地线的电压降方程，注意到架空地线两端接地，可得

$$\left.\begin{array}{l} \Delta \dot{U}_0 = Z_0 \dot{I}_0 - Z_{gm0} \dot{I}_{g0} \\ \Delta \dot{U}_{g0} = Z_{g0} \dot{I}_{g0} - Z_{gm0} \dot{I}_0 = 0 \end{array}\right\} \qquad (11\text{-}34)$$

式中 Z_0——无架空地线时输电线路的零序阻抗；

Z_{g0}——架空地线－大地回路的自阻抗；

Z_{gm0}——架空地线与输电线路间的互阻抗。

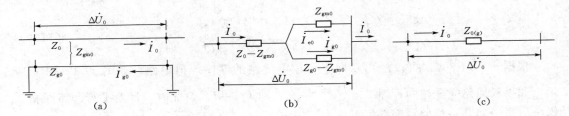

图 11-19 有架空地线的输电线路及其零序等值电路

由方程式（11-34）可以解出

$$\Delta \dot{U}_0 = \left(Z_0 - \frac{Z_{gm0}^2}{Z_{g0}} \right) \dot{I}_0 = Z_{0(g)} \dot{I}_0$$

其中

$$Z_{0(g)} = Z_0 - \frac{Z_{gm0}^2}{Z_{g0}} \qquad (11\text{-}35)$$

这就是具有架空地线的三相输电线路每相的等值零序阻抗。

取 $\dot{I}_{e0} = \dot{I}_e/3 = \dot{I}_0 - \dot{I}_{g0}$，并将式（11-34）的第二式代入第一式，得出下列两种变换形式

$$\left.\begin{array}{l} \Delta \dot{U}_0 = (Z_0 - Z_{gm0}) \dot{I}_0 + Z_{gm0} \dot{I}_{e0} \\ \Delta \dot{U}_0 = (Z_0 - Z_{gm0}) \dot{I}_0 + (Z_{g0} - Z_{gm0}) \dot{I}_{g0} \end{array}\right\} \qquad (11\text{-}36)$$

由上式可以做出零序等值电路如图 11-19（b）所示。

由于一相等值电路中 $\dot{I}_{g0} = \dot{I}_g/3$，用式（11-22）算出的 Z_{g0} 的单位长度值应乘以 3，即

$$\{Z_{g0}\}_{\Omega/\text{km}} = 3\left(r_g + r_e + \text{j}0.1445 \lg \frac{D_e}{D_{sg}} \right) \qquad (11\text{-}37)$$

式中 r_g——架空地线单位长度的电阻；

D_{sg}——架空地线的自几何均距。

利用式（11-25）可以求得 Z_{gm0} 的单位长度的值

$$Z_{gm0} = 3\left(r_e + \text{j}0.1445 \lg \frac{D_e}{D_{L-g}} \right) \qquad (11\text{-}38)$$

式中 D_{L-g}——线路和架空地线间的互几何均距（见图 11-20），即

$$D_{L-g} = \sqrt[3]{D_{ag} D_{bg} D_{cg}} \qquad (11\text{-}39)$$

式（11-35）表明，架空地线使输电线路的等值零序阻抗减小。这是因为地线中的电流相位和导线中的电流相位相反，计及地线电流的作用时，与导线交链的磁通减少了。同时，由于地线的分流作用，也减小了大地电阻上的电压降。

若输电线路杆塔上装设了两根架空地线时，可以用一根等值的架空地线来处理。这样，等值电路和计算公式的形式仍不变，只是在计算 Z_{g0}、Z_{gm0} 的公式中，架空地线的自几何均距应改为 $D'_{sg} = \sqrt{D_{sg} d_{g_1 g_2}}$，$d_{g1g2}$ 为两架空地线间的距离；架空地线的电阻应改为 $r'_g = r_g/2$；架空地线与输电线路间的互几何均距应改为 $D'_{L-g} = \sqrt[6]{D_{ag1} D_{bg_1} D_{cg_1} D_{ag_2} D_{bg_2} D_{cg_2}}$。

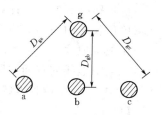

图 11-20　导线和架空
地线的布置

对于具有架空地线的平行架设的双回输电线路，可以看做是由两组三相输电线路和一组（两根）架空地线所组成的电路〔见图 11-21（a）〕。应用前面的有关算式，求得这三部分的零序自阻抗 Z_{I0}、Z_{II0}、Z_{g0}，以及各部分之间的零序互阻抗 Z_{I-II0}、$Z_{gm0\,I}$、$Z_{gm0\,II}$。由图 11-21（a）写出电压降方程

$$\left. \begin{aligned}
\Delta \dot{U}_0 &= Z_{I0} \dot{I}_{I0} + Z_{I-II0} \dot{I}_{II0} - Z_{gm0\,I} \dot{I}_{g0} \\
\Delta \dot{U}_0 &= Z_{II0} \dot{I}_{I0} + Z_{I-II0} \dot{I}_{I0} - Z_{gm0\,II} \dot{I}_{g0} \\
0 &= Z_{g0} \dot{I}_{g0} - Z_{gm0\,I} \dot{I}_{I0} - Z_{gm0\,II} \dot{I}_{II0}
\end{aligned} \right\} \tag{11-40}$$

从上列方程式中消去 $\dot{I}_{g0}$，经整理之后得

$$\left. \begin{aligned}
\Delta \dot{U}_0 &= Z_{I0(g)} \dot{I}_{I0} + Z_{I-II0(g)} \dot{I}_{II0} \\
\Delta \dot{U}_0 &= Z_{II0(g)} \dot{I}_{II0} + Z_{I-II0(g)} \dot{I}_{I0}
\end{aligned} \right\} \tag{11-41}$$

其中 $Z_{I0(g)} = Z_{I0} - \dfrac{Z_{gm0\,I}^2}{Z_{g0}}$，$Z_{II0(g)} = Z_{II0} - \dfrac{Z_{gm0\,II}^2}{Z_{g0}}$，$Z_{I-II0(g)} = Z_{I-II0} - \dfrac{Z_{gm0\,I} Z_{gm0\,II}}{Z_{g0}}$，它们分别为计及架空地线影响后线路 I、II 的零序自阻抗和互阻抗。

由式（11-41）可以绘出零序等值电路，如图 11-21（b）所示。

若两平行线路的参数相同，即 $Z_{I0} = Z_{II0} = Z_0$，且架空地线对两平行线路的相对位置也是对称的，即 $Z_{gm0\,I} = Z_{gm0\,II} = Z_{gm0}$，则计及架空地线影响后每回输电线路的一相等值零序阻抗为

$$Z'_{0(g)} = Z'_0 - 2 \frac{Z_{gm0}^2}{Z_{g0}} \tag{11-42}$$

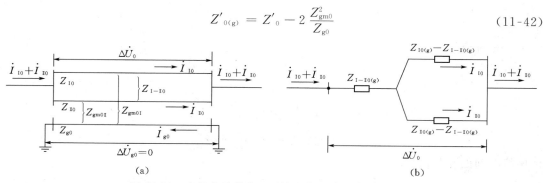

图 11-21　有架空地线的双回输电线及其零序等值电路

对于具有分裂导线的输电线路，在实用计算中，仍采用上述的方法和公式，只是要用分裂导线一相的自几何均距 D_{sb} 代替单导线线路的自几何均距 D_s；用一相分裂导线的重心代替单导线线路的导线轴即可。

在短路电流的实用计算中，常可忽略电阻，近似地采用下列的值作为输电线路每一回路每单位长度的一相等值零序电抗：

无架空地线的单回线路 $x_0 = 3.5 x_1$；有架空地线的单回线路 $x_0 = (2 \sim 3) x_1$；

无架空地线的双回线路 $x_0 = 5.5 x_1$；有架空地线的双回线路 $x_0 = (3 \sim 4.7) x_1$。

式中 x_1 为单位长度的正序电抗。

【例 11-2】 图 11-22 所示为具有两根架空地线且双回路共杆塔的输电线路导线和地线的相对位置。设两回线路完全相同，每相导线采用 LGJ—150 钢芯铝线；架空地线采用 GJ—70 钢绞线；$f = 50 Hz$；大地电阻率 $\rho_e = 2.85 \times 10^2 \, \Omega \cdot m$。各导线间的距离为 $D_{a_1 b_1} = D_{b_1 c_1} = 3.06 m$，$D_{a_1 a_2} = 6.9 m$，$D_{b_1 b_2} = 5.7 m$，$D_{c_1 c_2} = 4.5 m$，$D_{a_1 b_2} = 6.98 m$，$D_{a_1 c_2} = 8.28 m$，$D_{b_1 c_2} = 5.92 m$，$D_{a_1 g_1} = 4.25 m$，$D_{b_1 g_1} = 7.05 m$，$D_{c_1 g_1} = 10 m$，$D_{a_2 g_1} = 6.76 m$，$D_{b_2 g_1} = 8.52 m$，$D_{c_2 g_1} = 10.87 m$，$D_{g_1 g_2} = 4 m$。试计算输电线路的零序阻抗。

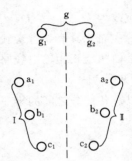

图 11-22 架空地线和导线的布置

解 （1）先求未计架空地线及另一回线路影响时单回路的零序阻抗 Z_0。

由手册查得 LGJ—150 的导线外径为 17mm，电阻 $r_a = 0.21 \Omega/km$，线路三相导线的互几何均距

$$D_{eq} = \sqrt[3]{D_{a_1 b_1} D_{b_1 c_1} D_{a_1 c_1}} = \sqrt[3]{2 \times 3.06^3} = 3.86 \, (m)$$

等值深度为

$$D_e = 660 \sqrt{\frac{\rho_e}{f}} = 660 \sqrt{\frac{2.85 \times 10^2}{50}} = 1576 \, (m)$$

导线的自几何均距为

$$D_s = 0.9r = 0.9 \times \frac{17}{2} \times 10^{-3} = 7.65 \times 10^{-3} \, (m)$$

每回线路三相导线组的自几何均距为

$$D_{sT} = \sqrt[3]{D_s D_{eq}^2} = \sqrt[3]{7.65 \times 10^{-3} \times 3.86^2} = 0.48 \, (m)$$

于是可得

$$Z_0 = r_a + 3r_e + j0.4335 \lg \frac{D_e}{D_{sT}}$$

$$= 0.21 + 3 \times 0.05 + j0.4335 \lg \frac{1576}{0.48} = 0.36 + j1.52 \, (\Omega/km)$$

（2）计算不计架空地线影响每回线路的零序阻抗 Z'_0。

两回线路间的互几何均距

$$D_{1-II} = \sqrt[9]{D_{a_1 a_2} D_{a_1 b_2} D_{a_1 c_2} D_{b_1 a_2} D_{b_1 b_2} D_{b_1 c_2} D_{c_1 a_2} D_{c_1 b_2} D_{c_1 c_2}}$$

$$= \sqrt[9]{6.9 \times 6.98 \times 8.28 \times 6.98 \times 5.7 \times 5.92 \times 8.28 \times 5.92 \times 4.5} = 6.5 \ (\text{m})$$

两线路间的零序互阻抗

$$Z_{\text{I}-\text{II}0} = 3\left(r_e + \text{j}0.1445\lg\frac{D_e}{D_{\text{I}-\text{II}}}\right) = 3\left(0.05 + \text{j}0.1445\lg\frac{1576}{6.5}\right)$$
$$= 0.15 + \text{j}1.03 \ (\Omega/\text{km})$$

于是可得

$$Z'_0 = Z_0 + Z_{\text{I}-\text{II}0} = 0.36 + \text{j}1.52 + 0.15 + \text{j}1.03 = 0.51 + \text{j}2.55 \ (\Omega/\text{km})$$

（3）求计及架空地线及另一回线路影响后每一线路的零序阻抗 $Z'_{0(\text{g})}$。

由手册可查得 GJ—70 在各种工作电流时的参数，取 $r_g = 2.29\Omega/\text{km}$，$D_{sg} = 5.52 \times 10^{-3}\text{m}$。
两根架空地线的自几何均距

$$D'_{sg} = \sqrt{D_{sg} d_{g_1 g_2}} = \sqrt{5.52 \times 10^{-3} \times 4} = 1.49 \times 10^{-2} \ (\text{m})$$

架空地线的零序自阻抗

$$Z_{g0} = 3\left(\frac{1}{2}r_g + r_e + \text{j}0.1445\lg\frac{D_e}{D'_{sg}}\right) = 3\left(\frac{1}{2} \times 2.29 + 0.05 + \text{j}0.1445\lg\frac{1576}{1.49 \times 10^{-2}}\right)$$
$$= 3.6 + \text{j}2.18 \ (\Omega/\text{km})$$

架空地线与线路间的互几何均距

$$D'_{1-g} = \sqrt[6]{D_{a_1 g_1} D_{b_1 g_1} D_{c_1 g_1} D_{a_1 g_2} D_{b_1 g_2} D_{c_1 g_2}}$$
$$= \sqrt[6]{4.25 \times 7.05 \times 10 \times 6.76 \times 8.52 \times 10.87} = 7.57 \ (\text{m})$$

架空地线与线路间的零序互阻抗

$$Z_{\text{gm0(g)}} = 3\left(r_e + \text{j}0.1445\lg\frac{D_e}{D'_{1-g}}\right)$$
$$= 3 \times \left(0.05 + \text{j}0.1445\lg\frac{1576}{7.57}\right) = 0.15 + \text{j}1.01 \ (\Omega/\text{km})$$

于是可得

$$Z'_{0(\text{g})} = Z'_0 - 2\frac{Z^2_{\text{gm0(g)}}}{Z_{g0}} = 0.51 + \text{j}2.55 - 2 \times \frac{(0.15 + \text{j}1.10)^2}{3.6 + \text{j}2.18}$$
$$= 0.84 + \text{j}2.18 \ (\Omega/\text{km})$$

第五节　综合负荷的序阻抗

　　电力系统负荷主要是工业负荷。大多数工业负荷是异步电动机。由电机学知道，异步电动机可以用图 11-23 所示的等值电路来表示（图中略去了励磁支路的电阻）。异步电动机的正序阻抗，就是图中机端呈现的阻抗。我们看到，它与电动机的转差 s 有关。在正常运行时，电动机的转差与机端电压及电动机的受载系数（即机械转矩与电动机额定转矩之比）有关，一般约为百分之几。在短路过程中，电动机端电压下降，将使转差增大，并随着端电压的变化而变化。所以，要准确计算电动机的正序阻抗较为困难。

　　在短路的实际计算中，对于不同的计算任务制作正序等值网络时，对综合负荷有不同的处理方法。在计算起始次暂态电流时，综合负荷或者略去不计，或者表示为有次暂态电势和次暂态电抗的电势源支路，视负荷节点离短路点电气距离的远近而定。在应用计算曲

线来确定任意指定时刻的短路周期电流时，由于曲
线制作条件已计入负荷的影响，因此等值网络中的
负荷都被略去。

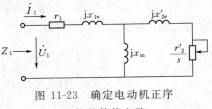

图 11-23　确定电动机正序
阻抗的等值电路

在上述两种情况以外的短路计算中，负荷的正
序参数常用恒定阻抗表示，即

$$Z_{LD} = \frac{U_{LD}^2}{S_{LD}}(\cos\varphi + \mathrm{j}\sin\varphi)$$

式中　S_{LD}、U_{LD}——负荷的视在功率和负荷节点的电压。

假定短路前负荷处于额定运行状态且 $\cos\varphi = 0.8$，则以额定值为基准的标么阻抗为

$$Z_{LD} = 0.8 + \mathrm{j}0.6$$

为避免复数运算，又可用等值的纯电抗来代表负荷，其值为

$$Z_{LD} = \mathrm{j}1.2 \tag{11-43}$$

分析计算表明，负荷分别用这两种阻抗表示时，所得的计算结果极为接近。

异步电动机是旋转元件，其负序阻抗不等于正序阻抗。当电动机端施加基频负序电压
时，流入定子绕组的负序电流将在气隙中产生一个与转子转向相反的旋转磁场，它对电动
机产生制动性转矩。若转子相对于正序旋转磁场的转差为 s，则转子相对于负序旋转磁场
的转差为 $2-s$。将 $2-s$ 代替图 11-23 中的 s，便可得到确定异步电动机负序阻抗的等值电
路。我们看到，异步电动机的负序阻抗也是转差的函数。

为了简化计算，实用上常略去电阻，并取 $s=1$ 时，即以转子静止（或启动初瞬间）
状态的阻抗模值作为电动机的负序电抗，此刻负序电抗就等于次暂态电抗。计及降压变压
器及馈电线路的电抗，则以异步电动机为主要成分的综合负荷的负序电抗为

$$X_2 = 0.35 \tag{11-44}$$

它是以综合负荷的视在功率和负荷接入点的平均额定电压为基准的标么值。

当系统某处发生不对称短路时，因为异步电动机及多数负荷常常接成三角形，或者接
成不接地的星形，所以零序电流不能流通，故不需要建立零序等值电路。

第六节　电力系统各序网络的制订

如前所述，应用对称分量法分析计算不对称故障时，首先必需做出电力系统的各序网
络。为此，应根据电力系统的接线图、中性点接地情况等原始资料，在故障点分别施加各
序电势，然后逐步查明各序电流流通的情况。凡是某一序电流能流通的元件，都必须包括
在该序网络中，并用相应的序参数和等值电路表示。根据上述原则，我们结合图 11-24 来
说明各序网络的制订。

一、正序网络

正序网络就是通常计算对称短路时所用的等值网络。除中性点接地阻抗、空载线路（不
计导纳）以及空载变压器（不计励磁电流）外，电力系统各元件均应包括在正序网络中，并
且用相应的正序参数和等值电路表示。例如，图 11-24（b）所示的正序网络就不包括空载
的线路 L—3 和变压器 T—3。所有同步发电机和调相机，以及个别的必须用等值电源支

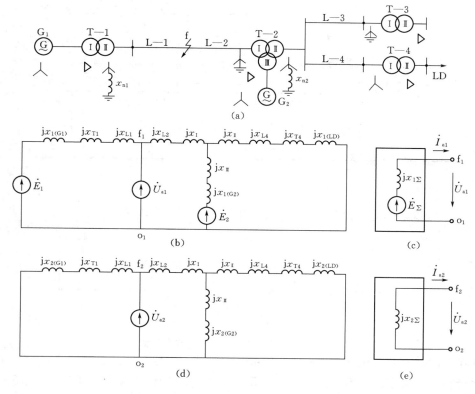

图 11-24　正序、负序网络的制订

(a) 电力系统接线图；(b)、(c) 正序网络；(d)、(e) 负序网络

路表示的综合负荷，都是正序网络中的电源。此外，还须在短路点引入代替故障条件的不对称电势源中的正序分量。正序网络中的短路点用 f_1 表示，零电位点用 o_1 表示。从 $f_1 o_1$ 即故障端口看正序网络，它是一个有源网络，可以用戴维宁定理简化成图 11-24 (c) 的形式。

二、负序网络

负序电流能流通的元件与正序电流的相同，但所有电源的负序电势为零。因此，把正序网络中各元件的参数都用负序参数代替，并令电源电势等于零，而在短路点引入代替故障条件的不对称电势源中的负序分量，便得到负序网络，如图 11-24 (d) 所示。负序网络中的短路点用 f_2 表示，零电位点用 o_2 表示。从 $f_2 o_2$ 端口看进去，负序网络是一个无源网络。经化简后的负序网络示于图 11-24 (e)。

三、零序网络

在短路点施加代表故障边界条件的零序电势时，由于三相零序电流大小及相位相同，它们必须经过大地、架空地线等才能构成通路，而且电流的流通与变压器中性点接地情况及变压器的接法有密切的关系。为了更清楚地看到零序电流流通的情况，在图 11-25 (a) 中，画出了电力系统三相接线图，图中箭头表示零序电流流通的方向。相应的零序网络也画在同一图上。比较正、负序和零序网络可以看到，虽然线路 L—4 和变压器 T—4 以及负荷 LD 均包括在正、负序网络中，但因变压器 T—4 中性点未接地，不能流通零序电流，所以它们

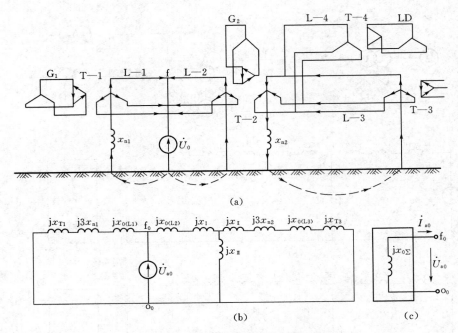

图 11-25　零序网络的制订

(a) 零序电流的通路；(b)、(c) 零序网络

不包括在零序网络中。相反，线路 L—3 和变压器 T—3 因为空载不能流通正、负序电流而不包括在正、负序网络中，但因变压器 T—3 中性点接地，故 L—3 和 T—3 能流通零序电流，所以它们应包括在零序网络中，如图 11-25（b）所示。从故障端口 $f_0 o_0$ 看零序网络，也是一个无源网络。简化后的零序网络示于图 11-25（c）。

小　　结

对称分量法是分析电力系统不对称故障的有效方法。在三相参数对称的线性电路中，各序对称分量具有独立性。

电力系统各元件零序和负序电抗的计算是本章的重点。某元件的各序电抗的大小取决于序电流产生的磁通所遇到的磁阻及各相之间的互感影响。静止元件的正序电抗等于负序电抗，旋转元件则不等。

变压器的各序漏抗均相等。变压器的零序励磁电抗则同其铁芯结构有关，但当变压器有三角形接法的绕组，并有环形零序电流通过时，都可认为励磁电抗无穷大。

架空输电线的零序电抗要大于正序电抗，因为相间互感的助增作用及大地电阻的计入。架空地线的存在又使输电线的零序电抗有所减小，因为架空地线的电流方向与架空输电线的方向相反，使等值电感减小。

制订各序网络时，应包含该序电流通过的所有元件。制订零序网络时，一般从故障处开始，确定零序电势所能形成的零序电流通路。在一相零序网络中，中性点接地阻抗须以其三倍值表示。

第十二章 电力系统简单不对称故障的分析和计算

简单不对称故障包括单相接地短路、两相短路、两相短路接地、单相断开和两相断开等。本章将系统地介绍这几种不对称故障的分析计算方法。不对称故障时电流和电压在网络中的分布计算也是本章的重要内容。

第一节 简单不对称短路的分析

应用对称分量法分析各种简单不对称短路时，都可以写出各序网络故障点的电压方程式（11-13）。当网络的各元件都只用电抗表示时，方程式（11-13）可以写成

$$\left.\begin{aligned}\dot{E}_{\Sigma} - \mathrm{j}x_{1\Sigma}\dot{I}_{\mathrm{a}1} &= \dot{U}_{\mathrm{a}1} \\ -\mathrm{j}x_{2\Sigma}\dot{I}_{\mathrm{a}2} &= \dot{U}_{\mathrm{a}2} \\ -\mathrm{j}x_{0\Sigma}\dot{I}_{\mathrm{a}0} &= \dot{U}_{\mathrm{a}0}\end{aligned}\right\} \tag{12-1}$$

这三个方程式包含了 6 个未知量。因此，还须根据不对称短路的具体边界条件写出另外三个方程式，才能进行求解。

下面我们对各种简单不对称短路逐个进行分析。

一、单相接地短路

我们以 a 相接地短路为例来分析，故障处的三个边界条件（见图 12-1）为

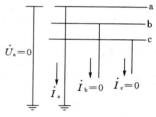

图 12-1 a 相接地短路

$$\dot{U}_{\mathrm{a}} = 0, \ \dot{I}_{\mathrm{b}} = 0, \ \dot{I}_{\mathrm{c}} = 0$$

用序分量表示为

$$\dot{U}_{\mathrm{a}1} + \dot{U}_{\mathrm{a}2} + \dot{U}_{\mathrm{a}0} = 0$$
$$a^2\dot{I}_{\mathrm{a}1} + a\dot{I}_{\mathrm{a}2} + \dot{I}_{\mathrm{a}0} = 0$$
$$a\dot{I}_{\mathrm{a}1} + a^2\dot{I}_{\mathrm{a}2} + \dot{I}_{\mathrm{a}0} = 0$$

经过整理后便得用序分量表示的边界条件为

$$\left.\begin{aligned}\dot{U}_{\mathrm{a}1} + \dot{U}_{\mathrm{a}2} + \dot{U}_{\mathrm{a}0} &= 0 \\ \dot{I}_{\mathrm{a}1} = \dot{I}_{\mathrm{a}2} &= \dot{I}_{\mathrm{a}0}\end{aligned}\right\} \tag{12-2}$$

联立求解方程组（12-1）及方程组（12-2）可得

$$\dot{I}_{\mathrm{a}1} = \frac{\dot{E}_{\Sigma}}{\mathrm{j}(x_{1\Sigma} + x_{2\Sigma} + x_{0\Sigma})} \tag{12-3}$$

式（12-3）是单相短路计算的关键公式，短路电流的正序分量一经算出，根据边界条件

式（12-2）和式（12-1），即能确定短路点电流和电压的各序分量

$$
\left.\begin{aligned}
\dot{I}_{a2} &= \dot{I}_{a0} = \dot{I}_{a1} \\
\dot{U}_{a1} &= \dot{E}_\Sigma - \mathrm{j}x_{1\Sigma}\dot{I}_{a1} = \mathrm{j}(x_{2\Sigma} + x_{0\Sigma})\dot{I}_{a1} \\
\dot{U}_{a2} &= -\mathrm{j}x_{2\Sigma}\dot{I}_{a1} \\
\dot{U}_{a0} &= -\mathrm{j}x_{0\Sigma}\dot{I}_{a1}
\end{aligned}\right\}
\tag{12-4}
$$

电压和电流的各序分量，也可以直接应用复合序网来求得。根据故障处各序分量之间的关系，将各序网络在故障端口连接起来所构成的网络称为复合序网。与 a 相短路的边界条件式（12-2）相适应的复合序网示于图 12-2。用复合序网进行计算，可以得到与上面完全相同的结果。

利用对称分量的合成算式（11-6），可得短路点故障相电流为

$$
\dot{I}_f^{(1)} = \dot{I}_a = \dot{I}_{a1} + \dot{I}_{a2} + \dot{I}_{a0} = 3\dot{I}_{a1}
\tag{12-5}
$$

短路点非故障相的对地电压

$$
\left.\begin{aligned}
\dot{U}_b &= a^2\dot{U}_{a1} + a\dot{U}_{a2} + \dot{U}_{a0} = \mathrm{j}[(a^2 - a)x_{2\Sigma} + (a^2 - 1)x_{0\Sigma}]\dot{I}_{a1} \\
&= \frac{\sqrt{3}}{2}[(2x_{2\Sigma} + x_{0\Sigma}) - \mathrm{j}\sqrt{3}x_{0\Sigma}]\dot{I}_{a1} \\
\dot{U}_c &= a\dot{U}_{a1} + a^2\dot{U}_{a2} + \dot{U}_{a0} = \mathrm{j}[(a - a^2)x_{2\Sigma} + (a - 1)x_{0\Sigma}]\dot{I}_{a1} \\
&= \frac{\sqrt{3}}{2}[-(2x_{2\Sigma} + x_{0\Sigma}) - \mathrm{j}\sqrt{3}x_{0\Sigma}]\dot{I}_{a1}
\end{aligned}\right\}
\tag{12-6}
$$

选取正序电流 $\dot{I}_{a1}$ 作为参考相量，可以做出短路点的电流和电压相量图，如图 12-3 所示。图中 $\dot{I}_{a0}$ 和 $\dot{I}_{a2}$ 都与 $\dot{I}_{a1}$ 方向、大小相等，$\dot{U}_{a1}$ 比 $\dot{I}_{a1}$ 超前 $90°$，而 $\dot{U}_{a2}$ 和 $\dot{U}_{a0}$ 都要比 $\dot{I}_{a1}$ 落后 $90°$。

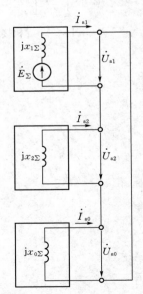

图 12-2　a 相短路的复合序网

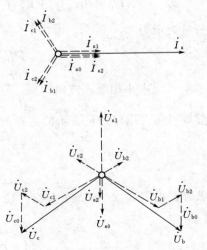

图 12-3　a 相接地短路时短路处的电流、电压相量图

二、两相短路

我们以 b 相和 c 相短路为例来分析，如图 12-4 所示。故障处的三个边界条件为

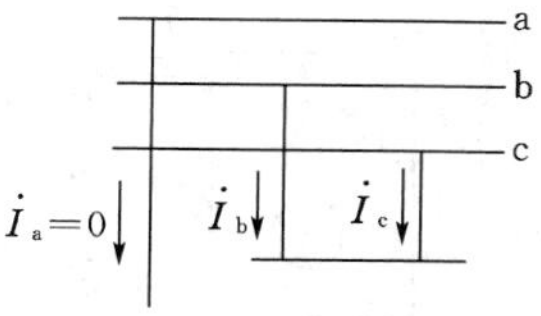

$$\dot{I}_a = 0, \dot{I}_b + \dot{I}_c = 0, \dot{U}_b = \dot{U}_c$$

用对称分量表示为

$$\dot{I}_{a1} + \dot{I}_{a2} + \dot{I}_{a0} = 0$$

$$a^2 \dot{I}_{a1} + a\dot{I}_{a2} + \dot{I}_{a0} + a\dot{I}_{a1} + a^2 \dot{I}_{a2} + \dot{I}_{a0} = 0$$

$$a^2 \dot{U}_{a1} + a\dot{U}_{a2} + \dot{U}_{a0} = a\dot{U}_{a1} + a^2 \dot{U}_{a2} + \dot{U}_{a0}$$

整理后可得

$$\left.\begin{aligned} \dot{I}_{a0} &= 0 \\ \dot{I}_{a1} + \dot{I}_{a2} &= 0 \\ \dot{U}_{a1} &= \dot{U}_{a2} \end{aligned}\right\} \tag{12-7}$$

根据这些条件，我们可以组成其复合序网，如图 12-5 所示。因为零序电流等于零，所以复合序网中没有零序网络。

利用这个复合序网可以求出

$$\dot{I}_{a1} = \frac{\dot{E}_\Sigma}{j(x_{1\Sigma} + x_{2\Sigma})} \tag{12-8}$$

以及

$$\left.\begin{aligned} \dot{I}_{a2} &= -\dot{I}_{a1} \\ \dot{U}_{a1} = \dot{U}_{a2} &= -jx_{2\Sigma} \dot{I}_{a2} = jx_{2\Sigma} \dot{I}_{a1} \end{aligned}\right\} \tag{12-9}$$

短路点故障相的电流为

$$\left.\begin{aligned} \dot{I}_b &= a^2 \dot{I}_{a1} + a\dot{I}_{a2} + \dot{I}_{a0} = a^2 \dot{I}_{a1} - a\dot{I}_{a1} = -j\sqrt{3}\dot{I}_{a1} \\ \dot{I}_c &= -\dot{I}_b = j\sqrt{3}\dot{I}_{a1} \end{aligned}\right\} \tag{12-10}$$

b、c 两相电流大小相等，方向相反。它们的绝对值为

$$I_f^{(2)} = I_b = I_c = j\sqrt{3}\dot{I}_{a1} \tag{12-11}$$

短路点各相对地电压为

$$\left.\begin{aligned} \dot{U}_a &= \dot{U}_{a1} + \dot{U}_{a2} + \dot{U}_{a0} = 2\dot{U}_{a1} = j2x_{2\Sigma} \dot{I}_{a1} \\ \dot{U}_b &= a^2 \dot{U}_{a1} + a\dot{U}_{a2} + \dot{U}_{a0} = -\dot{U}_{a1} = -\frac{1}{2}\dot{U}_a \\ \dot{U}_c &= \dot{U}_b = -\dot{U}_{a1} = -\frac{1}{2}\dot{U}_a \end{aligned}\right\} \tag{12-12}$$

图 12-4 b、c 两相短路

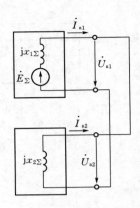

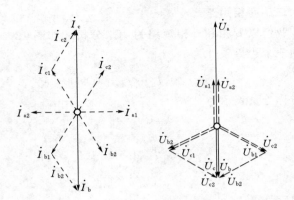

图 12-5 b、c 两相短路
的复合序网

图 12-6 b、c 两相短路时短路
处电流、电压相量图

b、c 两相短路时，故障点的电流和电压相量图示于图 12-6。

三、两相短路接地

以 b、c 两相短路接地为例来分析，故障处的情况示于图 12-7。故障处的三个边界条件为

$$\dot{I}_a = 0, \quad \dot{U}_b = 0, \quad \dot{U}_c = 0$$

这些条件同单相短路的边界条件极为相似，只要把 a 相短路边界条件式中的电流换为电压，电压换为电流就可以了。即

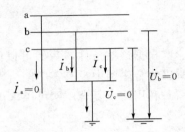

图 12-7 b、c 两相短路接地

$$\left.\begin{aligned} \dot{I}_{a1} + \dot{I}_{a2} + \dot{I}_{a0} &= 0 \\ \dot{U}_{a1} = \dot{U}_{a2} &= \dot{U}_{a0} \end{aligned}\right\} \tag{12-13}$$

根据边界条件组成的复合序网示于图 12-8。由图可得

$$\dot{I}_{a1} = \frac{\dot{E}_\Sigma}{\mathrm{j}(x_{1\Sigma} + x_{2\Sigma} \,/\!/\, x_{0\Sigma})} \tag{12-14}$$

以及

$$\left.\begin{aligned} \dot{I}_{a2} &= -\frac{x_{0\Sigma}}{x_{2\Sigma} + x_{0\Sigma}} \dot{I}_{a1} \\[2mm] \dot{I}_{a0} &= -\frac{x_{2\Sigma}}{x_{2\Sigma} + x_{0\Sigma}} \dot{I}_{a1} \\[2mm] \dot{U}_{a1} = \dot{U}_{a2} = \dot{U}_{a0} &= \mathrm{j}\,\frac{x_{2\Sigma} x_{0\Sigma}}{x_{2\Sigma} + x_{0\Sigma}} \dot{I}_{a1} \end{aligned}\right\} \tag{12-15}$$

短路点故障相的电流为

$$\begin{aligned}
\dot{I}_{\rm b} &= a^2 \dot{I}_{\rm a1} + a\dot{I}_{\rm a2} + \dot{I}_{\rm a0} = \left(a^2 - \frac{x_{2\Sigma} + ax_{0\Sigma}}{x_{2\Sigma} + x_{0\Sigma}} \right) \dot{I}_{\rm a1} \\
&= \frac{-3x_{2\Sigma} - {\rm j}\sqrt{3}(x_{2\Sigma} + 2x_{0\Sigma})}{2(x_{2\Sigma} + x_{0\Sigma})} \dot{I}_{\rm a1} \\
\dot{I}_{\rm c} &= a\dot{I}_{\rm a1} + a^2 \dot{I}_{\rm a2} + \dot{I}_{\rm a0} = \left(a - \frac{x_{2\Sigma} + a^2 x_{0\Sigma}}{x_{2\Sigma} + x_{0\Sigma}} \right) \dot{I}_{\rm a1} \\
&= \frac{-3x_{2\Sigma} + {\rm j}\sqrt{3}(x_{2\Sigma} + 2x_{0\Sigma})}{2(x_{2\Sigma} + x_{0\Sigma})} \dot{I}_{\rm a1}
\end{aligned} \right\} \tag{12-16}$$

根据上式可以求得两相短路接地时故障相电流的绝对值为

$$I_{\rm f}^{(1,1)} = I_{\rm b} = I_{\rm c} = \sqrt{3} \sqrt{1 - \frac{x_{0\Sigma} x_{2\Sigma}}{(x_{0\Sigma} + x_{2\Sigma})^2}} I_{\rm a1} \tag{12-17}$$

短路点非故障相电压为

$$\dot{U}_{\rm a} = 3\dot{U}_{\rm a1} = {\rm j} \frac{3x_{2\Sigma} x_{0\Sigma}}{x_{2\Sigma} + x_{0\Sigma}} \dot{I}_{\rm a1} \tag{12-18}$$

图 12-9 表示 b、c 两相短路接地时故障点的电流和电压相量图。作图时，仍以正序电流 $\dot{I}_{\rm a1}$ 作为参考相量，$\dot{I}_{\rm a2}$ 和 $\dot{I}_{\rm a0}$ 同 $\dot{I}_{\rm a1}$ 的方向相反。a 相三个序电压都相等，且比 $\dot{I}_{\rm a1}$ 超前 90°。

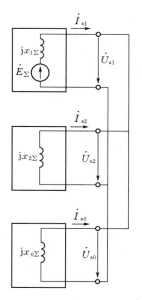

图 12-8 b、c 两相短路
接地的复合序网

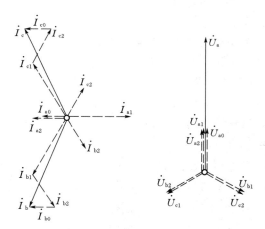

图 12-9 b、c 两相短路接地
时短路处电流、电压相量图

以上的分析方法同样适用于其他相发生不对称短路的情况，分析结果也与上面类似。例如，当 b 相发生接地短路时，则以 b 相为基准相，序分量分别为 $\dot{I}_{\rm b1}$、$\dot{I}_{\rm b2}$、$\dot{I}_{\rm b0}$ 及 $\dot{U}_{\rm b1}$、$\dot{U}_{\rm b2}$、$\dot{U}_{\rm b0}$，用它们去代替式（12-3）、式（12-4）中相应的序分量即可。

四、正序等效定则

以上所得的三种简单不对称短路时短路电流正序分量的算式（12-3）、式（12-8）和式

(12-14) 可以统一写成

$$\dot{I}_{a1}^{(n)} = \frac{\dot{E}_\Sigma}{j(x_{1\Sigma} + x_\Delta^{(n)})}$$ 　　　　　(12-19)

式中 $x_\Delta^{(n)}$ 为附加电抗，其值随短路的型式不同而不同，上角标 (n) 代表短路类型，即单相短路时，$x_\Delta^{(1)} = x_{2\Sigma} + x_{0\Sigma}$；两相短路时，$x_\Delta^{(2)} = x_{2\Sigma}$；两相短路接地时，$x_\Delta^{(1,1)} = x_{2\Sigma} \parallel x_{0\Sigma}$。

式 (12-19) 表明了一个很重要的概念：在简单不对称短路的情况下，短路点电流的正序分量，与在短路点每一相中加入附加电抗 $x_\Delta^{(n)}$ 而发生三相短路时的电流相等。这个概念称为正序等效定则，构成的网络称正序增广网络。

根据以上的讨论，可以得到一个结论：简单不对称短路电流的计算，归根结底，不外乎先求出系统对短路点的负序和零序输入电抗 $x_{2\Sigma}$ 和 $x_{0\Sigma}$，再根据短路的不同类型组成附加电抗 $x_\Delta^{(n)}$，将它接入短路点，然后就像计算三相短路一样，算出短路点的正序电流。所以，前面讲过的计算三相短路电流的各种方法也适用于计算不对称短路。

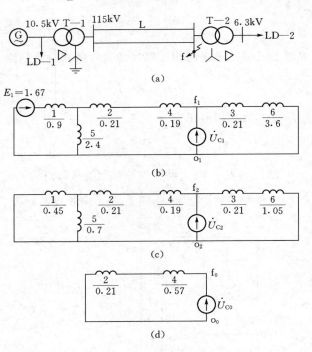

图 12-10　例 12-1 图
(a) 电力系统接线图；(b) 正序网络；
(c) 负序网络；(d) 零序网络

【例 12-1】 图 12-10 (a) 所示输电系统，在 f 点发生 c 相接地短路，试计算其短路电流。系统各元件参数如下：

发电机　$S_N = 120\text{MVA}$，$U_N = 10.5\text{kV}$，$E_1 = 1.67$，$x_1 = 0.9$，$x_2 = 0.45$；

变压器 T—1　$S_N = 60\text{MVA}$，$U_s\% = 10.5$，$k_{T1} = 10.5/115$；　T—2　$S_N = 60\text{MVA}$，$U_s\% = 10.5$，$k_{T2} = 115/6.3$；

线路　$L = 105\text{km}$，每回路参数为 $x_1 = 0.4\Omega/\text{km}$，$x_0 = 3x_1$；

负荷 LD—1　$S_N = 60\text{MVA}$，$x_1 = 1.2$，$x_2 = 0.35$；LD—2　$S_N = 40\text{MVA}$，$x_1 = 1.2$，$x_2 = 0.35$。

解　(1) 参数标幺值的计算。

选取基准功率 $S_B = 120\text{MVA}$ 和基准电压 $U_B = U_{av}$，计算出各元件的各序电抗的标幺值（计算过程从略）。计算结果标于各序网络图中。

(2) 制订各序网络。

正序和负序网络，包含了图中所有元件 [见图 12-10 (b)、(c)]。因零序电流仅在线路

L 和变压器 T-1 中流通，所以零序网络只包含这两个元件 [见图 12-10（d）]。

（3）进行网络化简，求正序等值电势和各序输入电抗。

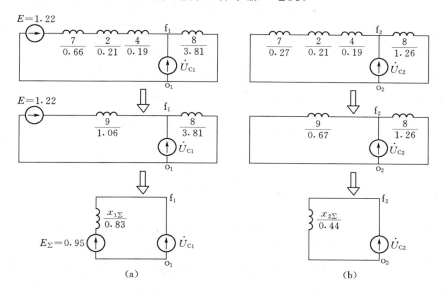

图 12-11 正序和负序网络的化简过程

（a）正序；（b）负序

正序和负序网络的化简过程示于图 12-11。对于正序网络，先将支路 1 和 5 并联得支路 7，它的电势和电抗分别为

$$E_7 = \frac{E_1 x_5}{x_1 + x_5} = \frac{1.67 \times 2.4}{0.9 + 2.4} = 1.22$$

$$x_7 = \frac{x_1 x_5}{x_1 + x_5} = \frac{0.9 \times 2.4}{0.9 + 2.4} = 0.66$$

将支路 7、2 和 4 相串联得支路 9，其电抗和电势分别为

$$x_9 = x_7 + x_2 + x_4 = 0.66 + 0.21 + 0.19 = 1.06$$

$$E_9 = E_7 = 1.22$$

将支路 3 和支路 6 串联得支路 8，其电抗为

$$x_8 = x_3 + x_6 = 0.21 + 3.6 = 3.81$$

将支路 8 和支路 9 并联得等值电势和输入电抗分别为

$$E_\Sigma = \frac{E_9 x_8}{x_9 + x_8} = \frac{1.22 \times 3.81}{1.06 + 3.81} = 0.95$$

$$X_{1\Sigma} = \frac{x_8 x_9}{x_8 + x_9} = \frac{3.81 \times 1.06}{3.81 + 1.06} = 0.83$$

对于负序网络

$$x_7 = \frac{x_1 x_5}{x_1 + x_5} = \frac{0.45 \times 0.7}{0.45 + 0.7} = 0.27$$

$$x_9 = x_7 + x_2 + x_4 = 0.27 + 0.21 + 0.19 = 0.67$$

211

$$x_8 = x_3 + x_6 = 0.21 + 1.05 = 1.26$$

$$x_{2\Sigma} = \frac{x_8 x_9}{x_8 + x_9} = \frac{1.26 \times 0.67}{1.26 + 0.67} = 0.44$$

对于零序网络

$$x_{0\Sigma} = x_2 + x_4 = 0.21 + 0.57 = 0.78$$

则附加电抗 $\qquad x_\Delta^{(1)} = x_{2\Sigma} + x_{0\Sigma} = 0.44 + 0.78 = 1.22$

115kV 侧的基准电流为 $\qquad I_B = \dfrac{120}{\sqrt{3} \times 115} = 0.6 \ (\text{kA})$

因此，c 相短路时，仿照式（12-3）得

$$I_{c1}^{(1)} = \frac{E_\Sigma}{x_{1\Sigma} + x_\Delta^{(1)}} I_B = \frac{0.95}{0.83 + 1.22} \times 0.6 = 0.28 \ (\text{kA})$$

仿照式（12-5）得 $\qquad I_f^{(1)} = 3 I_{c1}^{(1)} = 3 \times 0.28 = 0.84 \ (\text{kA})$

第二节 不对称短路时网络中电流和电压的分布计算

在电力系统的设计和运行工作中，除了要知道故障点的短路电流和电压以外，还要知道网络中某些支路的电流和某些节点的电压。为此，须先求出电流和电压的各序分量在网络中的分布。然后，将各序分量合成以求得相电流和相电压。

在负序和零序网络中利用电流分布系数计算电流分布较为简便。对于给定的短路点，在短路过程的任一时间，都可应用这些分布系数计算网络中的电流分布。

网络中某一节点的各序电压等于短路点的各序电压加上该点与短路点间的同一序电流产生的电压降。例如某节点 h 在正序、负序和零序网络中，分别经电抗 x_1、x_2 和 x_0 与短路点 f 相连，此时该点的各序电压分别为

$$\left. \begin{aligned} \dot{U}_{h1} &= \dot{U}_{f1} + jx_1 \dot{I}_1 \\ \dot{U}_{h2} &= \dot{U}_{f2} + jx_2 \dot{I}_2 \\ \dot{U}_{h0} &= \dot{U}_{f0} + jx_0 \dot{I}_0 \end{aligned} \right\} \qquad (12\text{-}20)$$

式中 $\quad \dot{I}_1$、$\dot{I}_2$、$\dot{I}_0$——从 h 点流向 f 点的各序电流分量。

图 12-12 画出了某一简单网络在发生各种不对称短路时各序电压的分布情况。电源点的正序电压最高，随着对短路点的接近，正序电压将逐渐降低，到短路点即等于短路处的正序电压。短路点的负序和零序电压最高。电源点的负序电压为零。由于变压器是 $Y_0 / \triangle$ 接法，所以在变压器三角形一侧的出线端，零序电压为零。

根据对称分量法分析，网络中各点电压的不

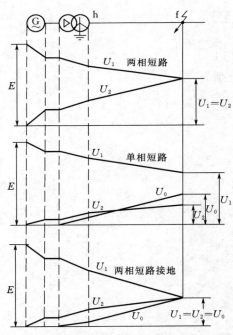

图 12-12 各种不对称短路时各序电压的分布

对称程度主要由负序分量决定。负序分量愈大，电压愈不对称。比较图 12-12 中的各个图形可以看出，单相短路时电压的不对称程度要比其他类型的不对称短路时小些。不管发生何种不对称短路，短路点的电压最不对称，电压不对称程度将随着与短路点距离的增大而逐渐减弱。

上述求网络中各序电流和电压分布的方法，只适用于与短路点有直接电气联系的网络。在与变压器联系的两部分网络中，由于变压器绕组的联接方式，可能使变压器两侧的电流和电压的相位发生变化。

【例 12-2】 在图 12-13（a）的系统中，f 点两相短路接地，其参数如下：

汽轮发电机　G—1、G—2：$S_{NG}=60MVA$，$x''_d=x_2=0.14$；

变压器　T—1、T—2：60MVA，$U_{sⅠ}\%=11$，$U_{sⅡ}\%=0$，$U_{sⅢ}\%=6$；　T—3：7.5MVA，$U_s\%=7.5$；

8km 的线路：$x_1=0.4\Omega/km$，$x_0=3.5x_1$。试求 $t=0s$ 的短路点故障相电流、变压器 T—1 接地中性线的电流和 37kV 母线 h 的各相电压。

解 （1）选取 $S_B=60MVA$，$U_B=U_{av}$，计算系统各元件的电抗标么值（忽略计算过程）。

（2）制订系统的各序等值网络。

由于正序网络对于短路点对称，故变压器 T—1 和 T—2 在 115kV 侧的电抗不必画入网络中［图 12-13（b）］。负序网络与正序的相同，只是电源电势为零。零序网络示于图12-13（c）。

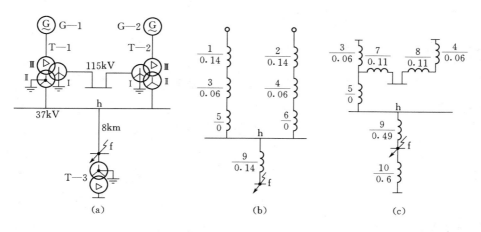

图 12-13　例 12-2 的电力系统及其等值网络图

（a）系统接线图；（b）正、负序等值网络；（c）零序等值网络

（3）求各序输入电抗如下

$$x_{1\Sigma}=x_{2\Sigma}=\frac{0.14+0.06}{2}+0.14=0.24$$

在零序网络中将电抗 x_7、x_8 和 x_4 串联得

$$x_{11}=0.11+0.11+0.06=0.28$$

将电抗 x_{11} 和电抗 x_3 并联得电抗

$$x_{12} = x_{11} \text{ // } x_3 = 0.28 \text{ // } 0.06 = 0.05$$

将电抗 X_{12}、X_5 和 X_9 串联得电抗

$$x_{13} = 0.05 + 0.49 = 0.54$$

最后计算零序输入电抗，即

$$x_{0\Sigma} = x_{10} \text{ // } x_{13} = 0.6 \text{ // } 0.54 = 0.28$$

（4）计算两相短路接地时的 $X_{\Delta}^{(1,1)}$，即

$$x_{\Delta}^{(1,1)} = x_{0\Sigma} \text{ // } x_{2\Sigma} = 0.28 \text{ // } 0.24 = 0.13$$

（5）计算 0s 时短路点的正序电流。

电源的电势可用次暂态电势，并取 $\dot{E}_{\Sigma} = \dot{E}'' = \text{j}1.0$，故

$$\dot{I}_{1*} = \frac{\dot{E}_{\Sigma}}{\text{j}(x_{1\Sigma} + x_{\Delta}^{(1,1)})} = \frac{\text{j}1.0}{\text{j}(0.24 + 0.13)} = 2.703$$

于是短路点故障相电流的有名值为

$$I_{\text{f}}^{(1,1)} = \sqrt{3} \ \sqrt{1 - x_{0\Sigma} x_{2\Sigma} / (x_{2\Sigma} + x_{0\Sigma})^2} I_{1*} I_{\text{B}}$$
$$= \sqrt{3} \ \sqrt{1 - 0.28 \times 0.24 / (0.28 + 0.24)^2} \times 2.703 \times \frac{60}{\sqrt{3} \times 37} = 3.79 \ (\text{kA})$$

（6）计算零序电流及其分布。

短路处的零序电流和负序电流分别为

$$\dot{I}_{0*} = -\frac{x_{2\Sigma}}{x_{2\Sigma} + x_{0\Sigma}} I_{1*} = -\frac{0.24}{0.24 + 0.28} \times 2.703 = -1.248$$

$$\dot{I}_{2*} = -\frac{x_{0\Sigma}}{x_{2\Sigma} + x_{0\Sigma}} I_{1*} = -\frac{0.28}{0.24 + 0.28} \times 2.703 = -1.455$$

通过线路流到变压器 T—1 绕组 Ⅱ 的零序电流

$$\dot{I}_{\text{L0}*} = \frac{x_{10}}{x_{10} + x_{13}} \dot{I}_{0*} = \frac{0.6}{0.6 + 0.54} \times (-1.248) = -0.657$$

分配到变压器 T—1 绕组 Ⅰ 的零序电流

$$\dot{I}_{10*} = \frac{x_3}{x_3 + x_{11}} \dot{I}_{\text{L0}*} = \frac{0.06}{0.06 + 0.28} \times (-0.657) = -0.116$$

因此，在变压器 T—1 的 37kV 侧接地中性线的电流

$$\dot{I}_{\text{n(Ⅱ)}} = 3 I_{\text{L0}*} \times \frac{60}{\sqrt{3} \times 37} = 3 \times 0.657 \times \frac{60}{\sqrt{3} \times 37} = 1.85 \ (\text{kA})$$

115kV 侧接地中性线电流

$$\dot{I}_{\text{n(Ⅰ)}} = 3 I_{10*} \times \frac{60}{\sqrt{3} \times 115} = 3 \times 0.116 \times \frac{60}{\sqrt{3} \times 115} = 0.105 \ (\text{kA})$$

（7）计算短路点各序电压及节点 h 的各序电压。

以短路点正序电流作参考相量，短路点的各序电压分别为

$$\dot{U}_{1*} = \text{j}(x_{0\Sigma} \text{ // } x_{2\Sigma}) \dot{I}_{1*} = \text{j}0.13 \times 2.703 = \text{j}0.35$$

$$\dot{U}_{2*} = \dot{U}_{0*} = \dot{U}_{1*} = \text{j}0.35$$

37kV 母线 h 的各序电压可利用式（12-20）进行计算，得

$$\dot{U}_{h1*} = \dot{U}_{1*} + jx_L\dot{I}_{1*} = j0.35 + j0.14 \times 2.703 = j0.728$$

$$\dot{U}_{h2*} = \dot{U}_{2*} + jx_L\dot{I}_{2*} = j0.35 + j0.14 \times (-1.455) = j0.146$$

$$\dot{U}_{h0*} = \dot{U}_{0*} + jx_{L0}\dot{I}_{L0*} = j0.35 + j0.49 \times (-0.657) = j0.028$$

因此，37kV 母线 h 的各相电压分别为

$$\dot{U}_{ha} = (\dot{U}_{h1*} + \dot{U}_{h2*} + \dot{U}_{h0*})U_B/\sqrt{3}$$

$$= j(0.728 + 0.146 + 0.028) \times 37/\sqrt{3} = j0.902 \times 21.4 = 19.30\,e^{j90°}(\text{kV})$$

$$\dot{U}_{hb} = (a^2\dot{U}_{h1*} + a\dot{U}_{h2*} + \dot{U}_{h0*})U_B/\sqrt{3}$$

$$= j\left[\left(-\frac{1}{2} - j\frac{\sqrt{3}}{2}\right) \times 0.728 + \left(-\frac{1}{2} + j\frac{\sqrt{3}}{2}\right) \times 0.146 + 0.028\right] \times 21.4$$

$$= (0.504 - j0.409) \times 21.4 = 13.89\,e^{-j39.06°}(\text{kV})$$

$$\dot{U}_{hc} = (a\dot{U}_{h1*} + a^2\dot{U}_{h2*} + \dot{U}_{h0*})U_B/\sqrt{3}$$

$$= j\left[\left(-\frac{1}{2} + j\frac{\sqrt{3}}{2}\right) \times 0.728 + \left(-\frac{1}{2} - j\frac{\sqrt{3}}{2}\right) \times 0.146 + 0.028\right] \times 21.4$$

$$= 13.89e^{j219.06°}(\text{kV})$$

第三节　电压和电流对称分量经变压器后的相位变换

电压和电流对称分量经变压器后，可能要发生相位移动，这取决于变压器绕组的连接组别。现以变压器的两种常用连接方式 Y，y0 和 Y，d11 来说明这个问题。

图 12-14 （a） 表示 Y，y0 连接的变压器，用 A、B 和 C 表示变压器绕组I的出线端，用 a、b 和 c 表示绕组II的出线端。如果在I侧施以正序电压，则II侧绕组的相电压与I侧绕组的相电压同相位，如图 12-14 （b） 所示。如果在 I 侧施以负序电压，则II侧的相电压与 I 侧的相电压也是同相位，如图 12-14 （c） 所示。对这样连接的变压器，当所选择的基准值使 $k_* = 1$ 时，两侧相电压的正序分量或负序分量的标么值分别相等，且相位相同，即

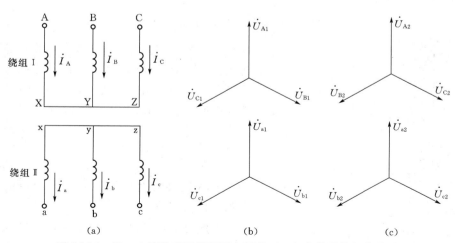

图 12-14　Y，y0 接法变压器两侧电压的正、负序分量的相位关系

$$\dot{U}_{a1} = \dot{U}_{A1}, \ \dot{U}_{a2} = \dot{U}_{A2}$$

对于两侧相电流的正序及负序分量，亦存在上述关系。

如果变压器接成 YN，yn0，而又存在零序电流的通路时，则变压器两侧的零序电流（或零序电压）亦是同相位的。因此，电压和电流的各序对称分量经过 Y，yn 连接的变压器时，并不发生相位移动。

Y，d11 连接法的变压器，情况则大不相同。图 12-15（a）表示这种变压器的接线图。如果在 Y 侧施以正序电压，△ 侧的线电压虽与 Y 侧的相电压同相位，但 △ 侧的相电压却超前于 Y 侧相电压 30°，如图 12-15（b）所示。当 Y 侧施以负序电压时，△ 侧的相电压落后于 Y 侧相电压 30°，如图 12-15（c）所示。变压器两侧相电压的正序和负序分量（用标么值表示且 $k_* = 1$ 时）存在以下的关系

$$\left.\begin{array}{l} \dot{U}_{a1} = \dot{U}_{A1}\, e^{j30°} \\[2mm] \dot{U}_{a2} = \dot{U}_{A2}\, e^{-j30°} \end{array}\right\} \tag{12-21}$$

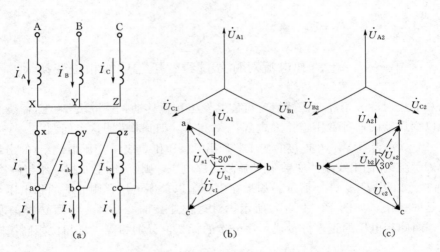

图 12-15　Y，d11 接法变压器两侧电压的正、负序分量的相位关系

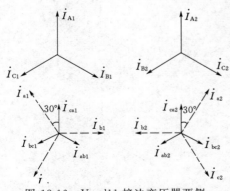

图 12-16　Y，d11 接法变压器两侧
电流的正序和负序分量的相位关系

电流也有类似的情况，△ 侧的正序线电流超前 Y 侧正序线电流 30°，△ 侧的负序线电流则落后于 Y 侧负序线电流 30°，如图 12-16 所示。当用标么值表示电流且 $k_* = 1$ 时便有

$$\left.\begin{array}{l} \dot{I}_{a1} = \dot{I}_{A1}\, e^{j30°} \\[2mm] \dot{I}_{a2} = \dot{I}_{A2}\, e^{-j30°} \end{array}\right\} \tag{12-22}$$

Y/△ 连接的变压器，在三角形侧的外电路中总不含零序分量。

由此可见，经过 Y，d11 接法的变压器并且由星形侧到三角形侧时，正序系统逆时针方向转

过 30°，负序系统顺时针方向转过 30°。反之，由三角形侧到星形侧时，正序系统顺时针方向转过 30°，负序系统逆时针方向转过 30°。因此，当已求得星形侧的序电流 $\dot{I}_{A1}$、$\dot{I}_{A2}$ 时，三角形侧外电路的各相电流分别为

$$\left.\begin{array}{l}
\dot{I}_a = \dot{I}_{a1} + \dot{I}_{a2} = \dot{I}_{A1}e^{j30°} + \dot{I}_{A2}e^{-j30°} = -j[a\dot{I}_{A1} + a^2(-\dot{I}_{A2})] \\[2mm]
\dot{I}_b = a^2\dot{I}_{a1} + a\dot{I}_{a2} = a^2\dot{I}_{A1}e^{j30°} + a\dot{I}_{A2}e^{-j30°} = -j[\dot{I}_{A1} + (-\dot{I}_{A2})] \\[2mm]
\dot{I}_c = a\dot{I}_{a1} + a^2\dot{I}_{a2} = a\dot{I}_{A1}e^{j30°} + a^2\dot{I}_{A2}e^{-j30°} = -j[a^2\dot{I}_{A1} + a(-\dot{I}_{A2})]
\end{array}\right\} \quad (12\text{-}23)$$

从上式可以看到，如果不计变压器原副边电流间的相位关系，略去上式右端的系数 $-j$，并改选 b 相作为三角形侧的基准相，则只要将负序分量改变符号，就可以直接用星形侧的序分量合成三角形侧的各相电流（或电压）。上述原则适用于一切奇数点钟的 Y/△ 接法的变压器，只是三角形侧基准相应根据点钟数来确定。这个原则称为 Y/△ 接法变压器的负序分量变号原则。

应该指出，也可以利用直流计算台作短路计算，在计算台上按电力系统接线情况组成各序网络，并按照故障处的边界条件接成复合序网，通过直接测量，不仅能确定故障点的各序电流和各序电压，而且还可以确定网络中任何支路的各序电流和任一节点的各序电压。

【例 12-3】 在例 12-1 所示的网络中，f 点发生 b、c 两相短路。试计算变压器 △ 侧的各相电压和各相电流。变压器 T—1 是 Y，d11 接法。

解 在例 12-1 中已经算出了网络的各序输入电抗，这里直接利用这些数据。

取正序等值电势，即短路前故障点的电压 $\dot{E}_\Sigma = \dot{U}_f^{(0)} = j0.95$，短路点的各序电流分别为

$$\dot{I}_{f1} = \frac{\dot{E}_\Sigma}{j(x_{1\Sigma} + x_\triangle^{(2)})} = \frac{j0.95}{j(0.83 + 0.44)} = 0.75$$

$$\dot{I}_{f2} = -\dot{I}_{f1} = -0.75$$

短路点对地的各序电压为

$$\dot{U}_{f1} = \dot{U}_{f2} = jx_{2\Sigma}\dot{I}_{f1} = j0.44 \times 0.75 = j0.33$$

从输电线流向 f 点的电流为

$$\dot{I}_{L1} = \frac{\dot{E}_7 - \dot{U}_{f1}}{jx_9} = \frac{j(1.22 - 0.33)}{j1.06} = 0.84$$

$$\dot{I}_{L2} = \frac{x_{2\Sigma}}{x_9}\dot{I}_{f2} = -\frac{0.44}{0.67} \times 0.75 = -0.49$$

变压器 T—1Y 侧的电流即是线路 L—1 的电流，因此 △ 侧的各序电流为

$$\dot{I}_{Ta1} = \dot{I}_{L1}e^{j30°} = 0.84e^{j30°}$$

$$\dot{I}_{Ta2} = \dot{I}_{L2}e^{-j30°} = -0.49e^{-j30°}$$

短路处的正序电压加线路 L—1 和变压器 T—1 的阻抗中的正序压降，再逆时针转过 30°，便得变压器 T—1 的 △ 侧的正序电压

$$\dot{U}_{\mathrm{Ta1}} = [\dot{U}_{\mathrm{f1}} + \mathrm{j}(x_2 + x_4)\dot{I}_{\mathrm{L1}}]\mathrm{e}^{\mathrm{j}30°} = (\mathrm{j}0.33 + \mathrm{j}0.4 \times 0.84)\mathrm{e}^{\mathrm{j}30°} = \mathrm{j}0.67\mathrm{e}^{\mathrm{j}30°}$$

同样地可得 △ 侧的负序电压

$$\dot{U}_{\mathrm{Ta2}} = [\dot{U}_{\mathrm{f2}} + \mathrm{j}(x_2 + x_4)\dot{I}_{\mathrm{L2}}]\mathrm{e}^{-\mathrm{j}30°} = [\mathrm{j}0.33 + \mathrm{j}0.4 \times (-0.49)]\mathrm{e}^{-\mathrm{j}30°} = \mathrm{j}0.13\mathrm{e}^{-\mathrm{j}30°}$$

应用序分量合成为各相计算量的算式，可得变压器 △ 侧各相电压和电流的标么值如下

$$\dot{U}_{\mathrm{Ta}} = \dot{U}_{\mathrm{Ta1}} + \dot{U}_{\mathrm{Ta2}} = \mathrm{j}0.67\mathrm{e}^{\mathrm{j}30°} + \mathrm{j}0.13\mathrm{e}^{-\mathrm{j}30°} = -0.27 + \mathrm{j}0.693 = 0.74\mathrm{e}^{\mathrm{j}111.3°}$$

$$\dot{U}_{\mathrm{Tb}} = a^2\dot{U}_{\mathrm{Ta1}} + a\dot{U}_{\mathrm{Ta2}} = a^2 \times \mathrm{j}0.67\mathrm{e}^{\mathrm{j}30°} + a \times \mathrm{j}0.13\mathrm{e}^{-\mathrm{j}30°} = 0.67 - 0.13 = 0.54$$

$$\dot{U}_{\mathrm{Tc}} = a\dot{U}_{\mathrm{Ta1}} + a^2\dot{U}_{\mathrm{Ta2}} = a \times \mathrm{j}0.67\mathrm{e}^{\mathrm{j}30°} + a^2 \times 0.13\mathrm{e}^{-\mathrm{j}30°} = -0.27 - \mathrm{j}0.693 = 0.74\mathrm{e}^{-\mathrm{j}111.3°}$$

$$\dot{I}_{\mathrm{Ta}} = \dot{I}_{\mathrm{Ta1}} + \dot{I}_{\mathrm{Ta2}} = 0.84\mathrm{e}^{\mathrm{j}30°} - 0.49\mathrm{e}^{-\mathrm{j}30°} = 0.303 + \mathrm{j}0.665 = 0.73\mathrm{e}^{\mathrm{j}65.5°}$$

$$\dot{I}_{\mathrm{Tb}} = a^2\dot{I}_{\mathrm{Ta1}} + a\dot{I}_{\mathrm{Ta2}} = a^2 \times 0.84\mathrm{e}^{\mathrm{j}30°} - a \times 0.49\mathrm{e}^{-\mathrm{j}30°} = -\mathrm{j}0.84 - \mathrm{j}0.49 = 1.33\mathrm{e}^{-\mathrm{j}90°}$$

$$\dot{I}_{\mathrm{Tc}} = a\dot{I}_{\mathrm{Ta1}} + a^2\dot{I}_{\mathrm{Ta2}} = a \times 0.84\mathrm{e}^{\mathrm{j}30°} - a^2 \times 0.49\mathrm{e}^{-\mathrm{j}30°} = -0.303 + \mathrm{j}0.665 = 0.73\mathrm{e}^{\mathrm{j}114.5°}$$

如果应用负序分量变号原则，则有

$$\dot{I}_{\mathrm{Tb}} = -\mathrm{j}(\dot{I}_{\mathrm{L1}} - \dot{I}_{\mathrm{L2}}) = -\mathrm{j}[0.84 - (-0.49)] = 1.33\mathrm{e}^{-\mathrm{j}90°}$$

$$\dot{I}_{\mathrm{Tc}} = -\mathrm{j}(a^2\dot{I}_{\mathrm{L1}} - a\dot{I}_{\mathrm{L2}}) = -\mathrm{j}[a^2 \times 0.84 - a(-0.49)] = 0.73\mathrm{e}^{\mathrm{j}114.5°}$$

$$\dot{I}_{\mathrm{Ta}} = -\mathrm{j}(a\dot{I}_{\mathrm{L1}} - a^2\dot{I}_{\mathrm{L2}}) = -\mathrm{j}[a \times 0.84 - a^2(-0.49)] = 0.73\mathrm{e}^{\mathrm{j}65.5°}$$

可见两种方法的计算结果完全相同，但此方法计算简单。

换算成有名值时，电压的标么值应乘以相电压的基准值 $U_{\mathrm{pB}} = 10.5/\sqrt{3} \ \mathrm{kV} = 6.06\mathrm{kV}$，电流的标么值应乘以 10.5kV 电压级的基准电流 $I_{\mathrm{B}} = S_{\mathrm{B}}/(\sqrt{3} \times 10.5) = 120/(\sqrt{3} \times 10.5) = 6.6$（kA），所得的结果为

$$U_{\mathrm{Ta}} = 4.48\mathrm{kV}, \ U_{\mathrm{Tb}} = 3.27\mathrm{kV}, \ U_{\mathrm{Tc}} = 4.48\mathrm{kV}$$
$$I_{\mathrm{Ta}} = 4.82\mathrm{kA}, \ I_{\mathrm{Tb}} = 8.78\mathrm{kA}, \ I_{\mathrm{Tc}} = 4.82\mathrm{kA}$$

第四节　非全相断线的分析计算

电力系统的短路故障通常称为横向故障，它指的是在网络的节点 f 处出现了相与相之间或相与零电位点之间不正常接通的情况。发生横向故障时，由故障节点 f 同零电位节点组成故障端口。不对称故障的另一种类型是纵向故障，它指的是网络中的两个相邻节点 f 和 f′（都不是零电位节点）之间出现了不正常断开或三相阻抗不相等的情况。发生纵向故障时，由 f 和 f′这两个节点组成故障端口。

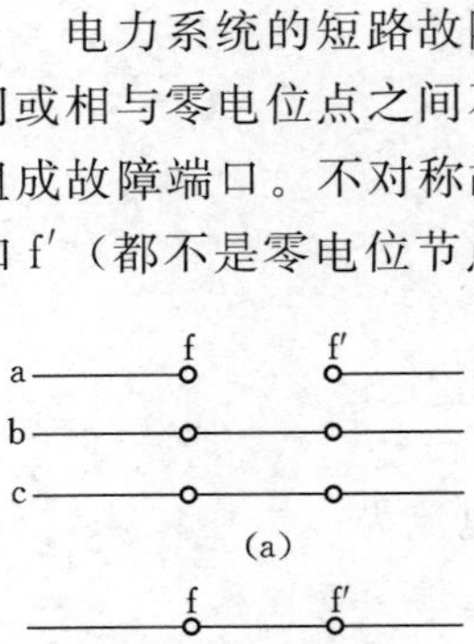

本节将讨论纵向不对称故障的两种状态，即一相断开和两相断开的运行状态（见图 12-17）。造成非全相断线的原因很多，例如某一线路单相接地短路后故障相开关跳闸；导线一相或两相断线；分相检修线路或开关设备以及开关合闸过程中三相触头不同时接通等。

图 12-17　非全相断线
(a) 单相断开；(b) 两相断开

纵向故障同横向不对称故障一样，也只是在故障口出现了某种不对称状态，系统其余部分的参数还是三相对称的。可以应用对称分量法进行分析。首先在故障口 ff′插入一组不对称电势源来代

替实际存在的不对称状态，然后将这组不对称电势源分解成正序、负序和零序分量。根据叠加原理，分别做出各序的等值网络（见图 12-18）。与不对称短路时一样，可以列出各序网络故障端口的电压方程式

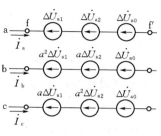

$$
\left.
\begin{aligned}
\dot{U}_{ff'}^{(0)} - \mathrm{j}Z_{1\Sigma}\,\dot{I}_{a1} &= \Delta\dot{U}_{a1} \\
- \mathrm{j}Z_{2\Sigma}\,\dot{I}_{a2} &= \Delta\dot{U}_{a2} \\
- \mathrm{j}Z_{0\Sigma}\,\dot{I}_{a0} &= \Delta\dot{U}_{a0}
\end{aligned}
\right\}
\qquad (12\text{-}24)
$$

式中　　$\dot{U}_{ff'}^{(0)}$——故障口 ff′ 的开路电压，即当 f、f′ 两点间断开时，网络内的电源在端口 ff′ 产生的电压；

$Z_{1\Sigma}$、$Z_{2\Sigma}$、$Z_{0\Sigma}$——正序网络、负序网络和零序网络从故障端口 ff′ 看进去的等值阻抗（又称故障端口 ff′ 的各序输入阻抗）。

若网络各元件都用纯电抗表示，则方程式（12-24）可以写成

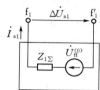

$$
\left.
\begin{aligned}
\dot{U}_{ff'}^{(0)} - \mathrm{j}x_{1\Sigma}\,\dot{I}_{a1} &= \Delta\dot{U}_{a1} \\
- \mathrm{j}x_{2\Sigma}\,\dot{I}_{a2} &= \Delta\dot{U}_{a2} \\
- \mathrm{j}x_{0\Sigma}\,\dot{I}_{a0} &= \Delta\dot{U}_{a0}
\end{aligned}
\right\}
\qquad (12\text{-}25)
$$

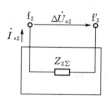

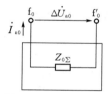

方程式（12-25）包含了 6 个未知量，因此还必须根据非全相断线的具体边界条件列出另外三个方程才能求解。以下分别就单相和两相断线进行讨论。

图 12-18　用对称分量法分析非全相运行

一、单相断线

以 a 相断线为例，其故障处的边界条件［见图12-17（a）］为

$$
\dot{I}a = 0, \quad \Delta\dot{U}_{b} = \Delta\dot{U}_{c} = 0
$$

这些条件同两相短路接地的条件完全相似。若用序分量表示为

$$
\left.
\begin{aligned}
\dot{I}_{a1} + \dot{I}_{a2} + \dot{I}_{a0} &= 0 \\
\Delta\dot{U}_{a1} = \Delta\dot{U}_{a2} &= \Delta\dot{U}_{a0}
\end{aligned}
\right\}
\qquad (12\text{-}26)
$$

满足这些边界条件的复合序网示于图 12-19。由此可以算出故障处各序电流为

$$
\left.
\begin{aligned}
\dot{I}_{a1} &= \frac{\dot{U}_{ff'}^{(0)}}{\mathrm{j}(x_{1\Sigma} + x_{2\Sigma} \mathbin{/\!/} x_{0\Sigma})} \\
\dot{I}_{a2} &= -\frac{x_{0\Sigma}}{x_{2\Sigma} + x_{0\Sigma}}\dot{I}_{a1} \\
\dot{I}_{a0} &= -\frac{x_{2\Sigma}}{x_{2\Sigma} + x_{0\Sigma}}\dot{I}_{a1}
\end{aligned}
\right\}
\qquad (12\text{-}27)
$$

非故障相电流

$$\dot{I}_b = \left(a^2 - \frac{x_{2\Sigma} + ax_{0\Sigma}}{x_{2\Sigma} + x_{0\Sigma}}\right)\dot{I}_{a1} = \frac{-3x_{2\Sigma} - j\sqrt{3}(x_{2\Sigma} + 2x_{0\Sigma})}{2(x_{2\Sigma} + x_{0\Sigma})}\dot{I}_{a1} \left.\right\}$$

$$\dot{I}_c = \left(a - \frac{x_{2\Sigma} + a^2 x_{0\Sigma}}{x_{2\Sigma} + x_{0\Sigma}}\right)\dot{I}_{a1} = \frac{-3x_{2\Sigma} + j\sqrt{3}(x_{2\Sigma} + 2x_{0\Sigma})}{2(x_{2\Sigma} + x_{0\Sigma})}\dot{I}_{a1}$$ (12-28)

故障相的断口电压

$$\Delta\dot{U}_a = 3\Delta\dot{U}_{a1} = j\frac{3x_{2\Sigma}x_{0\Sigma}}{x_{2\Sigma} + x_{0\Sigma}}\dot{I}_{a1}$$ (12-29)

故障口的电流和电压的这些算式,都同两相短路接地时的算式完全相似。

二、两相断开

以 b、c 两相断开为例,其故障处的边界条件 [见图 12-17 (b)] 为

$$\dot{I}_b = \dot{I}_c = 0, \quad \Delta\dot{U}_a = 0$$

容易看出,这些条件同单相短路的边界条件相似,则复合序网和电流、电压的计算公式与 a 相短路时的相似。即故障处的电流

$$\dot{I}_{a1} = \dot{I}_{a2} = \dot{I}_{a0} = \frac{\dot{U}_{ff}^{(0)}}{j(x_{1\Sigma} + x_{2\Sigma} + x_{0\Sigma})}$$ (12-30)

非故障相电流

$$\dot{I}_a = 3\dot{I}_{a1}$$ (12-31)

故障相断口的电压

$$\Delta\dot{U}_b = j[(a^2 - a)x_{2\Sigma} + (a^2 - 1)x_{0\Sigma}]\dot{I}_{a1}$$
$$= \frac{\sqrt{3}}{2}[(2x_{2\Sigma} + x_{0\Sigma}) - j\sqrt{3}x_{0\Sigma}]\dot{I}_{a1} \left.\right\}$$

$$\Delta\dot{U}_c = j[(a - a^2)x_{2\Sigma} + (a - 1)x_{0\Sigma}]\dot{I}_{a1}$$
$$= \frac{\sqrt{3}}{2}[-(2x_{2\Sigma} + x_{0\Sigma}) - j\sqrt{3}x_{0\Sigma}]\dot{I}_{a1}$$ (12-32)

复合序网如图 12-20。

【例 12-4】 在图 12-21 (a) 所示的电力系统中,平行输电线中的线路 Ⅰ 首端 a 相断开,试计算断开相的断口电压和非断开相的电流。系统各元件的参数与例 12-1 的相同。每回输电线路本身的零序电抗为 $0.8\Omega/km$,两回平行线路间的零序互感抗为 $0.4\Omega/km$。

解 (1) 绘制各序等值电路,计算各序参数。

正、负序网络的元件参数直接取自例 12-1,对于零序网络采用消去互感的等值电路。

$$x_3 = x_4 = x_{\mathrm{I}0} - x_{\mathrm{I-II}0}$$
$$= (0.8 - 0.4) \times 105 \times \frac{120}{115^2} = 0.38$$

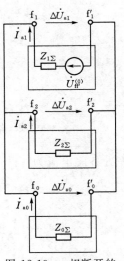

图 12-19 a 相断开的
复合序网

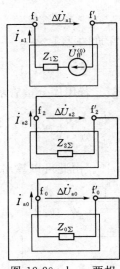

图 12-20 b、c 两相
断开的复合序网

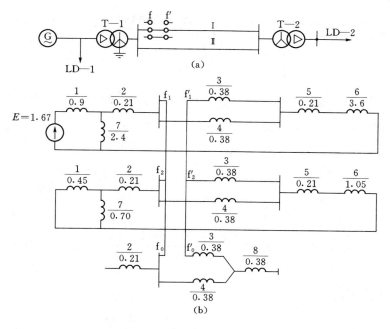

图 12-21 例 12-4 的电力系统及其单相断开时的复合序网

$$x_8 = x_{\mathrm{I-II}0} = 0.4 \times 105 \times \frac{120}{115^2} = 0.38$$

（2）组成单相断开的复合序网［见图 12-21（b）］，计算各序输入电抗和故障口的开路电压。

$$x_{1\Sigma} = [(x_1 \ /\!/ \ x_7) + x_2 + x_5 + x_6] \ /\!/ \ x_4 + x_3$$
$$= [(0.9 \ /\!/ \ 2.4) + 0.21 + 0.21 + 3.6] \ /\!/ \ 0.38 + 0.38 = 0.734$$
$$x_{2\Sigma} = [(0.45 \ /\!/ \ 0.7) + 0.21 + 0.21 + 1.05] \ /\!/ \ 0.38 + 0.38 = 0.692$$
$$x_{0\Sigma} = x_3 + x_4 = 0.38 + 0.38 = 0.76$$

故障口的开路电压 $U_{\mathrm{ff'}}^{(0)}$ 应等于线路Ⅰ断开时线路Ⅱ的全线电压降。先将发电机同负荷 LD—1 这两个支路合并，得

$$E_{\mathrm{eq}} = \frac{1.67/0.9}{\dfrac{1}{0.9} + \dfrac{1}{2.4}} = 1.215$$

$$x_{\mathrm{eq}} = \frac{1}{\dfrac{1}{0.9} + \dfrac{1}{2.4}} = 0.655$$

$$U_{\mathrm{ff'}}^{(0)} = \frac{E_{\mathrm{eq}}}{x_{\mathrm{eq}} + x_2 + x_4 + x_5 + x_6}$$

$$x_4 = \frac{1.215}{0.655 + 0.21 + 0.38 + 0.21 + 3.6} \times 0.38 = 0.0914$$

（3）计算故障口的正序电流。

设 $U_{\mathrm{ff'}}^{(0)} = \mathrm{j}0.0914$，则

$$\dot{I}_{a1} = \frac{\dot{U}_{ff}^{(0)}}{j(x_{1\Sigma} + x_{2\Sigma} \mathbin{/\!/} x_{0\Sigma})} = \frac{j0.0914}{j(0.734 + 0.692 \mathbin{/\!/} 0.76)} = 0.0835$$

$$\dot{I}_{a2} = -\frac{x_{0\Sigma}}{x_{2\Sigma} + x_{0\Sigma}} \dot{I}_{a1} = -\frac{0.76}{0.692 + 0.76} \times 0.0835 = -0.0437$$

$$\dot{I}_{a0} = -\frac{x_{2\Sigma}}{x_{2\Sigma} + x_{0\Sigma}} \dot{I}_{a1} = -\frac{0.692}{0.692 + 0.76} \times 0.0835 = -0.0398$$

（4）计算故障断口电压和非故障相电流。

$$\Delta\dot{U}_a = j3(x_{2\Sigma} \mathbin{/\!/} x_{0\Sigma}) \dot{I}_{a1} U_B/\sqrt{3}$$

$$= j3 \times 0.362 \times 0.0835 \times 115/\sqrt{3} = j6.02 \text{ (kV)}$$

$$\dot{I}_b = \frac{-3x_{2\Sigma} - j\sqrt{3}(x_{2\Sigma} + 2x_{0\Sigma})}{2(x_{2\Sigma} + x_{0\Sigma})} \dot{I}_{a1} I_B$$

$$= \frac{-3 \times 0.692 - j\sqrt{3}(0.692 + 2 \times 0.76)}{2(0.692 + 0.76)} \times 0.0835 \times 0.6$$

$$= -0.0751 e^{j61.6°} \text{ (kA)}$$

同样地可以算出

$$\dot{I}_c = -0.0751 e^{j61.6°} \text{ kA}$$

小　　结

对于各种不对称故障，可以用两种方法求出故障处的各序电流和各序电压，从而求出故障电流和故障电压。第一种方法是，列写各序网络的电势方程，根据不对称短路的不同类型列写边界条件方程，联立求解这些方程可以求得短路点电压和电流的各序分量。另一种有效的方法是，根据故障边界条件组成复合序网，根据复合序网这一简单的电路，求解各序分量。

根据正序电流的表达式，可以归纳出正序等效定则，即不对称短路时，短路点正序电流与在短路点每相加入附加电抗 $x_\Delta^{(n)}$ 而发生三相短路时的电流相等。

为了计算网络中不同节点的各相电压和不同支路的各相电流，应先确定电流和电压的各序分量在网络中的分布，再将各序量组合成各相的电流量或电压量。注意，正序和负序分量经过 Y/△ 接法的变压器时要改变相位。

电力系统的不对称故障分两种类型：横向故障和纵向故障。它们的分析、计算的原理和方法相同，但要注意，横向故障和纵向故障的故障端口是不同的。

第十三章　电力系统稳定性问题概述和发电机的机电特性

第一节　概　　述

电力系统正常运行的一个重要标志，乃是系统中的同步电机（主要是发电机）都处于同步运行状态。所谓同步运行状态是指所有并联运行的同步电机都有相同的电角速度。在这种情况下，表征运行状态的参数具有接近于不变的数值，通常称此情况为稳定运行状态。

随着电力系统的发展和扩大，往往会有这样的情况：例如，水电厂或坑口火电厂通过长距离交流输电线路将大量的电力输送到中心系统，在输送功率大到一定的数值后，电力系统稍微有点小的扰动都有可能出现电流、电压、功率等运行参数剧烈变化和振荡的现象，这表明系统中的发电机之间失去了同步，电力系统不能保持稳定运行状态；又如，当电力系统中的个别元件发生故障时，虽然自动保护装置已将故障元件切除，但是电力系统受到这种大的扰动后，也有可能出现上述运行参数剧烈变化和振荡现象；此外，甚至运行人员的正常操作，如切断输电线路、发电机等，亦有可能导致电力系统稳定状态的破坏。

通常，人们把电力系统在运行时受到微小的或大的扰动之后，能否继续保持系统中同步电机间同步运行的问题，称为电力系统稳定性问题。

电力系统受到的扰动大小不同，运行参数的变化特性（或称为动态响应）随之不同，因而分析和计算方法也有所不同。为此，人们把电力系统稳定性问题分为静态稳定和暂态稳定两类。对这两类稳定问题的分析计算，可以根据研究的目的要求，采用不同精细程度的数学模型来描述电力系统。

电力系统稳定性的破坏，将使整个电力系统受到严重的不良影响，造成大量用户供电中断，甚至造成整个系统瓦解。因此，保持电力系统运行的稳定性，对于电力系统安全可靠运行具有极其重要的意义。

一、发电机转子间的相对位置

图 13-1 所示的简单电力系统，发电机 G 通过升压 T—1、输电线路 L、降压变压器 T—2 接到受端电力系统。假定受端系统容量相对于发电机来说是很大的，则发电机输送任何功率时，受端母线电压的幅值和频率均不变（即所谓无限大容量母线）。当送端发电机为隐极机时，可以做出系统的等值电路如图 13-1 所示。图中受端系统可以看做为内阻抗为零、电势为 $\dot{U}$ 的发电机。各元件的电阻及导纳均略去不计时，系统的总电抗为

$$x_{d\Sigma} = x_d + x_{T1} + \frac{1}{2}x_L + x_{T2} \qquad (13\text{-}1)$$

如果采用标幺值表示电力系统的参数，则根据

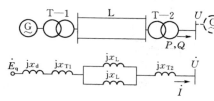

图 13-1　简单电力系统及其等值电路

等值电路，可以作出正常运行情况下的相量图（见

图 13-2）。发电机输送到系统中去的有功功率为

$$P_e = UI\cos\varphi \tag{13-2}$$

由图 13-2 中可以得到

$$I\cos\varphi = \frac{E_q\sin\delta}{x_{d\Sigma}} \tag{13-3}$$

将式（13-3）代入式（13-2）中，可得

$$P_e = \frac{E_q U}{x_{d\Sigma}}\sin\delta \tag{13-4}$$

当发电机的电势 E_q 和受端电压 U 均为恒定时，传输功率 P_e 是角度 δ 的正弦函数（见图 13-3）。角度 δ 为电势 $\dot{E}_q$ 与电压 $\dot{U}$ 之间的相位角。因为传输功率的大小与相位角 δ 密切相关，因此又称 δ 为"功角"或"功率角"。传输功率与功角的关系，称为"功角特性"或"功率特性"。

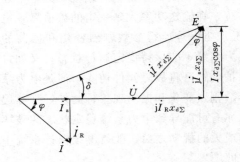

图 13-2 简单电力系统的相量图　　　　图 13-3 功角特性

功角 δ 在电力系统稳定问题的研究中占有特别重要的地位。因为它除了表示 $\dot{E}_q$ 和电压 $\dot{U}$ 之间的相位差，即表征系统的电磁关系之外，还表明了各发电机转子之间的相对空间位置（故又称为"位置角"）。δ 角随时间的变化描述了各发电机转子间的相对运动。而发电机转子间的相对运动性质，恰好是判断各发电机之间是否同步运行的依据。为了说明这个概念，我们把各发电机的转子画出来，如图 13-4 所示。在正常运行时，发电机输出的电磁功率为 $P_e = P_0$。此时，发电机转子上作用着两个转矩（不计摩擦等因素）：一个是原动机的转矩 M_T

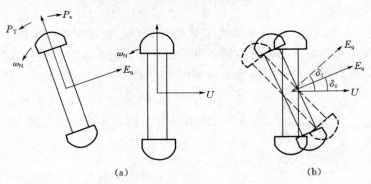

图 13-4 功角相对空间位置的概念

（或用功率 P_T 表示），它推动转子旋转；另一个是与发电机输出的电磁功率对应的电磁转矩，它制止转子旋转。在正常运行情况下，两者相互平衡，即 $P_T = P_e = P_0$，因而发电机以恒定速度旋转，且与受端系统的发电机的转速（指电角速度）相同（设为同步速度 ω_N），即两者同步运行，功角 $\delta = \delta_0$（见图 13-3），保持不变。如果设想把送端发电机和受端系统发电机的转子移到一处 [见图 13-4 (b)]，则功角 δ 就是两个转子轴线间用电角度表示的相对空间位置角。因为两个发电机电角速度相同，所以相对位置保持不变。

二、静态稳定的初步概念

从以上的分析可知，送端发电机要稳定地与系统同步运行，作用在发电机转子上的转矩必须相互平衡。但是，转矩相互平衡是否就一定能稳定地运行呢？从图 13-5 可知，平衡点有 a、b 两个。下面进一步分析这两个平衡点的运行特性。

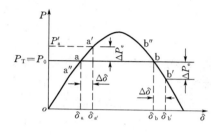

图 13-5 静态稳定的概念

在 a 点运行时，假定系统受到某种微小的扰动，使发电机的功角产生了一个微小的增量 $\Delta\delta$，由原来的运行值 δ_a 变到 $\delta_{a'}$。于是，电磁功率也相应地增加到 $P_{a'}$。从图中可以看到，正的功角增量 $\Delta\delta = \delta_{a'} - \delta_a$ 产生正的电磁功率增量 $\Delta P_e = P_{a'} - P_0$。至于原动机的功率则与功角无关，仍然保持 $P_T = P_0$ 不变。发电机电磁功率的变化，使转子上的转矩平衡受到破坏。由于此时电磁功率大于原动机的功率，转子上产生可制动性的不平衡转矩。在此不平衡转矩作用下，发电机转速开始下降，因而功角开始减小。经过衰减振荡后，发电机恢复到原来的运行点 a [见图 13-6 (a)]。如果在点 a 运行时受扰动产生一个负值的角度增量 $\Delta\delta = \delta_{a''} - \delta_a$，则电磁功率的增量 $\Delta P_e = P_{a''} - P_0$ 也是负的，发电机将受到加速性的不平衡转矩作用而恢复到点 a 运行。所以在点 a 的运行是稳定的。

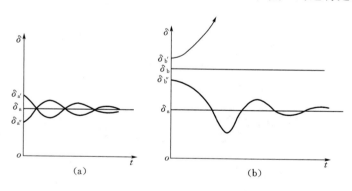

图 13-6 小扰动后功角的变化

(a) 点 a 运行；(b) 点 b 运行

点 b 运行的特性完全不同。这里，正值的角度增量 $\Delta\delta = \delta_{b'} - \delta_b$，使电磁功率减小而产生负值的电磁功率增量 $\Delta P_e = P_{b'} - P_0$（见图 13-5）。于是，转子在加速性不平衡转矩作用下开始升速，使功角增大。随着功角 δ 的增大，电磁功率继续减小，发电机转速继续增加。这样送端和受端的发电机便不能继续保持同步运行，即失去了稳定。如果在点 b 运行时受到微小扰动而获得一个负值的角度增量，则将产生正值的电磁功率增量，发电机的工作点将由点 b 过渡到点 a，其过程如图 13-6（b）所示。由此得出，点 b 运行是不稳定的。

由以上的分析，可以得到静态稳定的初步概念：所谓电力系统静态稳定性，一般是指电力系统在运行中受到微小扰动后，独立地恢复到它原来的运行状态的能力。我们看到，对于简单电力系统，要具有运行的静态稳定性，必须运行在功率特性的上升部分。在这部分，电磁功率增量和角度增量总是具有相同的符号。而在功率特性下降部分，ΔP_e 和 $\Delta\delta$ 总是具有相反的符号。因此，可以用比值的符号来判别系统在给定的平衡点运行时是否具有静态稳定性，即可以用

$$\frac{\Delta P_e}{\Delta\delta} > 0$$

作为简单电力系统具有静态稳定性的判据。写成极限的形式为

$$\frac{\mathrm{d}P_e}{\mathrm{d}\delta} > 0 \tag{13-5}$$

三、暂态稳定的初步概念

电力系统具有静态稳定性是稳定运行的必要条件。但是不能肯定地说，当电力系统受到大的扰动（各种短路、切除输电线路等）时，也能保持稳定运行。电力系统受大扰动后能否保持稳定性的问题，乃是暂态稳定研究的内容。下面简要介绍它的初步概念。

讨论简单电力系统突然切除一回输电线路的情况。如图 13-7 所示，在正常运行时，系统的总电抗为

$$x_{\mathrm{d}\Sigma\,\mathrm{I}} = x_{\mathrm{d}} + x_{\mathrm{T1}} + \frac{1}{2}x_{\mathrm{L}} + x_{\mathrm{T2}}$$

此时的功率特性为

$$P_{\mathrm{I}} = \frac{E_{\mathrm{q}}U}{x_{\mathrm{d}\Sigma\,\mathrm{I}}}\sin\delta$$

切除一回线路后，系统的总电抗为

$$x_{\mathrm{d}\Sigma\,\mathrm{II}} = x_{\mathrm{d}} + x_{\mathrm{T1}} + x_{\mathrm{L}} + x_{\mathrm{T2}}$$

相应的功率特性为

$$P_{\mathrm{II}} = \frac{E_{\mathrm{q}}U}{X_{\mathrm{d}\Sigma\,\mathrm{II}}}\sin\delta$$

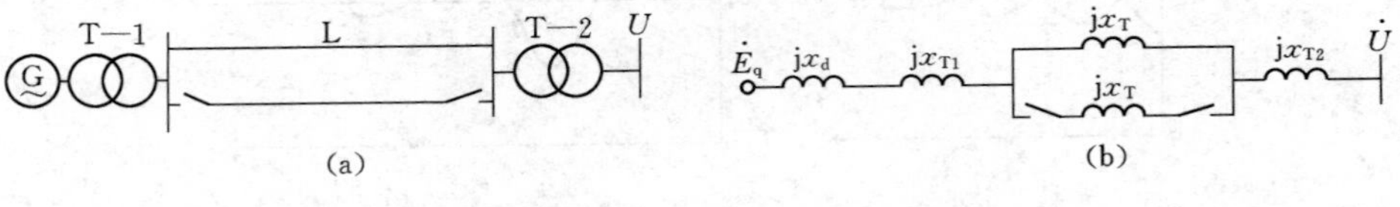

图 13-7 切除一回输电线路

如果不考虑发电机的电磁暂态过程和励磁调节作用，即假定 E_{q} 保持不变，则由于线路电抗增大，从而功率的幅值减小（见图 13-8）。

线路切除前瞬间，发电机处于正常运行状态，它输出的电磁功率由 P_{I} 曲线上的点 a 确定，其值为 P_0。原动机的功率，在正常运行时与电磁功率相平衡，即 $P_{\mathrm{T}} = P_e = P_0$。

在切除线路瞬间，发电机输出的电磁功率由 P_{II} 曲线上的 b 确定。这是由于转子具有惯性，其转速不能瞬时改变，所以线路切除瞬间，功角保持原值不变。由于发电机的工作点

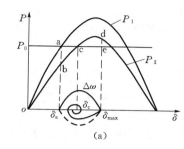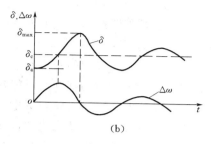

图 13-8　暂态稳定的概念

由 a 突然变到点 b，它输出的电磁功率突然减小。与此同时，原动机的功率仍然等于原值。这是由于原动机调速器不可避免滞迟，加之在暂态过程的初始阶段转速变化不大，调速器的调节量也很小，为简单起见，假定原动机的功率一直保持不变值。

在切除线路瞬间，原动机功率大于电磁功率，作用在转子上的不平衡转矩（用功率表示为 $\Delta P_a = P_T - P_e$）是加速性的，因而使发电机加速。于是在送、受端发电机之间出现了正的相对速度，功角开始增大，发电机工作点将由点 b 向点 c 变动，发电机输出的电磁功率也逐渐增大。在到达点 c 以前，虽然加速性的不平衡转矩逐渐减小，但它一直是加速性的，因此相对速度不断增大〔见图 13-8（a）〕。

在点 c 处，虽然转子上的转矩又相互平衡，但过程并不会到此结束，因为此刻送端发电机的转速已高于受端发电机的转速，由于转子的惯性，功角将继续增大而越过点 c。越过点 c 之后，当功角继续增大时，电磁功率将超过原动机的功率，不平衡转矩加速性变成减速性的了。在此不平衡转矩作用下，发电机开始减速，相对速度 $\Delta \omega$ 也开始减小并在点 d 达到零值。

在点 d，送、受端发电机恢复了同步，功角不再增大，并抵达它的最大值。此刻电磁功率仍大于原动机的功率，发电机仍受减速性的不平衡转矩作用而继续减速。于是发电机的转速开始小于受端发电机的转速，相对速度 $\Delta \omega < 0$，功角开始减小，工作点将沿相反方向变动到点 c。而且由于惯性作用它将越过点 c 而在 b 附近 $\Delta \omega$ 再次等于零，功角不再减小并抵达它的最小值。以后功角又开始增大。由于各种损耗，功角变化将是一种减幅振荡〔图13-8（b）〕。最后在点 c 处，同时达到 $\Delta \omega = 0$ 和 $\Delta P_a = 0$，建立了新的稳定运行状态。

可是过程也可能有另外一种结局。如图 13-9 所示，从点 c 开始，转子减速，$\Delta \omega$ 减小。但 $\Delta \omega$ 是大于零的，所以功角仍继续增大。如果 $\Delta \omega$ 还未降到零时，功角已达到临界角（对

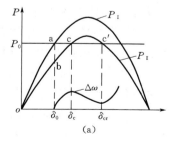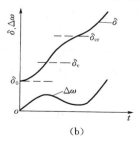

图 13-9　失去暂态稳定的情况

应于 c'），则因为 $\Delta\omega>0$，故功角将继续增大而越过点 c'，因而转子上的不平衡转矩又变成加速性的了。于是 $\Delta\omega$ 又开始增加，功角将继续增大，使发电机与受端系统失去同步，破坏了电力系统的稳定运行。

由以上分析可以得到暂态稳定的初步概念：电力系统具有暂态稳定性，一般是指电力系统在正常运行时，受到一个大的扰动后，能从原来的运行状态（平衡点），不失去同步地过渡到新的运行状态，并在新运行状态下稳定地运行。

从以上的讨论中可以看到，功角变化的特性，表明了电力系统受大扰动后发电机转子运动的情况。若功角经过振荡后能稳定在某一个数值，则表明发电机之间重新恢复了同步运行，系统具有暂态稳定性。如果电力系统受大扰动后功角不断增大，则表明发电机之间已不再同步，系统失去了暂态稳定。因此，可以用电力系统受大扰动后功角随时间变化的特性作为暂态稳定的判据。

四、负荷稳定的概念

在电力系统的负荷中，大部分负荷是异步电动机。由于异步电动机也是一种旋转电机同样存在与转矩平衡有关的运行稳定性。例如，当负荷点的运行电压过低或异步电动机的机械负荷过重时，异步电动机会迅速减速以致停转，从而破坏了负荷的正常运行。停转时，异步电动机吸收的有功功率变得很小，这将使电力系统中发电机输出功率发生变化，从而引起发电机转子间的相对运动，有时还可能导致发电机之间失去同步。因此，负荷稳定问题，也是电力系统稳定性的一个重要方面。

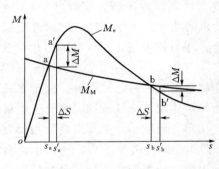

图 13-10 负荷稳定的概念

现在以一台异步电动机为例来说明负荷静态稳定的概念。电动机转子上作用着两种转矩：一是电磁转矩，它是推动转子旋转的；二是机械转矩，它是制动性的。在正常运行时，两种转矩相互平衡，电动机保持恒定的转差运行。

我们把电磁转矩—转差特性和机械转矩—转差特性画出来（见图 13-10），从图中可以看到有两个平衡点 a、b。在点 a 运行时，如果受到扰动后转差变为 s'_a，增加了一个微小的增量 $\Delta s=s'_a-s_a$，则电磁转矩将大于机械转矩，转子上产生了加速性的不平衡转矩 $\Delta M=M_e-M_M$，使电动机的转速增大，转差减小，最终恢复到点 a 运行。如果扰动产生负的 ΔS，运行点也将回到点 a，所以在点 a 的运行是稳定的。

在点 b 运行时，如果扰动产生正的 ΔS，则从图 13-10 中可以看到，此时，电磁转矩小于机械转矩，转子上产生减速性的不平衡转矩。在此不平衡转矩作用下，电动机转速下降，转差继续增大，如此下去直到电动机停转为止。所以在点 b 的运行是不稳定的。

从以上的分析可以看到，在点 a 运行时，转差增量 ΔS 与不平衡转矩具有相同的符号；而在点 b 运行时两者符号则相反。因此，可以用 $\Delta M/\Delta S>0$ 作为负荷静态稳定的判据。当用功率的形式表示，机械功率与转差无关且恒定时，极限形式的判据为

$$dP_e/dS>0 \tag{13-6}$$

第二节　发电机转子运动方程

从前面几节的讨论中可以看到，电力系统受扰动后发电机之间相对运动的特性，表征电力系统稳定的性质。为了较准确和较严格地分析电力系统的稳定性，必须首先建立描述发电机转子运动的动态方程—发电机转子运动方程。这一节，将导出适合电力系统稳定计算用的发电机转子运动方程。

发电机转子的运动状态可用下式表示

$$J\alpha = \Delta M_a \tag{13-7}$$

式中　J——转动惯量，kg·m·s²；

　　　α——角加速度，rad/s²；

　　　ΔM_a——净加速转矩，$\Delta M = M_T - M_e$（M_T 为原动机的转矩，M_e 为发电机输出的电磁转矩），kg·m。

若以 Θ 表示从某一固定参考轴算起的机械角位移（rad），Ω 表示机械角速度（rad/s），则有 $\Omega = \dfrac{d\Theta}{dt}$，$\alpha = \dfrac{d\Omega}{dt}$，于是可以得到转子运动方程

$$J\alpha = J\frac{d\Omega}{dt} = J\frac{d^2\Theta}{dt^2} = \Delta M_a = M_T - M_e \tag{13-8}$$

由电机学知道，如果发电机的极对数为 p，则实际空间的几何角、角速度、角加速度与电气角 θ、电气角速度 ω、加速度 a 之间有如下关系：

$$\left.\begin{array}{c} \theta = p\Theta \\ \omega = p\Omega \\ a = p\alpha \end{array}\right\} \tag{13-9}$$

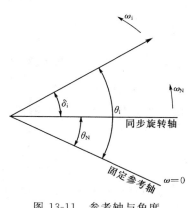

图 13-11 为以电气量表示的各发电机转子轴线的位置。以某一固定参考轴表示的发电机电气角位移为

$$\theta_i = \int \omega_i dt \tag{13-10}$$

如果用某一个以同步速度旋转的轴作为参考轴，则可得

$$\delta_i = \theta_i - \theta_N = \int (\omega_i - \omega_N)dt = \int \Delta\omega_i dt \tag{13-11}$$

式中　δ_i——第 i 台发电机相对于同步旋转的角位移；

　　　$\Delta\omega_i$——相对于同步旋转轴的角速度。

图 13-11　参考轴与角度

对式（13-11）两边对时间求导得

$$\frac{d\delta_i}{dt} = \omega_i - \omega_N = \frac{d\theta_i}{dt} - \omega_N \tag{13-12}$$

再次求导后得

$$\frac{d^2\delta_i}{dt^2} = \frac{d\omega_i}{dt} = \frac{d^2\theta_i}{dt^2} = a \tag{13-13}$$

计及 $p = \dfrac{\omega_N}{\Omega_N}$、$\Theta_i = \dfrac{\Omega_N}{\omega_N}\theta_i$ 及 $\dfrac{d^2\delta_i}{dt^2} = \dfrac{d^2\theta_i}{dt^2}$ ，可得转子运动方程为

$$\frac{J_i\Omega_N}{\omega_N} \times \frac{d^2\delta_i}{dt^2} = \Delta M_{ai} \tag{13-14}$$

如果选基准转矩 $M_B = \dfrac{S_B}{\Omega_N}$ ，则上式两边除以 M_B 得

$$\frac{J_i\Omega_N^2}{S_B} \times \frac{1}{\omega_N} \times \frac{d^2\delta_i}{dt^2} = \Delta M_{ai*} \tag{13-15}$$

我们定义 $T_{Ji} \triangleq \dfrac{J_i\Omega_N^2}{S_B}$ 为惯性时间常数。

通常制造厂家提供的发电机组的数据是飞轮转矩（或称回转力矩）GD^2，它和额定惯性时间常数 T_{JN} 之间的关系为

$$T_{JN} = \frac{2.74GD^2n^2}{1000S_N}$$

式中　GD^2——飞轮转矩，$t \cdot m^2$；

$\quad\quad S_N$——发电机的额定容量，kVA；

$\quad\quad n$——发电机的额定转速，r/min。

在电力系统的稳定计算当中，当已选好全系统的基准功率 S_B 时，必须将各发电机的额定惯性时间常数归算为统一基准值下的值，即

$$T_{Ji} = T_{JN}\frac{S_{Ni}}{S_B} \tag{13-16}$$

有时，须将几台发电机合并成一台等值发电机，合并后的等值发电机的惯性时间常数为

$$T_{J\Sigma} = \frac{T_{JN1}S_{N1} + T_{JN2}S_{N2} + \cdots + T_{JNn}S_{Nn}}{S_B} = \sum_{i=1}^{n} T_{Ji} \tag{13-17}$$

于是转子运动方程为

$$\frac{T_{Ji}}{\omega_N} \times \frac{d^2\delta_i}{dt^2} = \Delta M_{ai*} = M_{Ti*} - M_{ei*} = \frac{1}{\omega_{i*}}(P_{Ti*} - P_{ei*}) \tag{13-18}$$

当 $\omega_N = 2\pi f_N$ 时，δ_i 为弧度；当 $\omega_N = 360f_N$ 时，δ_i 为度。T_{Ji} 的单位为 s。

发电机转子运动方程，是电力系统稳定分析计算中最基本的方程。在多机电力系统中，对于第 i 台发电机有（略去表示标幺值的星号）

$$\frac{T_{Ji}}{\omega_N} \times \frac{d^2\delta_i}{dt^2} = \Delta M_{ai*} = M_{Ti*} - M_{ei*} = \frac{1}{\omega_{i*}}(P_{Ti*} - P_{ei*}) \quad (i = 1, 2, \cdots, n)$$

电力系统受到扰动后发电机之间的相对运动，是用这些方程的解 $\delta_i(t) - \delta_j(t)$ 来描述的，这些解也是用来判断系统稳定性的最直接的判据。

上述方程中等号右边的不平衡转矩（或功率）是很复杂的非线性函数。等号右边的第一项是第 i 台发电机的原动机的转矩（或功率），它主要取决于本台发电机的原动机及其调速系统的特性。等号右边的第二项是第 i 台发电机的电磁转矩（或功率），它不但与本台发电机的电磁特性、励磁调节系统特性等有关，而且还与其他发电机的电磁特性、负荷特性、网络特性等有关，它是电力系统稳定分析计算中最为复杂的部分。

第三节　简单电力系统的功率特性

在以后的分析讨论中，如不加说明，均以标幺值表示各量，不再区分相电压和线电压、单相功率和三相功率。

现以图 13-12 所示的简单电力系统为例，分析发电机的电磁功率。

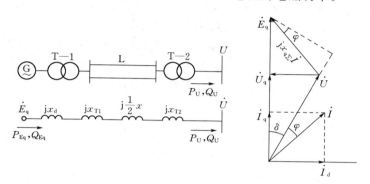

图 13-12　简单电力系统的等值电路及相量图

一、隐极式发电机的功率特性

发电机电势 E_q 处的功率为

$$P_{Eq} = \text{Re}(\dot{E}_q \overset{*}{I}) = E_q I\cos(\delta + \varphi) = E_q I\cos\varphi\cos\delta - E_q I\sin\varphi\sin\delta \qquad (13\text{-}19)$$

对于隐极式发电机有 $x_d = x_q$。系统总电抗为

$$x_{d\Sigma} = x_d + x_{T1} + \frac{1}{2}x_L + x_{T2} = x_d + x_{TL} \qquad (13\text{-}20)$$

$$x_{TL} = x_{T1} + \frac{1}{2}x_L + x_{T2}$$

式中　x_{TL}——变压器、线路等输电网的总电抗。

其相量图如图 13-12 所示，由相量图可得：$E_q\sin\delta = Ix_{d\Sigma}\cos\varphi$ 和 $E_q\cos\delta = U + Ix_{d\Sigma}\sin\varphi$，即

$$\left.\begin{aligned} I\cos\varphi &= \frac{E_q\sin\delta}{x_{d\Sigma}} \\ I\sin\varphi &= \frac{E_q\cos\delta - U}{x_{d\Sigma}} \end{aligned}\right\} \qquad (13\text{-}21)$$

将式（13-21）代入式（13-19）中，经整理后可得

$$P_{Eq} = \frac{E_q U}{x_{d\Sigma}}\sin\delta \qquad (13\text{-}22)$$

当电势 E_q 及电压 U 恒定时，可以做出隐极式发电机的简单电力系统的功率特性曲线（见图 13-13）。

电磁功率特性曲线上的最大值，称为功率极限。功率极限可由 $\dfrac{dP}{d\delta} = 0$ 的条件求出。对于无调节励磁的隐极式发电机，E_q＝常量，由

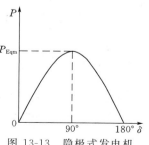

图 13-13　隐极式发电机
的功率特性曲线

$$\frac{\mathrm{d}P_{Eq}}{\mathrm{d}\delta} = \frac{E_q U}{x_{d\Sigma}}\cos\varphi = 0$$，求得功率极限对应的角度 $\delta_{Eqm} = 90°$，于是功率极限为

$$P_{Eqm} = \frac{E_q U}{x_{d\Sigma}}\sin\delta_{Eqm} = \frac{E_q U}{x_{d\Sigma}}\sin90° = \frac{E_q U}{x_{d\Sigma}} \tag{13-23}$$

二、凸极式发电机的功率特性

由于凸极式发电机转子的纵轴与横轴不对称，其电抗 $x_d \neq x_q$。凸极式发电机在给定运行方式下的相量图如图 13-14 所示。图中 $x_{d\Sigma} = x_d + x_{TL}$；$x_{q\Sigma} = x_q + x_{TL}$。忽略电阻，发电机输出的有功功率即传输到无限大电源系统的功率，为

$$P_{Eq} = UI\cos\varphi = UI\cos(\psi - \delta) = UI\cos\psi\cos\delta + UI\sin\psi\sin\delta \tag{13-24}$$
$$= UI_q\cos\delta + UI_d\sin\delta$$

由相量图可知，$I_q X_{q\Sigma} = U\sin\delta$ 和 $I_d X_{d\Sigma} = E_q - U\cos\delta$，即

$$\left.\begin{array}{l} I_q = \dfrac{U\sin\delta}{x_{q\Sigma}} \\[3mm] I_d = \dfrac{E_q - U\cos\delta}{x_{d\Sigma}} \end{array}\right\} \tag{13-25}$$

将 I_d、I_q 的表达式代入式（13-24），整理后得

$$P_{Eq} = \frac{E_q U}{X_{d\Sigma}}\sin\delta + \frac{U^2}{2} \times \frac{x_{d\Sigma} - x_{q\Sigma}}{x_{d\Sigma} x_{q\Sigma}}\sin2\delta \tag{13-26}$$

当发电机无励磁调节，因而 $E_q =$ 常数时，凸极式发电机的简单电力系统的功率特性示于图 13-15。我们看到，凸极式发电机的功率特性，与隐极发电机不同，它多了一项与发电机电势 E_q，即与励磁无关的两倍功角的正弦项，该项是由于发电机纵、横轴磁阻不同引起的，故又称为磁阻功率。磁阻功率的出现，使功率与功角 δ 成非正弦的关系。仍由 $\mathrm{d}P/\mathrm{d}\delta = 0$ 的条件，求出功率极限对应的角度 δ_{Eqm}。将 δ_{Eqm} 代入式（13-26）即可求出功率极限 P_{Eqm}。

计算功率特性时，在给定 U_0、P_{U0}、Q_{U0} 的条件下，为了求 E_{q0}，正如第九章所指出的需要用 E_Q、x_q 作发电机的等值电路，如图 13-16 所示，由图可得

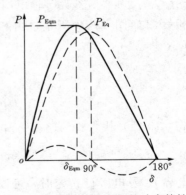

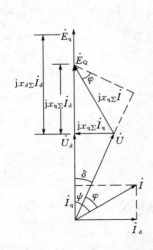

图 13-14 凸极式发电机的相量图

图 13-15 凸极式发电机的功率特性

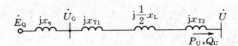

图 13-16 凸极式发电机的等值电路

$$E_Q = \sqrt{\left(U + \frac{Q_U x_{q\Sigma}}{U}\right)^2 + \left(\frac{P_U x_{q\Sigma}}{U}\right)^2}$$
$$\delta = \mathrm{arctg}\, \frac{P_U x_{q\Sigma}/U}{U + Q_U x_{q\Sigma}/U} \tag{13-27}$$

同时由相量图 13-14 可知

$$I_d = \frac{E_Q - U\cos\delta}{x_{q\Sigma}} \tag{13-28}$$

将式（13-25）代入式（13-28）中，可消去 I_d，经整理后可得

$$E_q = E_Q \frac{x_{d\Sigma}}{x_{q\Sigma}} + \left(1 - \frac{x_{d\Sigma}}{x_{q\Sigma}}\right)U\cos\delta \tag{13-29}$$

由式（13-27）求出 E_{Q0}、δ_0，然后由式（13-29）求出 E_{q0}，从而可以用式（13-26）计算功率特性。

第四节　自动励磁调节器对功率特性的影响

现代电力系统中的发电机，都装设有灵敏的自动励磁调节器，它可以在运行情况变化时增加或减少发电机的励磁电流，用以稳定发电机的端电压。

一、无调节励磁时发电机端电压的变化

当不调节励磁而保持电势 E_q 不变时，随着发电机输出功率的缓慢增加，功角 δ 增大，

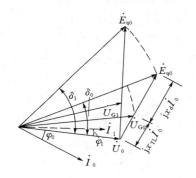

图 13-17　功角增加时
发电机端电压的变化

发电机端电压 U_G 便要减小。图 13-17 为具有隐极发电机的简单电力系统的相量图。在给定运行条件下，发电机端电压 $\dot{U}_{G0}$ 的端点，位于电压降 $jx_{d\Sigma}\dot{I}_0$ 上，位置按 x_{TL} 与 x_d 的比例确定。当输送功率增大，δ 由 δ_0 增大到 δ_1 时，相量 $\dot{U}_{G1}$ 的端点应位于电压降 $jx_{d\Sigma}\dot{I}_1$ 上。由于 $E_q = E_{q0} =$ 常数，随着 $\dot{E}_{q0}$ 向功角增大方向转动，$\dot{U}_G$ 也随着转动，而且数值减小了。上述结论也适用于系统中任一中间节点的电压，即直接连接两个不变电势（或电压）节点间的输电系统中任一点的电压，随着两个电势间的相角增大（0°～180°之间），其值均要减小，减小的程度取决于该点与两个电势间的电气距离。两电势间的电气距离的中点，其电压的变化幅度最大。当两个不变电势代表两个相互失步（或大幅度振荡）的等值发电机时，两电势间的相角将随时间由小到大不断变化，电气中点的电压则将由大到小不断变化。两个电势间的相角为 0°或 360°时，电气中点的电压最高；两电势间的相角为 180°时，电气中点的电压最低。沿线各点电压也按此规律变化。两个不变电势间的相角为 180°时电压最低的点称为振荡中心。

二、自动励磁调节器对功率特性的影响

发电机装设自动励磁调节器后，当功角增大、U_G 下降时，调节器将增大励磁电流，使发电机电势 E_q 增大，直到端电压恢复（或接近）整定值 U_{G0} 为止。由功率特性 $P_{Eq} = \dfrac{E_q U}{x_{d\Sigma}}\sin\delta$

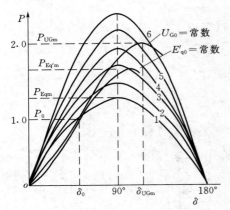

图 13-18　自动励磁调节器
对功率特性的影响

可以看出，调节器使 E_q 随功角 δ 增大而增大，故功率特性与功角 δ 不再是正弦关系了。为了定性分析调节器对功率特性的影响，用不同的 E_q 值，做出一组正弦功率特性族，它们的幅值与 E_q 成正比例，如图 13-18 所示。当发电机由某一给定的运行条件（对应 P_0、δ_0、U_0、E_{q0}、U_{G0} 等）开始增加输送功率时，若调节器能保持 $U_G = U_{G0} =$ 常数，则随着 δ 增大，电势 E_q 也增大，发电机的工作点，将从 E_q 较小的正弦曲线过渡到 E_q 较大的正弦曲线上，于是便得到一条保持 $U_G = U_{G0} =$ 常数的功率特性曲线。我们看到，它在 $\delta > 90°$ 的某一范围内，仍然具有上升的性质。这是因为从公式看，在 $\delta > 90°$ 附近，当 δ 增大时，E_q 的增大要超过 $\sin\delta$ 的减小。同时，保持 $U_G = U_{G0} =$ 常数时的功率极限 P_{UGm} 也比无励磁调节时的 P_{Eqm} 大得多；功率极限对应的角度也大于 $90°$。还应指出，当发电机从给定的初始运行条件减小输送功率时，随着功角的减小，为保持 $U_G = U_{G0}$ 不变，调节器将减小 E_q，因而发电机的工作点将向 E_q 较小的正弦曲线过渡。

实际上，一般的励磁调节器并不能完全保持 U_G 不变，因而 U_G 将随功率 P 及功角 δ 的增大而有所下降。但 E_q 则将随 P 及功角 δ 的增大而增大。在实际计算中，可以根据调节器的性能，认为它能保持发电机内某一个电势（如 E'_q、E' 等）为恒定（见例 13-1），并以此作为计算功率特性的条件（这通常称为发电机的计算条件或维持电压的能力）。$E'_q = E'_{q0} =$ 常数的功率特性，介于保持 E_q 不变和 U_G 不变的功率特性之间（见图 13-18）。

三、用各种电势表示的功率特性

由于分析上的需要，电力系统功率特性计算公式中的发电机电势，要用某一指定的电势。为简化计算，人们还希望该电势是恒定的。下面导出用不同电势表示的功率特性。为不失一般性，以凸极机为例。

1. 用 q 轴电势 E_q、E'_q、U_{Gq} 表示的功率特性

由凸极发电机供电的简单电力系统的相量图如图 13-19 所示。应用相量图可求出用电势和功角表示的 I_d，即

$$I_d = \frac{E'_q - U\cos\delta}{x'_{d\Sigma}} = \frac{U_{Gq} - U\cos\delta}{x_{TL}} \qquad (13\text{-}30)$$

将式（13-25）中的 I_q 及式（13-30）中的 I_d 代入式（13-24）中，经整理后可得

$$P_{E'q} = \frac{E'_q U}{x'_{d\Sigma}}\sin\delta + \frac{U^2}{2} \times \frac{x'_{d\Sigma} - x_{q\Sigma}}{x'_{d\Sigma} x_{q\Sigma}}\sin 2\delta \qquad (13\text{-}31)$$

$$P_{UGq} = \frac{U_{Gq} U}{x_{TL}}\sin\delta + \frac{U^2}{2} \times \frac{x_{TL} - x_{q\Sigma}}{x_{TL} x_{q\Sigma}}\sin 2\delta \qquad (13\text{-}32)$$

$$x'_{d\Sigma} = x'_d + x_{TL}$$

这些算式与（13-26）一样，都包含磁阻功率项，而且当

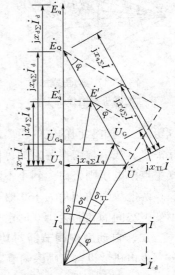

图 13-19　凸极发电机供电
的简单电力系统相量图

电势、电压均为常数时，功率与功角 δ 成非正弦的关系。由于 $x'_{d\Sigma}$、x_{TL} 均小于 $x_{q\Sigma}$，所以 $P_{E'_q}$、P_{UGq} 的磁阻功率项的系数均为负值，因而它们的功率极限 $P_{E'qm}$、P_{UGqm} 所对应的角度 $\delta_{E'qm}$、δ_{UGqm} 均大于 $90°$。

应用上述公式计算功率特性时，须要根据给定的运行条件去确定 E'_{q0}、U_{Gq0} 的值。为此，仍要用图 13-16 的等值电路，先确定 E_{Q0}、δ_0 的值，然后应用式（13-28）、式（13-30）得出如下公式

$$\left. \begin{aligned} E'_q &= E_Q \frac{x'_{d\Sigma}}{x_{q\Sigma}} + \left(1 - \frac{x'_{d\Sigma}}{x_{q\Sigma}}\right)U\cos\delta \\ U_{Gq} &= E_Q \frac{x_{TL}}{x_{q\Sigma}} + \left(1 - \frac{x_{TL}}{x_{q\Sigma}}\right)U\cos\delta \end{aligned} \right\} \tag{13-33}$$

2. 用发电机某一电抗后的电势 E'、U_G 表示功率特性

由相量图 13-19 中的虚线，可得

$$I\cos\varphi = \frac{E'\sin\delta'}{x'_{d\Sigma}} = \frac{U_G\sin\delta_{TL}}{x_{TL}}$$

将上式代入到 $P = UI\cos\varphi$ 中，分别得到

$$P_{E'} = \frac{E'U}{x'_{d\Sigma}}\sin\delta' \tag{13-34}$$

$$P_{UG} = \frac{U_GU}{x_{TL}}\sin\delta_{TL} \tag{13-35}$$

为了计算 E'_0、U_{G0}，可以用相应的电抗作等值电路，由给定的运行条件（如 U_0、P_{U0}、Q_{U0}）求出

$$\left. \begin{aligned} \dot{E}'_0 &= U_0 + \frac{Q_{U0}x'_{d\Sigma}}{U_0} + \mathrm{j}\frac{P_{U0}x'_{d\Sigma}}{U_0} \\ U_{G0} &= U_0 + \frac{Q_{U0}x_{TL}}{U_0} + \mathrm{j}\frac{P_{U0}x_{TL}}{U_0} \end{aligned} \right\} \tag{13-36}$$

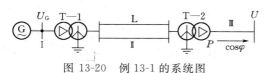

图 13-20 例 13-1 的系统图

应注意，式（13-34）、式（13-35）中的 δ' 和 δ_{TL}，已不是发电机转子相对位置角，它们仅是反映电磁关系的参数而没有机械运动参数的意义。但它们的变化仍可以近似地反映发电机转子相对运动的性质。在稳定性计算中它们也是常用的参数。

利用相量图 13-19 可导出 δ'、δ_{TL} 与 δ 的关系式

$$\delta' = \delta - \arcsin\left[\frac{U}{E'}\left(1 - \frac{x'_{d\Sigma}}{x_{q\Sigma}}\right)\sin\delta\right] \tag{13-37}$$

$$\delta_{TL} = \delta - \arcsin\left[\frac{U}{U_G}\left(1 - \frac{x_{TL}}{x_{q\Sigma}}\right)\sin\delta\right] \tag{13-38}$$

【例 13-1】 如图 13-20 所示电力系统，试分别计算发电机保持 E_q、E'_q、E' 和 U_G 不变时的功率特性。

各元件参数如下：

发电机 $S_{GN} = 352.5\text{MVA}$，$U_{GN} = 10.5\text{kV}$，$x_d = 1.0$，$x_q = 0.6$，$x'_d = 0.25$

变压器　T—1　$S_{TN1} = 360MVA$，$U_{ST1} = 0.14$，$k_{T1} = 10.5/242$

　　　　　T—2　$S_{TN2} = 360MVA$，$U_{ST2} = 0.14$，$k_{T2} = 220/121$

线路　　　　　$l = 250km$，$U_N = 220kV$，$x_L = 0.41$ Ω/km

运行条件　　　$U_0 = 115kV$，$P_0 = 250MW$，$\cos\varphi_0 = 0.95$

解　（1）网络参数计算。

取 $S_B = 250MVA$，$U_{B(3)} = 115kV$，各段基准电压为

$$U_{B(2)} = U_{B(3)} \times k_{T2} = 115 \times \frac{220}{121} = 209.1 \text{（kV）}$$

$$U_{B(1)} = U_{B(2)} \times k_{T1} = 209.1 \times \frac{10.5}{242} = 9.07 \text{（kV）}$$

各元件参数归算后的值为

$$x_d = x_d \times \frac{S_B}{S_{GN}} \times \frac{U_{GN}^2}{U_{B(1)}^2} = 1.0 \times \frac{250}{352.5} \times \frac{10.5^2}{9.07^2} = 0.95$$

同理　　$x_q = 0.57$，$X'_d = 0.238$

$$x_{T1} = U_{ST1} \times \frac{S_B}{S_{TN1}} \times \frac{U_{TN1}^2}{U_{B(2)}^2} = 0.14 \times \frac{250}{360} \times \frac{242^2}{209.1^2} = 0.13$$

$$x_{T2} = U_{ST2} \times \frac{S_B}{S_{TN2}} \times \frac{U_{TN2}^2}{U_{B(2)}^2} = 0.14 \times \frac{250}{360} \times \frac{220^2}{209.1^2} = 0.108$$

$$x_L = x_L l \frac{S_B}{U_{B(2)}^2} = 0.41 \times 250 \times \frac{250}{209.1^2} = 0.586$$

$$x_{TL} = x_{T1} + \frac{1}{2}x_L + x_{T2} = 0.13 + \frac{1}{2} \times 0.586 + 0.108 = 0.531$$

$$x_{d\Sigma} = x_d + x_{TL} = 0.95 + 0.531 = 1.481$$

$$x_{q\Sigma} = x_q + x_{TL} = 0.57 + 0.531 = 1.101$$

$$x'_{d\Sigma} = x'_d + x_{TL} = 0.238 + 0.531 = 0.769$$

（2）计算正常运行时的 E_{q0}、E'_{q0}、E'_0 及 U_{G0}。

运行参数为

$$U_0 = \frac{U_0}{U_{B(3)}} = \frac{115}{115} = 1.0$$

$$\varphi_0 = \arccos 0.95 = 18.19°$$

$$P_0 = \frac{P_0}{S_B} = \frac{250}{250} = 1.0$$

$$Q_0 = P_0 \text{tg}\varphi_0 = 1 \times \text{tg}18.19 = 0.329$$

$$E_{Q0} = \sqrt{\left(U_0 + \frac{Q_0 x_{q\Sigma}}{U_0}\right)^2 + \left(\frac{P_0 x_{q\Sigma}}{U_0}\right)^2}$$

$$= \sqrt{(1 + 0.329 \times 1.101)^2 + (1 \times 1.101)^2} = 1.752$$

$$\delta_0 = \text{arctg} \frac{1 \times 1.101}{1 + 0.329 \times 1.101} = 38.95°$$

$$E_{q0} = E_{Q0} \frac{x_{d\Sigma}}{x_{q\Sigma}} + \left(1 - \frac{x_{d\Sigma}}{x_{q\Sigma}}\right)U_0 \cos\delta_0$$

$$= 1.752 \times \frac{1.481}{1.101} + \left(1 - \frac{1.481}{1.101}\right) \times 1 \times \cos 38.95° = 2.088$$

$$E'_{q0} = E_{Q0} \frac{x'_{d\Sigma}}{x_{q\Sigma}} + \left(1 - \frac{x'_{d\Sigma}}{x_{q\Sigma}}\right) U_0 \cos\delta_0$$

$$= 1.752 \times \frac{0.769}{1.101} + \left(1 - \frac{0.769}{1.101}\right) \times 1 \times \cos 38.95° = 1.458$$

$$E'_0 = \sqrt{\left(U_0 + \frac{Q_0 x'_{d\Sigma}}{U_0}\right)^2 + \left(\frac{P_0 x'_{d\Sigma}}{U_0}\right)^2}$$

$$= \sqrt{(1 + 0.329 \times 0.769)^2 + (1 \times 0.769)^2} = 1.47$$

$$\delta'_0 = \text{arctg} \frac{0.769}{1 + 0.329 \times 0.769} = 31.54°$$

$$U_{G0} = \sqrt{\left(U_0 + \frac{Q_0 x_{TL}}{U_0}\right)^2 + \left(\frac{P_0 x_{TL}}{U_0}\right)^2}$$

$$= \sqrt{(1 + 0.329 \times 0.531)^2 + (1 \times 0.531)^2} = 1.29$$

（3）功率特性。

当 E_{q0} 为常数时，应用式（13-26）得

$$P_{Eq} = \frac{2.088 \times 1}{1.481} \sin\delta + \frac{1}{2}\left(\frac{1.481 - 1.101}{1.481 \times 1.101}\right) \sin 2\delta = 1.41\sin\delta + 0.117\sin 2\delta$$

当 E'_{q0} 为常数时，应用式（13-31）得

$$P_{E'q} = \frac{1.458 \times 1}{0.769} \sin\delta + \frac{1}{2}\left(\frac{0.769 - 1.101}{0.769 \times 1.101}\right) \sin 2\delta = 1.896\sin\delta - 0.196\sin 2\delta$$

当 E'_0 为常数时，应用式（13-34）得

$$P_{E'} = \frac{1.47 \times 1}{0.769} \sin\left\{\delta - \sin^{-1}\left[\frac{1}{1.47}\left(1 - \frac{0.769}{1.101}\right)\sin\delta\right]\right\}$$

$$= 1.912\sin[\delta - \sin^{-1}(0.205\sin\delta)]$$

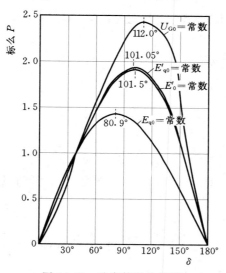

图 13-21 功率特性曲线图

当 U_{G0} 为常数时，应用式（13-35）得

$$P_{UG} = \frac{1.29 \times 1}{0.531} \sin\left\{\delta - \arcsin\left[\frac{1}{1.29}\left(1 - \frac{0.531}{1.101}\right)\sin\delta\right]\right\}$$

$$= 2.427\sin[\delta - \arcsin(0.402\sin\delta)]$$

有了功率特性方程，就可以在 $0°\sim180°$ 之间求出几个坐标点，然后用描点法画出其功率特性曲线，如图 13-21 所示。

第五节　多机系统中发电机的功率

在多机系统的等值电路中，假设发电机以一个等值电抗和该电抗后的电动势来表示，至于用何种电势和阻抗作等值电路，则视发电机的类型、励磁调节器的性能以及给定的计算条件而定。

负荷用阻抗或导纳表示。当负荷点的运行电压为 U_{LD}，吸收功率为 P_{LD}、Q_{LD} 时，负荷阻抗表示为

$$Z_{LD} = r_{LD} + jx_{LD} = \frac{U_{LD}^2}{S_{LD}}(\cos\varphi \pm j\sin\varphi) = \frac{U_{LD}^2}{P_{LD}^2 + Q_{LD}^2}(P_{LD} \pm jQ_{LD}) \qquad (13\text{-}39)$$

感性负荷时取正号。

假定除了发电机电动势节点外，已消去了网络中其他的中间节点，则任一发电机的电磁功率为

$$P_{Ei} = \mathrm{Re}(\dot{E}_i \overset{*}{\dot{I}_i}) = \mathrm{Re}(\dot{E}_i \sum_{j=1}^{n} \overset{*}{\dot{E}_j} \overset{*}{\dot{Y}_{ij}}) = E_i \sum_{j=1}^{n} E_j(G_{ij}\cos\delta_{ij} + B_{ij}\sin\delta_{ij})$$

$$= E_i^2 G_{ii} + E_i \sum_{\substack{j=1 \\ j\neq i}}^{n} E_j(G_{ij}\cos\delta_{ij} + B_{ij}\sin\delta_{ij})$$

$$= E_i^2 |Y_{ii}|\sin\alpha_{ii} + E_i \sum_{\substack{j=1 \\ j\neq i}}^{n} E_j |Y_{ij}|\sin(\delta_{ij} - \alpha_{ij}) \qquad (13\text{-}40)$$

式中　Y_{ij}——发电机电势节点 i 和 j 之间的互导纳（$G_{ij} + jB_{ij}$）；

　$|Y_{ij}|$——Y_{ij} 的模值；

　　n——发电机的总台数；

　δ_{ij}——$\dot{E}_i$ 和 $\dot{E}_j$ 相量间的夹角，即 $\delta_i - \delta_j$。

$$\left.\begin{array}{l} \alpha_{ii} = 90° - \mathrm{arctg}\dfrac{-B_{ii}}{G_{ii}} \\[3mm] \alpha_{ij} = 90° - \mathrm{arctg}\dfrac{-B_{ij}}{G_{ij}} \end{array}\right\}$$

若用阻抗表示发电机的电磁功率，设两电源节点 i、j 的转移阻抗为 $Z_{ij} = R_{ij} + jX_{ij}$，并且利用 $Z_{ij} = -\dfrac{1}{Y_{ij}}$ 得

$$P_{E_i} = \frac{E_i^2}{|Z_{ii}|}\sin\alpha_{ii} + \sum_{\substack{j=1 \\ j\neq i}}^{n} \frac{E_i E_j}{|Z_{ij}|}\sin(\delta_{ij} - \alpha_{ij}) \qquad (13\text{-}41)$$

式中　α_{ii}、α_{ij}——相应阻抗角的余角，即

$$\left.\begin{array}{c} \alpha_{\mathrm{ii}} = 90° - \mathrm{arctg}\dfrac{X_{\mathrm{ii}}}{R_{\mathrm{ii}}} \\[3mm] \alpha_{\mathrm{ij}} = 90° - \mathrm{arctg}\dfrac{X_{\mathrm{ij}}}{R_{\mathrm{ij}}} \end{array}\right\}$$

由式（13-40）或式（13-41）可以看到，多机系统的功率特性有以下特点：

（1）任一发电机输出的电磁功率，都与所有发电机的电势及电势间的相对角有关，因而任何一台发电机运行状态的变化，都要影响到所有其余发电机的运行状态。

（2）任一台发电机的功角特性，是它与其余所有发电机的转子间相对角（共 $n-1$ 个）的函数，是多变量函数，因此不能在 P-δ 平面上画出功角特性。同时，功率极限的概念也不明确，一般也不能确定其功率极限。

式（13-41）也可用来推导出简单电力系统的功率表达式。当一台机经串联电抗与一无限大系统并联运行，$x_{\mathrm{d}\Sigma}$ 为发电机电势 $\dot{E}_{\mathrm{q}}$ 与无限大系统母线电压 $\dot{U}$ 之间的总串联电抗，则 $Z_{11} = Z_{12} = x_{\mathrm{d}\Sigma}$；$\alpha_{11} = \alpha_{12} = 0°$；$E_2 = U$；$\delta_{12} = \delta$。代入式（13-41）得，发电机功率表达式为

$$P_{\mathrm{E}} = \frac{EU}{x_{\mathrm{d}\Sigma}}\sin\delta$$

与式（13-22）相同。

若计及回路中的电阻 R_{Σ}，如图 13-22 所示，则

$$Z_{11} = Z_{12} = Z_{22} = Z = r_{\Sigma} + \mathrm{j}x_{\mathrm{d}\Sigma}$$

$$\alpha_{11} = \alpha_{12} = \alpha_{22} = 90° - \mathrm{arctg}\frac{x_{\Sigma}}{r_{\Sigma}} = \alpha$$

于是，由式（13-41）可得发电机电势处的功率为

$$P_{\mathrm{E_q}} = \frac{E_{\mathrm{q}}^2}{|Z|}\sin\alpha + \frac{E_{\mathrm{q}}U}{|Z|}\sin(\delta - \alpha)$$

计及图 13-22 中等值电路的正方向，发电机向无限大系统输送的功率为

$$P_{\mathrm{U}} = -\frac{U^2}{|Z|}\sin\alpha + \frac{E_{\mathrm{q}}U}{|Z|}\sin(\delta + \alpha)$$

$P_{\mathrm{E_q}}$ 与 P_{U} 的曲线示于图 13-22，二者之差即为 R_{Σ} 消耗的功率。

【例 13-2】 两机电力系统接线图及等值电路如图 13-23 所示。设发电机均装有比例式励磁调节器，发电机用 x'_{d} 后电势 E' 恒定的模型，负荷用恒定阻抗模型，试计算两台发电机的传输功率。已知系统参数为

$$R_{\Sigma 1} + \mathrm{j}x'_{\mathrm{d}\Sigma 1} = 0.05 + \mathrm{j}0.769$$

$$x'_{\mathrm{d}\Sigma 2} = 0.141$$

给定运行条件为

$$U_0 = 1.0, \quad P_{10} + \mathrm{j}Q_{10} = 1 + \mathrm{j}0.329,$$

$$P_{20} + \mathrm{j}Q_{20} = 2 + \mathrm{j}0.658, \quad P_{\mathrm{LD0}} + \mathrm{j}Q_{\mathrm{LD0}} = 3 + \mathrm{j}0.987$$

解 （1）给定运行方式的潮流计算

$$E'_{10} = \sqrt{\left(U_0 + \frac{P_{10}r_{\Sigma 1} + Q_{10}x'_{\mathrm{d}\Sigma 1}}{U_0}\right)^2 + \left(\frac{P_{10}x'_{\mathrm{d}\Sigma 1} - Q_{10}r_{\Sigma 1}}{U_0}\right)^2}$$

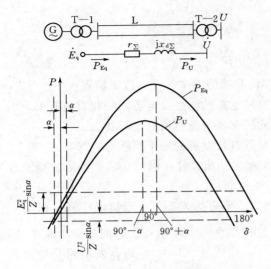

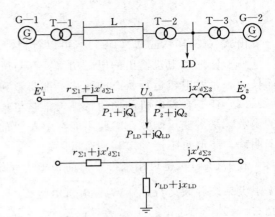

图 13-22　计及电阻时的等值电路及功率特性　　　　图 13-23　两机系统及其等值电路

$$= \sqrt{(1 + 1 \times 0.05 + 0.329 \times 0.769)^2 + (1 \times 0.769 - 0.329 \times 0.05)^2} = 1.505$$

$$\delta'_{10} = \operatorname{arctg} \frac{0.735}{1.303} = 30.02°$$

$$E'_{20} = \sqrt{\left(U_0 + \frac{Q_{20} x'_{d\Sigma 2}}{U_0}\right)^2 + \left(\frac{P_{20} x'_{d\Sigma 2}}{U_0}\right)^2}$$

$$= \sqrt{(1 + 0.658 \times 0.141)^2 + (2 \times 0.141)^2} = 1.129$$

$$\delta'_{20} = \operatorname{arctg} \frac{0.282}{1.093} = 14.47°$$

$$\delta_{120} = \delta'_{10} - \delta'_{20} = 30.02° - 14.47° = 15.55°$$

（2）计算负荷阻抗和输入阻抗、转移阻抗

$$Z_{LD} = r_{LD} + jx_{LD} = \frac{U_0^2}{P_{LD0}^2 + Q_{LD0}^2}(P_{LD0} + jQ_{LD0})$$

$$= \frac{1}{3^2 + 0.987^2}(3 + j0.987) = 0.301 + j0.099 = 0.317\underline{/18.21°}$$

$$Z_{11} = r_{\Sigma 1} + jx'_{d\Sigma 1} + Z_{LD} \mathbin{/\mkern-5mu/} jx'_{d\Sigma 2} = 0.883\underline{/84.15°}, \quad \alpha_{11} = 5.85°$$

$$Z_{22} = jx'_{d\Sigma 2} + Z_{LD} \mathbin{/\mkern-5mu/} (r_{\Sigma 1} + jx'_{d\Sigma 1}) = 0.363\underline{/54.69°}, \quad \alpha_{22} = 35.31°$$

$$Z_{12} = r_{\Sigma 1} + jx'_{d\Sigma 1} + jx'_{d\Sigma 2} + \frac{jx'_{d\Sigma 2}(r_{\Sigma 1} + jx'_{d\Sigma 1})}{Z_{LD}} = 1.072\underline{/104.48°}, \quad \alpha_{12} = -14.48°$$

（3）各发电机的功率特性

$$P_{G1} = \frac{E'^2_{10}}{|Z_{11}|}\sin\alpha_{11} + \frac{E'_{10}E'_{20}}{|Z_{12}|}\sin(\delta_{12} - \alpha_{12})$$

$$= \frac{1.505^2}{0.883}\sin 5.85° + \frac{1.505 \times 1.129}{1.072}\sin(\delta_{12} + 14.48°)$$

$$= 0.261 + 1.585\sin(\delta_{12} + 14.48°)$$

$$P_{G2} = \frac{E'^2_{20}}{|Z_{22}|}\sin\alpha_{22} - \frac{E'_{10}E'_{20}}{|Z_{12}|}\sin(\delta_{12} + \alpha_{12})$$

$$= 2.03 - 1.585\sin(\delta_{12} - 14.48°)$$

<h1 style="text-align:center">小　　　结</h1>

电力系统是众多同步发电机并联在一起运行的，电力系统正常运行的必要条件是，所有同步电机必须同步运转，即具有相同的电角速度。电力系统稳定性，通常是指电力系统受到微小的或大的扰动后，所有的同步电机能否继续保持同步运行的问题。

功角 δ 在电力系统稳定性的分析中具有重要的意义。它既是表示电磁关系的两个发电机电势间的相位差，又是表示两发电机转子间的相对位置角。δ 角随时间变化的规律反映了同步发电机转子间相对运动的特征，是判断电力系统同步运行稳定性的依据。

静态稳定性，是指电力系统在运行中受到微小扰动后，独立地恢复到它原来运行状态的能力。对于简单电力系统，可以用 $dP/d\delta > 0$ 作为此运行状态具有静态稳定性的依据。

暂态稳定性，是指电力系统受到大的扰动后，能从初始状态不失去同步地过渡到新的运行状态，并在新状态下稳定运行的能力。

对于异步电动机负荷，也存在着稳定性问题，它的稳定性直接影响着系统的稳定性。

发电机转子运动方程是研究电力系统稳定性的一个基本方程，应熟练掌握方程及各变量的单位。

简单电力系统的功率特性（包括励磁调节的作用），可概括为两种表达形式：

一种是对于用某一电抗后电势表示的功率特性，可以写成通式

$$P_X = \frac{E_X U}{x_{X\Sigma}}\sin\delta_X$$

其中电势、电抗及角度是一一对应关系，即 $E' \rightarrow x'_{d\Sigma} \rightarrow \delta'$；$U_G \rightarrow x_{TL} \rightarrow \delta_{UG}$。

另一种是对于用 q 轴电势表示的功率特性及电势之间的关系可以写成

$$P_X = \frac{E_X U}{x_{X\Sigma}}\sin\delta + \frac{U^2}{2} \times \frac{x_{X\Sigma} - x_{q\Sigma}}{x_{X\Sigma}x_{q\Sigma}}\sin2\delta$$

$$E_X = E_Q \frac{x_{X\Sigma}}{x_{q\Sigma}} + \left(1 - \frac{x_{X\Sigma}}{x_{q\Sigma}}\right)U\cos\delta$$

各电势与电抗的对应关系为 $E_q \rightarrow x_{d\Sigma}$；$E'_q \rightarrow x'_{d\Sigma}$；$U_{Gq} \rightarrow x_{TL}$。

利用 $\dfrac{dP_X}{d\delta} = 0$，可求出功率极限角度 δ_{Xm} 及功率极限 P_{Xm}。

多机系统中发电机的功率特性，与所有发电机电势及电势间的相对角有关，因此任何一台发电机运行状态的变化，都要影响到其余发电机的运行状态。掌握两机系统中电磁功率的计算。

第十四章 电力系统静态稳定性

电力系统静态稳定是指电力系统受到小干扰后，不发生自发振荡或非周期性失步，自动恢复到初始运行状态的能力。电力系统几乎时时刻刻都受到小的干扰。例如，个别电动机的接入和切除或加负荷和减负荷；又如架空输电线因风吹摆动引起的线间距离（影响线路电抗）的微小变化；另外，发电机转子的旋转速度也不是绝对均匀的，即功角 δ 也是有微小变化的。因此，电力系统的静态稳定问题实际上就是确定系统的某个运行稳态能否保持的问题。

第一节 小扰动法分析简单电力系统的静态稳定

所谓小扰动法，就是首先列出描述系统运动的、通常是非线性的微分方程组，然后将它们线性化，得出近似的线性微分方程组，再根据其特征方程根的性质判断系统的稳定性的一种方法。

简单电力系统如图 14-1 所示，在给定的运行情况下，发电机输出的功率为 $P_e = P_0$，$\omega = \omega_N$；原动机的功率为 $P_T = P_0$。假定原动机的功率 $P_T = P_0 =$ 常数；发电机为隐极机，且不计励磁调节作用和发电机各绕组的电磁暂态过程，即 $E_q = E_{q0} =$ 常数。这样作出的发电机的功角特性，如图 14-1 所示。现按以下几种情况分别进行讨论。

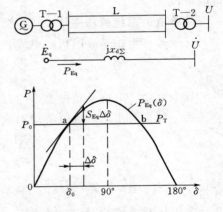

图 14-1 简单电力系统及其功角特性

一、不计发电机组的阻尼作用

发电机的转子运动方程为

$$\frac{\mathrm{d}\delta}{\mathrm{d}t} = \omega - \omega_N$$

$$\frac{\mathrm{d}\omega}{\mathrm{d}t} = \frac{\omega_N}{T_J}(P_T - P_e)$$

发电机的电磁功率方程为

$$P_e = P_{Eq} = \frac{E_{q0}U_0}{x_{d\Sigma}}\sin\delta = P_{Eq}(\delta)$$

将上式代入到转子运动方程中去，得到简单电力系统的状态方程为

$$\left.\begin{array}{l} \dfrac{\mathrm{d}\delta}{\mathrm{d}t} = \omega - \omega_N = f_\delta(\delta,\omega) \\[3mm] \dfrac{\mathrm{d}\omega}{\mathrm{d}t} = \dfrac{\omega_N}{T_J}\Big[P_T - P_{Eq}(\delta)\Big] = f_\omega(\delta,\omega) \end{array}\right\} \tag{14-1}$$

由于 $P_{Eq}(\delta)$ 中含有 $\sin\delta$，所以方程是非线性的。如果扰动很小，可以在平衡点，例

如在点 a 对应的 δ_0 附近将 $P_{\text{Eq}}(\delta)$ 展开成泰勒级数

$$P_{\text{Eq}}(\delta) = P_{\text{Eq}}(\delta_0 + \Delta\delta) = P_{\text{Eq}}(\delta_0) + \frac{\mathrm{d}P_{\text{Eq}}}{\mathrm{d}\delta}\bigg|_{\delta=\delta_0}\Delta\delta + \frac{1}{2!}\frac{\mathrm{d}^2 P_{\text{Eq}}}{\mathrm{d}\delta^2}\bigg|_{\delta=\delta_0}\Delta\delta^2 + \cdots$$

略去二次及以上各项得到

$$P_{\text{Eq}}(\delta) = P_{\text{Eq}}(\delta_0) + S_{\text{Eq}}\Delta\delta$$

$$S_{\text{Eq}} = \frac{\mathrm{d}P_{\text{Eq}}}{\mathrm{d}\delta}\bigg|_{\delta=\delta_0}$$

因为 $P_{\text{Eq}}(\delta_0) = P_0$，所以 $S_{\text{Eq}}\Delta\delta$ 为受扰动后功角产生微小偏差引起的电磁功率增量，即

$$\left.\begin{aligned} P_{\text{Eq}}(\delta) &= P_{\text{Eq}}(\delta_0) + \Delta P_{\text{e}} \\ \Delta P_{\text{e}} &= S_{\text{Eq}}\Delta\delta \end{aligned}\right\} \tag{14-2}$$

从 ΔP_{e} 的表达式可以看到，略去功角偏差的二次项及以上各项，实质上是用过平衡点 a 的切线来代替原来的功率特性曲线（见图 14-1），这就是线性化的含义。

将式（14-2）代入式（14-1），并且令 $\omega = \omega_{\text{N}} + \Delta\omega$，于是得到小扰动方程

$$\left.\begin{aligned} \frac{\mathrm{d}\delta}{\mathrm{d}t} &= \frac{\mathrm{d}(\delta_0 + \Delta\delta)}{\mathrm{d}t} = \frac{\mathrm{d}\Delta\delta}{\mathrm{d}t} = \omega - \omega_{\text{N}} = \Delta\omega \\ \frac{\mathrm{d}\omega}{\mathrm{d}t} &= \frac{\mathrm{d}(\omega_{\text{N}} + \Delta\omega)}{\mathrm{d}t} = \frac{\mathrm{d}\Delta\omega}{\mathrm{d}t} = -\frac{\omega_{\text{N}}}{T_{\text{J}}}\Delta P_{\text{e}} = -\frac{\omega_{\text{N}} S_{\text{Eq}}}{T_{\text{J}}}\Delta\delta \end{aligned}\right\}$$

写成矩阵的形式为

$$\begin{bmatrix} \dfrac{\mathrm{d}\Delta\delta}{\mathrm{d}t} \\ \dfrac{\mathrm{d}\Delta\omega}{\mathrm{d}t} \end{bmatrix} = \begin{bmatrix} 0 & 1 \\ -\dfrac{\omega_{\text{N}} S_{\text{Eq}}}{T_{\text{J}}} & 0 \end{bmatrix} \begin{bmatrix} \Delta\delta \\ \Delta\omega \end{bmatrix} \tag{14-3}$$

对于这样的二阶微分方程组，其特征值很容易求得，即从下面的特征方程

$$\begin{vmatrix} 0-p & 1 \\ -\dfrac{\omega_{\text{N}} S_{\text{Eq}}}{T_{\text{J}}} & 0-p \end{vmatrix} = p^2 + \frac{\omega_{\text{N}} S_{\text{Eq}}}{T_{\text{J}}} = 0$$

解出

$$p_{1,2} = \pm\sqrt{-\frac{\omega_{\text{N}} S_{\text{Eq}}}{T_{\text{J}}}} \tag{14-4}$$

所以，方程组的解为

$$\Delta\delta(t) = k_{\delta 1}\mathrm{e}^{p_1 t} + k_{\delta 2}\mathrm{e}^{p_2 t}$$

为确定 S_{Eq} 的值，要进行给定运行方式的潮流计算。例如给定系统电压 U_0、发电机送到系统的功率 P_0、Q_0，算出 E_{q0}、δ_0，于是可算得

$$S_{\text{Eq}} = \frac{\mathrm{d}P_{\text{Eq}}}{\mathrm{d}\delta}\bigg|_{\delta=\delta_0} = \frac{E_{q0} U_0}{x_{\text{d}\Sigma}}\cos\delta_0 \tag{14-5}$$

代入式（14-4），即可确定特征值 p_1、p_2，从而判断系统在给定的运行条件下是否具有静态稳定性。

从式（14-4）可以看到，T_{J} 和 ω_{N} 均为正数，而 S_{Eq} 则与运行情况有关。当 $S_{\text{Eq}}<0$ 时，特

征值 p_1、p_2 为两个实数，其中一个为正实数，所以电力系统受扰动后，功角偏差 $\Delta\delta$ 最终以指数曲线的形式随时间不断增大，因此系统是不稳定的。这种丧失稳定的形式称为非周期性地失去同步。当 $S_{Eq}>0$ 时，特征值为一对共轭虚数

$$p_{1,2}=\pm j\beta$$

$$\beta=\sqrt{\frac{\omega_N S_{Eq}}{T_J}}$$

方程组的解为

$$\Delta\delta(t)=k_{\delta1}e^{j\beta t}+k_{\delta2}e^{j\beta t}=(k_{\delta1}+k_{\delta2})\cos\beta t+j(k_{\delta1}-k_{\delta2})\sin\beta t$$

从实际意义出发，$\Delta\delta(t)$ 应为实数，因此 $k_{\delta1}$ 和 $k_{\delta2}$ 应为一对共轭复数。设 $k_{\delta1}=A+jB$，$k_{\delta2}=A-jB$，于是

$$\left.\begin{array}{l}\Delta\delta(t)=2A\cos\beta t-2B\sin\beta t=k_\delta\sin(\beta t-\varphi)\\[2mm]k_\delta=-2\sqrt{A^2+B^2},\quad\varphi=\text{arctg}\dfrac{A}{B}\end{array}\right\}$$

由此可知，电力系统受扰动后，功角将在 δ_0 附近作等幅振荡。从理论上说，系统不具有渐近稳定性，但是考虑到振荡中由于摩擦等原因产生能量消耗，可以认为振荡会逐渐衰减，所以系统是稳定的。

由以上分析可以得出简单电力系统静态稳定的判据为

$$S_{Eq}>0$$

从式（14-5）可以看到，当系统运行参数 $\delta_0<90°$ 时，系统是稳定的。当 $\delta_0>90°$ 时，系统是不稳定的。所以用运行参数表示的稳定判据为

$$\delta_0<90°$$

稳定极限情况为

$$S_{Eq}=0$$

与此对应的稳定极限运行角

$$\delta_{sl}=90°$$

与此运行角对应的发电机输出的电磁功率为

$$P_{Eqsl}=\frac{E_{q0}U_0}{x_{d\Sigma}}\sin\delta_{sl}=\frac{E_{q0}U_0}{x_{d\Sigma}}=P_{Eqm}$$

这就是系统保持静态稳定时发电机所能输送的最大功率，把 P_{Eqsl} 称为稳定极限。在上述简单电力系统中，稳定极限等于功率极限。$S_{Eq}=\dfrac{dP}{d\delta}>0$ 称为实用判据，常被应用于简单电力系统和一些定性分析的实用计算中。

在稳定工作范围内，自由振荡的频率为

$$f_e=\frac{1}{2\pi}\sqrt{\frac{\omega_N S_{Eq}}{T_J}}$$

这个频率通常又称为固有振荡频率。它与运行情况即 S_{Eq} 有关，其变化如图 14-2 所示。从图中可以看出，随

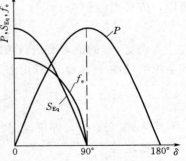

图 14-2　f_e、S_{Eq} 随 δ 的变化

着功角的增大，S_{Eq}减小，f_e减小，当$\delta = 90°$时，$S_{Eq} = 0$，$f_e = 0$，即电力系统受扰动后功角变化不再具有振荡的性质，因而系统将会非周期地丧失稳定。

二、计及发电机组的阻尼作用

发电机组的阻尼作用包括由轴承摩擦和发电机转子与气体摩擦所产生的机械性阻尼作用，以及由发电机转子闭合绕组（包括铁心）所产生的电气阻尼作用。机械阻尼作用与发电机的实际转速有关，电气阻尼作用则与相对转速有关，要精确计算这些阻尼作用是很复杂的。为了对阻尼作用的性质有基本了解，假定阻尼作用所产生的功率都与转速呈线性关系，于是对于相对运动的阻尼功率可表示为

$$P_D = D_{\Sigma} \Delta\omega = D_{\Sigma}(\omega - \omega_N) = D_{\Sigma}\frac{\mathrm{d}\Delta\delta}{\mathrm{d}t}$$

式中 D_{Σ}——综合阻尼系数。

计及阻尼作用之后，发电机的转子运动方程为

$$\frac{T_J}{\omega_N}\frac{\mathrm{d}^2\delta}{\mathrm{d}t^2} = P_T - (P_e + P_D) = P_T - [P_{Eq}(\delta) + D_{\Sigma}\Delta\omega]$$

线性化的状态方程为

$$\left.\begin{array}{l} \dfrac{\mathrm{d}\Delta\delta}{\mathrm{d}t} = \Delta\omega \\[2mm] \dfrac{\mathrm{d}\Delta\omega}{\mathrm{d}t} = -\dfrac{\omega_N S_{Eq}}{T_J}\Delta\delta - \dfrac{\omega_N D_{\Sigma}}{T_J}\Delta\omega \end{array}\right\}$$

其矩阵形式为

$$\begin{bmatrix} \dfrac{\mathrm{d}\Delta\delta}{\mathrm{d}t} \\[3mm] \dfrac{\mathrm{d}\Delta\omega}{\mathrm{d}t} \end{bmatrix} = \begin{bmatrix} 0 & 1 \\[2mm] -\dfrac{\omega_N S_{Eq}}{T_J} & -\dfrac{\omega_N D_{\Sigma}}{T_J} \end{bmatrix} \begin{bmatrix} \Delta\delta \\[2mm] \Delta\omega \end{bmatrix}$$

其特征方程为

$$\begin{bmatrix} 0-p & 1 \\[2mm] -\dfrac{\omega_N S_{Eq}}{T_J} & -\dfrac{\omega_N D_{\Sigma}}{T_J}-p \end{bmatrix} = p^2 + \frac{\omega_N D_{\Sigma}}{T_J}p + \frac{\omega_N S_{Eq}}{T_J} = 0$$

特征值为

$$p_{1,2} = -\frac{\omega_N D_{\Sigma}}{2T_J} \pm \sqrt{\left(\frac{\omega_N D_{\Sigma}}{2T_J}\right)^2 - \frac{\omega_N S_{Eq}}{T_J}} \tag{14-6}$$

下面分两种情况来讨论阻尼对稳定性的影响。

(1) $D_{\Sigma} > 0$，即发电机组具有正阻尼作用的情况。当$S_{Eq} > 0$，且$D_{\Sigma}^2 > 4 S_{Eq} T_J/\omega_N$时，特征值为两个负实数，$\Delta\delta(t)$将单调地衰减到零，系统是稳定的。这通常称为过阻尼情况。当$S_{Eq} > 0$，但$D_{\Sigma}^2 < 4 S_{Eq} T_J/\omega_N$时，特征值为一对共轭复数，其实部为与$D_{\Sigma}$成正比的负数，$\Delta\delta(t)$将是一个衰减的振荡，系统是稳定的；当$S_{Eq} < 0$时，特征值为正、负两个实数。因此，系统是不稳定的，并且是非周期地失去稳定。

由上可知，当$D_{\Sigma} > 0$时，稳定判据与不计阻尼作用时的相同，仍然是$S_{Eq} > 0$。阻尼系数D_{Σ}的大小，只影响受扰动后状态量（如$\Delta\delta$）的衰减速度。

（2）$D_\Sigma < 0$，即发电机组具有负阻尼作用的情况。在这种情况下，从式（14-6）可以看到，不论 S_{Eq} 为何值，即不论系统运行在何种状态下，特征值的实部总为正值，系统都是不稳定的。例如，当 $S_{Eq} > 0$，但 $D_\Sigma^2 < 4 S_{Eq} T_J / \omega_N$ 时，$p_{1.2} = \alpha \pm j\beta$，其中 $\alpha = \left| \dfrac{\omega_N D_\Sigma}{2 T_J} \right|$，$\beta^2 = \left| \left(\dfrac{\omega_N D_\Sigma}{2 T_J} \right)^2 - \dfrac{\omega_N S_{Eq}}{T_J} \right|$。方程组的解为 $\Delta\delta(t) = k_\delta \mathrm{e}^{\alpha t} \sin(\beta t - \varphi)$，这将是一个振幅不断增大的振荡。这种丧失稳定的形式，通常称为周期性地失去稳定，有时又称为自发振荡。

对于实际的多机电力系统，分析方法同上，只是方程的阶数较高，计算复杂一些而已。

第二节　自动励磁调节器对静态稳定的影响

现代电力系统的发电机，装设了各种各样的自动励磁调节器。下面我们以典型的自动励磁调节器为例，用小扰动法分析它对静态稳定极限、稳定判据等方面的影响，以便得到一些有用的概念。

一、按电压偏差调节的比例式调节器

所谓比例式调节器一般是指稳态调节量比例于简单的实际运行参数（电压、电流）与它的给定（整定）值之间的偏差值的调节器，有时又称为按偏移调节器。属于这类调节器的有单参数调节器和多参数调节器。单参数调节器是按电压、电流等参数中的某一个参数的偏差调节的，如电子型电压调节器；多参数调节器则按几个运行参数偏差量的线性组合进行调节，如相复励、带有电压校正器的复式励磁调节器等。

下面以按电压偏差调节的比例式调节器为例来进行分析。

1. 各元件的动态方程

计及自动励磁调节器作用后，发电机电势的变化规律必须由求解励磁系统的微分方程来确定。具有继电强行励磁的发电机励磁调节系统如图 14-3 所示。

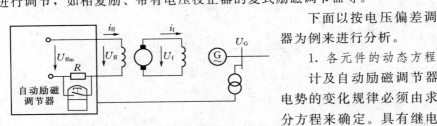

图 14-3　自动励磁调节系统

当不计阻尼绕组的作用（即阻尼绕组开路）时，发电机励磁绕组方程为

$$U_f = r_f i_f + \frac{\mathrm{d}\Psi_f}{\mathrm{d}t} \tag{14-7}$$

式中　Ψ_f——励磁绕组的总磁链。

把上式变换成用发电机电势表示的形式，全式乘以 x_{ad}/r_f 得

$$\frac{U_f}{R_f} x_{ad} = i_f x_{ad} + \frac{x_{ad}}{r_f} \times \frac{x_f}{x_f} \times \frac{\mathrm{d}\Psi_f}{\mathrm{d}t}$$

或

$$i_{fe} x_{ad} = i_f x_{ad} + \frac{X_f}{r_f} \frac{\mathrm{d}}{\mathrm{d}t} \left(\frac{x_{ad}}{x_f} \Psi_f \right)$$

式中 $i_{fe} = U_f / r_f$ 是励磁电流的强制分量。在标幺制中，$i_{fe} x_{ad} = E_{qe}$ 是空载电势的强制分量，且有 $i_f x_{ad} = E_q$，$x_f / r_f = T'_{d0}$，$\dfrac{x_{ad}}{x_f} \Psi_f = E'_q$。于是发电机励磁绕组方程为

$$E_{qe} = E_q + T'_{d0} \frac{dE'_q}{dt} \tag{14-8}$$

对于励磁机的励磁绕组有

$$U_{ff} = r_{ff}i_{ff} + L_{ff}\frac{di_{ff}}{dt} \tag{14-9}$$

发生短路时，强行励磁动作（例如将磁场电阻短接，或开放可控硅的导通角），励磁机的励磁绕组电压从正常运行时的 U_{ff0} 跃变到最大值 U_{ffm}。于是上式变为

$$U_{ffm} = r_{ff}i_{ff} + L_{ff}\frac{di_{ff}}{dt} \tag{14-10}$$

全式除以 r_{ff}，得

$$i_{ffm} = i_{ff} + T_e\frac{di_{ff}}{dt} \tag{14-11}$$

式中，$i_{ffm} = U_{ffm}/r_{ff}$；$T_e = L_{ff}/r_{ff}$ 是强行励磁动作后，励磁机励磁回路的时间常数。

当励磁机转速恒定，且不计励磁机的饱和等非线性因素以及电枢压降时，励磁机输出电压 U_f 正比于 i_{ff}，于是得

$$U_{ffm} = U_f + T_e\frac{dU_f}{dt} \tag{14-12}$$

又因为 E_{qe} 正比于 U_f，于是式（14-12）变为

$$E_{qem} = E_{qe} + T_e\frac{dE_{qe}}{dt} \tag{14-13}$$

E_{qem} 通常称为顶值电势。上式的解为

$$E_{qe} = E_{qem} - (E_{qem} - E_{qe0})\exp(-t/T_e) \tag{14-14}$$

E_{qe} 的变化曲线如图 14-4 所示。由式（14-14）知，E_{qem} 愈大、T_e 愈小，E_{qe} 的上升速度愈快，这对暂态稳定也愈有利。

具有自动励磁调节器的简单电力系统如图 14-5 所示，图中，U_{G0} 为给定的运行参数，U_G 为发电机实际运行电压，U_P 为手动整定电压。如果不计调节器本身的时间常数，则调节器将是一个比例环节。为简化起见，不计励磁机的饱和等非线性因素，励磁调节系统的传递函数框图如图 14-6 所示，图中 K_{UR} 为调节器的放大系数。根据框图可以写出励磁系统的方

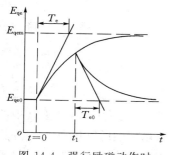

图 14-4　强行励磁动作时
电势的变化

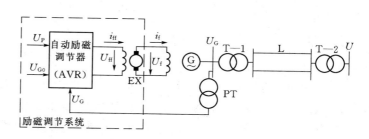

图 14-5　具有自动励磁调节器的简单电力系统

程为

$$
\left.\begin{array}{l}
U_{\mathrm{G}} - U_{\mathrm{G0}} = \Delta U_{\mathrm{G}} \\[4pt]
\Delta U_{\mathrm{G}} K_{\mathrm{UR}} = U_{\mathrm{R}} \\[4pt]
U_{\mathrm{P}} - U_{\mathrm{R}} = U_{\mathrm{ff}} \\[4pt]
U_{\mathrm{ff}} = T_{\mathrm{e}} \dfrac{\mathrm{d}U_{\mathrm{f}}}{\mathrm{d}t} + U_{\mathrm{f}}
\end{array}\right\} \qquad (14\text{-}15)
$$

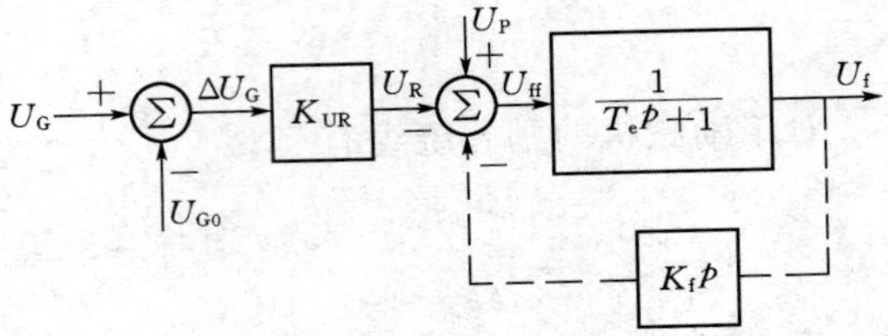

图 14-6 励磁系统简化框图

消去中间变量后，可以得到励磁调节系统方程

$$
- K_{\mathrm{UR}} \Delta U_{\mathrm{G}} + U_{\mathrm{P}} = U_{\mathrm{f}} + T_{\mathrm{e}} \frac{\mathrm{d}U_{\mathrm{f}}}{\mathrm{d}t} \qquad (14\text{-}16)
$$

令 $U_{\mathrm{f}} = U_{\mathrm{f0}} + \Delta U_{\mathrm{f}}$，且考虑到给定的运行平衡点有 $U_{\mathrm{f0}} = U_{\mathrm{P}}$，将这些关系代入式 (14-16) 后，可得到以偏差量表示的小扰动方程

$$
- K_{\mathrm{UR}} \Delta U_{\mathrm{G}} = \Delta U_{\mathrm{f}} + T_{\mathrm{e}} \frac{\mathrm{d}\Delta U_{\mathrm{f}}}{\mathrm{d}t} \qquad (14\text{-}17)
$$

为了研究自动励磁调节器对静态稳定的影响，必须把式 (14-17) 变换一下，使之与发电机定子的运行参数联系起来。为此，全式乘以 $x_{\mathrm{ad}}/r_{\mathrm{f}}$ 得

$$
- \frac{x_{\mathrm{ad}}}{r_{\mathrm{f}}} K_{\mathrm{UR}} \Delta U_{\mathrm{G}} = \frac{x_{\mathrm{ad}}}{r_{\mathrm{f}}} \Delta U_{\mathrm{f}} + \frac{x_{\mathrm{ad}}}{r_{\mathrm{f}}} T_{\mathrm{e}} \frac{\mathrm{d}\Delta U_{\mathrm{f}}}{\mathrm{d}t} = x_{\mathrm{ad}} \Delta i_{\mathrm{fe}} + T_{\mathrm{e}} \frac{\mathrm{d}x_{\mathrm{ad}} \Delta i_{\mathrm{fe}}}{\mathrm{d}t}
$$

注意到发电机空载电势强制分量的增量 $\Delta E_{\mathrm{qe}} = X_{\mathrm{ad}} \Delta i_{\mathrm{fe}}$，于是得到

$$
- K_{\mathrm{U}} \Delta U_{\mathrm{G}} = \Delta E_{\mathrm{qe}} + T_{\mathrm{e}} \frac{\mathrm{d}\Delta E_{\mathrm{qe}}}{\mathrm{d}t} \qquad (14\text{-}18)
$$

式中，$K_{\mathrm{U}} = x_{\mathrm{ad}} K_{\mathrm{UR}}/r_{\mathrm{f}}$ 称为调节器的综合放大系数。

发电机励磁绕组方程为 (14-8) 也可写为

$$
(E_{\mathrm{qe0}} + \Delta E_{\mathrm{qe}}) = (E_{\mathrm{q0}} + \Delta E_{\mathrm{q}}) + T'_{\mathrm{d0}} \frac{\mathrm{d}(E'_{\mathrm{q0}} + \Delta E'_{\mathrm{q}})}{\mathrm{d}t}
$$

在给定的运行平衡点有 $E_{\mathrm{qe0}} = E_{\mathrm{q0}}$。计及 E'_{q0} 为一常数，于是得到用偏差量表示的方程

$$
\Delta E_{\mathrm{qe}} = \Delta E_{\mathrm{q}} + T'_{\mathrm{d0}} \frac{\mathrm{d}\Delta E'_{\mathrm{q}}}{\mathrm{d}t} \qquad (14\text{-}19)
$$

以偏差量表示的发电机转子运动方程以前已讨论过为

$$
\left.\begin{array}{l}
\dfrac{\mathrm{d}\Delta \delta}{\mathrm{d}t} = \Delta \omega \\[10pt]
\dfrac{\mathrm{d}\Delta \omega}{\mathrm{d}t} = - \dfrac{\omega_{\mathrm{N}}}{T_{\mathrm{J}}} \Delta P_{\mathrm{e}}
\end{array}\right\} \qquad (14\text{-}20)
$$

2. 发电机的电磁功率方程

上述微分方程式 (14-18) ~ 式 (14-20) 中，共有 ΔU_{G}、ΔE_{qe}、ΔE_{q}、$\Delta E'_{\mathrm{q}}$、$\Delta \delta$、$\Delta \omega$、ΔP_{e} 七个变量，因此，必须应用网络方程求出发电机的功率方程，以消去其中的非状态变量。由第十三章的论述可知，发电机的功率特性可以用不同的电势表示，并且各功率特性曲线在规定的稳态运行点相交。我们把不同电势表示的功率特性写成一般函数的形式，即

$$
\left.\begin{array}{l}
P_{\mathrm{Eq}} = P_{\mathrm{Eq}}(E_{\mathrm{q}}, \delta) \\
P_{\mathrm{E'q}} = P_{\mathrm{E'q}}(E'_{\mathrm{q}}, \delta) \\
P_{\mathrm{UGq}} = P_{\mathrm{UGq}}(U_{\mathrm{Gq}}, \delta)
\end{array}\right\} \tag{14-21}
$$

通过对这些功率方程的线性化处理，便可以求得电磁功率的增量 ΔP_{e}。例如，对于 $P_{\mathrm{Eq}}(E_{\mathrm{q}}, \delta)$，将其在平衡点附近展开成泰勒级数，可得

$$
P_{\mathrm{Eq}}(E_{\mathrm{q}}, \delta) = P_{\mathrm{Eq}}(E_{\mathrm{q0}} + \Delta E_{\mathrm{q}}, \; \delta_0 + \Delta\delta) = P_{\mathrm{Eq}}(E_{\mathrm{q0}}, \delta_0) + \frac{\partial P_{\mathrm{Eq}}}{\partial \delta}\Delta\delta + \frac{\partial P_{\mathrm{Eq}}}{\partial E_{\mathrm{q}}}\Delta E_{\mathrm{q}} + \cdots
$$

忽略二次及以上各项，便得到

$$
\left.\begin{array}{l}
\Delta P_{\mathrm{Eq}} = S_{\mathrm{Eq}}\Delta\delta + R_{\mathrm{Eq}}\Delta E_{\mathrm{q}} \\[2mm]
S_{\mathrm{Eq}} = \left.\dfrac{\partial P_{\mathrm{Eq}}}{\partial \delta}\right|_{\substack{E_{\mathrm{q}}=E_{\mathrm{q0}} \\ \delta=\delta_0}}, \quad
R_{\mathrm{Eq}} = \left.\dfrac{\partial P_{\mathrm{Eq}}}{\partial E_{\mathrm{q}}}\right|_{\substack{E_{\mathrm{q}}=E_{\mathrm{q0}} \\ \delta=\delta_0}}
\end{array}\right\} \tag{14-22}
$$

同理可以得到

$$
\left.\begin{array}{l}
\Delta P_{\mathrm{E'q}} = S_{\mathrm{E'q}}\Delta\delta + R_{\mathrm{E'q}}\Delta E'_{\mathrm{q}} \\[2mm]
S_{\mathrm{E'q}} = \left.\dfrac{\partial P_{\mathrm{E'q}}}{\partial \delta}\right|_{\substack{E'_{\mathrm{q}}=E'_{\mathrm{q0}} \\ \delta=\delta_0}}, \quad
R_{\mathrm{E'q}} = \left.\dfrac{\partial P_{\mathrm{E'q}}}{\partial E'_{\mathrm{q}}}\right|_{\substack{E'_{\mathrm{q}}=E'_{\mathrm{q0}} \\ \delta=\delta_0}}
\end{array}\right\}
$$

$$\tag{14-23}$$

$$
\left.\begin{array}{l}
\Delta P_{\mathrm{UGq}} = S_{\mathrm{UGq}}\Delta\delta + R_{\mathrm{UGq}}\Delta E_{\mathrm{q}} \\[2mm]
S_{\mathrm{UGq}} = \left.\dfrac{\partial P_{\mathrm{UGq}}}{\partial \delta}\right|_{\substack{U_{\mathrm{Gq}}=U_{\mathrm{Gq0}} \\ \delta=\delta_0}}, \quad
R_{\mathrm{UGq}} = \left.\dfrac{\partial P_{\mathrm{UGq}}}{\partial U_{\mathrm{Gq}}}\right|_{\substack{U_{\mathrm{Gq}}=U_{\mathrm{Gq0}} \\ \delta=\delta_0}}
\end{array}\right\} \tag{14-24}
$$

因为扰动是微小的，所以假定 $\Delta P_{\mathrm{Eq}} \approx \Delta P_{\mathrm{E'q}} \approx \Delta P_{\mathrm{UGq}} = \Delta P_{\mathrm{e}}$ 及 $\Delta U_{\mathrm{G}} = \Delta U_{\mathrm{Gq}}$ (14-25)

将式（14-18）～式（14-25）整理之后可得到

$$
\left.\begin{array}{l}
\dfrac{\mathrm{d}\Delta E_{\mathrm{qe}}}{\mathrm{d}t} = -\dfrac{1}{T_{\mathrm{e}}}\Delta E_{\mathrm{qe}} - \dfrac{K_{\mathrm{U}}}{T_{\mathrm{e}}}\Delta U_{\mathrm{Gq}} \\[4mm]
\dfrac{\mathrm{d}\Delta E'_{\mathrm{q}}}{\mathrm{d}t} = \dfrac{1}{T'_{\mathrm{d0}}}\Delta E_{\mathrm{qe}} - \dfrac{1}{T'_{\mathrm{d0}}}\Delta E_{\mathrm{q}} \\[4mm]
\dfrac{\mathrm{d}\Delta\delta}{\mathrm{d}t} = \Delta\omega \\[4mm]
\dfrac{\mathrm{d}\Delta\omega}{\mathrm{d}t} = -\dfrac{\omega_{\mathrm{N}}}{T_{\mathrm{J}}}\Delta P_{\mathrm{e}} \\[4mm]
0 = S_{\mathrm{Eq}}\Delta\delta + R_{\mathrm{Eq}}\Delta E_{\mathrm{q}} - \Delta P_{\mathrm{e}} \\[2mm]
0 = S_{\mathrm{E'q}}\Delta\delta + R_{\mathrm{E'q}}\Delta E_{\mathrm{q}} - \Delta P_{\mathrm{e}} \\[2mm]
0 = S_{\mathrm{UGq}}\Delta\delta + R_{\mathrm{UGq}}\Delta U_{\mathrm{Gq}} - \Delta P_{\mathrm{e}}
\end{array}\right\} \tag{14-26}
$$

3. 消去代数方程及非状态变量，求状态方程

把式（14-26）写成矩阵的形式

$$
\begin{bmatrix}
\dfrac{\mathrm{d}\Delta E_{qe}}{\mathrm{d}t} \\[2mm]
\dfrac{\mathrm{d}\Delta E'_q}{\mathrm{d}t} \\[2mm]
\dfrac{\mathrm{d}\Delta \delta}{\mathrm{d}t} \\[2mm]
\dfrac{\mathrm{d}\Delta \omega}{\mathrm{d}t} \\[1mm]
\cdots \\
0 \\
0 \\
0
\end{bmatrix}
=
\begin{bmatrix}
-\dfrac{1}{T_e} & 0 & 0 & 0 & \vdots & 0 & -\dfrac{K_U}{T_e} & 0 \\[2mm]
\dfrac{1}{T'_{d0}} & 0 & 0 & 0 & \vdots & -\dfrac{1}{T'_{d0}} & 0 & 0 \\[2mm]
0 & 0 & 0 & 1 & \vdots & 0 & 0 & 0 \\[2mm]
0 & 0 & 0 & 0 & \vdots & 0 & 0 & -\dfrac{\omega_N}{T_J} \\[1mm]
\cdots & & & & & & & \\
0 & 0 & S_{Eq} & 0 & \vdots & R_{Eq} & 0 & -1 \\[2mm]
0 & 0 & R_{E'q} & S_{E'q} & \vdots & 0 & 0 & -1 \\[2mm]
0 & 0 & S_{UGq} & 0 & \vdots & 0 & R_{UGq} & -1
\end{bmatrix}
\begin{bmatrix}
\Delta E_{qe} \\[2mm]
\Delta E'_q \\[2mm]
\Delta \delta \\[2mm]
\Delta \omega \\[1mm]
\cdots \\
\Delta E_q \\
\Delta U_{Gq} \\
\Delta P_e
\end{bmatrix}
\qquad (14\text{-}27)
$$

将上式写成分块矩阵的形式为

$$
\begin{bmatrix}
\dfrac{\mathrm{d}\Delta x}{\mathrm{d}t} \\[2mm]
0
\end{bmatrix}
=
\begin{bmatrix}
\boldsymbol{A}_{XX} & \boldsymbol{A}_{XY} \\
\boldsymbol{A}_{YX} & \boldsymbol{A}_{YY}
\end{bmatrix}
\begin{bmatrix}
\Delta \boldsymbol{X} \\
\Delta \boldsymbol{Y}
\end{bmatrix}
\qquad (14\text{-}28)
$$

式中，$\Delta \boldsymbol{X} = \begin{bmatrix} \Delta E_{qe} & \Delta E'_q & \Delta \delta & \Delta \omega \end{bmatrix}^{\mathrm{T}}$ 为状态变量列向量；$\Delta \boldsymbol{Y} = \begin{bmatrix} \Delta E_q & \Delta U_{Gq} & \Delta P_e \end{bmatrix}^{\mathrm{T}}$ 为非状态变量列向量。展开式（14-28），并进行消去运算，便可得到计及励磁调节器的线性化小扰动方程

$$
\left.
\begin{aligned}
&\frac{\mathrm{d}\Delta \boldsymbol{X}}{\mathrm{d}t} = \boldsymbol{B}\Delta \boldsymbol{X} \\[2mm]
&\boldsymbol{B} = \boldsymbol{A}_{XX} - \boldsymbol{A}_{XY}\boldsymbol{A}_{YY}^{-1}\boldsymbol{A}_{YX}
\end{aligned}
\right\}
\qquad (14\text{-}29)
$$

上述求线性化小扰动方程的步骤和方法，也适用于多机电力系统。

对于简单电力系统，可以用直接代入消去的方法解出 B 矩阵，代入上式的第一个式中，经过整理便得到

$$
\begin{bmatrix}
\dfrac{\mathrm{d}\Delta E_{qe}}{\mathrm{d}t} \\[2mm]
\dfrac{\mathrm{d}\Delta E'_q}{\mathrm{d}t} \\[2mm]
\dfrac{\mathrm{d}\Delta \delta}{\mathrm{d}t} \\[2mm]
\dfrac{\mathrm{d}\Delta \omega}{\mathrm{d}t}
\end{bmatrix}
=
\begin{bmatrix}
-\dfrac{1}{T_e} & -\dfrac{K_U R_{E'q}}{T_e R_{UGq}} & \dfrac{K_U(S_{UGq}-S_{E'q})}{T_e R_{UGq}} & 0 \\[3mm]
\dfrac{1}{T'_{d0}} & -\dfrac{R_{E'q}}{T'_{d0} R_{Eq}} & -\dfrac{S_{E'q}-S_{Eq}}{T'_{d0} R_{Eq}} & 0 \\[3mm]
0 & 0 & 0 & 1 \\[3mm]
0 & -\dfrac{\omega_N R_{E'q}}{T_J} & -\dfrac{\omega_N S_{E'q}}{T_J} & 0
\end{bmatrix}
\begin{bmatrix}
\Delta E_{qe} \\[2mm]
\Delta E'_q \\[2mm]
\Delta \delta \\[2mm]
\Delta \omega
\end{bmatrix}
\qquad (14\text{-}30)
$$

将式（14-30）的线性化状态方程求其全部特征值，便可判断电力系统在给定的运行条件下是否具有静态稳定性。也可以求出其特征方程，由特征方程的系数间接判断电力系统的静态稳定性，劳斯法或胡尔维茨判别法就是这种间接判别方法。下面只介绍胡尔维茨判别法。

4. 稳定判据及其分析

假定式（14-30）对应的特征方程为

$$
a_0 p^4 + a_1 p^3 + a_2 p^2 + a_3 p + a_4 = 0
\qquad (14\text{-}31)
$$

在整理化简的过程当中，假定发电机为隐极机，并引用了

$$R_{Eq} = \frac{U}{x_{d\Sigma}}\sin\delta; \quad R_{E'q} = \frac{U}{x'_{d\Sigma}}\sin\delta; \quad R_{UGq} = \frac{U}{x_{TL}}\sin\delta; \quad T'_d = T'_{d0}\frac{R_{Eq}}{R_{E'q}}; \quad \frac{R_{Eq}}{R_{UGq}} = \frac{x_{TL}}{x_{d\Sigma}}$$

则方程式的系数为

$$\left. \begin{aligned} a_0 &= \frac{1}{\omega_N}T_J T_e T'_d \\ a_1 &= \frac{1}{\omega_N}T_J(T_e + T'_d) \\ a_2 &= \frac{1}{\omega_N}T_J\left(1 + K_U\frac{x_{TL}}{x_{d\Sigma}}\right) + T_e T'_d S_{E'q} \\ a_3 &= T_e S_{Eq} + T'_d S_{E'q} \\ a_4 &= S_{Eq} + K_U S_{UGq}\frac{x_{TL}}{x_{d\Sigma}} \end{aligned} \right\}$$

根据胡尔维茨判别法，所有特征值的实部为负值时系统保持稳定，为此必须满足

（1）特征方程所有的系数均大于零，即

$$a_0 > 0, \ a_1 > 0, \ a_2 > 0, \ a_3 > 0, \ a_4 > 0 \tag{14-32}$$

（2）胡尔维茨行列式及其主子式的值均大于零，即

$$\Delta_4 = \begin{vmatrix} a_1 & a_3 & 0 & 0 \\ a_0 & a_2 & a_4 & 0 \\ 0 & a_1 & a_3 & 0 \\ 0 & 0 & a_2 & a_4 \end{vmatrix} > 0; \quad \Delta_3 = \begin{vmatrix} a_1 & a_3 & 0 \\ a_0 & a_2 & a_4 \\ 0 & a_1 & a_3 \end{vmatrix} > 0; \quad \Delta_2 = \begin{vmatrix} a_1 & a_3 \\ a_0 & a_2 \end{vmatrix} > 0 \tag{14-33}$$

条件（1）中的系数 a_0 和 a_1 与运行情况无关，总是大于零。其余三个与运行情况有关的系数，由于功角从给定 δ_0 继续增大时，$S_{E'q}$ 总比 S_{Eq} 大（见图 14-7），因此，要求 $a_3 > 0$ 必须有 $S_{E'q} > 0$。并且，只要 $a_3 > 0$，则必有 $a_2 > 0$。这样，由条件（1）可得到两个与运行参数相联系的稳定条件，即

$$a_3 = T_e S_{Eq} + T'_d S_{E'q} > 0 \tag{14-34}$$

$$a_4 = S_{Eq} + K_U S_{U_{Gq}}\frac{x_{TL}}{x_{d\Sigma}} > 0 \tag{14-35}$$

根据条件（2）从 $\Delta_3 = a_3\Delta_2 - a_1 a_4 > 0$，$\Delta_4 = a_4\Delta_3 > 0$ 可以看到，当特征方程的系数都大于零时，只要 $\Delta_3 > 0$，必有 $\Delta_2 > 0$ 和 $\Delta_4 > 0$。这样，由条件（2）又得到一个与运行参数相联系的稳定条件，即

$$\Delta_3 = a_1 a_2 a_3 - a_0 a_3^2 - a_1^2 a_4 > 0$$

将系数代入上式，并解出 K_U，得到

$$K_U < \frac{x_{d\Sigma}}{x_{TL}} \times \frac{S_{E'q} - S_{Eq}}{S_{UGq} - S_{E'q}} \times \frac{1 + \dfrac{\omega_N T_e^2}{T_J(T_e + T'_d)}(T_e S_{Eq} + T'_d S_{E'q})}{1 + \dfrac{T_e}{T'_d} \times \dfrac{S_{UGq} - S_{Eq}}{S_{UGq} - S_{E'q}}} = K_{Umax}$$

$$\tag{14-36}$$

这样便得到式（14-34）～式（14-36）三个为保持系统静态稳定而必须同时满足的条件。随着运行情况的变化，S_{Eq}、$S_{E'q}$、$S_{U_{Gq}}$ 都要变化。当达到某一运行状态时，稳定条件中有些便不能满足了，因而系统也就不能保持稳定运行了。S_{Eq}、$S_{E'q}$、$S_{U_{Gq}}$ 与功角 δ 的关系如图 14-

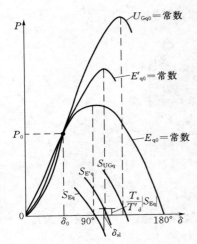

图 14-7 自动励磁调节对
静态稳定的影响

7 所示。随着运行角度的增大，S_{Eq}、$S_{E'q}$、$S_{U_{Gq}}$ 依次由正值变为负值。根据这个特点和三个稳定条件，我们进一步分析励磁调节器对静态稳定的影响。

式（14-35）说明，如果没有调节器，即 $K_U = 0$，则稳定条件变为 $S_{Eq} > 0$，这和上一节的结论相同。装设了调节器后，在运行功角 $\delta > 90°$ 的一段范围内，虽然 $S_{Eq} < 0$，但 $S_{U_{Gq}} > 0$，因此只要 K_U 足够大，仍然有可能使式（14-35）得到满足。所以，装设调节器后，运行角可以大于 $90°$，从而扩大了系统稳定运行的范围。为保证在 $\delta > 90°$ 仍能稳定运行，由式（14-35）解出

$$K_U > \frac{|S_{Eq}|}{S_{U_{Gq}}} \times \frac{x_{d\Sigma}}{x_{TL}} = K_{Umin} \quad (\delta > 90°) \quad (14\text{-}37)$$

上式说明，调节器在运行中所整定的放大系数要大于与运行情况有关的最小允许值 K_{Umin}。

再来看式（14-34），当运行角 $\delta < 90°$ 时，S_{Eq}、$S_{E'q}$ 均为正值，该式总能满足。在运行角 $\delta > 90°$ 的一段范围内，$S_{Eq} < 0$，$S_{E'q} > 0$。式（14-34）可改为

$$S_{E'q} > \frac{T_e}{T'_d} |S_{Eq}| \quad (\delta > 90°) \quad (14\text{-}38)$$

为满足式（14-38），必须有 $S_{E'q} > 0$，这就是说，稳定的极限功角 δ_{sl} 将小于与 $S_{E'q} = 0$ 所对应的角 $\delta_{E'qm}$。这说明，比例式励磁调节器虽然能把稳定运行范围扩大到 $\delta > 90°$，但不能达到 $S_{E'q} = 0$ 所对应的功角 $\delta_{E'qm}$。一般 T_e 远小于 T'_d，因此 δ_{sl} 与 $\delta_{E'qm}$ 相差很小，在简化近似计算中，可以把式（14-34）近似地写为

$$S_{E'q} > 0 \quad (14\text{-}39)$$

这说明，在发电机装设了比例式励磁调节器后，计算发电机保持稳定下所能输送的最大功率时，可以近似地采用 $E'_q =$ 常数的模型。

最后分析式（14-36），K_{Umax} 是运行参数的复杂函数。一般励磁机的等值时间常数 T_e 是不大的，按稳定条件所允许的放大系数 K_{Umax} 也是不大的。例如，对于 $T_e = 0.5s$ 的情况，当运行角 $\delta = 100°$ 时，$K_{Umax} = 10$。通常，为了使发电机端电压波动不大，要求调节器的放大系数整定得大些。然而式（14-36）却限制了放大系数，或者放大系数整定得大些，则允许运行的功角就较小，由此所确定的稳定极限 P_{sl} 远小于功率极限 P_m，从而限制了输送功率。

当放大系数整定得过大而不满足式（14-36）时，系统失去静态稳定。

【例 14-1】 对例 13-1 中的简单电力系统，若发电机改为隐极机，其电抗 $x_d = 1.7$，且装有按电压偏差调节的比例式励磁调节器，试在保持 $E'_q = E'_{q0} =$ 常数的条件下来整定综合放大系数 K_U 和计算稳定极限 P_{sl}，并与功率极限比较；若 K_U 整定为 10，试计算 P_{sl}，并做出分析。设 $T_e = 0.2s$，$T'_{d0} = 7s$，$T_{jN} = 7.8s$。

解 （1）系统参数及运行参数计算。

由例 13-1 已算得 $U_0 = 1.0$，$x'_{d\Sigma} = 0.769$，$x_{TL} = 0.531$。

$$x_d = x_q = x_d \times \frac{S_B}{S_{GN}} \times \frac{U_{GN}^2}{U_{B(1)}^2} = 1.7 \times \frac{250}{352.5} \times \frac{10.5^2}{9.07^2} = 1.615$$

$$x_{d\Sigma} = x_{q\Sigma} = x_d + x_{TL} = 1.615 + 0.531 = 2.146$$

$$E_{q0} = E_{Q0} = \sqrt{\left(U_0 + \frac{Q_0 x_{d\Sigma}}{U_0}\right)^2 + \left(\frac{P_0 x_{d\Sigma}}{U_0}\right)^2}$$

$$= \sqrt{\left(1 + \frac{0.329 \times 2.146}{1}\right)^2 + \left(\frac{1 \times 2.146}{1}\right)^2} = 2.742$$

$$\delta_0 = \text{arctg} \frac{\dfrac{P_0 x_{d\Sigma}}{U_0}}{U_0 + \dfrac{Q_0 x_{d\Sigma}}{U_0}} = \text{arctg} \frac{\dfrac{1 \times 2.416}{1}}{1 + \dfrac{0.329 \times 2.416}{1}} = 51.52°$$

$$T'_d = T'_{d0} \frac{x'_{d\Sigma}}{x_{d\Sigma}} = 7 \times \frac{0.769}{2.146} = 2.51 \quad (s)$$

$$T_j = T_{jN} \frac{S_{GN}}{S_B} = 7.8 \times \frac{352.5}{250} = 11 \quad (s)$$

$$E'_{q0} = E_{q0} \frac{x'_{d\Sigma}}{x_{d\Sigma}} + \left(1 - \frac{x'_{d\Sigma}}{x_{d\Sigma}}\right) U_0 \cos\delta_0$$

$$= 2.742 \times \frac{0.769}{2.146}\left(1 - \frac{0.769}{2.146}\right) \cos 51.51° = 1.382$$

$$U_{Gq0} = E_{q0} \frac{x_{TL}}{x_{d\Sigma}} + \left(1 - \frac{x_{TL}}{x_{d\Sigma}}\right) U_0 \cos\delta_0$$

$$= 2.742 \times \frac{0.531}{2.146}\left(1 - \frac{0.531}{2.146}\right) \cos 51.51° = 1.147$$

（2）整定保持 $E'_q = E'_{q0} =$ 常数所需的 K_U 值。

设 $\Delta U_G \approx \Delta U_{Gq}$，则调节励磁系统的静态特性有

$$(E_q - E_{q0}) = -K_U(U_{Gq} - U_{Gq0})$$

即
$$E_q = -K_U U_{Gq} + E_{q0} + K_U U_{Gq0}$$

将 $U_{Gq} = E_q \dfrac{x_{TL}}{x_{d\Sigma}} + \left(1 - \dfrac{x_{TL}}{x_{d\Sigma}}\right) U\cos\delta$ 代入上式，得到

$$E_q = \frac{E_{q0} + K_U U_{Gq0}}{1 + K_U \dfrac{x_{TL}}{x_{d\Sigma}}} - \frac{K_U\left(1 - \dfrac{x_{TL}}{x_{d\Sigma}}\right)}{1 + K_U \dfrac{x_{TL}}{x_{d\Sigma}}} U\cos\delta = f_{Eq}(K_U, \delta) \qquad (14\text{-}40)$$

根据 $E'_q = E_q \dfrac{x'_{d\Sigma}}{x_{d\Sigma}} + \left(1 - \dfrac{x'_{d\Sigma}}{x_{d\Sigma}}\right) U\cos\delta = E'_{q0} =$ 常数，将上式 E_q 带入并整理后得

$$\left[\frac{x'_{d\Sigma}}{x_{d\Sigma}} \times \frac{E_{q0} + K_U U_{Gq0}}{1 + K_U \dfrac{x_{TL}}{x_{d\Sigma}}} - E'_{q0}\right] - \left[\frac{\dfrac{x'_{d\Sigma}}{x_{d\Sigma}}\left(1 - \dfrac{x_{TL}}{x_{d\Sigma}}\right) K_U}{1 + K_U \dfrac{x_{TL}}{x_{d\Sigma}}} - \left(1 - \dfrac{x'_{d\Sigma}}{x_{d\Sigma}}\right)\right] U\cos\delta = 0$$

要使上式在任何 δ 值时均成立，要求

$$\left.\begin{array}{l} \dfrac{x'_{d\Sigma}}{x_{d\Sigma}} \times \dfrac{E_{q0} + K_U U_{Gq0}}{1 + K_U \dfrac{x_{TL}}{x_{d\Sigma}}} - E'_{q0} = 0 \\[4mm] \dfrac{\dfrac{x'_{d\Sigma}}{x_{d\Sigma}} \left(1 - \dfrac{x_{TL}}{x_{d\Sigma}}\right) K_U}{1 + K_U \dfrac{x_{TL}}{x_{d\Sigma}}} - \left(1 - \dfrac{x'_{d\Sigma}}{x_{d\Sigma}}\right) = 0 \end{array}\right\} \tag{14-41}$$

由式（14-41）可解出

$$\left.\begin{array}{l} K_U = \dfrac{E_{q0} x'_{d\Sigma} - E'_{q0} x_{d\Sigma}}{E'_{q0} x_{TL} - U_{Gq0} x'_{d\Sigma}} = \dfrac{2.742 \times 0.769 - 1.382 \times 2.146}{1.382 \times 0.531 - 1.147 \times 0.769} = 5.78386 \\[4mm] K_U = \dfrac{x_{d\Sigma} - x'_{d\Sigma}}{x'_{d\Sigma} - x_{TL}} = \dfrac{2.146 - 0.769}{0.769 - 0.531} = 5.7857 \end{array}\right\} \tag{14-42}$$

取平均值 $K_U = 5.785$。将求得的 K_U 值带入式（14-40）算出

$$E_q = 3.857 - 1.791\cos\delta$$

所以，$E'_q = E_q \dfrac{x'_{d\Sigma}}{x_{d\Sigma}} + \left(1 - \dfrac{x'_{d\Sigma}}{x_{d\Sigma}}\right) U\cos\delta = 1.382 + 0.0001\cos2\delta \approx$ 常数

$$U_{Gq} = E_q \dfrac{x_{TL}}{x_{d\Sigma}} + \left(1 - \dfrac{x'_{TL}}{x_{d\Sigma}}\right) U\cos\delta = 0.954 + 0.3094\cos\delta$$

（3）稳定极限计算。

$$S_{Eq} = \dfrac{E_q U_0}{x_{d\Sigma}}\cos\delta = (3.857 - 1.791\cos\delta)\dfrac{1}{2.146}\cos\delta = 1.797\cos\delta - 0.8346\cos^2\delta$$

$$S_{E'q} = \dfrac{E'_q U_0}{x'_{d\Sigma}}\cos\delta - \dfrac{x_{d\Sigma} - x'_{d\Sigma}}{x_{d\Sigma} x'_{d\Sigma}} U_0^2 \cos2\delta = \dfrac{1.382}{0.769}\cos\delta - \dfrac{2.146 - 0.769}{2.146 \times 0.769}\cos2\delta$$

$$= 1.797\cos\delta - 0.8344\cos2\delta = 1.797\cos\delta - 1.669\cos^2\delta + 0.8344$$

$$S_{UGq} = \dfrac{U_{Gq} U_0}{x_{TL}}\cos\delta - \dfrac{x_{d\Sigma} - x_{TL}}{x_{d\Sigma} x_{TL}} U_0^2 \cos2\delta$$

$$= (0.954 + 0.3094\cos\delta)\dfrac{1}{0.531}\cos\delta - \dfrac{2.146 - 0.531}{2.146 \times 0.531}\cos2\delta$$

$$= 1.797\cos\delta - 2.252\cos^2\delta + 1.417$$

先按 $a_3 = T_e S_{Eq} + T'_d S_{E'q} = 0$ 求稳定极限角 $\delta_{a_3 sl}$。

$$0.2(1.797\cos\delta - 0.8346\cos^2\delta) + 2.51(-1.669\cos^2\delta + 1.797\cos\delta + 0.8334) = 0$$

$$4.87\cos\delta - 4.356\cos^2\delta + 2.094 = 0$$

$$\delta_{a_3 sl} = \arccos\dfrac{4.87 - \sqrt{4.87^2 + 4 \times 4.356 \times 2.094}}{2 \times 4.356} = 109.37°$$

$$S_{Eq} = 1.797\cos109.37° - 0.8346\cos^2109.37° = -0.688$$

$$S_{E'q} = 1.797\cos109.37° - 1.669\cos^2109.37° + 0.8344 = 0.055$$

$$S_{UGq} = 1.797\cos109.37° - 2.252\cos^2109.37° + 1.417 = 0.573$$

验算 $\quad a_4 = S_{Eq} + K_U S_{UGq} \dfrac{x_{TL}}{x_{d\Sigma}} = -0.688 + 5.785 \times 0.573 \times \dfrac{0.531}{2.146}$

$$= 0.132 > 0$$

$$K_{\text{Umax}} = \frac{x_{\text{d}\Sigma}}{x_{\text{TL}}} \times \frac{S_{E'_q} - S_{Eq}}{S_{UGq} - S_{E'_q}} \times \frac{1 + \dfrac{\omega_N T_e^2}{T_j(T_d + T_e)}(T_e S_{Eq} + T'_d S_{E'_q})}{1 + \dfrac{T_e}{T'_d} \times \dfrac{S_{UGq} - S_{Eq}}{S_{UGq} - S_{E'_q}}}$$

$$= 4.855 < 5.785$$

因此，稳定极限角要由放大系数最大允许值确定。经过试算：$\delta = 105.68°$，$K_{\text{Umax}} = 5.788$；$\delta = 105.69°$，$K_{\text{Umax}} = 5.786$；$\delta = 106°$，$K_{\text{Umax}} = 5.709$。故 $\delta_{\text{sl}} = 105.69°$。因为 $E'_q = E'_{q0} = $ 常数，故稳定极限

$$P_{\text{sl}} = \frac{E'_{q0} U_0}{x'_{\text{d}\Sigma}} \sin\delta_{\text{sl}} + \frac{U_0^2}{2}\left(\frac{x'_{\text{d}\Sigma} - x_{\text{d}\Sigma}}{x'_{\text{d}\Sigma} x_{\text{d}\Sigma}}\right)\sin 2\delta_{\text{sl}}$$

$$= \frac{1.382 \times 1}{0.769}\sin 105.69° + \frac{1}{2}\left(\frac{0.769 - 2.146}{0.709 \times 2.146}\right)\sin(2 \times 105.69°) = 1.947$$

（4）功率极限计算。

由 $S_{E'_q} = 1.797\cos\delta - 1.669\cos^2\delta + 0.8344 = 0$ 可解出

$$\delta_{E'qm} = \cos^{-1}\left(\frac{1.797 - \sqrt{1.797^2 + 4 \times 1.669 \times 0.8344}}{2 \times 1.669}\right) = 110.51°$$

$$P_{\text{m}} = \frac{E'_{q0} U_0}{x'_{\text{d}\Sigma}} \sin\delta_{E'qm} + \frac{U_0^2}{2}\left(\frac{x'_{\text{d}\Sigma} - x_{\text{d}\Sigma}}{x'_{\text{d}\Sigma} x_{\text{d}\Sigma}}\right)\sin 2\delta_{E'qm}$$

$$= \frac{1.382}{0.769}\sin 110.51° + \frac{1}{2}\left(\frac{0.769 - 2.146}{0.769 \times 2.146}\right)\sin(2 \times 110.51°) = 1.957$$

从计算结果可以看出，本例静态稳定极限由 $\Delta_3 = 0$ 来确定。当发电机从 δ_0 开始逐渐增大原动机的功率，运行功角抵达 $\delta_{\text{sl}} = 105.69°$ 时，系统将发生自发振荡而失去稳定。

P_{sl} 与 P_{m} 差值的百分数为

$$\frac{P_{\text{m}} - P_{\text{sl}}}{P_{\text{sl}}} \times 100 = \frac{1.957 - 1.947}{1.947} \times 100 = 0.51\%$$

因此，仅从计算稳定极限 P_{sl} 的大小着眼，完全可以从 $S'_{Eq} = 0$ 出发，这就是采用 $E'_q = E'_{q0} = $ 常数作发电机模型的根据。此外，还可以看到，$\delta_{\text{a3sl}} = 109.37°$ 与 $\delta_{E'qm} = 110.5°$ 相差极小，也可以用 $S_{E'_q} > 0$ 代替 $a_3 > 0$。

（5）$K_U = 10$ 的稳定极限计算。

$K_U = 10$ 时，由式（14-40）算得 E_q，进而求得其他运行参数

$$E_q = 4.091 - 2.166\cos\delta, \quad S_{Eq} = 1.906\cos\delta - 1.009\cos^2\delta$$

$$E'_q = 1.466 - 0.135\cos\delta, \quad S_{E'_q} = 1.906\cos\delta - 1.845\cos^2\delta + 0.834$$

$$U_{Gq} = 1.012 + 0.217\cos\delta, \quad S_{UGq} = 1.906\cos\delta - 2.425\cos^2\delta + 1.417$$

由于放大系数超过保持 $E'_q = E'_{q0} = $ 常数所要求的值，所以稳定极限功角 δ_{sl} 由 $\Delta_3 = 0$ 确定，经过试算求得 $\delta_{\text{sl}} = 84.7°$，$K_{\text{Umax}} = 10.01 \approx 10$。稳定极限为

$$P_{\text{sl}} = \frac{E_q U_0}{x_{\text{d}\Sigma}}\sin\delta_{\text{sl}} = (4.091 - 2.166\cos 84.7°)\frac{1}{2.146}\sin 84.7° = 1.805$$

功率极限计算

$$P = \frac{E_q U_0}{x_{\text{d}\Sigma}}\sin\delta = (4.091 - 2.166\cos\delta)\frac{1}{2.146}\sin\delta = \frac{4.091}{2.146}\sin\delta - \frac{2.166}{2 \times 2.146}\sin 2\delta$$

$$= 1.906\sin\delta - 0.5045\sin2\delta$$

由 $dP/d\delta = 0$ 得 $1.906\cos\delta - 2.018\cos^2\delta + 1.009 = 0$，$\delta_m = 112.21°$。于是

$$P_m = 1.906\sin112.21° - 0.5045\sin(2 \times 112.21°) = 2.118$$

计算结果表明，虽然 K_U 整定得大，可以提高功率极限（由 1.957 提高到 2.118），但是由于受到自发振荡条件的限制，稳定运行角从 105.64° 缩小到 84.7°，稳定极限 P_{sl} 从 1.947 降至 1.805。

二、电力系统静态稳定的简要评述

在发电机装设了励磁调节器之后，电力系统静态稳定的情况，与无励磁调节的不同。下面以简单电力系统为例，对电力系统静态稳定作一简要评述，以便简化计算中关于发电机模型处理问题，并有较清晰的理解。

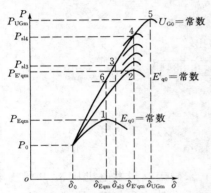

图 14-8　电力系统静态稳定的一般情况

无励磁调节的发电机在运行情况缓慢变化时，发电机励磁电流保持不变，即发电机电势 $E_q = E_{q0} =$ 常数。当发电机输出的功率从给定的运行条件 P_0 慢慢增加，功角逐渐增大时，发电机工作点将沿 $E_q = E_{q0} =$ 常数的曲线变化。电力系统静态稳定极限，将由 $S_{Eq} = 0$ 确定，它与功率极限 P_{Eqm} 相等，即由图 14-8 的点 1 确定。在简化计算中，发电机采用 $E_q = E_{q0} =$ 常数的模型。

当发电机装有按单个参数偏差调节的比例式调节器时，如果放大倍数整定适中，例如大致能保持 $E'_q = E'_{q0} =$ 常数时（见例 14-1），则发电机工作点近似地沿 $P_{E'q0}$ 的曲线变化。由于放大系数不很大，即使在较大的运行角度时也能满足放大系数小于最大允许值 K_{max} 的要求，因而静态稳定极限功率 P_{sl}，可以近似地由 $S_{E'q} = 0$ 确定，即大小取为与功率极限 $P_{E'q0}$ 相等（图 14-8 中的点 2）。简化计算中，发电机采用 $E'_q =$ 常数的模型。

如果放大系数整定得比较大，则由于受到自发振荡条件的限制（即 $K < K_{max}$），极限运行角 δ_{sl} 将缩小，一般比 $S_{E'q} = 0$ 对应的 $\delta_{E'qm}$ 小得多，差别的大小与 T_e 有关。但由于放大系数较大，维持电压能力较强，因此稳定极限功率，可以近似地按 $U_G = U_{G0} =$ 常数的曲线 P_{UG0} 上对应的 δ_{sl} 的点 3 确定。当发电机功率由 P_0 慢慢增加到 P_{sl3}，功角抵达 δ_{sl} 时，系统便要失去静态稳定。

对于装有单参数调节的比例式调节器的发电机，按点 2 和点 3 所确定的稳定极限功率值相差并不大。因此，在简化计算中，就按点 2 来确定稳定极限功率，并对发电机采用 $E'_q =$ 常数的经典模型。

当发电机装有按两个参数调节的比例式调节器，例如装设带电压校正器的复式励磁装置时，可以选择合适的电流放大系数 K_I，使稳定运行角增大到接近于由 $S_{E'q} = 0$ 所确定的 $\delta_{E'qm}$，而利用电压校正器来使发电机的端电压大致恒定，因此静态稳定极限可以近似地由 $U_G = U_{G0} =$ 常数的曲线上对应的 $\delta_{E'qm}$ 的点 4 确定。

目前，在励磁调节系统中进行参数补偿的方式很多，通过反馈、移相等来改变励磁调

节系统参数（或引入辅助调节量实现多参数调节）的调节器，习惯上称为电力系统稳定器，或简称为 PSS（Power System Stabilizer）。加装了 PSS 后，励磁调节器的放大倍数可以大大提高，以致有可能保持发电机的端电压恒定，稳定极限也达到其功率极限；强力式调节器是按某些运行参数如电压、功率、角速度等的一阶甚至二阶导数调节励磁的，当发电机装有这种强力式调节器时，静态稳定极限可以提高到 P_{UG0} 的功率极限 P_{UGm}。总之，加装了 PPS 或强力式调节器后，其稳定极限点可以达到图 14-8 中的点 5。在简化计算中，发电机可以采用 $U_G =$ 常数的模型。

附带指出，当发电机采用手动调节励磁或装有不连续的调节器，大致上保持发电机端电压不变时，由于受到自发振荡的限制，稳定运行角不能超过由 $S_{Eq} = 0$ 所确定的 δ_{Eqm}。但是由于大致保持了发电机端电压不变，稳定极限功率值，将由 $U_G = U_{G0} =$ 常数的功率特性上对应 δ_{Eqm} 的点 6 来确定，它比无调节励磁时大得多。所以，即使手动调节励磁，也能提高输电系统的输送能力。

此外，目前我国已研制和开发了许多种类的微机励磁调节系统。由于微型计算机具有极强的综合处理能力，例如输入量之间的协调、按发电机的运行情况修改调节系统的参数等，这对于抑制自发振荡、提高稳定极限从而提高系统稳定性都有显著的效果。

第三节　电力系统静态稳定的实用计算

从电力系统运行可靠性要求出发，我们不能允许电力系统运行在稳定极限的附近，否则，运行情况稍有变动或者扰动，系统便会失去稳定。为此，我们要求电力系统有相当的稳定度。稳定度的大小，通常用稳定储备系数来表示，即

$$K_P = \frac{P_{sl} - P_0}{P_0} \times 100\% \qquad (14\text{-}43)$$

要求电力系统运行时具有多大的储备系数，必须从技术和经济等方面综合考虑。若储备系数定得较大，则要减小正常运行时发电机输送的功率 P_0（当稳定极限变化不大时）。因而限制了输送能力，恶化输电的经济指标。储备系数定的过小，虽然可以增大正常运行的输送功率，但运行的安全可靠性较低，若出现稳定破坏事故，将造成经济上的巨大损失。电力系统不仅要求正常运行下有足够的稳定储备，而且要求在非常运行方式下（例如双回路的一回路被切除，有待重新投入。这时系统的联系被削弱了，即 $X_{d\Sigma}$ 增大了，P_{sl} 减小），也应有一定的稳定储备，但稳定储备系数可以小一些。

我国现行《电力系统安全稳定导则》规定：正常运行方式和正常检修运行方式下，$K_P \geqslant (15\% \sim 20\%)$；事故后运行方式和特殊运行方式下，$K_P \geqslant 10\%$。

电力系统静态稳定实际计算的目的，就是按给定的运行条件，求出以运行参数表示的稳定极限，从而计算出该运行方式下的稳定储备系数，检验它是否满足规定的要求。

从本章第二节可以看出，稳定极限不等于功率极限，并且由于自动励磁调节器的调节作用，稳定极限的求解过程要比功率极限复杂，但从本章第二节中看出，根据励磁调节器的调节能力，可以将求解问题简单化。

（1）将功率极限代替稳定极限。确定发电机的模型（即以何种电势作为常量），然后根

据给定的运行方式，进行潮流计算，求出发电机的电势，计算功率特性和功率极限 P_{m}，然后用下列公式计算静态稳定储备系数。

$$K_{\mathrm{P}} = \frac{P_{\mathrm{m}} - P_0}{P_0} \times 100\%$$

（2）按某一种电势为常量的功率特性求出稳定极限角度（如图 14-8 中的点 6 对应于 δ_{Eqm}，点 4 对应于 $\delta_{\mathrm{E'qm}}$），将此稳定极限角度代入按另一种电势为常量表示的功率特性中（如图 14-8 中按 P_{GU0} 变化的曲线），求出相应的稳定功率 P_{sl}，用公式（14-43）计算静态稳定储备系数。

【例 14-2】 一简单电力系统，已知各元件参数如下：$x_{\mathrm{q}} = 0.8$，$x'_{\mathrm{d}} = 0.3$，$x_{\mathrm{TL}} = 0.61$，无限大系统母线电压为 $U_0 = 1.0$，$\tilde{S}_0 = 0.9 + \mathrm{j}0.18$，试计算当发电机有励磁调节，$E'_{\mathrm{q}} = E'_{\mathrm{q}0} =$ 常数时的静态稳定储备系数。（均为统一基准下的标幺值）

解
$$x_{\mathrm{q}\Sigma} = x_{\mathrm{q}} + x_{\mathrm{TL}} = 0.8 + 0.61 = 1.41$$
$$x'_{\mathrm{d}\Sigma} = x_{\mathrm{d}} + x_{\mathrm{TL}} = 0.3 + 0.61 = 0.91$$

$$\begin{aligned}
E_{\mathrm{Q}0} &= \sqrt{\left(U_0 + \frac{Q_0 x_{\mathrm{q}\Sigma}}{U_0}\right)^2 + \left(\frac{P_0 x_{\mathrm{q}\Sigma}}{U_0}\right)^2} \\
&= \sqrt{\left(1 + \frac{0.18 \times 1.41}{1}\right)^2 + \left(\frac{0.9 \times 1.41}{1}\right)^2} = 1.78
\end{aligned}$$

$$\delta_0 = \operatorname{arctg} \frac{P_0 x_{\mathrm{q}\Sigma}/U_0}{U_0 + Q_0 x_{\mathrm{q}\Sigma}/U_0} = \operatorname{arctg} \frac{0.9 \times 1.41}{1 + 0.18 \times 1.41} = 45.34°$$

$$\begin{aligned}
E'_{\mathrm{q}0} &= \frac{x'_{\mathrm{d}\Sigma}}{x_{\mathrm{q}\Sigma}} E_{\mathrm{Q}0} + \left(1 - \frac{x'_{\mathrm{d}\Sigma}}{x_{\mathrm{q}\Sigma}}\right) U_0 \cos\delta_0 \\
&= \frac{0.91}{1.41} \times 1.78 + \left(1 - \frac{0.91}{1.41}\right) \times 1 \times \cos 45.34° = 1.398
\end{aligned}$$

$$\begin{aligned}
P_{\mathrm{E'q}} &= \frac{E'_{\mathrm{q}0} U_0}{x'_{\mathrm{d}\Sigma}} \sin\delta + \frac{U_0^2}{2} \times \frac{x'_{\mathrm{d}\Sigma} - x_{\mathrm{q}\Sigma}}{x'_{\mathrm{d}\Sigma} x_{\mathrm{q}\Sigma}} \sin 2\delta \\
&= \frac{1.398}{0.91} \sin\delta + \frac{1}{2} \times \frac{0.91 - 1.41}{0.91 \times 1.41} \sin 2\delta \\
&= 1.536 \sin\delta - 0.195 \sin 2\delta
\end{aligned}$$

$$\frac{\mathrm{d}P_{\mathrm{E'q}}}{\mathrm{d}\delta} = 1.536 \cos\delta - 2 \times 0.195 \cos 2\delta = 0, \quad \delta_{\mathrm{E'qm}} = 103.2°$$

$$P_{\mathrm{E'qm}} = 1.536 \sin 103.2° - 0.195 \sin(2 \times 103.2°) = 1.582$$

$$K_{\mathrm{P}} = \frac{P_{\mathrm{E'qm}} - P_0}{P_0} \times 100\% = \frac{1.582 - 0.9}{0.9} = 75.8\%$$

【例 14-3】 有一简单电力系统，其中发电机为隐极机，$x_{\mathrm{d}} = 1.0$，$x_{\mathrm{TL}} = 0.3$（均以发电机额定功率为基准值）。无限大系统母线电压为 $\dot{U} = 1 \angle 0°$，其等值电路如图 14-9 所示。如果在发电机端电压为 1.05 时，发电机向系统输送的功率为 0.8，没有进行励磁调节。试计算此时系统的静态稳定储备系数。

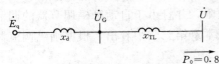

图 14-9 例 14-3 的等值电路

解 设发电机端电压 $\dot{U}_{\mathrm{G}}$ 与无限大系统电压 $\dot{U}$

之间的夹角为 δ_{G0}。

（1）求 δ_{G0}。

据 $P_{UG} = \dfrac{U_G U}{x_{TL}} \sin\delta_G$ 得

$$0.8 = \frac{1.05 \times 1}{0.3} \sin\delta_{G0}$$

$$\delta_{G0} = 13.21°$$

（2）求系统通过的电流 $\dot{I}$。

$$\dot{I} = \frac{\dot{U}_G - \dot{U}}{\mathrm{j}x_{TL}} = \frac{1.05 \underline{/13.21°} - 1 \underline{/0°}}{\mathrm{j}0.3} = 0.803 \underline{/-5.29°}$$

（3）计算 $\dot{E}_q$。

$$x_{d\Sigma} = x_d + x_{TL} = 1.0 + 0.3 = 1.3$$

$$\dot{E}_q = \dot{U} + \mathrm{j}\dot{I}x_{d\Sigma} = 1.0 \underline{/0°} + \mathrm{j}0.803 \underline{/-5.29°} \times 1.3 = 1.51 \underline{/43.5°}$$

所以

$$P_{E_{qm}} = \frac{E_q U}{x_{d\Sigma}} = \frac{1.51 \times 1.0}{1.3} = 1.16$$

则

$$K_p = \frac{P_{E_{qm}} - P_0}{P_0} = \frac{1.16 - 0.8}{0.8} \times 100\% = 45\%$$

【例 14-4】 求例 13-2 两机电力系统中发电机 G-1 的静态稳定储备系数。

解 利用例 13-2 中的计算结果，则

$$\frac{\mathrm{d}P_{G1}}{\mathrm{d}\delta_{12}} = 1.585\cos(\delta_{12} + 14.48°) = 0$$

$$\delta_{12m} = 76.52°$$

$$P_{G1m} = 0.261 + 1.585 = 1.846$$

$$P_{G10} = P_{10} + \frac{P_{10}^2 + Q_{10}^2}{U_0^2}R_{\Sigma 1} = 1 + (1^2 + 0.329^2) \times 0.05 = 1.055$$

则

$$K_P = \frac{P_{G1m} - P_{G10}}{P_{G10}} \times 100\% = \frac{1.846 - 1.055}{1.055} \times 100\% = 75\%$$

第四节 提高系统静态稳定性的措施

通过对电力系统静态稳定性的分析表明，发电机可能输送的功率极限愈高则静态稳定性愈高。以一机对无限大系统的情形来看，减少发电机与系统之间的联系电抗就可以增加发电机的功率极限。从物理意义上讲，这就是加强发电机与无限大系统的电气联系。联系紧密的系统显然是不容易失去静态稳定的，当然这种系统的短路电流较大。

加强电气联系，即缩短电气距离，也就是减少各元件的阻抗，主要是电抗。以下介绍的几种提高静态稳定性的措施，都是直接或间接地减少电抗的措施。

一、采用自动调节励磁装置

在分析一机对无限大系统的静态稳定时曾经指出，当发电机装设比例型励磁调节器时，

发电机可看作具有 E'_q（或 E'）为常数的功率特性，这也就相当于将发电机的电抗从同步电抗 x_d 减小为暂态电抗 x'_d 了。如果采用按运行参数的变化率调节励磁，则甚至可以维持发电机端电压为常数，这就相当于将发电机的电抗减小为零。因此，发电机装设先进的调节器就相当于缩短了发电机与系统间的电气距离，从而提高了静态稳定性。因为调节器在总投资中所占的比重很小，所以在各种提高静态稳定性的措施中，总是优先考虑安装自动励磁调节器的。

二、减小元件的电抗

发电机之间的联系电抗总是由发电机、变压器和线路的电抗所组成。这里有实际意义的是减少线路电抗，具体做法有下列几种：

1. 采用分裂导线

高压输电线采用分裂导线的主要目的是为了避免电晕，同时分裂导线可以减少线路的电抗。分裂根数越多，分裂间距越大，线路的电抗值越小。

2. 提高线路额定电压等级

功率极限和电压的平方成正比，因此提高线路额定电压等级可以提高功率极限。另一方面，提高线路额定电压等级也可以等值地看做是减小线路电抗。当用统一的基准值计算时，线路电抗为

$$x_{L*(B)} = xl \frac{S_B}{U_{NL}^2}$$

式中　U_{NL}——线路的额定电压。

由此可见，线路电抗标么值与其电压的平方成反比。

当然，提高线路额定电压势必要加强线路的绝缘、加大杆塔的尺寸并增加变电所的投资。因此，一定的输送功率和输送距离对应一个经济上合理的线路额定电压等级。

3. 采用串联电容补偿

串联电容补偿就是在线路上串联电容器以补偿线路的电抗。一般在较低电压等级的线路上的串联电容补偿主要是用于调压；在较高电压等级的输电线路上的串联电容补偿，则主要是用来提高系统的稳定性。在后一种情况下，补偿度对系统的影响较大。所谓补偿度 K_C 是串联电容器容抗 x_c 和线路感抗 x_L 的比值，即 $K_C = x_c / x_L$。

一般说，串联电容补偿度 K_C 愈大，线路等值电抗愈小，对提高稳定性愈有利。但 K_C 的增大要受到很多条件的限制。当补偿度过大时，短路电流过大；短路电流还有可能呈容性，电流、电压相位关系的紊乱将引起某些保护装置的误动作；系统中电阻对感抗的比值增大，阻尼系数可能为负值，造成低频的自发振荡；发电机外部电路的电抗可能呈现容性，电枢反应可能起助磁作用，使发电机的电流和电压无法控制地上升，直至发电机的磁路饱和为止，即所谓的自励磁现象。为保证不发生上述现象，K_C 不能过大，一般不超过 0.5。

当补偿度确定以后，补偿容量即确定，这些电容器是集中在一处还是分散在几处串联接入线路，这要根据经济、技术比较以及维护、检修是否方便等因素来确定。

三、改善系统的结构和采用中间补偿设备

1. 改善系统结构

有多种方法可以改善系统的结构，加强系统的联系。例如增加输电线路的回路数；当

输电线路通过的地区原来就有电力系统时，将这些中间电力系统与输电线路连接起来，相当于将输电线路分成两段，缩小了电气距离，使长距离的输电线路中间点的电压得到维持。并且，中间系统还可以与输电线交换有功功率，起到互为备用的作用。

2. 采用中间补偿设备

如果在输电线路中间的降压变电所内装设同期调相机，而且同期调相机配有先进的自动励磁调节器，则可以维持同期调相机端点电压甚至高压母线电压恒定。这样，输电线路也就等值地分为两段，系统的静态稳定性得到提高。并联电容补偿装置和静止补偿器得到广泛的应用。

上面所述措施只是从减小电抗这一点来提高静态稳定性的。在正常运行中提高发电机的电动势和电网的运行电压也可以提高功率极限。为使电网具有较高的电压水平，必须在系统中设置足够的无功功率电源。

小　　结

本章采用了小扰动法分析电力系统的静态稳定性。当系统受到小的扰动时，非线性系统方程可转化为线性方程。

对于无励磁调节的简单电力系统，利用特征方程的根即可判断系统是否静态稳定；对于有励磁调节的简单电力系统，根据胡尔维茨判别法，所有特征值的实部均为负值的条件，得出了系统静态稳定的条件：特征方程所有的系数均大于零；胡尔维茨行列式及其主子式的值均大于零。

本章引出了稳定极限的概念，它是指保持静态稳定时发电机所能输送的最大功率，它与功率极限是两个不同的概念，要区分开。稳定极限的计算在第二节做了概括总结。

从电力系统的可靠性要求出发，系统不能运行在稳定极限附近，否则运行情况稍有变动，就有可能失去稳定。从而引出了静态稳定储备系数的概念和计算，规定了不同运行方式下，静态稳定储备系数的最低限。

最后，主要从加强发电机和系统之间的电气联系（即减少电抗）这一角度，阐述了提高系统静态稳定性的措施。

第十五章　电力系统暂态稳定性

本章主要论述简单电力系统受大扰动后发电机转子相对运动的物理过程、暂态稳定的基本算法以及暂态稳定判据。简要介绍了计及自动励磁调节器后及复杂电力系统的暂态稳定的分析计算。

第一节　暂态稳定分析计算的基本假设

一、电力系统机电暂态过程的特点

电力系统暂态稳定问题是指电力系统受到较大的扰动之后各发电机是否能继续保持同步运行的问题。引起电力系统大扰动的原因主要有下列几种：

（1）负荷的突然变化，如投入或切除大容量的用户等。

（2）切除或投入系统的主要元件，如发电机、变压器及线路等。

（3）发生短路故障。

其中短路故障的扰动最为严重，常以此作为检验系统是否具有暂态稳定的条件。

当电力系统受到大的扰动时，表征系统运行状态的各种电磁参数都要发生急剧的变化。但是，由于原动机调速器具有相当大的惯性，它必须经过一定时间后才能改变原动机的功率。这样，发电机的电磁功率与原动机的机械功率之间便失去了平衡，于是产生了不平衡转矩。在不平衡转矩的作用下，发电机开始改变转速，使各发电机转子间的相对位置发生变化（机械运动）。发电机转子相对位置，即相对角的变化，反过来又影响到电力系统中电流、电压和发电机电磁功率的变化。所以，由大扰动引起的电力系统暂态过程，是一个电磁暂态过程和发电机转子间机械运动暂态过程交织在一起的复杂过程。如果计及发电机励磁调节器、原动机调速器的暂态过程，则过程更加复杂。

精确地确定所有电磁参数和机械运动参数在暂态过程中的变化是困难的，对于解决一般的工程实际问题往往也是不必要的。通常，暂态稳定分析计算的目的在于确定系统在给定的大扰动下发电机能否继续保持同步运行。因此，只需研究表征发电机是否同步的转子运动特性，即功角 δ 随时间变化特性便可以了。据此，我们找出暂态过程中对转子机械运动起主要影响的因素，在分析计算中加以考虑，而对于影响不大的因素，则予以忽略或作近似考虑。

二、基本假设

1. 忽略发电机定子电流的非周期分量和与它相对应的转子电流的周期分量

定子非周期分量电流衰减时间常数很小，通常只有百分之几秒。其次，定子非周期分量电流产生的磁场在空间上是不动的，它与转子绕组直流（包括自由电流）所产生的转矩以同步频率作周期变化，其平均值接近于零。由于转子机械惯性较大，因而它对转子相对运动影响很小。

采用这个假设之后，发电机定、转子绕组的电流、系统的电压及发电机的电磁功率等，在大扰动的瞬间均可以突变。同时，这一假设也意味着忽略电力网络中各元件的电磁暂态过程。

2. 发生不对称故障时，不计零序和负序电流对转子运动的影响

对于零序电流来说，一方面，由于连接发电机的升压变压器绝大多数采用三角形—星形接法，发电机都接在三角形侧，如果故障发生在高压网络中（大多数是这样），则零序电流并不通过发电机；另一方面，即使发电机流通零序电流，由于定子三相绕组在空间对称分布，零序电流所产生的合成气隙磁场为零，对转子运动也没有影响。

负序电流在气隙中产生的合成电枢反应磁场，其旋转方向与转子旋转方向相反。它与转子绕组直流相互作用所产生的转矩，是以近两倍同步频率交变的转矩，其平均值接近于零，对转子运动的总趋势影响很小。加之转子机械惯性较大，所以对转子运动的瞬时速度的影响也不大。

不计零序和负序电流的影响，就大大地简化了不对称故障时暂态稳定的计算。此时，发电机输出的电磁功率，仅由正序分量确定。不对称故障时网络中正序分量的计算，可以应用正序等效定则和复合序网。故障时确定正序分量的等值电路与正常运行时的等值电路不同之处，仅在于故障处接入由故障类型确定的故障附加阻抗 $Z_\triangle$。

应该指出，由于 $Z_\triangle$ 与负序及零序参数有关，故障时正序电流，电压及功率，除与正序参数有关外，也与负序及零序参数有关。所以，网络的负序及零序参数，也影响系统的暂态稳定性。

3. 忽略暂态过程中发电机的附加损耗

这些附加损耗对转子的加速运动有一定的制动作用，但其数值不大。忽略它们使计算结果略偏保守。

4. 不考虑频率变化对系统参数的影响

在一般暂态过程中，发电机的转速偏离同步转速不多，可以不考虑频率变化对系统参数的影响，各元件参数值都按额定频率计算。

三、近似计算中的简化

除了上述基本假设之外，根据所研究问题的性质和对计算精度要求不同，有时还可作一些简化规定。下面是一般暂态稳定分析中常作的简化。

1. 对发电机采用简化的数学模型

根据磁链守恒原理，在大扰动瞬间，转子闭合绕组将产生自由电流。由于忽略了定子非周期分量电流，转子闭合绕组的自由电流只有直流分量。

由于阻尼绕组的时间常数很小，只有百分之几秒，自由电流迅速衰减，所以可以不计阻尼绕组的作用，即假定阻尼绕组是开路的。

在大扰动瞬间，励磁绕组总磁链守恒，与此磁链成正比例的计算用电势 E'_q 也不变。在暂态过程中，随着励磁绕组自由直流的衰减，E'_q 也将减小。但是，励磁绕组自由直流电流的衰减时间常数 T'_d 较大，为秒数量级；而且，发电机的自动励磁调节系统在发生短路故障后要实现强行励磁，因此励磁绕组中自由直流电流的衰减，将为强励所致的电流增量所补偿。这样，可以近似地认为在暂态过程中 E'_q 一直保持恒定不变。

发电机直轴等值电路用 E'_q、x'_d 表示，交轴用 x_q 表示。对于简单电力系统，发电机的电磁功率由式（13-31）确定。

由于 E' 与 E'_q 差别不大，在实用计算中，进一步假定 E' 恒定不变。发电机的模型将简化为用 E' 和 x'_d 表示。对于简单系统，发电机的电磁功率用式（13-34）计算。但是应该注意，E'、δ' 与 E'_q、δ 是有区别的，特别是 δ'，它已不代表发电机转子间的相对空间位置了。但暂态过程中，E' 和 E'_q、δ' 和 δ 的变化规律相似。从图 15-1 可以看到，多数情况下，近似计算能获得与实验（图中虚线）很相近的结果，它可以正确判断系统是否稳定。只是当系统处于稳定性边界附近时，不管是用 $E'_q =$ 常数或 $E' =$ 常数的近似计算，都可能得出不正确的结论［见图 15-1（c）］。为书写简单，今后在采用 E' 和 x'_d 的模型时，将省去 E' 和 δ' 的上标，省去 P_E 的下标 E'，仅用 E、δ、P 表示，但不要忘记它们的含义。

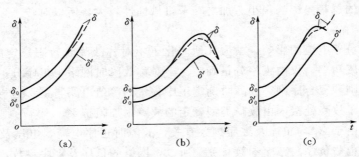

图 15-1　不同假设条件计算的结果
(a) 不稳定；(b) 稳定；(c) 临界情况

2. 不考虑原动机调速器的作用

由于原动机调速器一般要在发电机转速变化后才能起调节作用，加上其本身惯性较大，所以，在一般的暂态稳定计算中，假定原动机输入功率恒定。

第二节　简单电力系统暂态稳定的分析计算

假定简单电力系统在正常运行时，输电线路的始端发生短路故障，然后继电保护动作，切除了一回线路，其相应等值电路如图 15-2 所示，下面分析其暂态稳定性。

一、各种运行情况下的功率特性

系统正常运行情况下的等值电路如图 15-2（a）所示。

系统总电抗为

$$x_{\mathrm{I}} = x'_d + x_{\mathrm{T1}} + \frac{1}{2}x_{\mathrm{L}} + x_{\mathrm{T2}} \tag{15-1}$$

根据给定的运行条件，可以算出短路前暂态电抗 X'_d 后的电势值 E_0。正常运行时的功率特性为

$$P_{\mathrm{I}} = \frac{E_0 U_0}{x_{\mathrm{I}}}\sin\delta = P_{\mathrm{mI}}\sin\delta \tag{15-2}$$

发生短路时根据正序等效定则，应在正序等值电路

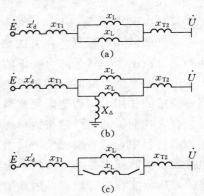

图 15-2　各种运行情况下的等值电路

中的短路点接入附加电抗 $x_\triangle$ [见图 15-2（b）]。此时，发电机与系统间的转移电抗为

$$x_{II} = x_I + \frac{(x'_d + x_{T1})\left(\frac{1}{2}x_L + x_{T2}\right)}{x_\triangle} \quad\quad (15\text{-}3)$$

发电机的功率特性为

$$P_{II} = \frac{E_0 U_0}{x_{II}}\sin\delta = P_{mII}\sin\delta \quad\quad (15\text{-}4)$$

由于 $X_{II} > X_I$，短路时的功率特性比正常运行时的要低（见图 15-3）。

故障线路被切除后，系统总电抗为

$$x_{III} = x'_d + x_{T1} + x_L + x_{T2} \quad\quad (15\text{-}5)$$

此时的功率特性为

$$P_{III} = \frac{E_0 U_0}{x_{III}}\sin\delta = P_{mIII}\sin\delta \quad\quad (15\text{-}6)$$

一般情况下，$x_1 < x_{III} < x_{II}$，因此 P_{III} 也介于 P_I 和 P_{II} 之间（见图 15-3）。

二、大扰动后发电机转子的相对运动

如图 15-3 所示，在正常情况下，若原动机输入功率为 $P_T = P_0$，发电机的工作点为 a，与此对应的功角为 δ_0。

短路瞬间，由于转子具有惯性，功角不能突变，发电机输出的电磁功率（即工作点）应由 P_{II} 上对应于 δ_0 的点 b 确定，设其值为 $P_{(0)}$。这时原动机的功率 P_T 仍保持不变，于是出现了过剩功率 $\Delta P_{(0)} = P_T - P_e = P_0 - P_{(0)} > 0$，它是加速性的。

在加速性的过剩功率作用下，发电机获得加速度，使其相对速度 $\Delta\omega = \omega - \omega_N > 0$，于是功角 δ 开始增大。发电机的工作点将沿着 P_{II} 曲线由 b 向 c 移动。在移动过程中，随着 δ 的增大，发电机的电磁功率也增大，过剩功率则减小，但过剩功率仍是加速性的，所以，$\Delta\omega$ 不断增大。

如果在功角为 δ_c 时，故障线路被切除，在切除瞬间，由于功角不能突变，发电机的工作点便转移到 P_{III} 曲线对应于 δ_c 的点 d 上。此时，发电机的电磁功率大于原动机的功率，过剩功率 $\Delta P_a = P_T - P_e < 0$，变成了减速性的了。在此过剩功率的作用下，发电机转速开始降低，虽然相对速度 $\Delta\omega$ 开始减小，但它仍大于零，因此

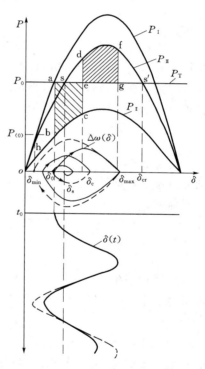

图 15-3　转子相对运动及面积定则

功角继续增大，工作点将沿 P_{III} 由 d 向 f 变动。发电机则一直受到减速作用而不断减速。

如果到达点 f 时，发电机恢复到同步速度，即 $\Delta\omega = 0$，则功角 δ 抵达它的最大值 δ_{max}。虽然此时发电机恢复了同步，但由于功率平衡尚未恢复，所以不能在点 f 确立同步运行的稳态。发电机在减速性不平衡转矩的作用下，转速继续下降而低于同步速度，相对速度改变符号，即 $\Delta\omega < 0$，于是功角 δ 开始减小，发电机工作点将沿 P_{III} 曲线由点 f 向点 d、s 变动。

以后的过程像第十三章第一节所分析的那样，如果不计能量损失，工作点将沿 P_{III} 曲线在点 f 和 h 之间来回变动，与此相对应，功角将在 $\delta_{\max}$ 和 $\delta_{\min}$ 之间变动。考虑到过程中的能量损失，振荡将逐渐衰减，最后在点 s 上稳定运行。也就是说，系统在上述大扰动下保持了暂态稳定。

三、等面积定则

从前面的分析可知，在功角由 δ_0 变到 δ_c 的过程中，原动机输入的能量大于发电机输出的能量，多余的能量将使发电机转速升高并转化为转子的动能而储存在转子中；而当功角由 δ_c 变到 $\delta_{\max}$ 时，原动机输入的能量小于发电机输出的能量，不足部分由发电机转速降低而释放的动能转化为电磁能来补充。

转子由 δ_0 到 δ_c 时，过剩转矩所做的功为

$$W_{\text{a}} = \int_{\delta_0}^{\delta_c} \Delta M_{\text{a}} \mathrm{d}\delta = \int_{\delta_0}^{\delta_c} \frac{\Delta P_{\text{a}}}{\omega} \mathrm{d}\delta$$

用标幺值计算时，因发电机转速偏离同步速度不大，$\omega \approx 1$，于是

$$W_{\text{a}} = \int_{\delta_0}^{\delta_c} \Delta P_{\text{a}} \mathrm{d}\delta = \int_{\delta_0}^{\delta_c} (P_{\text{T}} - P_{\text{II}}) \mathrm{d}\delta \qquad (15\text{-}7)$$

上式右边的积分，代表 P-δ 平面上的面积，如图 15-3 阴影部分的面积 A_{abce}。在不计能量损失时，加速期间过剩转矩所做的功，将全部转化为转子动能。在标幺值计算中，可以认为转子在加速过程中获得的动能增量就等于面积 A_{abce}。这块面积称为加速面积。当转子由 δ_c 变动到 $\delta_{\max}$ 时，转子动能增量为

$$W_{\text{b}} = \int_{\delta_c}^{\delta \max} \Delta M_{\text{a}} \mathrm{d}\delta \approx \int_{\delta_c}^{\delta \max} \Delta P_{\text{a}} \mathrm{d}\delta = \int_{\delta_c}^{\delta \max} (P_{\text{T}} - P_{\text{III}}) \mathrm{d}\delta \qquad (15\text{-}8)$$

由于 $\Delta P_{\text{a}} < 0$，上式积分为负值，也就是说，动能增量为负值，这意味着转子储存的动能减小了，即转速下降了，减速过程中动能增量所对应的面积称为减速面积，如图中的阴影面积 A_{edfg}。

显然，根据能量守恒原理，动能的增量应等于 0，即

$$W_{\text{a}} + W_{\text{b}} = \int_{\delta 0}^{\delta c} (P_{\text{T}} - P_{\text{II}}) \mathrm{d}\delta + \int_{\delta c}^{\delta \max} (P_{\text{T}} - P_{\text{III}}) \mathrm{d}\delta = 0 \qquad (15\text{-}9)$$

应用这个条件，并将 $P_{\text{T}} = P_0$，以及 P_{II} 和 P_{III} 的表达式（15-4）、式（15-6）代入，便可求得 $\delta_{\max}$。式（15-9）也可写成

$$|A_{\text{abce}}| = |A_{\text{edfg}}| \qquad (15\text{-}10)$$

即加速面积等于减速面积，这就是等面积定则。同理，根据等面积定则，可以确定摇摆的最小角度 $\delta_{\min}$，即根据式（15-11）求得。

$$\int_{\delta \max}^{\delta s} (P_{\text{T}} - P_{\text{III}}) \mathrm{d}\delta + \int_{\delta s}^{\delta \min} (P_{\text{T}} - P_{\text{III}}) \mathrm{d}\delta = 0 \qquad (15\text{-}11)$$

四、极限切除角

根据等面积定则知，若故障切除角 δ_c 不同（即切除故障的时间不同），在减速部分对应 $\Delta\omega = 0$ 的点（在特性曲线 P_{III} 上）也不同。随着 δ_c 的增大，对应 $\Delta\omega = 0$ 的点在 P_{III} 上会向右移动，假如此点在 S' 处的左边，这时由于受减速不平衡转矩的作用，使 δ 角减小，分析过程同上，最后经衰减振荡稳定在点 s 处工作；假如到了点 S' 处，仍然有 $\Delta\omega > 0$，从图 5-3 中

可以看出，它又受到加速不平衡转矩的作用，使 δ 角不断增大，从而发电机失去同步。因此，能够使发电机暂态稳定的极限情况是当 $\Delta\omega = 0$ 时，处于 S' 点，此时对应的故障切除角度称极限切除角度，用 $\delta_{c\cdot\lim}$ 表示，S' 点对应的角度称临界角，用 δ_{cr} 表示。

应用等面积定则可以方便地确定 $\delta_{c\cdot\lim}$。由图 15-3 可得

$$\int_{\delta 0}^{\delta c\cdot\lim} (P_0 - P_{m\text{II}}\sin\delta)\mathrm{d}\delta + \int_{\delta c\cdot\lim}^{\delta cr} (P_0 - P_{m\text{III}}\sin\delta)\mathrm{d}\delta = 0 \qquad (15\text{-}12)$$

求出上式的积分并经整理后可得

$$\delta_{c\cdot\lim} = \arccos \frac{P_0(\delta_{cr} - \delta_0) + P_{m\text{III}}\cos\delta_{cr} - P_{m\text{II}}\cos\delta_0}{P_{m\text{III}} - P_{m\text{II}}} \qquad (15\text{-}13)$$

式中所有的角度都是用弧度表示的。临界角

$$\delta_{cr} = \pi - \arcsin \frac{P_0}{P_{m\text{III}}} \qquad (15\text{-}14)$$

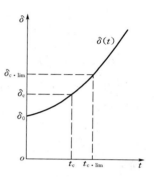

图 15-4　功角随时间
变化的特性 $\delta(t)$

五、电力系统暂态稳定判断的比较法

从上面的分析可得出，暂态稳定的判据是 $\delta_c < \delta_{c\cdot\lim}$。$\delta_{c\cdot\lim}$ 可由等面积定则求出，而 δ_c 往往不直接知道，但我们可通过求解故障时发电机转子运动方程来确定功角随时间变化的特性 $\delta(t)$，并且利用继电保护和断路器切除故障的时间 t_c，找到对应的 δ_c，如图 15-4 所示；也可以比较时间来判断系统是否暂态稳定，从图 15-4 中找到 $\delta_{c\cdot\lim}$ 所对应的时间 $t_{c\cdot\lim}$，则 $t_c < t_{c\cdot\lim}$，系统暂态稳定，否则，不稳定。

对于多机电力系统，已不能用等面积定则求 $\delta_{c\cdot\lim}$，因此判断系统是否稳定，只能靠功角随时间的变化来判断了。

第三节　发电机转子运动方程的数值解法

发电机转子运动方程是非线性常微分方程，一般不能求得解析值，只能用数值计算方法求它们的近似解。这里，仅介绍暂态稳定计算中常用的两种方法。

一、分段计算法

对于简单电力系统，用标幺值描写的发电机转子运动方程为

$$\frac{T_J \mathrm{d}^2\delta}{\omega_N \mathrm{d}t^2} = \Delta M_a = \frac{1}{\omega}\Delta P_a = \frac{1}{\omega}(P_T - P_m\sin\delta)$$

上式中功角对时间的二阶导数为发电机的加速度，当取 $\omega \approx 1$ 时，转子运动方程为

$$a = \frac{\omega_N}{T_J}(P_T - P_m\sin\delta) = \frac{\omega_N}{T_J}(P_T - P_m\sin\delta) \qquad (15\text{-}15)$$

因为 δ 是时间的函数，所以发电机转子运动是变加速运动。

分段计算法就是把时间分成一个个小段，在每一个小段时间内，把变加速运动近似地看成是等加速运动来解。具体算法如下：

在短路瞬间，发电机电磁功率突然减小，原动机的功率 $P_T = P_0 =$ 常数，转子上出现了过剩功率，$\Delta P_{(0)} = P_{T(0)} - P_{e(0)} = P_0 - P_{m\text{II}}\sin\delta_0$，发电机转子获得一个加速度，即

$$a_{(0)} = \frac{\omega_N}{T_J} \Delta P_{(0)}$$

在一个时间段 Δt 内，近似地认为加速度为恒定值 $a_{(0)}$，于是在第一个时间段末，发电机的相对速度和相对角度的增量为

$$\Delta \omega_{(1)} = \Delta \omega_{(0)} + a_{(0)} \Delta t$$

$$\Delta \delta_{(1)} = \Delta \omega_{(0)} \Delta t + \frac{1}{2} a_{(0)} \Delta t^2$$

因为发电机的速度不能突变，故 $\Delta \omega_{(0)} = 0$，于是

$$\Delta \omega_{(1)} = a_{(0)} \Delta t \tag{15-16}$$

$$\Delta \delta_{(1)} = \frac{1}{2} a_{(0)} \Delta t^2 = \frac{1}{2} \frac{\omega_N}{T_J} \Delta P_{(0)} \Delta t^2 = \frac{1}{2} K \Delta P_{(0)} \tag{15-17}$$

式中，$K = \frac{\omega_N}{T_J} \Delta t^2$ 为一常数。

知道了第一个时间段内的功角增量，即可求得第一个时间段末，第二个时间段开始瞬间的功角值

$$\delta_{(1)} = \delta_{(0)} + \Delta \delta_{(1)} \tag{15-18}$$

有了功角新值 $\delta_{(1)}$ 后，便能确定第二个时间段开始瞬间的过剩功率和发电机的加速度分别为

$$\Delta P_1 = P_0 - P_{m\text{II}} \sin\delta_{(1)}$$

$$a_{(1)} = \frac{\omega_N}{T_J} \Delta P_{(1)}$$

同样假定在第二个时间段内加速度为恒定值 $a_{(1)}$，则第二个时间段内角度增量

$$\Delta \delta_{(2)} = \Delta \omega_{(1)} \Delta t + \frac{1}{2} a_{(1)} \Delta t^2 \tag{15-19}$$

上式中的相对速度 $\Delta \omega_{(1)}$ 如果按式（15-16）计算，结果并不十分准确。因为在第一个时间段内，加速度毕竟还是变化的。为了提高计算精度，我们取时间段初和时间段末的加速度的平均值，作为计算每个时间段速度增量的加速度。这样，第一个时间段末的速度

$$\Delta \omega_{(1)} = a_{(0)\text{av}} \Delta t = \frac{a_{(0)} + a_{(1)}}{2} \Delta t \tag{15-20}$$

将此式代入式（15-19）中，得到

$$\Delta \delta_{(2)} = \frac{a_{(0)} + a_{(1)}}{2} \Delta t \times \Delta t + \frac{1}{2} a_{(1)} \Delta t^2 = \Delta \delta_{(1)} + K \Delta P_{(1)} \tag{15-21}$$

第二个时间段末的角度

$$\delta_{(2)} = \delta_{(1)} + \Delta \delta_{(2)} \tag{15-22}$$

同理，我们可以得到第 k 个时间段的递推公式

$$\left. \begin{array}{l} \Delta P_{(k-1)} = P_0 - P_{m\text{II}} \sin\delta_{(k-1)} \\ \Delta \delta_{(k)} = \Delta \delta_{(k-1)} + K \Delta P_{(k-1)} \\ \delta_{(k)} = \delta_{(k-1)} + \Delta \delta_{(k)} \end{array} \right\} \tag{15-23}$$

设在第 m 个时间段开始的瞬刻（即第 $m-1$ 个时间段末）切除故障，发电机的工作点便由 P_{II} 突然变到 P_{III} 上。过剩功率也由 $\Delta P'_{(m-1)} = P_0 - P_{m\text{II}} \sin\delta_{(m-1)}$，突然变到 $\Delta P''_{(m-1)} =$

$P_0 - P_{m\text{III}} \sin\delta_{(m-1)}$ （见图 15-5）。在切除故障后的第一个时间段内，计算角度增量时，过剩功率取操作前后瞬间的平均值，即

$$\Delta\delta_{(m)} = \Delta\delta_{(m-1)} + K \frac{\Delta P'_{(m-1)} + \Delta P''_{(m-1)}}{2} \tag{15-24}$$

这样，便可以把暂态过程中功角变化计算出来并绘成曲线，如图 15-6 所示。这种曲线通常称为发电机的转子摇摆曲线。如果功角随时间不断增大（单调变化），则系统在所给定的扰动下是不能保持暂态稳定的。如果功角增加到某一最大值后便开始减小，以后振荡逐渐衰减，则系统是稳定的。

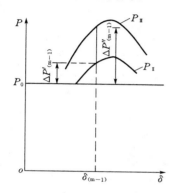

图 15-5　切除故障瞬间
的过剩功率

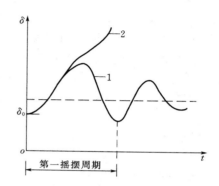

图 15-6　转子摇摆曲线
1—稳定；2—不稳定

分段计算法的计算精度与所选用的时间段的长短（即步长）有关，Δt 太大，固然精度下降；Δt 过小，除增加计算量外，也会增加计算过程中的累计误差。Δt 的选择应与所研究对象的时间常数相配合，当发电机采用简化模型时，Δt 一般可选为 $0.01 \sim 0.05\text{s}$。

二、改进欧拉法

设一阶线性微分方程为 $\dfrac{\mathrm{d}x(t)}{\mathrm{d}t} = f(x(t), t)$，且已知 $t = t_0$ 时刻的初始值 $x(t_0) = x_0$，现在求出 $t > t_0$ 以后满足上述方程的 $x(t)$。暂态稳定计算就是给定了扰动时刻的初值，求扰动后转子运动规律 $\delta(t)$ 的过程，但是在等号右边的非线性函数中，不显示时间变量 t，所以只需求解方程 $\dfrac{\mathrm{d}x(t)}{\mathrm{d}t} = f[x(t)]$ 即可。

在 $t = 0$ 瞬刻，已给定初值 $x(0) = x_0$，于是可以求得此瞬间非线性函数值 $f(x_0)$ 及 x 的变化速度

$$\left.\frac{\mathrm{d}x}{\mathrm{d}t}\right|_0 = f(x_0) \tag{15-25}$$

在一个很小的时间段 Δt 内，假设 x 的变化速度不变，并等于 $\left.\dfrac{\mathrm{d}x}{\mathrm{d}t}\right|_0$，则第一个时间段内 x 的增量 Δx 为

$$\Delta x_1 = \left.\frac{\mathrm{d}x}{\mathrm{d}t}\right|_0 \Delta t \tag{15-26}$$

第一个时间段末（即 $t_1 = \Delta t$）的 x 值为

$$x_{(1)} = x_0 + \Delta x_{(1)} = x_0 + \frac{\mathrm{d}x}{\mathrm{d}t}\Big|_0 \Delta t \qquad (15\text{-}27)$$

知道 $x_{(1)}$ 的值后，便可求得 $f(x_{(1)})$ 的值以及 $\frac{\mathrm{d}x}{\mathrm{d}t}\Big|_1 = f(x_{(1)})$，从而求得第二个时间段末（即 $t = 2\Delta t$）的 x 值

$$x_{(2)} = x_{(1)} + \Delta x_{(2)} = x_{(1)} + \frac{\mathrm{d}x}{\mathrm{d}t}\Big|_1 \Delta t \qquad (15\text{-}28)$$

以后时间段的递推公式为

$$x_{(k)} = x_{(k-1)} + \frac{\mathrm{d}x}{\mathrm{d}t}\Big|_{k-1} \Delta t \qquad (15\text{-}29)$$

上述算法的特点是算式简单、计算量小，但不够精确，一般不能满足工程计算的精度要求，必须加以改进。改进后的算法如下。

对于任一时间段，先计算时间段初 x 的变化速度（例如第一个时间段）

$$\frac{\mathrm{d}x}{\mathrm{d}t}\Big|_0 = f(x_0)$$

于是可以求得时间段末 x 的近似值

$$x_{(1)}^{(0)} = x_{(0)} + \frac{\mathrm{d}x}{\mathrm{d}t}\Big|_0 \Delta t \qquad (15\text{-}30)$$

然后再计算时间段末 x 的近似速度

$$\frac{\mathrm{d}x}{\mathrm{d}t}\Big|_1^{(0)} = f(x_{(1)}^{(0)}) \qquad (15\text{-}31)$$

最后，以时间段初的初始速度和时间段末的近似速度的平均值，作为这个时间段的不变速度来求 x 的增量，即

$$\Delta x_{(1)} = \frac{1}{2}\left[\frac{\mathrm{d}x}{\mathrm{d}t}\Big|_0 + \frac{\mathrm{d}x}{\mathrm{d}t}\Big|_1^{(0)}\right]\Delta t \qquad (15\text{-}32)$$

从而求得时间段末 x 的修正值

$$x_{(1)} = x_0 + \Delta x_{(1)} = x_0 + \frac{1}{2}\left[\frac{\mathrm{d}x}{\mathrm{d}t}\Big|_0 + \frac{\mathrm{d}x}{\mathrm{d}t}\Big|_1^{(0)}\right]\Delta t \qquad (15\text{-}33)$$

这种算法称为改进欧拉法。它的递推公式为

$$\left.\begin{aligned}
\frac{\mathrm{d}x}{\mathrm{d}t}\Big|_{k-1} &= f(x_{(k-1)}) \\
x_{(k)}^{(0)} &= x_{(k-1)} + \frac{\mathrm{d}x}{\mathrm{d}t}\Big|_{k-1} \Delta t \\
\frac{\mathrm{d}x}{\mathrm{d}t}\Big|_k^{(0)} &= f(x_k^{(0)}) \\
x_{(k)} &= x_{(k-1)} + \frac{1}{2}\left[\frac{\mathrm{d}x}{\mathrm{d}t}\Big|_{k-1} + \frac{\mathrm{d}x}{\mathrm{d}t}\Big|_k^{(0)}\right]\Delta t
\end{aligned}\right\} \qquad (15\text{-}34)$$

对于一阶微分方程组，递推算式的形式和式（15-34）相同，只是式中的 x、$f(x)$ 等要换成列相量或列相量函数。

下面，以简单电力系统为例来说明改进欧拉法在暂态稳定计算中的应用。对于转子运动方程

$$\left.\begin{array}{l} \dfrac{\mathrm{d}\delta}{\mathrm{d}t} = \omega - \omega_\mathrm{N} = \Delta\omega = f_\delta(\delta, \Delta\omega) \\[3mm] \dfrac{\mathrm{d}\Delta\omega}{\mathrm{d}t} = \dfrac{\omega_\mathrm{N}}{T_\mathrm{J}}(P_\mathrm{T} - P_\mathrm{e}) = f_\omega(\delta, \Delta\omega) \end{array}\right\} \qquad (15\text{-}35)$$

假定计算已进行到第 k 个时间段。计算步骤及递推公式如下。

确定时间段初的电磁功率

$$P_{\mathrm{e}(k-1)} = P_{\mathrm{m}\mathrm{II}}\sin\delta_{(k-1)}$$

解微分方程求时间段末功角等的近似值（设 $P_\mathrm{T} = P_0 =$ 常数）分别为

$$\left.\begin{array}{l} \dfrac{\mathrm{d}\delta}{\mathrm{d}t}\bigg|_{k-1} = f_\delta(\delta_{(k-1)}, \Delta\omega_{(k-1)}) = \Delta\omega_{(k-1)} \\[3mm] \dfrac{\mathrm{d}\Delta\omega}{\mathrm{d}t}\bigg|_{k-1} = f_\omega(\delta_{(k-1)}, \Delta\omega_{(k-1)}) = \dfrac{\omega_\mathrm{N}}{T_\mathrm{J}}(P_0 - P_{\mathrm{e}(k-1)}) \\[3mm] \delta_{(k)}^{(0)} = \delta_{(k-1)} + \dfrac{\mathrm{d}\delta}{\mathrm{d}t}\bigg|_{k-1}\Delta t \\[3mm] \Delta\omega_{(k)}^{(0)} = \Delta\omega_{(k-1)} + \dfrac{\mathrm{d}\Delta\omega}{\mathrm{d}t}\bigg|_{k-1}\Delta t \end{array}\right\} \qquad (15\text{-}36)$$

计算时间段末电磁功率的近似值

$$P_{\mathrm{e}(k)}^{(0)} = P_{\mathrm{m}\mathrm{II}}\sin\delta_{(k)}^{(0)} \qquad (15\text{-}37)$$

解微分方程分别求时间段末功角的修正值

$$\left.\begin{array}{l} \dfrac{\mathrm{d}\delta}{\mathrm{d}t}\bigg|_{k}^{(0)} = f_\delta(\delta_{(k)}^{(0)}, \Delta\omega_{(k)}^{(0)}) = \Delta\omega_{(k)}^{(0)} \\[3mm] \dfrac{\mathrm{d}\Delta\omega}{\mathrm{d}t}\bigg|_{k}^{(0)} = f_\delta(\delta_{(k)}^{(0)}, \Delta\omega_{(k)}^{(0)}) = \dfrac{\omega_\mathrm{N}}{T_\mathrm{J}}(P_0 - P_{\mathrm{e}(k)}^{(0)}) \\[3mm] \delta_{(k)} = \delta_{(k-1)} + \dfrac{1}{2}\left[\dfrac{\mathrm{d}\delta}{\mathrm{d}t}\bigg|_{k-1} + \dfrac{\mathrm{d}\delta}{\mathrm{d}t}\bigg|_{k}^{(0)}\right]\Delta t \\[3mm] \Delta\omega_{(k)} = \Delta\omega_{(k-1)} + \dfrac{1}{2}\left[\dfrac{\mathrm{d}\Delta\omega}{\mathrm{d}t}\bigg|_{k-1} + \dfrac{\mathrm{d}\Delta\omega}{\mathrm{d}t}\bigg|_{k}^{(0)}\right]\Delta t \end{array}\right\} \qquad (15\text{-}38)$$

从递推公式可以看到，用改进欧拉法计算暂态稳定，也是把时间分成一个个小段，在每一小段内按等速运动进行微分方程求解，从而求得发电机的转子摇摆曲线。

应该着重指出，用改进欧拉法对故障切除后的第一个时间段的计算，与用分段计算法不同，电磁功率只用故障切除后的网络方程来求得而不必用故障切除前后的平均值。这是因为改进欧拉法的递推公式中实际已计及了故障切除前瞬间的电磁功率的影响。

改进欧拉法和分段计算法的精确度是相同的。对于简单电力系统（包括某些多机系统的简化计算）来说，分段计算法的计算量比改进欧拉法少得多。

【例 15-1】 对图 13-20 所示的系统，发电机的负序电抗 $x_2 = 0.2$，转子的惯性时间常数 $T_{\mathrm{JN}} = 8\mathrm{s}$。如果在输电线路始端发生两相接地短路，线路两侧开关经 0.1s 同时切除，试用分段计算法和改进欧拉法计算发电机的摇摆曲线，并判断系统能否保持暂态稳定。假定线路每回路零序电抗为正序电抗的 5 倍。

解 由例 13-1 的计算已得到一些原始运行参数及网络参数，如 $P_0 = 1.0$，$E'_0 = 1.47$，$\delta'_0 = 31.54°$，$x'_\mathrm{d} = 0.238$，$x_{\mathrm{T1}} = 0.13$，$x_{\mathrm{T2}} = 0.108$，$x_\mathrm{L} = 0.586$。

$$x_2 = x_2 \frac{S_B}{S_{GN}} \frac{U_{GN}^2}{U_{B(1)}^2} = 0.2 \times \frac{250}{352.5} \times \frac{10.5^2}{9.07^2} = 0.19$$

$$T_J = T_{JN} \frac{S_{GN}}{S_B} = 8 \times \frac{352.5}{250} = 11.28 \quad (s)$$

$$x_{L0} = 5x_L = 5 \times 0.586 = 2.93$$

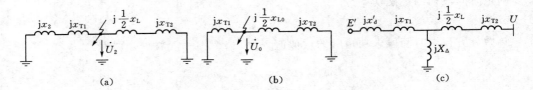

图 15-7　序网及短路时的等值电路

(a) 负序网络；(b) 零序网络；(c) 短路时的等值电路

输电线路始端短路时的负序和零序等值网络如图 15-7 (a)、(b) 所示，由图得

$$x_{2\Sigma} = \frac{(x_2 + x_{T1})\left(\frac{1}{2}x_L + x_{T2}\right)}{x_2 + x_{T1} + \frac{1}{2}x_L + x_{T2}} = \frac{(0.19 + 0.13)(0.293 + 0.108)}{0.19 + 0.13 + 0.293 + 0.108} = 0.178$$

$$x_{0\Sigma} = \frac{x_{T1}\left(\frac{1}{2}x_{L0} + x_{T2}\right)}{x_{T1} + \frac{1}{2}x_{L0} + x_{T2}} = \frac{0.13(1.465 + 0.108)}{0.13 + 1.465 + 0.108} = 0.12$$

两相接地短路时的附加电抗

$$x_\Delta = \frac{x_{0\Sigma} x_{2\Sigma}}{x_{0\Sigma} + x_{2\Sigma}} = \frac{0.12 \times 0.178}{0.12 + 0.178} = 0.072$$

等值电路如图 15-7 (c) 所示，系统的转移电抗和功率特性分别为

$$x_{\text{II}} = x'_d + x_{T1} + \frac{1}{2}x_L + x_{T2} + \frac{(x'_d + x_{T1})\left(\frac{1}{2}x_L + x_{T2}\right)}{x_\Delta}$$

$$= 0.238 + 0.13 + 0.293 + 0.108 + \frac{(0.238 + 0.13)(0.293 + 0.108)}{0.072} = 2.82$$

$$P_{\text{II}} = \frac{E_0 U_0}{x_{\text{II}}} \sin\delta = \frac{1.47}{2.82}\sin\delta = 0.52\sin\delta, \quad P_{m\text{II}} = 0.52$$

故障切除后系统的转移电抗及功率特性为

$$x_{\text{III}} = x'_d + x_{T1} + x_L + x_{T2} = 0.238 + 0.13 + 0.586 + 0.108 = 1.062$$

$$P_{\text{III}} = \frac{E_0 U_0}{X_{\text{III}}} \sin\delta = \frac{1.47}{1.062}\sin\delta = 1.384\sin\delta, \quad P_{m\text{III}} = 1.384$$

(1) 用分段计算法计算。

Δt 取为 0.05s，$K = \frac{\omega_N}{T_J}\Delta t^2 = \frac{18000}{11.28} \times 0.05^2 = 3.99$

第一个时间段

$$\Delta P_{(0)} = P_0 - P_{m\text{II}}\sin\delta_0 = 1 - 0.52\sin31.54° = 0.728$$

$$\Delta\delta_{(1)} = \frac{1}{2}K\Delta P_{(0)} = \frac{1}{2}\times 3.99\times 0.728 = 1.45°$$

$$\delta_{(1)} = \delta_0 + \Delta\delta_{(1)} = 31.54° + 1.45° = 32.99°$$

第二个时间段

$$\Delta P_{(1)} = P_0 - P_{mⅡ}\sin\delta_{(1)} = 1 - 0.52\sin32.99° = 0.717$$

$$\Delta\delta_{(2)} = \Delta\delta_{(1)} + K\Delta P_{(1)} = 1.45 + 3.99\times 0.717 = 4.31°$$

$$\delta_{(2)} = \delta_{(1)} + \Delta\delta_{(2)} = 32.99 + 4.31 = 37.3°$$

第三个时间段开始瞬间，故障被切除，故

$$\Delta P'_{(2)} = P_0 - P_{mⅡ}\sin\delta_{(2)} = 1 - 0.52\sin37.3° = 0.685$$

$$\Delta P''_{(2)} = P_0 - P_{mⅢ}\sin\delta_{(2)} = 1 - 1.384\sin37.3° = 0.16$$

$$\Delta\delta_{(3)} = \Delta\delta_{(2)} + \frac{1}{2}K(\Delta P'_{(2)} + \Delta P''_{(2)})$$

$$= 4.31 + \frac{1}{2}\times 3.99\times(0.685 + 0.16) = 6.0°$$

$$\delta_{(3)} = \delta_{(2)} + \Delta\delta_{(3)} = 37.3 + 6 = 43.3°$$

以后时间段的计算结果列于表 15-1 中。

表 15-1　　　　　　　　　　　　　　发电机转子摇摆曲线计算结果

t/s	P_e（标么值）		ΔP（标么值）		$\Delta\delta$（°）		δ（°）	
	分段计算法	改进欧拉法	分段计算法	改进欧拉法	分段计算法	改进欧拉法	分段计算法	改进欧拉法
0.00	0.272	0.272	0.728	0.728	0	0	31.54	31.54
0.05	0.283	0.283	0.717	0.717	1.45	1.45	32.99	32.99
0.10	0.315	0.839	0.685	0.161	4.31	4.33	37.30	37.32
0.15	0.950	0.950	0.050	0.050	6.00	6.04	43.30	43.36
0.20	1.052	1.054	-0.052	-0.054	6.20	6.25	49.50	49.61
0.25	1.141	1.143	-0.141	-0.143	5.99	6.04	55.50	55.65
0.30	1.210	1.211	-0.210	-0.211	5.43	5.47	60.93	61.11
0.35	1.260	1.262	-0.260	-0.262	4.60	4.61	65.53	65.73
0.40	1.293	1.295	-0.293	-0.295	3.56	3.56	69.09	69.29
0.45	1.312	1.313	-0.312	-0.313	2.39	2.38	71.48	71.67
0.50	1.321	1.322	-0.321	-0.322	1.15	1.12	72.63	72.79
0.55	1.320	1.320	-0.320	-0.320	-0.13	-0.18	72.50	72.61
0.60	—	—	—	—	-1.41	-1.47	71.09	71.15

（2）用改进欧拉法计算。

第一个时间段

$$P_{e(0)} = P_{mⅡ}\sin\delta_0 = 0.52\sin31.54° = 0.272$$

$$\frac{d\delta}{dt}\Big|_0 = \Delta\omega_{(0)} = 0$$

$$\left.\frac{d\Delta\omega}{dt}\right|_0 = \frac{\omega_N}{T_J}(P_0 - P_{e(1)}) = \frac{18000}{11.28}(1 - 0.272) = 1161.7 \quad [(°)/s^2]$$

$$\delta_{(1)}^{(0)} = \delta_{(0)} + \left.\frac{d\delta}{dt}\right|_0 \Delta t = 31.54°$$

$$\Delta\omega_{(1)}^{(0)} = \Delta\omega_{(0)} + \left.\frac{d\Delta\omega}{dt}\right|_0 \Delta t = 1161.7 \times 0.05 = 58.09 \quad [(°)/s]$$

$$P_{e(1)}^{(0)} = P_{m\mathrm{II}}\sin\delta_{(1)}^{(0)} = 0.52\sin31.54° = 0.272$$

$$\left.\frac{d\delta}{dt}\right|_1^{(0)} = \Delta\omega_{(1)}^{(0)} = 58.09 \quad [(°)/s]$$

$$\left.\frac{d\Delta\omega}{dt}\right|_1^{(0)} = \frac{\omega_N}{T_J}(P_0 - P_{e(1)}^{(0)}) = \frac{18000}{11.28}(1 - 0.272) = 1161.7 \quad [(°)/s^2]$$

$$\delta_{(1)} = \delta_{(0)} + \frac{1}{2}\left[\left.\frac{d\delta}{dt}\right|_0 + \left.\frac{d\delta}{dt}\right|_1^{(0)}\right]\Delta t$$

$$= 31.54 + \frac{1}{2}(0 + 58.09) \times 0.05 = 32.99°$$

$$\Delta\omega_{(1)} = \Delta\omega_{(0)} + \frac{1}{2}\left[\left.\frac{d\Delta\omega}{dt}\right|_0 + \left.\frac{d\Delta\omega}{dt}\right|_1^{(0)}\right]\Delta t$$

$$= 0 + \frac{1}{2}(1161.7 + 1161.7) \times 0.05 = 58.09 \quad [(°)/s]$$

第二个时间段末的功角及相对速度分别为 $\delta_{(2)} = 37.32°$，$\Delta\omega_{(2)} = 114.4$ （°）/s。

第三个时间段开始瞬间切除故障，应该用切除故障后的网络来求电磁功率，即

$$P_{e(2)} = P_{m\mathrm{III}}\sin\delta_{(2)} = 1.384\sin37.32° = 0.839$$

以下的计算结果列于表 15-1 中。由表可以绘出发电机转子摇摆曲线，如图 15-8 所示。从表及图可以看出，两种算法的结果是极接近的，但分段计算法的计算量少得多。

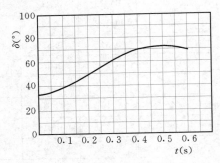

图 15-8　发电机转子摇摆曲线

三、考虑自动励磁调节系统作用时暂态过程的计算

由于发电机励磁绕组的时间常数较大，原动机的调速器也具有很大惯性，因此，在暂态过程的初始阶段，自动调节器的作用并不显著，可以不予考虑或只作近似考虑。但在精确度要求高，或者要研究较长时间的暂态过程的情况下，必须计及自动调节器的作用。

求解方程式（14-8）和式（14-13），即能确定电势随时间的变化规律。为了便于采用数值解法，方程改写成

$$\frac{dE'_q}{dt} = \frac{1}{T'_{d0}}(E_{qe} - E_q) \tag{15-39}$$

$$\frac{dE_{qe}}{dt} = \frac{1}{T_e}(E_{qem} - E_{qe}) \tag{15-40}$$

电势 $E_q = E'_q\dfrac{x_{d\Sigma}}{x'_{d\Sigma}} + \left(1 - \dfrac{x_{d\Sigma}}{x'_{d\Sigma}}\right)U\cos\delta$ 由图 13-19 推得。

当应用改进欧拉法计算时，读者不难按前述原理写出相应的递推算式。求得每个计算

阶段的 E_q 值后，利用功率方程式（13-26），即可求得该计算阶段的电磁功率。

应该指出，当短路被切除后，发电机端电压上升，达到强行励磁退出工作的电压值时，强行励磁将退出工作。强制电势 E_{qe} 将由此刻的值按指数规律逐渐地降回正常运行的 E_{qe}（见图 14-4）。在计算中，应注意由此刻开始，描述电势变化的方程应为

$$\frac{\mathrm{d}E_{qe}}{\mathrm{d}t} = \frac{1}{T_{e0}}(E_{qe0} - E_{qe})\tag{15-41}$$

式中　T_{e0}——强励退出后励磁机励磁回路的时间常数。

如果振荡过程中发电机机端电压再次下降到强行励磁动作电压时，强行励磁又将再次动作，此时描述电势变化的方程必须改用式（15-40）。为了确定强行励磁的工作状态，在计算过程中要检查发电机的电压。

第四节　复杂电力系统暂态稳定的分析计算

一、大扰动后各发电机转子运动的特点

以两机电力系统为例，来说明复杂电力系统大扰动后各发电机转子运动的特点。图 15-9 所示为两机电力系统，其正常运行时，发电机 G—1、G—2 共同向负载 LD 供电。为

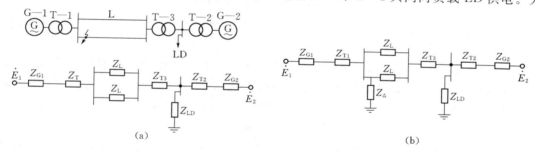

(a)　　　　　　　　　　　　　　　(b)

图 15-9　两机系统暂态稳定计算用的等值电路

(a) 正常运行；(b) 短路状态

简化起见，负荷用恒定阻抗表示。这样，可以做出正常运行时的等值电路，并根据给定的运行条件，算出 $E_1\underline{/\delta_1}$、$E_2\underline{/\delta_2}$ 以及发电机转子间的相对角 $\delta_{12} = \delta_1 - \delta_2$。对于两机系统，由式(13-41)可得

$$P_{1\mathrm{I}} = \frac{E_1^2}{|Z_{11\mathrm{I}}|}\sin\alpha_{11\mathrm{I}} + \frac{E_1 E_2}{|Z_{12\mathrm{I}}|}\sin(\delta_{12} - \alpha_{12\mathrm{I}})\tag{15-42}$$

$$P_{2\mathrm{I}} = \frac{E_2^2}{|Z_{22\mathrm{I}}|}\sin\alpha_{22\mathrm{I}} - \frac{E_1 E_2}{|Z_{12\mathrm{I}}|}\sin(\delta_{12} + \alpha_{12\mathrm{I}})\tag{15-43}$$

根据上式可以做出功率特性曲线（见图 15-10）。由于两发电机共同供给负荷所需的功率。所以 G—1 的功率随相对角 δ_{12} 增大而增大；G—2 的功率则随相对角 δ_{12} 增大而减小。

在正常运行时，$\delta_{12} = \delta_{120}$，发电机输出的功率，应为由 $P_{1\mathrm{I}}$ 和 $P_{2\mathrm{I}}$ 分别与 δ_{120} 相交的点 a_1 及 a_2 所确定的 P_{10} 和 P_{20}，它们分别等于各自原动机的功率 P_{T1} 和 P_{T2}。

如果在靠近发电机 1 的高压线路始端发生短路，则短路时的等值电路如图 15-9（b）所示。此时各发电机的功率特性为

$$P_{1\rm{II}} = \frac{E_1^2}{|Z_{11\rm{II}}|}\sin\alpha_{11\rm{II}} + \frac{E_1 E_2}{|Z_{12\rm{II}}|}\sin(\delta_{12} - \alpha_{12\rm{II}}) \left.\vphantom{\frac{E_1^2}{|Z_{11\rm{II}}|}}\right\}$$

$$P_{2\rm{II}} = \frac{E_2^2}{|Z_{22\rm{II}}|}\sin\alpha_{22\rm{II}} - \frac{E_1 E_2}{|Z_{12\rm{II}}|}\sin(\delta_{12} + \alpha_{12\rm{II}}) \left.\vphantom{\frac{E_2^2}{|Z_{22\rm{II}}|}}\right\} \tag{15-44}$$

通常，高压网络的电抗远大于电阻，因此短路附加阻抗 Z 主要是电抗。并联电抗的接入，使转移阻抗增大，即 $|Z_{12\rm{II}}| > |Z_{12\rm{I}}|$。因而功率特性中与转移阻抗成反比的正弦项的幅值下降，从而使 G—1 的功率比正常时低，G—2 的功率则比正常时的高（见图 15-10 中的 $P_{1\rm{II}}$、$P_{2\rm{II}}$）。

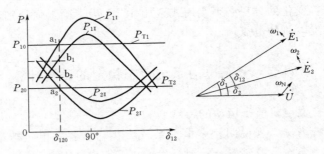

图 15-10　两机系统的功率特性

在突然短路瞬间，由于转子惯性，功角仍保持为 δ_{120}。此刻，G—1 输出的电磁功率，由 $P_{1\rm{II}}$ 上的点 b_1 确定；G—2 的电磁功率由 $P_{2\rm{II}}$ 上的点 b_2 确定。由图 15-10 可以看出，G—1 的电磁功率比它的原动机的功率小，它的转子将受到加速性的过剩转矩作用而加速，使其转速高于同步速度，从而使 δ_1 增大。而 G—2 的电磁功率却大于它的原动机功率，它的转子将受到减速性过剩转矩作用而减速，使其低于同步速度，因而 δ_2 将减小。这将使发电机之间的相对运动更加剧烈，相对角 δ_{12} 急剧增大。

在多发电机的复杂电力系统中，当发生大扰动时，各发电机输出的电磁功率将按扰动后的网络特性重新分配。这样，有的发电机因电磁功率小于原动机功率而加速，有的则因电磁功率大于原动机功率而减速。

二、复杂电力系统暂态稳定计算的原理和特点

判断复杂电力系统的暂态稳定同样需要发电机转子运动方程，计算功角随时间变化的曲线。复杂电力系统暂态稳定的计算，由于计算量很大，现在都采用计算机来完成。

每一台发电机的转子运动方程为

$$\frac{\mathrm{d}\delta_i}{\mathrm{d}t} = \Delta\omega_i \left.\vphantom{\frac{\mathrm{d}\delta_i}{\mathrm{d}t}}\right\}$$

$$\frac{\mathrm{d}\Delta\omega_i}{\mathrm{d}t} = \frac{\omega_\mathrm{N}}{T_{\mathrm{J}i}}(P_{\mathrm{T}i} - P_{\mathrm{e}i}) \quad (i = 1, 2, \cdots, n) \left.\vphantom{\frac{\mathrm{d}\Delta\omega_i}{\mathrm{d}t}}\right\} \tag{15-45}$$

式中　$P_{\mathrm{T}i}$——第 i 号发电机的原动机的功率，它由本台原动机及其调速器特性所决定，
　　　　　基本上与其他发电机无关；

　　　　$P_{\mathrm{e}i}$——第 i 台发电机输出的电磁功率，它由求解全系统的网络方程来确定。

下面介绍最简化的条件下（即不考虑原动机的调节作用；发电机用 $E' =$ 常数、负荷用恒定阻抗表示）复杂电力系统暂态稳定计算的特点。

采用改进欧拉法时计算步骤如下：

解网络方程（在最简化的条件下只需直接利用由网络方程导出的电磁功率公式）求第 k 个时间段初各发电机的电磁功率

$$P_{ei(k-1)} = \frac{E_i^2}{|Z_{ii}|}\sin\alpha_{ii} + \sum_{j=1,j\neq i}^{n}\frac{E_iE_j}{|Z_{ij}|}\sin(\delta_{ij(k-1)} - \alpha_{ij}) \quad (i = 1,2,\cdots,n) \quad (15\text{-}46)$$

解微分方程求时间段末功角的近似值

$$\left.\begin{array}{l} \dfrac{\mathrm{d}\delta_i}{\mathrm{d}t}\bigg|_{k-1} = \Delta\omega_{i(k-1)} \\[3mm] \dfrac{\mathrm{d}\Delta\omega_i}{\mathrm{d}t}\bigg|_{k-1} = \dfrac{\omega_N}{T_{Ji}}(P_{i0} - P_{ei(k-1)}) \\[3mm] \delta_{i(k)}^{(0)} = \delta_{i(k-1)} + \dfrac{\mathrm{d}\delta_i}{\mathrm{d}t}\bigg|_{k-1}\Delta t \\[3mm] \Delta\omega_{i(k)}^{(0)} = \Delta\omega_{i(k-1)} + \dfrac{\mathrm{d}\Delta\omega_i}{\mathrm{d}t}\bigg|_{k-1}\Delta t \\[3mm] \delta_{ij(k)}^{(0)} = \delta_{i(k)}^{(0)} - \delta_{j(k)}^{(0)} \quad (i,j = 1,2,\cdots,n) \end{array}\right\} \quad (15\text{-}47)$$

计算时间段末各发电机电磁功率的近似值

$$P_{ei(k)}^{(0)} = \frac{E_i^2}{|Z_{ii}|}\sin\alpha_{ii} + \sum_{j=1,j\neq i}^{n}\frac{E_iE_j}{|Z_{ij}|}\sin(\delta_{ij(k)}^{(0)} - \alpha_{ij}) \quad (i = 1,2,\cdots,n) \quad (15\text{-}48)$$

解微分方程求时间段末功角的修正值

$$\left.\begin{array}{l} \dfrac{\mathrm{d}\delta_i}{\mathrm{d}t}\bigg|_k^{(0)} = \Delta\omega_{(k)}^{(0)} \\[3mm] \dfrac{\mathrm{d}\Delta\omega_i}{\mathrm{d}t}\bigg|_k^{(0)} = \dfrac{\omega_N}{T_{Ji}}(P_{i0} - P_{ei(k)}^{(0)}) \\[3mm] \delta_{i(k)} = \delta_{i(k-1)} + \dfrac{1}{2}\left[\dfrac{\mathrm{d}\delta_i}{\mathrm{d}t}\bigg|_{k-1} + \dfrac{\mathrm{d}\delta_i}{\mathrm{d}t}\bigg|_k^{(0)}\right]\Delta t \\[3mm] \Delta\omega_{i(k)} = \Delta\omega_{i(k-1)} + \dfrac{1}{2}\left[\dfrac{\mathrm{d}\Delta\omega_i}{\mathrm{d}t}\bigg|_{k-1} + \dfrac{\mathrm{d}\Delta\omega_i}{\mathrm{d}t}\bigg|_k^{(0)}\right]\Delta t \\[3mm] \delta_{ij(k)} = \delta_{i(k)} - \delta_{j(k)} \quad (i,j = 1,2,\cdots,n) \end{array}\right\} \quad (15\text{-}49)$$

对于最简化条件下的计算，采用分段计算法将会大大加快计算速度，其步骤如下。

求第 k 个时间段初各发电机的电磁功率

$$P_{ei(k-1)} = \frac{E_i^2}{|Z_{ii}|}\sin\alpha_{ii} + \sum_{j=1,j\neq i}^{n}\frac{E_iE_j}{|Z_{ij}|}\sin(\delta_{ij(k-1)} - \alpha_{ij}) \quad (i = 1,2,\cdots,n) \quad (15\text{-}50)$$

解微分方程求时间段末功角的值

$$\left.\begin{array}{l} \Delta P_{i(k-1)} = P_{i0} - P_{ei(k-1)} \\[2mm] \Delta\delta_{i(k)} = \Delta\delta_{i(k-1)} + K_i\Delta P_{i(k-1)} \\[2mm] \delta_{i(k)} = \delta_{i(k-1)} + \Delta\delta_{i(k)} \\[2mm] \delta_{ij(k)} = \delta_{i(k)} - \delta_{j(k)} \quad (i,j = 1,2,\cdots,n) \end{array}\right\} \quad (15\text{-}51)$$

从以上两种计算方法的计算过程可以看到复杂电力系统暂态稳定计算的几个特点。

（1）复杂电力系统暂态稳定计算的过程，是交替地求解网络方程和微分方程的过程。

（2）发电机转子运动方程是用每一台发电机的"绝对"角 δ_i 和"绝对"角速度 $\Delta\omega_i$ 来

描述的。在求解网络方程得到发电机的电磁功率之后，求解微分方程时，只考虑与本台发电机组（包括原动机和调速器）的有关特性，计算公式简单。

（3）网络方程与扰动后网络的结构和参数、所有发电机的电磁特性和参数以及负荷的特性和参数有关，它是由全系统的电磁特性所决定的。最简化的情况下，发电机的电磁功率是 $n-1$ 个相对角 δ_{ij} 的函数。

（4）对复杂电力系统不能再用等面积定则来确定极限切除角，而是按给定的故障切除时间 t_c 进行计算，算到 $t=t_c$ 时刻，以系统再发生一次扰动（操作）来处理，从而算出发电机的摇摆曲线。

第五节　提高电力系统暂态稳定性的措施

第十四章介绍的缩短电气距离以提高静态稳定性的某些措施对提高暂态稳定性也是有作用的。但是，提高暂态稳定的措施，一般首先考虑的是减少扰动后功率差额的临时措施，因为在大扰动后发电机机械功率和电磁功率的差额是导致暂态稳定破坏的主要原因。下面介绍几种常用的措施。

一、故障的快速切除和自动重合闸装置的应用

快速切除故障对于提高系统的暂态稳定性有决定性的作用，因为快速切除故障减小了加速面积，增加了减速面积，提高了发电机之间并列运行的稳定性。另一方面，快速切除故障也可使负荷中的电动机端电压迅速回升，减少了电动机失速和停顿的危险，提高了负荷的稳定性。切除故障时间是继电保护装置动作时间和断路器动作时间的总和。目前已可做到短路后 0.06s 切除故障线路，其中 0.02s 为保护装置动作时间，0.04s 为断路器动作时间。

电力系统的故障特别是高压输电线路的故障大多数是短路故障，而这些短路故障大多数又是暂时性的。采用自动重合闸装置，在发生故障的线路上，先切除线路，经过一定时间再合上断路器，如果故障消失则重合闸成功。重合闸的成功率是很高的，可达 90% 以上。这个措施可以提高供电的可靠性，对于提高系统的暂态稳定性也有十分明显的作用。图 15-11 中所示为在简单系统中重合闸成功使减速面积增加的情形，其中 δ_R 为重合闸时的角度，δ_{RC} 为断路器第二次断开时的角度。重合闸动作愈快，对稳定愈有利，但是重合闸的时

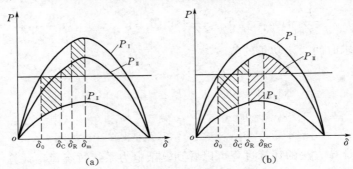

图 15-11　简单系统有重合闸装置时的面积图形

（a）重合闸成功；（b）重合闸后故障仍存在

间受到短路处去游离时间的限制。如果在原来短路处产生电弧的地方，气体还处在游离的状态下而过早地重合线路断路器，将引起再度燃弧，使重合闸不成功甚至故障扩大。去游离的时间主要取决于线路的电压等级和故障电流的大小，电压愈高，故障电流愈大，去游离时间愈长。

超高压输电线路的短路故障大多数是单相接地故障，因此在这些线路上往往采用单相重合闸，这种装置在切除故障相后经过一段时间再将该相重合。由于切除的只是故障相而不是三相，从切除故障相后到重合闸前的一段时间里，即使是单回路输电的场合，送电端的发电厂和受端系统也没有完全失去联系，故可以提高系统的暂态稳定性。图 15-12 所示为单回路输电系统采用单相重合闸和三相重合闸两种情况的对比。图 15-12（a）为等值电路，其中示出了单相切除时的等值电路，表明发电机仍能向系统送电（$P_{\mathbb{I}}\neq0$）。由图 15-12（b）、（c）可知，采用单相重合闸时，加速面积大大减小。

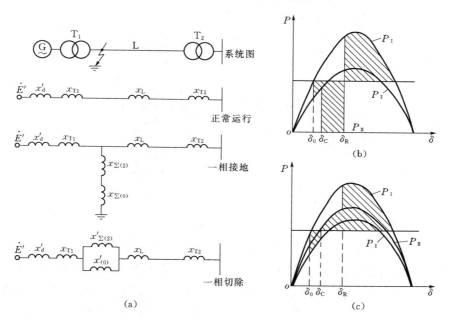

图 15-12　单相重合闸的作用

(a) 等值电路；(b) 三相重合闸；(c) 单相重合闸

必须指出，采用单相重合闸时，去游离的时间比采用三相重合闸时要长，因为切除一相后其余两相仍处在带电状态，尽管故障电流被切断了，带电的两相仍将通过导线之间的电容和电感耦合向故障点继续供给电流（称为潜洪电流），因此维持了电弧的燃烧，对去游离不利。

二、提高发电机输出的电磁功率

1. 对发电机实行强行励磁

发电机都备有强行励磁装置，以保证当系统发生故障而使发电机端电压低于 85％～90％额定电压时，迅速而大幅度地增大励磁，从而提高发电机的电动势，增大发电机输出的电磁功率。强行励磁对提高发电机并列运行和负荷的暂态稳定性都是有利的。

2. 电气制动

电气制动就是当系统中发生故障后迅速地投入电阻以消耗发电机的有功功率（增大电磁功率）从而减小功率差额。图 15-13 表示了两种制动电阻的接入方式。当利用制动电阻串联接入时，相应的旁路开关打开；当采用制动电阻并联接入时，相应的开关闭合。如果系统中有自动重合闸装置，则当线路开关重合闸时应将制动电阻短路（串联接入时）或切除（并联接入时）。

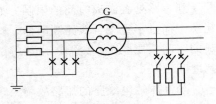

图 15-13　制动电阻的接入方式

电气制动的作用也可用等面积定则解释。图 15-14（a）、（b）中比较了有与没有电气制动的情况。图中假设故障发生后瞬时投入制动电阻；切除故障线路的同时切除制动电阻。由图 15-14（b）可见，若切除故障角 δ_c 不变，由于采用了电气制动，减少了加速面积 bb_1c_1cb，使原来不能保证的暂态稳定得到了保证。

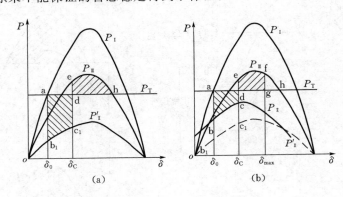

图 15-14　电气制动的作用
（a）无电气制动；（b）有电气制动

运用电气制动提高暂态稳定性时，制动电阻的大小及其投切时间要选择的适当。否则，或者会发生所谓欠制动，即制动作用过小，发电机仍要失步；或者会发生过制动，即制动作用过大，发电机虽在第一次振荡中没有失步，却在切除故障和切除制动电阻后的第二次振荡中失步。

3. 变压器中性点经小电阻接地

变压器中性点经小电阻接地就是短路故障时的电气制动。图 15-15 示一变压器中性点经小电阻接地的系统发生单相接地短路时的情况。因为变压器中性点接了电阻，零序网络中增加了电阻，零序电流流过电阻时引起了附加的功率损耗。这个情况对应于故障期间的功率特性 P_{II} 升高，因为 $r_{\Sigma(0)}$ 反映在正序增广网络中。

三、减少原动机输出的机械功率

对于汽轮机可以采用快速的自动调速系统或者快速关闭进汽门的措施。水轮机由于水锤现象不能快速关闭进水门，因此有时采用在故障时从送端发电厂中切掉一台发电机的方法，这等值于减少了原动机功率。当然，这时发电厂的电磁功率由于发电机的总的等值阻抗略有增加（切了一台机）而略有减少。图 15-16（b）中示出了在切除故障同时从送端发

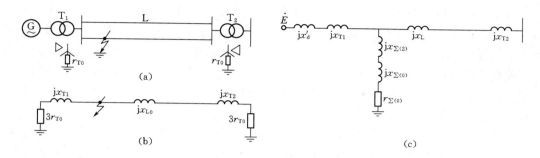

图 15-15　变压器中性点经小电阻接地

(a) 系统图；(b) 零序网络；(c) 正序增广网络

电厂的四台机中切除一台机后减速面积大为增加的情形。必须指出，这种切机的办法使系统少了一台机，电源减少了，这是不利的。

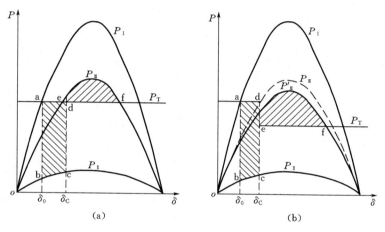

图 15-16　切机对提高暂态稳定性的作用

(a) 不切机；(b) 切去 $\frac{1}{4}$ 台机（P_{III} 变为 P'_{III}）

除了上述三方面的措施外还有不少提高系统暂态稳定性的办法。例如，对于已装有串联补偿电容的线路，可考虑为提高系统的暂态稳定性和故障后的静态稳定性而采用强行串联电容补偿。所谓强行补偿就是在切除故障线路的同时切除部分并联的电容器组，以增大串联补偿电容的容抗，部分地甚至全部地抵偿由于切除故障线路而增加的线路感抗。其他提高暂态稳定的措施就不一一介绍了。

小　　结

本章从定性分析和定量计算两个方面论述了电力系统暂态稳定的分析计算方法。

等面积定则是基于能量守恒原理导出的。当发电机受到大的扰动后，转子将产生相对运动，在这一过程当中，动能的增量应为零，因此，推导出加速面积等于减速面积这一定则。应用等面积定则，可以确定发电机受扰后，转子相对角的振荡幅度，即最大摇摆角 $\delta_{\max}$ 和最小摇摆角 $\delta_{\min}$，也可以确定极限切除角度 $\delta_{\text{c. lim}}$，从而可以判断发电机是否暂态稳定。

本章介绍的暂态稳定数值计算的两种方法，都是把时间分成一个个小段（即步长），在一个步长内对描述暂态稳定过程的方程进行近似求解，以得到一些变量在一系列时间离散点上的数值。分段计算法是把发电机转子的相对运动在一个步长内近似看成等加速运动；改进欧拉法则把转子相对运动在一个步长内近似看成等速运动。两种算法具有同等级的精度。当发电机采用简化模型和负荷用恒定阻抗模型时，分段计算法的计算量要比改进欧拉法少得多。

复杂程度不同的系统，判断其暂态稳定性的方法不同，对于简单电力系统，可用比较法来判断；对于复杂电力系统，则必须根据相对角随时间变化的特性来判断。

最后，主要从减少扰动后的功率差额这一角度，介绍了提高系统暂态稳定的措施。

附录 短路电流运算曲线

汽轮发电机运算曲线如图 1～图 5 所示。水轮发电机运算曲线如图 6～图 9 所示。

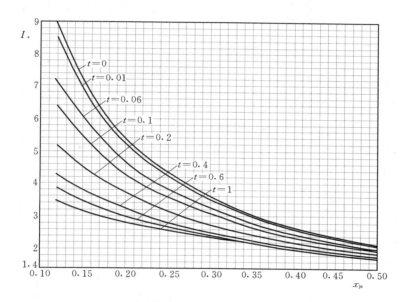

图 1 汽轮发电机运算曲线（一）（$x_{js} = 0.12～0.50$）

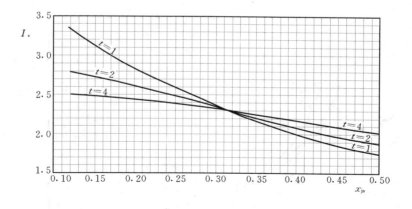

图 2 汽轮发电机运算曲线（二）（$x_{js} = 0.12～0.50$）

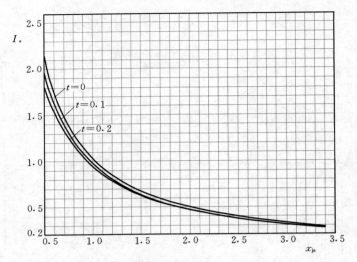

图 3　汽轮发电机运算曲线（三）（$x_{js}=0.50\sim3.45$）

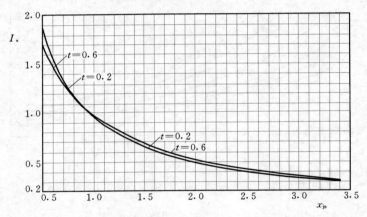

图 4　汽轮发电机运算曲线（四）（$x_{js}=0.5\sim3.45$）

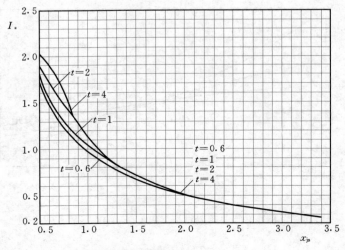

图 5　汽轮发电机运算曲线（五）（$x_{js}=0.50\sim3.45$）

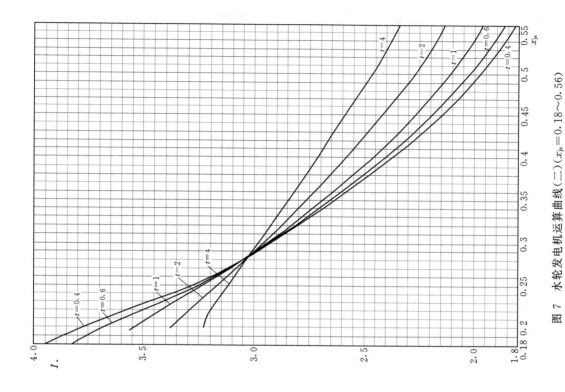

图 7 水轮发电机运算曲线（二）($x_{js}=0.18\sim0.56$)

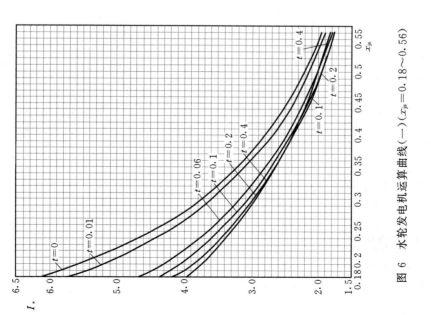

图 6 水轮发电机运算曲线（一）($x_{js}=0.18\sim0.56$)

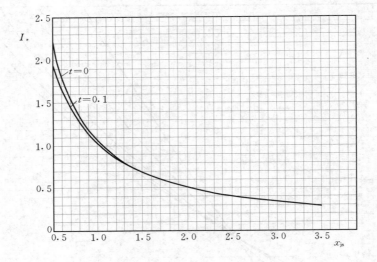

图 8　水轮发电机运算曲线（三）（$x_{js}=0.5\sim3.50$）

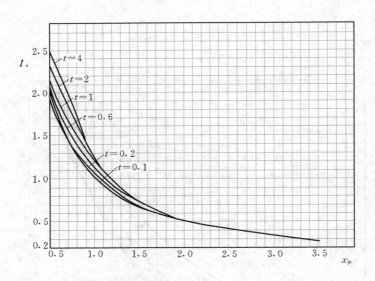

图 9　水轮发电机运算曲线（四）（$x_{js}=0.5\sim3.50$）

参 考 文 献

1 陈珩. 电力系统稳态分析（第二版）. 北京：水利电力出版社，1995
2 李光琦. 电力系统暂态分析（第二版）. 北京：水利电力出版社，1993
3 何仰赞，温增银，汪腹瑛，周勤慧. 电力系统分析（上、下册）. 武汉：华中理工大学出版社，1996
4 华智明，张瑞林. 电力系统. 重庆：重庆大学出版社，1998
5 西安交通大学主编. 电力系统工程基础. 北京：水利电力出版社，1981
6 于永源，杨绮雯. 电力系统分析. 北京：水利电力出版社，1987
7 韩祯祥，吴国炎. 电力系统分析. 杭州：浙江大学出版社，1993
8 陆敏政. 电力系统习题集. 北京：水利电力出版社，1990
9 西安交通大学等六院校编. 电力系统计算. 北京：水利电力出版社，1978
10 Pai. M. A. Computer Techniques in Power System Analysis. New Delhi：Tata McGraw-Hill，1979
11 I. J. Nagrath，D. P. Kothari. Modern Power System Analysis. New Delhi：Tata NcGraw-Hill Co. Ltd.，1980
12 B. M. Weedy. Electril Power Systems. John Wiley & Sons，1987